U0921212

中国国家标准汇编

405

GB 22792～22901

（2008 年制定）

中国标准出版社　编

中国标准出版社

北京

图书在版编目（CIP）数据

中国国家标准汇编：2008年制定.405：GB 22792～22901/中国标准出版社编.—北京：中国标准出版社，2009

ISBN 978-7-5066-5369-5

Ⅰ.中…　Ⅱ.中…　Ⅲ.国家标准-汇编-中国-2008
Ⅳ.T-652.1

中国版本图书馆CIP数据核字（2009）第105089号

中国标准出版社出版发行
北京复兴门外三里河北街16号
邮政编码：100045
网址 www.spc.net.cn
电话：68523946　68517548
中国标准出版社秦皇岛印刷厂印刷
各地新华书店经销

*

开本 880×1230　1/16　印张 39　字数 1 117 千字
2009年7月第一版　2009年7月第一次印刷

*

定价 200.00 元

出 版 说 明

1.《中国国家标准汇编》是一部大型综合性国家标准全集。自 1983 年起，按国家标准顺序号以精装本、平装本两种装帧形式陆续分册汇编出版。它在一定程度上反映了我国建国以来标准化事业发展的基本情况和主要成就，是各级标准化管理机构，工矿企事业单位，农林牧副渔系统，科研、设计、教学等部门必不可少的工具书。

2.《中国国家标准汇编》收入我国每年正式发布的全部国家标准，分为“制定”卷和“修订”卷两种编辑版本。

“制定”卷收入上一年度我国发布的、新制定的国家标准，顺延前年度标准编号分成若干分册，封面和书脊上注明“20××年制定”字样及分册号，分册号一直连续。各分册中的标准是按照标准编号顺序连续排列的，如有标准顺序号缺号的，除特殊情况注明外，暂为空号。

“修订”卷收入上一年度我国发布的、被修订的国家标准，视篇幅分设若干分册，但与“制定”卷分册号无关联，仅在封面和书脊上注明“20××年修订-1,-2,-3,……”字样。“修订”卷各分册中的标准，仍按标准编号顺序排列(但不连续)；如有遗漏的，均在当年最后一分册中补齐。需提请读者注意的是，个别非顺延前年度标准编号的新制定的国家标准没有收入在“制定”卷中，而是收入在“修订”卷中。

读者配套购买《中国国家标准汇编》“制定”卷和“修订”卷则可收齐上一年度我国制定和修订的全部国家标准。

3. 由于读者需求的变化，自 1996 年起，《中国国家标准汇编》仅出版精装本。

4. 2008 年我国制修订国家标准共 5946 项。本分册为“2008 年制定”卷第 405 分册，收入国家标准 GB 22792～22901 的最新版本。其中 GB/T 22809—2008 和 GB/T 22810—2008 因故延迟出版，未收入。

中国标准出版社

2009 年 5 月

目　　录

ICS 97.140
Y 81

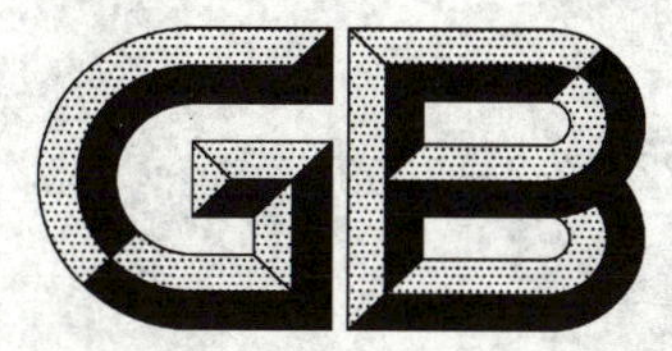

中华人民共和国国家标准

GB 22792.2—2008

办公家具　屏风　第2部分：安全要求

Office furniture—Screens—Part 2:Safety requirements

2008-12-30 发布　　2010-03-01 实施

中华人民共和国国家质量监督检验检疫总局
中国国家标准化管理委员会　发布

前　言

GB 22792 的本部分的全部技术内容为强制性。

GB 22792《办公家具　屏风》分为三个部分：

——GB/T 22792.1《办公家具　屏风　第 1 部分：尺寸》；

——GB 22792.2《办公家具　屏风　第 2 部分：安全要求》；

——GB/T 22792.3《办公家具　屏风　第 3 部分：试验方法》。

本部分是 GB 22792 的第 2 部分。

本部分等同采用 EN 1023-2：2000《办公家具　屏风　第 2 部分：机械安全性要求》。

本部分与 EN 1023-2：2000 相比，仅做下述编辑性修改：

——“规范性引用文件”的引导语按 GB/T 1.1—2000 的规定；

——增加第 3 章条款号及标题；

——用小数点符号“.”代替小数点符号“,”；

——页码变化；

——用“本标准”代替“本国际标准”；

——用“本标准本部分”代替“本国际标准本部分”；

——删除国际标准中资料性概述要素（包括封面、目次、前言和引言）。

本部分由中国轻工业联合会提出。

本部分由全国家具标准化中心归口。

本部分主要起草单位：上海市质量监督检验技术研究院、北京家具行业协会、浙江方圆检测集团股份有限公司、深圳市计量质量检测研究院、北京市木材家具质量监督检验站、北京黎明文仪家具有限公司。

本部分参加起草单位：浙江圣奥家具制造有限公司、华源轩家具（深圳）有限公司、深圳市豪迈实业发展有限公司、广东东方家私有限公司、上海震旦家具有限公司、北京今圣梅家具制造有限公司、深圳长江家具有限公司、广州市至盛冠美家具有限公司、史泰博商贸有限公司、优比（中国）有限公司、北京澳玛特家具有限公司、江门健威家具装饰有限公司、河北吉荣家具有限公司。

本部分主要起草人：刘曜国、罗菊芬、刘文智、梁米加、罗炘、张淑艳、招寿田、黎胜国、倪良正、利耀宜、陈碧煌、邢兆才、李军。

办公家具　屏风　第2部分:安全要求

1　范围

GB 22792 的本部分规定了办公用屏风的安全要求,包括一般安全要求和结构安全要求。

本部分适用于办公用屏风。

2　规范性引用文件

下列文件中的条款通过 GB 22792 的本部分的引用而成为本部分的条款。凡是注日期的引用文件,其随后所有的修改单(不包括勘误的内容)或修订版均不适用于本部分,然而,鼓励根据本部分达成协议的各方研究是否可使用这些文件的最新版本。凡是不注日期的引用文件,其最新版本适用于本部分。

GB/T 22792.3—2008　办公家具　屏风　第3部分:试验方法(EN 1023-3:2000,MOD)

3　一般安全要求

3.1　屏风工艺要求

屏风的设计应尽可能地减少对用户伤害的危险。

在预定的正常使用期内,用户可接触的屏风所有部件,其设计应避免造成人体伤害和财产损坏。

这些要求应满足:

——可接触的棱角,倒圆半径最小为 2 mm;

——可接触到的棱,倒圆半径最小为 2 mm;

——其他所有的边应圆滑、无毛刺;

——中空部件的端部应封闭或覆盖;

——可移动和可调节的部件设计应避免伤害和误操作。

3.2　屏风可接受载荷的明示要求

制造商应在操作手册中指出如何使用根据附件组装的屏风,以及各种类型的屏风可接受的载荷。

4　结构安全要求

4.1　试验程序

检查屏风的一般安全要求和尺寸要求后,应按照下列试验程序,通过 GB/T 22792.3—2008 描述的试验:

——非承载办公用屏风:GB/T 22793.2—2008 的 6.3;

——承载办公用屏风:GB/T 22793.2—2008 的 6.4,6.5,6.6。

4.2　要求

试验结束时,屏风应保持安全和满足其功能,下列要求应满足:

——当按 GB/T 22792.3—2008 中 6.3 或 6.4 规定进行稳定性试验时,屏风不应倾翻;

——当按 GB/T 22792.3—2008 中 6.5 规定进行移出试验时,所有组件不应被移出,结构上不应损坏;

——当按 GB/T 22792.3—2008 中 6.6 规定进行强度试验时,无论有无附件,屏风装配件的稳定性不应有不利的影响,任何零件、连接件、组件不应破损,以及不应有影响屏风组合安全和功能的变形和松动。

ICS 97.140
Y 81

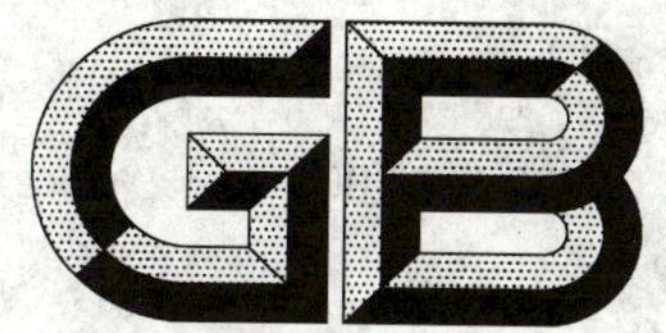

中华人民共和国国家标准

GB/T 22792.3—2008

办公家具　屏风　第3部分：试验方法

Office furniture—Screens—Part 3: Test methods

2008-12-30 发布　　　　2009-09-01 实施

中华人民共和国国家质量监督检验检疫总局
中国国家标准化管理委员会　发布

前　言

GB 22792《办公家具　屏风》分为三个部分：

——GB/T 22792.1《办公家具　屏风　第1部分：尺寸》；

——GB 22792.2《办公家具　屏风　第2部分：安全要求》；

——GB/T 22792.3《办公家具　屏风　第3部分：试验方法》。

本部分是GB 22792的第3部分。

本部分修改采用EN 1023-3：2000《办公家具　屏风　第3部分：试验方法》。

本部分与EN 1023-3：2000相比，主要变化如下：

——修改了范围，把规定了办公用屏风的结构和稳定性的试验方法修改为规定了办公用屏风的尺寸、一般安全要求和结构安全要求的试验方法；

——增加屏风尺寸的测定；

——增加屏风一般安全要求的测定；

——删除国际标准中资料性概述要素（包括封面、目次、前言和引言）；

——增加附录A和附录B。

本部分的附录A为规范性附录，附录B为资料性附录。

本部分由中国轻工业联合会提出。

本部分由全国家具标准化中心归口。

本部分主要起草单位：上海市质量监督检验技术研究院、北京家具行业协会、浙江方圆检测集团股份有限公司、深圳市计量质量检测研究院、北京市木材家具质量监督检验站、北京黎明文仪家具有限公司。

本部分参加起草单位：浙江圣奥家具制造有限公司、华源轩家具（深圳）有限公司、深圳市豪迈实业发展有限公司、广东东方家私有限公司、上海震旦家具有限公司、广州市百利文仪实业有限公司、珠海励致洋行办公家私有限公司、北京今圣梅家具制造有限公司、宁波新兴达智能钢具有限公司、北京世纪京泰家具有限公司、优比（中国）有限公司、北京澳玛特家具有限公司、河北吉荣家具有限公司。

本部分主要起草人：刘曜国、罗菊芬、刘文智、梁米加、罗炘、张淑艳、招寿田、倪良正、黎胜国、利耀宜、陈碧煌、廖伟峰、李军。

办公家具　屏风　第3部分:试验方法

1　范围

GB 22792 的本部分规定了办公用屏风的尺寸、一般安全要求和结构安全要求的试验方法。

本部分适用于办公用屏风。

2　规范性引用文件

下列文件中的条款通过 GB 22792 的本部分的引用而成为本部分的条款。凡是注日期的引用文件,其随后所有的修改单(不包括勘误的内容)或修订版均不适用于本部分,然而,鼓励根据本部分达成协议的各方研究是否可使用这些文件的最新版本。凡是不注日期的引用文件,其最新版本适用于本部分。

GB/T 2828.1—2003　计数抽样检验程序　第1部分:按接收质量限(AQL)检索的逐批检验抽样计划

GB 22792.2—2008　办公家具　屏风　第2部分:安全要求(EN 1023-2:2000,IDT)

3　术语和定义

下列术语和定义适用于 GB 22792 的本部分。

3.1

附件　add-on elements

连接在屏风上的各种家具部件(工作台、搁板、吊柜、侧向推拉文件抽屉等)。

4　一般试验条件

制造商应在用户手册中指明推荐的屏风构造,组件的安装方法,如何使用具有不同附件连接的屏风,以及每种类型屏风的最大承载(每米屏风宽度上加载的千克数)。

如果屏风设计不适合该试验程序,应尽可能根据描述开展试验,并在试验报告中注明任何偏差。当屏风的设计不满足试验过程时,在试验报告中应尽可能描述和声明执行这些试验的任何偏离。

4.1　试验初期准备

任何试验开始前,试样应放置足够长的时间以确保其形成充足的强度,对于木材胶合件和类似物,在生产和测试之间,应在正常室内环境中至少存放四周。

屏风上的附件,在交付时应被检验。可拆卸的附件应按照提供的说明进行组装,如果家具能以不同的方式装配或组装,每次试验应采用最不利的组合。试验前应紧固可拆卸的连接件。

每次试验,所有部件应处于最不利的位置。

试验应在正常的室内环境条件下进行,如果试验时环境温度超过 15 ℃~25 ℃的范围,则应在试验报告中记录最高和/或最低温度。

4.2　试验设备

强度试验中,加力应足够缓慢,确保动载影响可以忽略。

因为试验结果不取决于设备,因此任何适当的设备都可以进行加载和加力试验。

除非另有规定,加载垫应被安装固定,但能围绕支点转动,以便在测试过程中不阻止屏风移动。

4.3　测量精度

如无其他规定,应满足下列测量精度:

——所有加载力的测量应精确到±5%;

——所有尺寸的测量应精确到±1 mm;

——所有质量的测量应精确到±1%;

——加载垫的加载点偏差应为±5 mm。

4.4 试验程序

试验按照 GB 22792.2—2008 规定的程序，应在同一试样上执行。

5 试验设施

5.1 地面

试验地面应坚固、水平、平整。

5.2 挡块

挡块是被用来阻止屏风移动，而不限制其倾翻的装置，其高度不应大于 12 mm。除非所设计的屏风需要较高的挡块，在这种情况下应采用能防止屏风滑动的最低高度。

5.3 加载垫

直径为 200 mm 的刚性圆柱体，其表面平滑、周边倒圆半径为 12 mm。

5.4 水平加力装置

通过加载垫(5.3)能施加一水平力的装置。试验中该装置应不妨碍试件的自由移动。

5.5 垂直加力装置

通过加载垫(5.3)能施加一垂直力的装置。

6 试验方法

6.1 屏风尺寸的测定

屏风尺寸的测定按照附录 A(第 A.1 章)的规定进行。

6.2 一般安全要求的测定

屏风的一般安全要求的测定按照附录 A(第 A.2 章)的规定进行。

6.3 非承载屏风稳定性(见图 1)

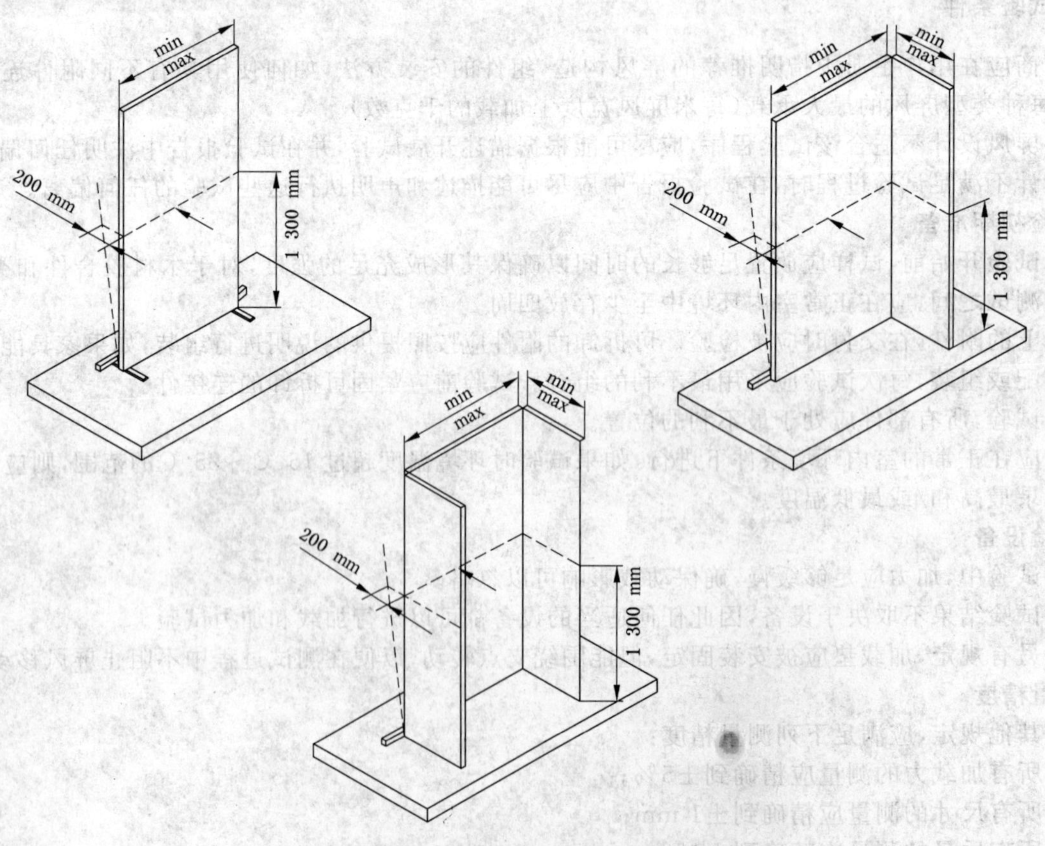

图 1 非承载屏风稳定性

6.3.1 **试验目的**

显示非承载屏风在受到水平力时，其不倾翻的性能。

6.3.2 **试验步骤**

查看制造商提供的介绍，确定一种最不稳定的屏风构造。

把这种构造的屏风放置在试验地面上(5.1)。

按图1所示通过挡块(5.2)挡住屏风的底部。

通过水平加力装置(5.4)，向屏风施加一逐渐增大的水平力，该力施加在与离地高度为1 300 mm的水平线平齐的最不利位置，当屏风的高度低于1 400 mm时，施力点应在低于屏风高度100 mm的位置。

增大加载力到最大200 N为止，或者直到屏风离开施力点200 mm。

6.4 **承载屏风稳定性(见图2和图3)**

图2 附件实例

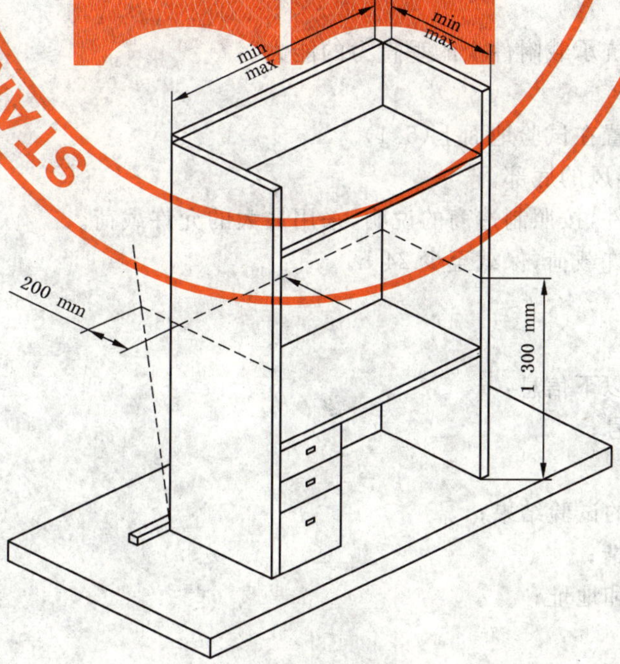

图3 承载屏风稳定性

6.4.1 试验目的

显示承载屏风在受到水平力时，其不倾翻的性能。

6.4.2 试验程序

查看制造商提供的所有的介绍，决定一种最不稳定的、包括所有附件的屏风构造。

把这种构造的屏风放置在试验地面上(5.1)。

按图3所示通过挡块(5.2)挡住屏风的底部。

加载屏风附件，应采用制造商说明中允许的最不利的情况，并采纳制造商推荐的最小和最大的屏风宽度。最不利的情况，可能是承载和非承载的组合。

在试验过程中，试件的活动部分不应限制其活动。

通过水平加力装置(5.4)，向屏风施加一逐渐增大的水平力，该力应施加在与离地高度为1 300 mm的水平线平齐的最不利位置，当屏风的高度低于1 400 mm时，施力点应在低于屏风高度100 mm的位置。

增大加载力到最大200 N为止，或者直到屏风离开施力点200 mm。

在屏风相对的一侧，重复该试验。

6.5 屏风上安装的部件移出试验

6.5.1 试验目的

当从部件下方施力时，确定部件的固定功能，防止可能发生的意外移出。

6.5.2 试验程序

按照制造商的说明装配组件。

在屏风前边最不利的点，按表1所示，对空载部件施加一向上的力。

表1

单位为牛顿

屏风上安装的部件	向上的加载力
工作台面	200
储存柜、拉出框架的搁板、或其他家具组件	100

6.6 加载屏风的强度

6.6.1 试验目的

确定屏风或屏风构造抗承载附件上的垂直力的能力。

6.6.2 试验程序

把这种构造的屏风放置在试验地面上(5.1)。

通过挡块(5.2)挡住屏风的底部。

在屏风的一边固定附件，按照制造商的说明，采用最大的允许载荷。

对附件施加2倍的允许载荷，保载至少24 h。

7 试验报告

试验报告至少应包括以下信息：

a) 本标准名称及编号；

b) 试件的细节；

c) 按照适用的条款的试验结果；

d) 偏离该标准的详情；

e) 试验机构的名称和地址；

f) 试验日期。

附 录 A
（规范性附录）
外观检验方法

A.1 屏风尺寸的测定

试件应放置在平板或平整地面上，采用精确度不小于 1 mm 的钢直尺或卷尺进行测定。

A.2 一般安全性的测定

A.2.1 圆角半径的测定

用测量范围为 1 mm～6.5 mm，精度为Ⅰ级的半径样板（半径规），在试件可接触的棱角和棱上分别任取 3 个点测量，以最大值为测定值。

A.2.2 其他一般安全性要求的测定

在自然光或光照度 300 lx～600 lx 范围内的近似自然光（例如 40 W 日光灯）下，视距为 700 mm～1 000 mm。有争议时，由三人共同检验，以多数相同意见为评定结论。

附　录　B
（资料性附录）
检验规则

B.1　检验分类

产品检验可分为型式检验和交付检验。型式检验为合同要求以外的所有检验项目，交付检验为尺寸和一般安全性要求。

B.1.1　型式检验

B.1.1.1　型式检验情况

有下列情况之一，一般应进行型式检验：

a）产品或老产品转产的试制定型鉴定；

b）正式投产后，如结构、材料、工艺有较大改变，可能影响产品性能时；

c）正式投产时，定期或积累一定产量后，应周期性进行一次检验，周期检验一般为一年；

d）产品长期停产后，恢复生产时；

e）交付检验结果与上次型式检验有较大差异时；

f）国家质量监督检验部门提出进行型式检验要求时。

B.1.1.2　型式检验抽样

型式检验采用抽样检验时，应在同批产品中随机抽取样品。抽样数为 2 件，1 件封存，1 件送检。

B.1.1.3　型式检验结果的判定（不包括合同要求）

当视觉功能尺寸偏差（测量尺寸与标准公称尺寸的差值）小于等于 5 mm，产品的安全性要求均符合标准要求时，判定为合格，否则判为不合格。

B.1.1.4　复验规则

复验应符合以下规则：

——型式检验不合格，可进行一次复验。

——复验样品为封存样品。

——复验项目应对型式检验不合格的项目或因试件损坏而未能检验的项目进行。

——复验结果应在报告中注明“复验”。

B.1.2　交付检验

B.1.2.1　交收检验规则

交收检验应符合以下规则：

——应在产品型式检验合格的有效期内，由供、需双方或委托有关机构检验。

——交收检验应进行全数检验，批量大的全数检验有困难时可进行抽样检验。抽样检验方法依据 GB/T 2828.1—2003 中规定，采用正常检验一次抽样方案，检验水平为一般检验水平Ⅱ，接受质量限（AQL）为 6.5，其样本量及判定数组见表 B.1。

表 B.1

单位为件

批量范围	样本量	接受数 Ac	拒收数 Re
26～50	8	1	2
51～90	13	2	3
91～150	20	3	4

表 B.1（续）

单位为件

批量范围	样本量	接受数 Ac	拒收数 Re
151～280	32	5	6
281～500	50	7	8
501～1 200	80	10	11
1 201～3 200	125	14	15
注：26 件以下为全数检验。			

B.1.2.2 交付检验结果的判定

当视觉功能尺寸偏差(测量尺寸与标准公称尺寸的差值)小于等于±5 mm,产品的一般安全性要求符合标准要求时,判定为合格,否则判为不合格。

ICS 97.140
Y 81

中华人民共和国国家标准

GB 22793.1—2008/ISO 9221-1:1992

家具　儿童高椅　第1部分:安全要求

Furniture—Children's high chair—Part 1:Safety requirements

(ISO 9221-1:1992,IDT)

2008-12-30 发布　　2010-03-01 实施

中华人民共和国国家质量监督检验检疫总局
中国国家标准化管理委员会　发布

前　言

本部分的第4章、第5章、第6章、第7章为强制性条款，其余为推荐性条款。

GB 22793《家具　儿童高椅》分为两个部分：

——GB 22793.1《家具　儿童高椅　第1部分：安全要求》；

——GB/T 22793.2《家具　儿童高椅　第2部分：试验方法》。

本部分是GB 22793的第1部分。

本部分等同采用ISO 9221-1:1992《家具　儿童高椅　第1部分：安全要求》，与原国际标准的技术内容和文本结构完全相同，仅做如下编辑性修改：

——“规范性引用文件”的引导语按GB/T 1.1—2000的规定；

——用小数点符号“.”代替小数点符号“,”；

——用“本标准”代替“本国际标准”，用“本标准本部分”代替“本国际标准本部分”；

——删除国际标准中资料性概述要素(包括封面、目次、前言和引言)；

——在5.2.8中注明加载距离a、b值；

——增加了附录A(资料性附录)；

——增加了参考文献。

本部分的附录A为资料性附录。

本部分由中国轻工业联合会提出。

本部分由全国家具标准化中心归口。

本部分主要起草单位：上海市质量监督检验技术研究院、浙江方圆检测集团股份有限公司、成都市全友家私有限公司、广东省东莞市质量技术监督标准与编码所、佛山市顺德区标准化研究与促进中心。

本部分主要起草人：罗菊芬、刘曜国、梁米加、古鸣、游飞飙、张友全、罗岳泰、杨毅宁、沈炳富。

家具　儿童高椅　第1部分:安全要求

1　范围

GB 22793的本部分规定了有关家用儿童高椅的安全要求,目的是最大限度地减少儿童高椅和用作儿童高椅的多用途高椅在正常使用或合理性可预见误用时导致的事故。

本部分不适用于可变换成矮椅,矮椅和矮桌以及具有婴儿学步车、推椅、摇椅、汽车椅和可躺的低椅等高椅的附加功能。

本部分不适用于由儿童相互之间在高椅内玩耍可能引起的事故或伤害,或者由3岁以上的儿童滥用或误用时造成的事故。

2　规范性引用文件

下列文件中的条款通过GB 22793的本部分的引用而成为本部分的条款。凡是注日期的引用文件,其随后所有的修改单(不包括勘误的内容)或修订版均不适用于本部分,然而,鼓励根据本部分达成协议的各方研究是否可使用这些文件的最新版本。凡是不注日期的引用文件,其最新版本适用于本部分。

GB/T 3922　纺织品耐汗渍色牢度试验方法(GB/T 3922—1995,eqv ISO 105-E04:1994)

GB 5296.1　消费品使用说明　总则

GB/T 22793.2—2008　家具　儿童高椅　第2部分:试验方法(ISO 9221-2:1992,IDT)

3　术语和定义

下列术语和定义适用于GB 22793的本部分。

3.1

高椅　high chair

通常由6个月至3岁儿童使用的椅子,用于支承儿童,能凭借儿童自身的调整保持在座位上。椅子上可附置一个托盘,用于儿童喂食、吃食或游戏。该椅子被设计为放置在地上,并使儿童坐在其中能接近餐桌面。

3.2

紧固件　fastening

将高椅的一个部件固定到另一个部件上的装置,如螺栓、翼状螺母。

3.3

胯带　crotch strap

一种防止儿童从高椅中滑出的装置。

4　材料

4.1　木材

用于高椅的木材及木质材料应无腐蚀和虫蛀。

4.2　金属

当高椅装配完毕使用时,所有外露的金属件,包括组件,如弹簧、螺母、螺栓和垫圈等,应采用耐腐蚀材料,如铝、不锈钢制成,或者采取足够的防腐措施。当按照GB/T 22793.2—2008的5.2进行试验时,其锈蚀度应不高于Ri1。

4.3 染色纺织品

当按照 GB/T 3922 规定的方法进行试验时，染色纺织品原样的变色牢度应不小于 4 级，或贴衬织物沾色牢度评定值不小于 3 级。

5 结构

5.1 适用性

本部分 5.2 要求适用于按照制造商的说明装配的高椅，如果高椅部件设计为可拆装式(如食物托盘、脚架)，本要求适用于具有或不具有这些部件的高椅。

5.2 要求

5.2.1 高椅应采用符合第 4 章要求的材料制造。高椅应能被揩擦或用海绵揩擦。

5.2.2 产品应无未经封口的管子。应无突出物、孔洞、松动垫圈、调速装置、螺母、间隙(间隙大小参见附录 A)，以免使用时儿童的手指或肌体陷入其中。应无外露的锋利边棱，尖状物或毛刺。

5.2.3 顾客因运输或储藏需要拆卸高椅时，用于拆卸的部件不应采用木螺钉装配。

5.2.4 高椅设计和构造应避免儿童在下列情况受到剪切、夹轧等伤害：当儿童在高椅内，框架构件或其他组件发生旋转或折叠，包括试图移动可折叠高椅。

当儿童坐在高椅内时，紧固装置应不能被儿童松动。

5.2.5 除了在紧固件的正常操作方向上外，在其他任何方向对儿童高椅的任何部位和附件施加 90 N 力时，这些部位和附件应不被拆开或破坏。紧固件在正常操作方向上的最小操作力应为 20 N，对于塑料材料，试验应在(20±3)℃温度条件下进行。

5.2.6 高椅应配备背带、胯带或腰带。如果需要的话，高椅应以搭环或类似装置的形式提供附件位置，这些附件位置应设置在图 1 所示的阴影区域内。当按照 GB/T 22793.2—2008 的 5.4 试验时，这些附件位置及连接带中间应无任何可视的破坏，一个附件位置的运动应不影响另一个。在任何时候，每一个与椅后背前面的距离都应不超过 50 mm，与椅座上面的距离都应不超过 75 mm。当按照 GB/T 22793.2—2008 的 4.1 采用的试验模块试验时，试验模块应尽可能放置在座位后面(见图 1)。另外，高椅可配备一套由最小宽度为 15 mm 的腰带和肩带组成的完整、永久性附属背带装置。

单位为毫米

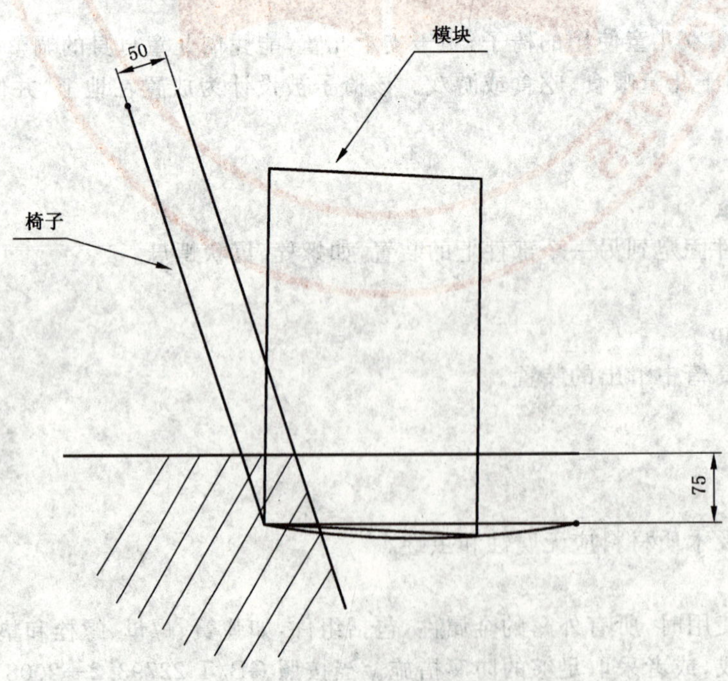

图 1 背带附件位置的定位

5.2.7 在高椅上不论是否具有食物托盘，产品的设计都应避免儿童向前滑出座位。

通常通过配备一条宽度不小于 20 mm 的胯带来满足本要求，胯带系在座位和托盘之间、或座位和水平栅条或搭口带之间。

当按 GB/T 22793.2—2008 的 5.5 试验时，胯带应无破坏。

5.2.8 当按照 GB/T 22793.2—2008 的 5.10.2 和 5.10.3 试验时，高椅的任何一条腿应不翘离地面，直至施加载荷的距离 a、b 分别大于 140 mm 和 120 mm 为止。

当按照 GB/T 22793.2—2008 的 5.10.4 和 5.10.5 试验时，高椅的任何一条腿应不翘离地面，直至施加载荷大于 200 N 为止。

5.2.9 当按照 GB/T 22793.2—2008 的 5.6 试验时，高椅的任何部位应不被拆开或破坏；当高椅配备有托盘，按照 GB/T 22793.2—2008 的 5.6.7 试验时，托盘不应脱离高椅。

5.2.10 可折叠的高椅，当按照 GB/T 22793.2—2008 的 5.7 试验时，不应折叠。

5.2.11 除了可转换成婴儿学步车的高椅外，高椅不应装备脚轮。当学步车当做高椅功能使用时，应锁定脚轮，以防婴儿坐在高椅中，高椅产生移动。

5.2.12 当按照 GB/T 22793.2—2008 的 5.8 试验时，后背可调节的机械装置不应滑动或增大座位和后背的调定角度。

6 标志

每一个高椅或多用途高椅，当声称符合本部分制定的要求时，应持久而显著地标注：

a) 制造商、批发商或零售商的名称、商标或其他标志；

b) 声明：

   1) **“警告：不要离开无人照看的儿童！”**；

   2) 在配备了安全背带的地方，应增加下列附加的警示：

   无论何时，儿童应系上正确固定和调节的安全背带。

7 使用说明

根据 GB 5296.1，应提供有关高椅或多用途高椅的正确、安全的装配及使用说明，该说明应首先指明：**为将来参考，注重保存。**

8 包装

包装用的任何塑料包装物应标注下列警示：

为了避免窒息的危险，使用本产品前应先移走塑料包装物，这些包装物应被清除或远离婴幼儿童。

附 录 A
（资料性附录）
手指或肌体可能陷入的间隙

A.1 各种类型的孔、开口和间隙

A.1.1 可陷入手指的孔、开口和间隙

当按第A.2章进行测试时，可接近区域没有尺寸大于5 mm且小于12 mm的孔和间隙，深度小于10 mm的除外。

允许直径大于7 mm的组装孔。当按第A.2章用直径7 mm的锥头以30 N的力测试时，锥头应不能穿过网状物的孔。

A.1.2 夹住四肢的孔、开口和间隙

当按第A.2章进行测试时，在可接近区域应没有直径大于等于25 mm且小于45 mm的孔、开口和间隙。

A.1.3 夹住头、颈和躯体的孔、开口和间隙

当按第A.2章进行测试时，可接近区应没有直径大于等于65 mm的孔、开口和间隙。如果有金属丝网组成的部件（如脚踏板），则应没有直径大于等于85 mm的孔、开口和间隙。金属丝的直径应不小于2 mm。

A.2 孔、洞和间隙的测量

A.2.1 可陷入手指的孔、开口和间隙的测量

用锥头直径5 mm、7 mm和12 mm的滑规检测可接近区域。对滑规施加如表A.1所示的力，记录锥头能否通过孔。

A.2.2 可陷入四肢的孔、开口和间隙的测量

用锥头直径25 mm和45 mm的滑规检测可接近区域中所有可接触的洞孔、间隙和开口。对滑规施加如表A.1所示的力，记录锥头能否通过孔。

A.2.3 可陷入头、颈和躯体的孔、开口和间隙的测量

用锥头直径45 mm、65 mm和85 mm的滑规检测可接近区域中所有可接触的洞孔、间隙和开口。对滑规施加如表A.1所示的力，记录锥头能否通过孔。

表 A.1 锥头的直径和施加的力

锥头直径/mm	施加力/N
5	30
7	30
12	0
25	30
45	0
65	30
85	90

A.3 测量锥头

见图A.1,用塑料或硬质、光滑材料制成的锥头组成,安装在一个测力装置上。锥头分别有直径5 mm、7 mm、12 mm、25 mm、45 mm、65 mm和85 mm九种规格,其中直径5 mm、7 mm、25 mm、65 mm和85 mm锥头的公差为(0/-0.1)mm,直径12 mm、45 mm锥头的公差为(+0.1/0)mm。

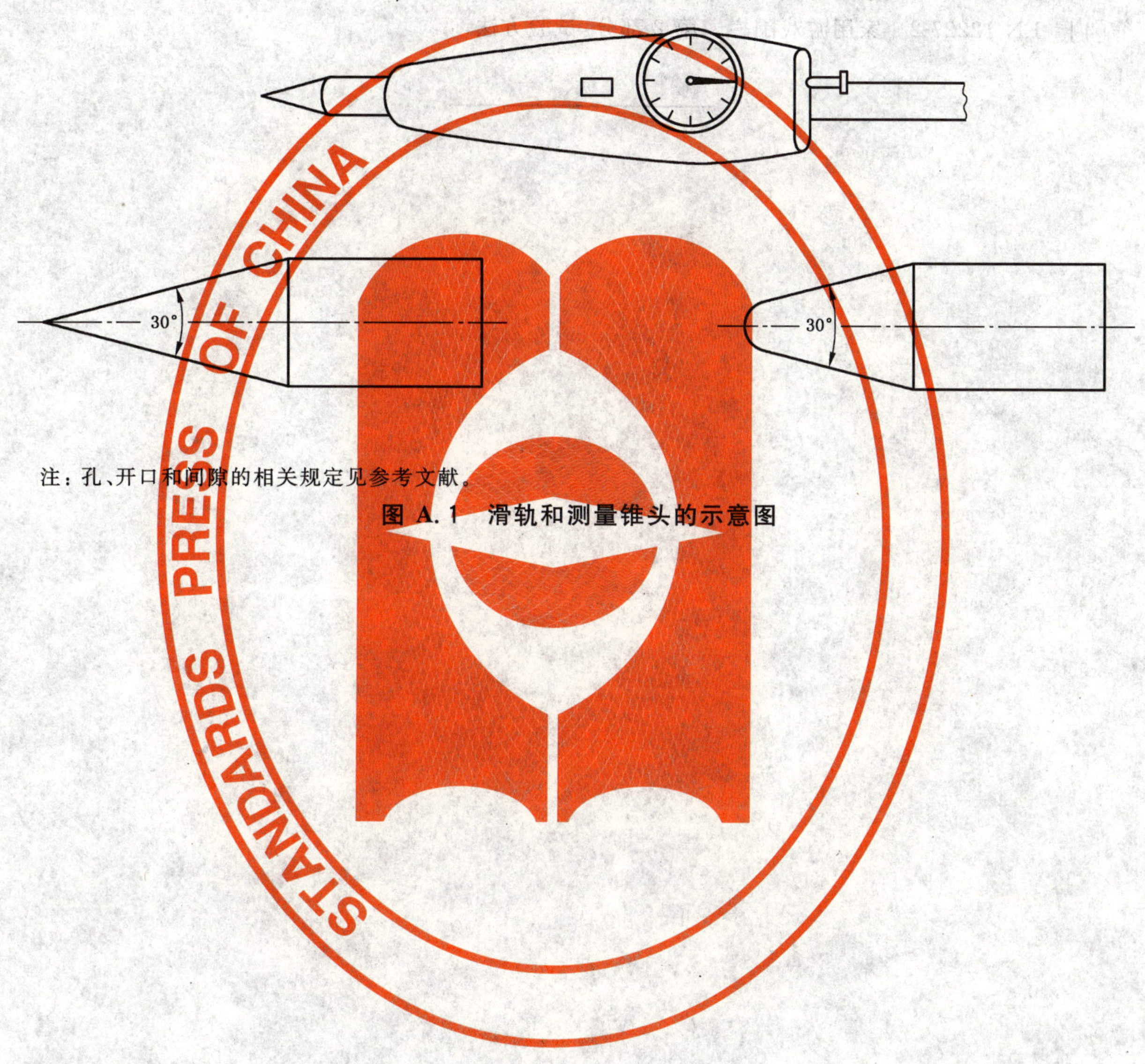

注:孔、开口和间隙的相关规定见参考文献。

图A.1 滑轨和测量锥头的示意图

参 考 文 献

[1] ISO 7175-1 家用儿童床和折叠床 第1部分:安全要求
[2] ISO 7175-2 家用儿童床和折叠床 第2部分:试验方法
[3] EN 12227-1 家用游戏围栏 第1部分:安全要求
[4] EN 12227-2 家用游戏围栏 第2部分:试验方法

ICS 97.140
Y 81

中华人民共和国国家标准

GB/T 22793.2—2008/ISO 9221-2:1992

家具　儿童高椅　第2部分:试验方法

Furniture—Children's high chair—Part 2:Test methods

(ISO 9221-2:1992,IDT)

2008-12-30 发布　　　　2009-09-01 实施

中华人民共和国国家质量监督检验检疫总局
中国国家标准化管理委员会　发布

前　言

GB 22793《家具　儿童高椅》分为两个部分：

——GB 22793.1《家具　儿童高椅　第1部分：安全要求》；

——GB/T 22793.2《家具　儿童高椅　第2部分：试验方法》。

本部分是GB 22793的第2部分。

本部分等同采用ISO 9221-2:1992《家具　儿童高椅　第2部分：试验方法》，与原国际标准的技术内容和文本结构完全相同，仅做如下编辑性修改：

——"规范性引用文件"的引导语按GB/T 1.1—2000的规定；

——用小数点符号"."代替小数点符号","；

——用"本标准"代替"本国际标准"，用"本标准本部分"代替"本国际标准本部分"；

——删除国际标准中资料性概述要素(包括封面、目次、前言和引言)；

——增加了附录A(规范性附录)。

本部分的附录A为规范性附录。

本部分由中国轻工业联合会提出。

本部分由全国家具标准化中心归口。

本部分主要起草单位：上海市质量监督检验技术研究院、浙江方圆检测集团股份有限公司、成都市全友家私有限公司、广东省东莞市质量技术监督标准与编码所、佛山市顺德区标准化研究与促进中心。

本部分主要起草人：罗菊芬、刘曜国、梁米加、古鸣、游飞飙、张友全、罗岳泰、杨毅宁、沈炳富。

家具　儿童高椅　第2部分:试验方法

1　范围

GB 22793的本部分规定了评定GB 22793.1—2008《家具　儿童高椅　第1部分:安全要求》中家用儿童高椅和多功能椅的安全性要求的试验方法。

本部分不适用于可变换成矮椅,矮椅和矮桌以及具有婴儿学步架、推椅、摇椅、汽车椅和可躺的低椅等高椅的附加功能。

本部分描述了高椅不同部分在模拟正常使用及可预见合理性误用时的一系列加载试验。

这些试验的设计是为了评价产品的性能,并不考虑材料、设计/结构或制造工艺。

本试验的设计适用于已装配完毕并准备投入使用的产品。

试验结果仅对受试样品有效。当试验结果拟用于其他类似产品,试样应具有该类产品的代表性。

如果试件的设计结构不适合于本标准的试验程序,则试验应尽可能按照本标准规定的程序进行,并列表指出与规定程序的差异。

2　规范性引用文件

下列文件中的条款通过GB 22793的本部分的引用而成为本部分的条款。凡是注日期的引用文件,其随后所有的修改单(不包括勘误的内容)或修订版均不适用于本部分,然而,鼓励根据本部分达成协议的各方研究是否可使用这些文件的最新版本。凡是不注日期的引用文件,其最新版本适用于本部分。

GB 22793.1—2008　家具　儿童高椅　第1部分:安全要求(ISO 9221-1:1992,IDT)

ISO 554　调质和试验的标准环境　规范

ISO 2812-2　色漆和清漆耐液测定法　第2部分:浸水法

ISO 4628-3　色漆和清漆　涂层老化的评定　缺陷的数量、大小以及表面均匀变化的强度标识　第3部分:生锈等级的评定

3　一般试验要求

如无其他规定,所有力值的测量精度应为±0.5%,所有质量的测量精度应为±0.5%,所有尺寸的测量精度应为±0.5 mm。

在试验前,试件应存放一段时间,以保证其形成足够的强度,若试件以木材或其类似材料胶合而成,则产品制造好后至少应在正常的室内环境中存放四个星期后,才能进行试验。

试验开始前,根据ISO 554的规定,试件应放在温度为(23±2)℃,相对湿度为(50±5)%的标准环境中至少存放一个星期。

高椅应按交付状态进行试验,对于拆装式,应根据随高椅交付的说明进行装配。如果高椅有不同的装配或结合方式,对于每一项试验,应采用最不利的结合方式。

试验前,拆装式五金件应进行紧固。

若高椅结构具有角度可调的靠背,则所有强度和稳定性试验都应在靠背处于最不利的位置上进行,一般是使靠背完全后倾。

4　试验设备

4.1　试验模块

一个直径为200 mm,高为300 mm的刚性圆柱体,其质量为15 kg,重心位于底部上方150 mm处,

所有边沿的最小倒圆半径为 5 mm，配有两根安全背带的固定位置。该位置位于圆柱体底部上方 150 mm 处，并且在圆周面上互成 180°。

4.2 强度冲击锤

一个质量为(6.5±0.07)kg(包括头部)的圆柱形冲击器，由一根直径为 38 mm、管壁厚度为 1.6 mm 的钢管转轴支承，锤头具有橡胶层和硬木层，转轴和冲击锤的重心之间的距离为 1 m，摆臂枢轴采用低摩擦轴承。

符合上述要求的装置如图 1 所示。

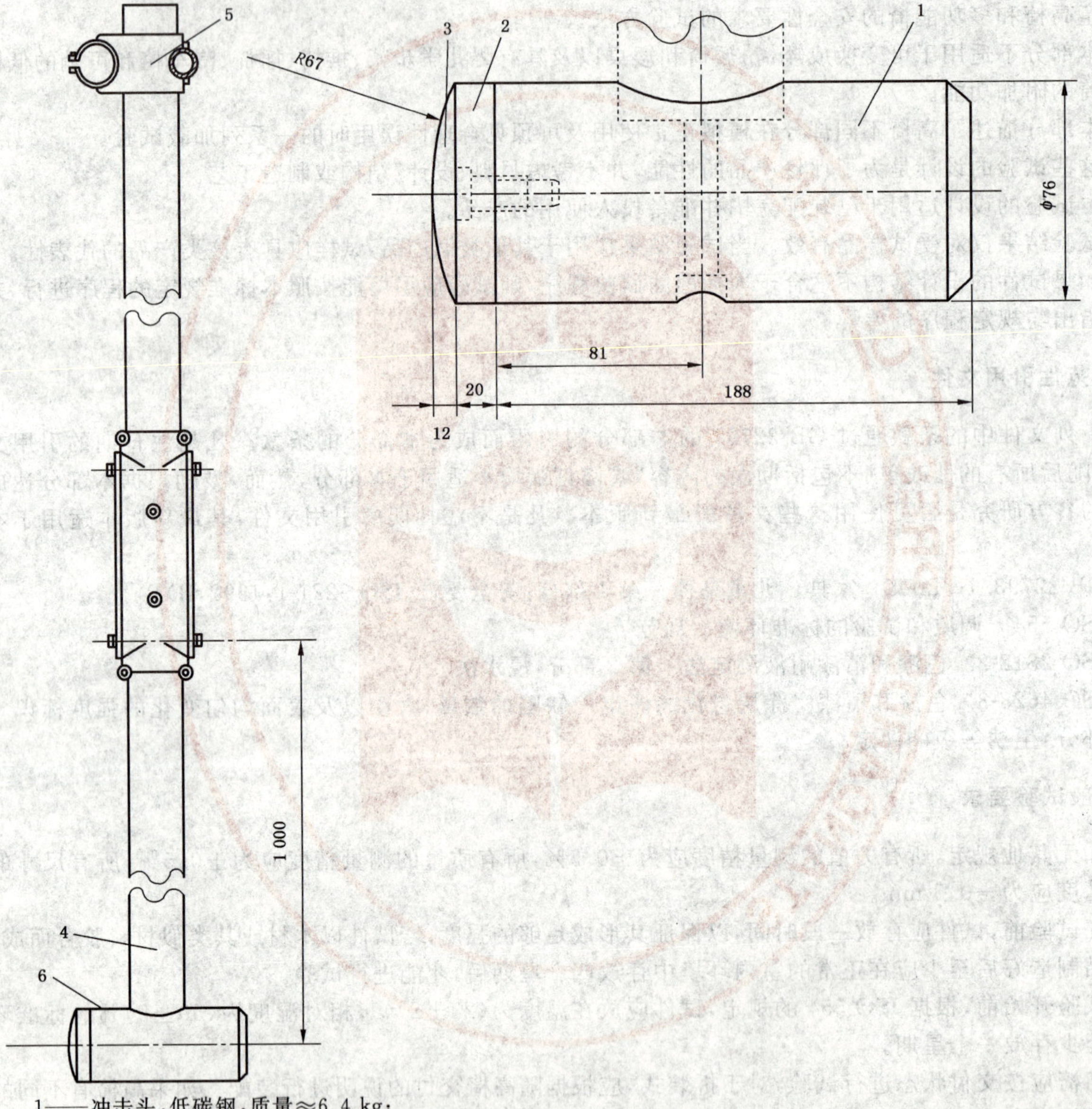

1——冲击头，低碳钢，质量≈6.4 kg；

2——硬木；

3——橡胶，硬度为 50 度；

4——冲击臂，长度 950 mm，冷轧无逢钢，管子直径 38 mm；管壁厚 1.6 mm，质量 2 kg±0.2 kg；

5——高度调节器；

6——冲击锤头。

装配件 1+2+3 的总质量为 6.5 kg±0.07 kg。

注：冲击头从距工作位置 90 处落下。

图 1 冲击锤

4.3 加载垫

直径为 100 mm 的圆柱形刚性物体，其表面光滑坚硬，边沿倒圆。

4.4 挡块

用来防止试件移动，但不能限制试件倾翻的装置，其高度应不大于 12 mm，如果因试件结构特殊，允许使用较高的挡块，但其最大高度应以刚好能防止试件移动为宜。

4.5 试验地面

地面应水平、平坦、坚硬，例如混凝土。

4.6 杠杆

长为 900 mm，质量为(450±10)g。

4.7 G 型夹

质量为(0.25±0.05)kg。

4.8 钩子

质量为(1.00±0.05)kg。

5 试验程序

5.1 试验前的装配和检验

根据制造商的说明装配高椅。试验前，按附录 A 的规定检查高椅有无可视缺陷。

5.2 耐腐蚀试验

根据 ISO 2812-2 的要求，将儿童能接触到的范围内的金属部分暴露在大气中 48 h，然后，根据 ISO 4628-3 确定其锈蚀度。

5.3 加工工艺检查

检验试件外露的边棱、螺钉、螺栓、拉链及其他配件是否倒圆、倒角，有无毛刺和刃口。

5.4 背带附件强度试验

牢固地夹住试件的座位处，使试件处于直立位置，在最可能引起每个背带附件位置发生破坏的方向上施加 150 N 的力，保载 1 min。

5.5 胯带强度试验

在最可能导致破坏的方向施加动载可忽略的 150 N 的力，保载 1 min。

5.6 一般强度试验

5.6.1 除紧固件的正常操作方向上外，在试件的其他任何部位或附件上加载 90 N 的力。

5.6.2 使试件腿部着地处于直立位置，在试件座位中央直径为 150 mm 的范围内，均布放置一块质量为 40 kg 的载荷，保载 1 min。通过扶手提升高椅 1 min，然后移去载荷。

5.6.3 在搁脚板中央面积为 75 mm×150 mm 的范围内，均布放置一块质量为 20 kg 载荷，保载 1 min 后，移去载荷。

5.6.4 如果试件配备托盘，在托盘中央面积为 75 mm×150 mm 的范围内，均布放置一块质量为 20 kg 的载荷，保载 1 min 后，移去载荷。

5.6.5 将试件的腿牢牢地固定在地上，使之在加力方向上不能移动。若配有托盘，是移走托盘还是留下托盘，则按照最可能引起失败的情况来决定。按 4.2 条规定的冲击锤以 1.5 m/s 的速度撞击椅背内面顶部的中心 10 次，然后在以同样的速度撞击椅背外面顶面的中心 10 次(见图 2)。

注：1.5 m/s 的速度是由冲击锤从 116 mm 的高度，摆角为 28°跌落时获得的。

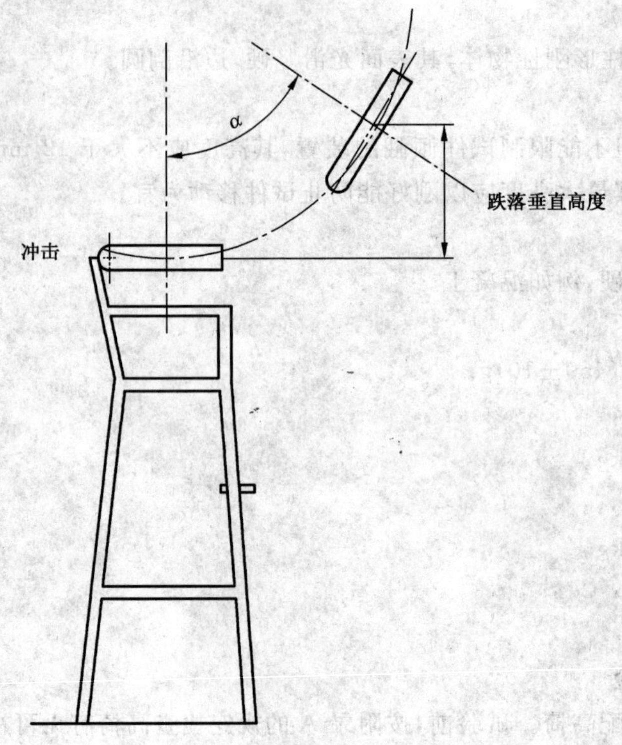

图 2 椅背冲击强度试验

5.6.6 从高椅上移开托盘，从距离地面 1 m 的高度处，根据下列每一项对托盘进行跌落试验：一长边、一短边、盘底、相邻的紧固件位置以及其他通过试验认为可能破坏的位置。

5.6.7 试件保留托盘，并牢牢固定好高椅的座位，使之不能在加载方向上发生移动。在下列位置依次在水平方向上对托盘施加 200 N 的力：

a) 在托盘最高面前端和末端前边沿的中心；

b) 在最高面上每一边的中心朝外。

加载应在 1 s 内逐步完成，然后保载 30 s，试验 10 次。

5.7 可折叠高椅的试验

使托盘处于恰当位置，把试验模块放置在座位上，在托盘外端或最接近的适当结构处，施加 200 N 的力。如果未装配托盘，则在最容易引起高椅折叠的位置加载。

本试验进行 10 次（见图 3）。

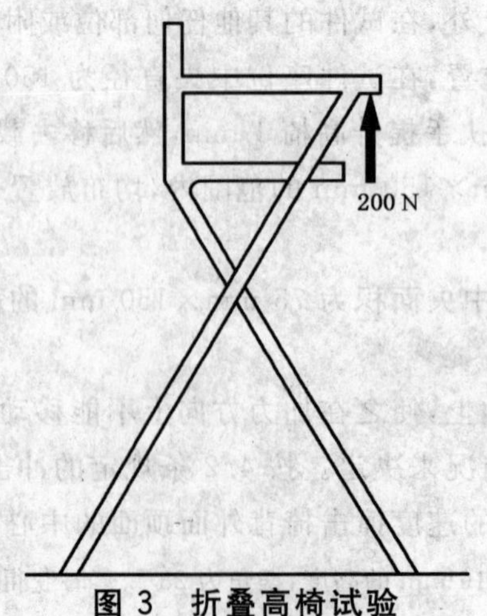

图 3 折叠高椅试验

在最容易引起高椅折叠的任何位置或方向上重复该加载试验。

5.8 **靠背调节机构的强度试验**

使有倾斜靠背的高椅的底部牢牢地固定在地面上，在靠背顶边的中间和两端位置施加 100 N 的垂直力，保载 1 h。

5.9 **背斜角测量**

5.9.1 为了测量座位背部的角度，将图 4 所示的装置放在高椅座位上，按图 5 所示将试验模块放在底板的中间。

5.9.2 确保 20 mm×12 mm 的挡块紧靠在座位的前边，躺板紧紧地搁在后背上，测量躺板与水平面(如图 5 所示)之间的角度。

单位为毫米

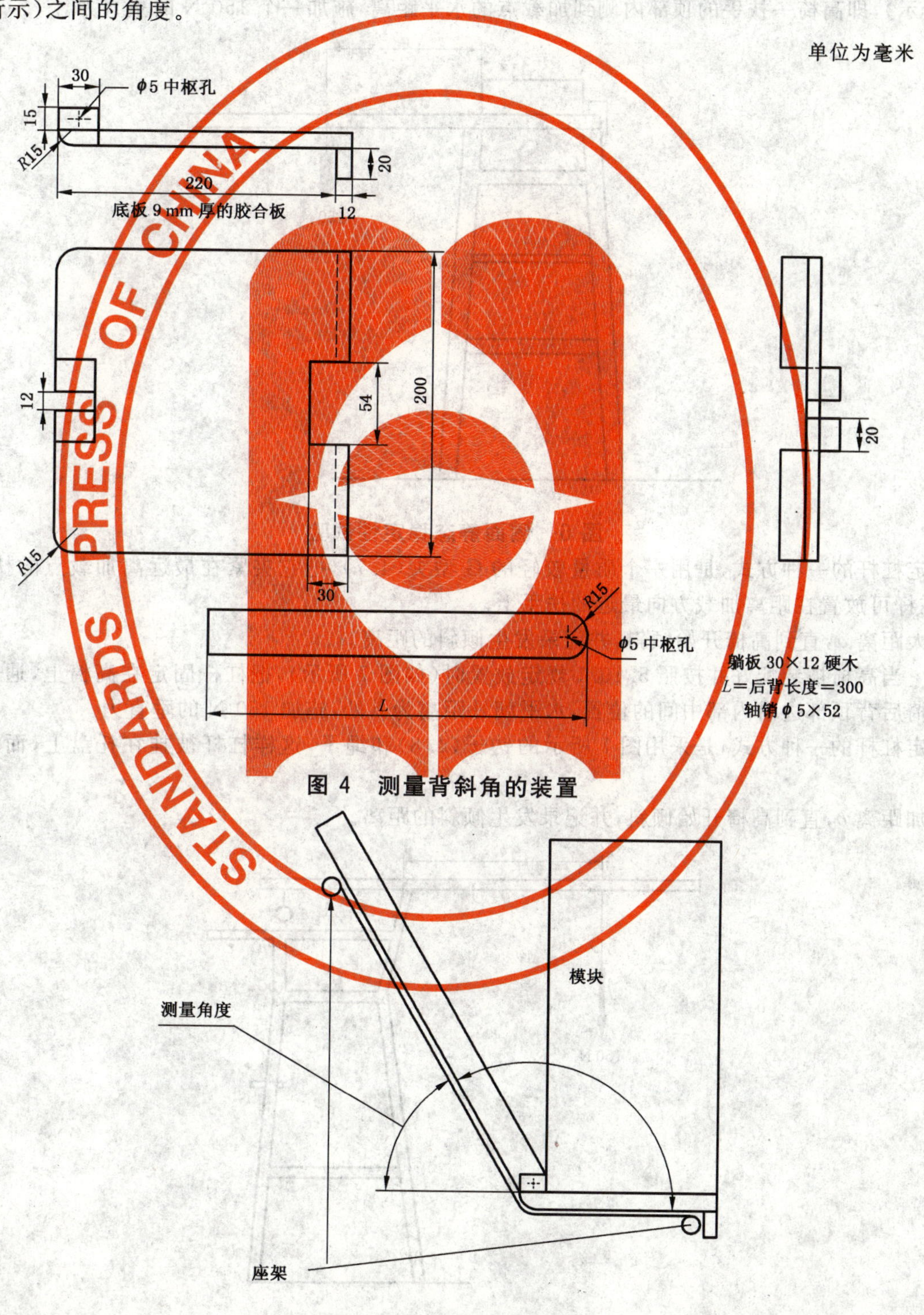

图 4 测量背斜角的装置

图 5 背斜角的测量

5.10 稳定性试验

5.10.1 将高椅垂直放置，并使全部椅腿放在水平地面上。

试验时，如果高椅有滑动趋势，则在地面上椅腿的适当位置放置挡块(4.4)，用以阻止椅腿滑动但不防止其倾翻。

如果高椅在其他试验中发生了损坏，影响了高椅的稳定性，应视作试验未完成。应提交另外一个试件进行该试验。

5.10.2 当高椅被装配好并按照5.10.1规定放置时，把杠杆固定在高椅上，在水平向外距离为 a 处(图6所示)，即高椅一扶手的顶部内侧到加载点的水平距离，施加一个150 N的垂直力。

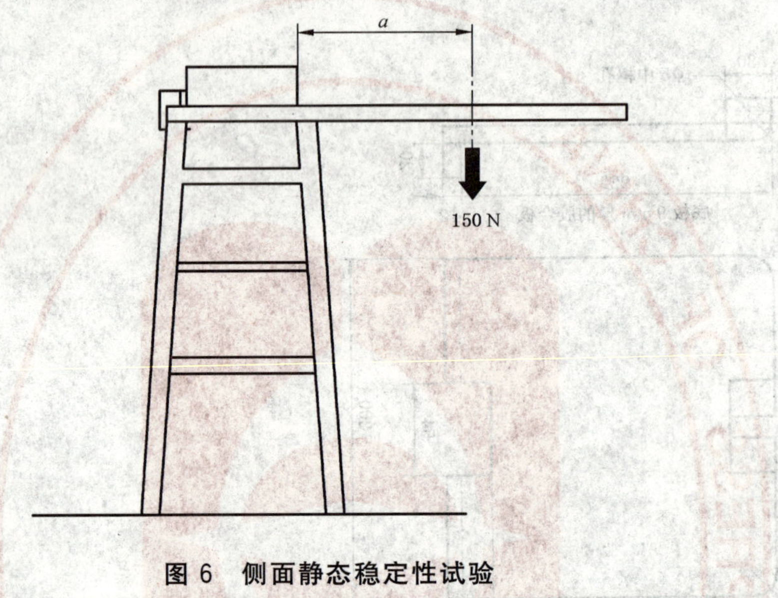

图6 侧面静态稳定性试验

固定杠杆的一种方式，是用一个质量较轻的G型夹(4.7)，把它夹紧在最远离加载点的扶手上边，这样，杠杆可放置在距离加载方向最近的扶手上。

增大距离 a，直到高椅开始倾斜，并记录发生倾斜的距离。

5.10.3 当高椅被装配好并按照5.10.1规定放置时(如图7所示)，把杠杆固定在高椅上，通过杠杆在距离高椅后背顶部边沿内部中间的位置，水平朝外距离为 b 处，施加150 N的垂直力。

固定杠杆的一种方式，是采用图7所示的钩子(4.8)和绳子，这样杠杆被挂在托盘上，而不会向上移动。

增加距离 b，直到高椅开始倾斜，并记录发生倾斜的距离。

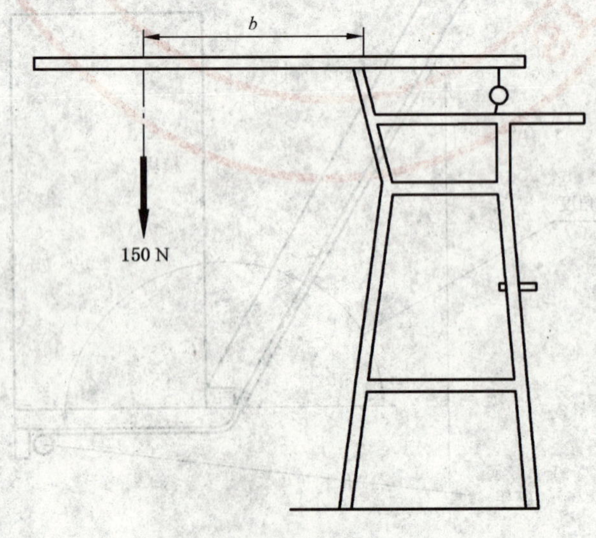

图7 向后静态稳定性试验

5.10.4 按5.10.1规定，装配并放置好高椅，根据制造商的说明安装搁脚板，如果有托盘，则移走托盘。

在空载的高椅上，通过加载垫(见图8)，在距离搁脚板前边不超过25 mm处，对搁脚板施加一个垂直向下的作用力。

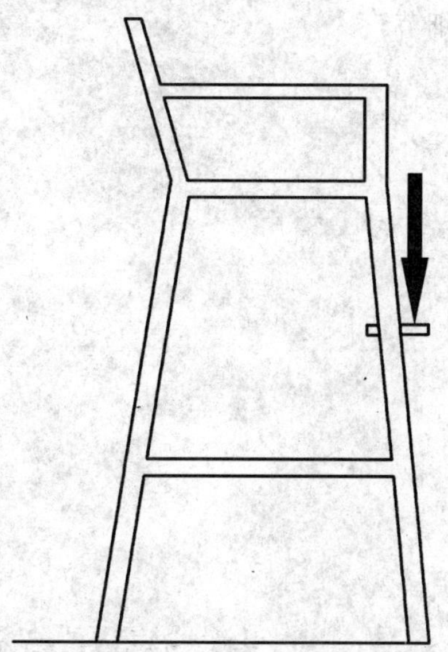

图8 搁脚板静态稳定性试验

如果高椅没有搁脚板，则在高椅框架最前端的水平构件上施加垂直向下的力。

增加作用力，直到高椅开始倾斜，并记录此时的作用力。

5.10.5 如果高椅有托盘，按5.10.1规定，装配并放置好高椅，根据制造商的说明装好托盘。

在空载的高椅上，在托盘中心施加垂直向下的作用力(见图9)。

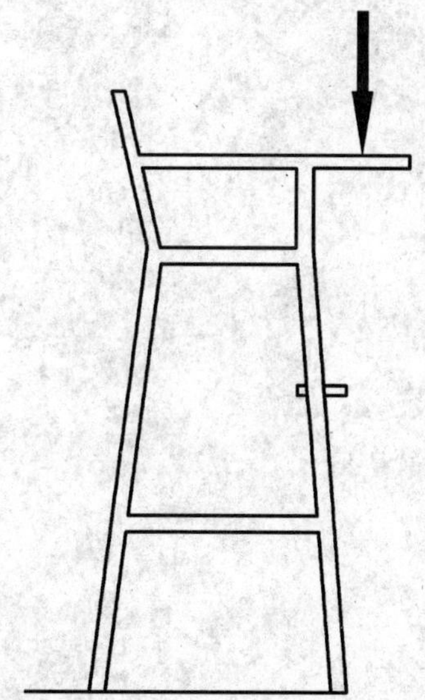

图9 托盘静态稳定性试验

增加作用力，直到高椅开始倾斜，并记录此时的作用力。

6 试验报告

试验报告至少应包括以下信息：

a) 本标准本部分的检验委托书(任务来源)；

b) 受检单位(相关数据)；

c) 试件交付情况的描述；

d) 根据 5.2～5.10 进行试验的结果；

e) 与 GB 22793.1—2008 要求的符合性；

f) 偏离本标准本部分的任何细节；

g) 试验机构的名称、地址；

h) 试验日期。

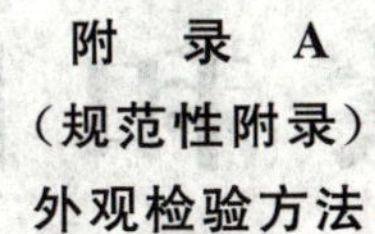

附 录 A
(规范性附录)
外观检验方法

A.1 外观缺陷检查

加工工艺检查见 5.3 条，其他外观缺陷(如 GB 22793.1—2008 的 4.1、5.2.2 的结构缺陷，5.2.3、5.2.6 的外观结构缺陷，5.2.11、第 6 章、第 7 章、第 8 章)检查，宜在自然光或光照度 300 lx～600 lx 范围内的近似自然光(例如 40 W 日光灯)下，视距为 700 mm～1 000 mm。当有争议时，由三人共同检验，以多数相同意见为评定结论。

A.2 相关结构尺寸检查

试件应放置在平板或平整地面上，采用精确度不小于 1 mm 的钢直尺或卷尺对 GB 22793.1—2008 的 5.2.6 要求的结构尺寸要求进行测定。

ICS 29.120.50
K 31

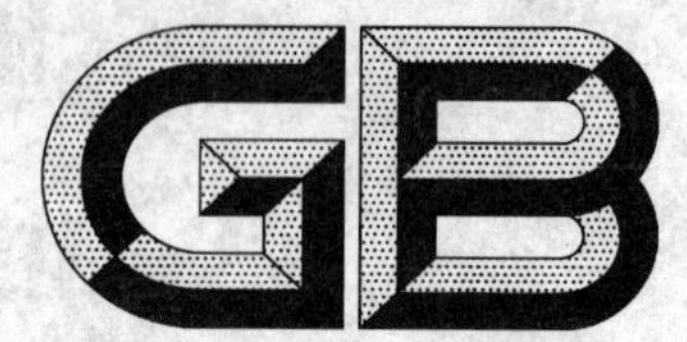

中华人民共和国国家标准

GB 22794—2008/IEC 62423:2007

家用和类似用途的不带和带过电流保护的B型剩余电流动作断路器（B型RCCB和B型RCBO）

Type B residual current operated circuit-breakers with and without integral overcurrent protection for household and similar uses (Type B RCCBs and Type B RCBOs)

（IEC 62423:2007,IDT）

2008-12-30 发布　　　　2010-02-01 实施

中华人民共和国国家质量监督检验检疫总局
中国国家标准化管理委员会　发布

前　言

本标准的第5章、第6章、第8章和第9章为强制性，其余为推荐性。

本标准等同采用IEC 62423:2007《家用和类似用途的不带和带过电流保护的B型剩余电流动作断路器(B型RCCB和B型RCBO)》(第一版)(英文版)。

本标准在技术上与IEC 62423:2007一致，仅做了如下编辑性修改或对原文错误的修正：

——删除国际标准的前言，增加了国家标准的前言；

——对小数点采用的符号按国家标准的编制要求做了修改；

——“IEC 60479-1”、“IEC 60479-2”、“IEC 61008-1:1996”、“IEC 61009-1:1996”改为“GB/T 13870.1”、“GB/T 13870.2”、“GB 16916.1—2003”、“GB 16917.1—2003”；

——对参考文献进行编号；

——3.1下面按审查会的要求，补充了注释；

——3.2下面的功能中，取消了“脉动直流剩余电流”的脱扣功能，该功能在A型剩余电流装置中已有，不应再在下面出现，原文中有误；

——表1的第1行和第4栏的表头，修改为“剩余电流 (I_{Δ})等于下列值时分断时间和不驱动时间标准值”，IEC原文误为“剩余动作电流 (I_{Δ})…”；

——表2的第4行和第2栏中，IEC原文遗漏了1 000 Hz下的剩余不动作电流值“$I_{\Delta n}$”，采标时根据IEC 60755/TR:2008《剩余电流动作保护电器的一般要求》作了补充；

——表2中表的脚注按GB/T 1.1的要求置于表注的后面，IEC原文中表2的表注置于脚注之后。

本标准的附录A、附录B和附录C为规范性附录。

本标准由中国电器工业协会提出。

本标准由全国低压电器标准化技术委员会(SAC/TC 189)归口。

本标准负责起草单位：上海电器科学研究所(集团)有限公司。

本标准参加起草单位：浙江正泰电器股份有限公司、人民电器集团有限公司、施耐德电气(中国)投资有限公司、西门子线路保护系统有限公司、北京ABB低压电器有限公司、德力西电气有限公司、环宇集团有限公司。

本标准主要起草人：周积刚、陈颖、刘金琰。

本标准参加起草人：王先锋、高文乐、周磊、熊焘、杨文广、黄蓉蓉、李丽芳。

引　言

按 GB 16916.1 和 GB 16917.1 设计的 RCCB 和 RCBO 适用于大部分应有场合，然而在设备中采用的新的电子技术可能产生 GB 16916.1 和 GB 16917.1 所不能覆盖的特殊剩余电流。

本标准包括了涉及特定场合的 B 型 RCCB 和 B 型 RCBO 的定义、补充技术要求和试验。

对 B 型 RCCB 应先按 GB 16916.1 进行试验，B 型 RCBO 先按 GB 16917.1 进行试验。

在完成 GB 16916.1 或 GB 16917.1 规定的试验后，应进行本标准规定的补充试验以便说明符合本标准(分别见附录 A 或附录 B)。

对 B 型 RCCB 或 B 型 RCBO 的符合性验证所适用的提交样品数量和试验程序分别见附录 A 或附录 B。

平滑直流电流不大可能在带中性线的单相电源中发生。尽管如此，即使发生平滑直流剩余电流，可使用三极或四极剩余电流断路器，只要制造商声明该装置可适用于单相使用场合。

家用和类似用途的不带和带过电流保护的 B型剩余电流动作断路器 (B型RCCB和B型RCBO)

1 范围

GB 16916.1 和 GB 16917.1 的范围适用。

本标准规定了B型RCD的技术要求和试验方法。本标准规定的技术要求和试验方法是对A型剩余电流装置技术要求的补充。B型RCCB和B型RCBO在1 000 Hz及以下的正弦交流剩余电流、脉动直流剩余电流以及三相供电时的平滑直流剩余电流均能提供保护。

本标准的B型RCCB和B型RCBO不能用来在直流电源系统中使用。

其他没有被GB 16916.1或GB 16917.1覆盖的剩余电流场合使用的产品的技术要求和试验方法正在考虑中。

用于制造商声明或符合性验证的型式试验按本标准附录A或附录B的试验程序进行。

B型RCCB和B型RCBO型式试验的全部试验程序在表A.1或表B.1中给出。

注1：在整个标准中，术语“RCD”指RCCB和RCBO。

注2：1极和2极的技术要求正在考虑中。

2 规范性引用文件

下列文件中的条款通过本标准的引用而成为本标准的条款。凡是注日期的引用文件，其随后所有的修改单(不包括勘误的内容)或修订版均不适用于本标准，然而，鼓励根据本标准达成协议的各方研究是否可使用这些文件的最新版本。凡是不注日期的引用文件，其最新版本适用于本标准。

GB/T 13870.1　电流对人和家畜的效应　第1部分:通用部分(GB/T 13870.1—2008,IEC/TS 60479-1:2005,IDT)

GB/T 13870.2　电流通过人体的效应　第二部分:特殊情况(GB/T 13870.2—1997,idt IEC 60479-2:1987)

GB 16916.1—2003　家用和类似用途的不带过电流保护的剩余电流动作断路器(RCCB)　第1部分:一般规则(IEC 61008-1:1996,MOD)

GB 16917.1—2003　家用和类似用途的带过电流保护的剩余电流动作断路器(RCBO)　第1部分:一般规则 (IEC 61009-1:1996,MOD)

3 术语和定义

下列术语和定义适用于本标准。

3.1

平滑直流电流　smooth direct current

没有波纹的直流电流。

注：当波纹系数小于10%时，可以认为电流没有波纹。

3.2

B型剩余电流装置　type B residual current device

如GB 16916.1—2003或GB 16917.1—2003(适用时)的A型那样确保脱扣，此外，还能在下列电流下确保脱扣的剩余电流装置：

——1 000 Hz 及以下的正弦交流剩余电流；

——交流剩余电流叠加平滑直流剩余电流；

——脉动直流剩余电流叠加平滑直流剩余电流；

——两相或多相整流电路产生的脉动直流剩余电流；

——平滑直流剩余电流。

而与极性及剩余电流突然出现或缓慢上升无关。

4 分类

按 GB 16916.1—2003 或 GB 16917.1—2003(适用时)。

5 特性

5.1 B 型剩余电流装置

如 GB 16916.1—2003 或 GB 16917.1—2003(适用时)的 A 型那样确保脱扣，此外还能在下列电流下确保脱扣的 B 型 RCD：

——1 000 Hz 及以下的正弦交流剩余电流(见 8.1.1)；

——在交流剩余电流上叠加 0.4 倍额定剩余动作电流($I_{\Delta n}$) 的平滑直流剩余电流或 10 mA 的平滑直流剩余电流（两者取较大值）(见 8.1.2)；

——在脉动直流剩余电流上叠加 0.4 倍额定剩余动作电流($I_{\Delta n}$)的平滑直流剩余电流或 10 mA 的平滑直流剩余电流（两者取较大值）(见 8.1.3)；

——两相或多相整流电路产生的脉动直流剩余电流(见 8.1.4 和 8.1.5)；

——多相电路产生的平滑直流剩余电流(见 8.1.6)。

上述规定的剩余电流可突然施加或缓慢增加。

5.2 整流电路产生的脉动直流剩余电流及平滑直流剩余电流时的分断时间和不驱动时间标准值

表 1 整流电路产生的脉动直流剩余电流及平滑直流剩余电流时的分断时间和不驱动时间标准值

型式	I_n A	$I_{\Delta n}$ A	剩余电流(I_Δ)等于下列值时分断时间和不驱动时间标准值 s				
			$2I_{\Delta n}$	$4I_{\Delta n}$	$10I_{\Delta n}$	5 A、10 A、20 A、50 A、100 A、200 A[a]	
一般型	任何值	任何值	0.3	0.15	0.04	0.04	最大分断时间
S 型	≥25	>0.030	0.5	0.2	0.15	0.15	最大分断时间
			0.13	0.06	0.05	0.04	最小不驱动时间
对 B 型 RCBO，任何超过过电流瞬时脱扣范围下限的电流值不进行试验。							
a 仅在 9.1.4b)按图 4a)和 9.1.5b)按图 4b)所述的验证正确动作时进行试验。							

5.3 按频率(不同于额定频率 50/60 Hz)的脱扣电流标准值

表 2 按频率(不同于额定频率 50/60 Hz)的剩余不动作电流和剩余动作电流

频率 Hz	剩余不动作电流	剩余动作电流
150	$0.5I_{\Delta n}$	$2.4I_{\Delta n}$[a]
400	$0.5I_{\Delta n}$	$6I_{\Delta n}$[a]

表 2（续）

频率 Hz	剩余不动作电流	剩余动作电流
1 000	$I_{\Delta n}$	$14I_{\Delta n}$[a,b]

注 1：“剩余不动作电流”和“剩余动作电流”的定义如 GB 16916.1—2003 和 GB 16917.1—2003 中所述。

注 2：给定频率的波形是正弦波。

注 3：在频率 f_x 时的最大允许接地阻抗取决于在该频率时 RCD 动作电流的上限。

注 4：容许接触电压的频率与人体中消耗功率之间的关系正在考虑中。在最终的电压确定前，推荐采用 50/60 Hz时的最大容许接触电压 50 V。

[a] 该电流值相应于按 GB/T 13870.1 并结合 GB/T 13870.2 的心室纤维性颤动频率系数得出的心室纤维性颤动阈值。

[b] GB/T 13870 系列标准没有给出超过 1 000 Hz 频率的系数。

6 标志和其他产品资料

在 A 型符号的邻近增加下列符号：，例如：。

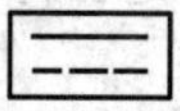

作为一种选择，也可采用下列符号：。

注：考虑较高频率下的脱扣电流，制造商应提供有关电气装置最大接地电阻的信息。

7 使用和安装的标准工作条件

按 GB 16916.1—2003 或 GB 16917.1—2003（适用时）。

8 结构和操作要求

8.1 与剩余电流型式相应的操作

8.1.1 1 000 Hz 及以下的正弦交流剩余电流

B 型 RCD 应符合本标准表 2 规定的值。

通过 9.1.1a）的试验来检验是否符合要求。

在突然出现表 2 规定的剩余动作电流时，B 型 RCD 应动作。一般型 RCD 的最大分断时间应为 0.3 s，S 型 RCD 的最小不驱动时间应等于或大于 0.13 s，并且最大分断时间应不超过 0.5 s。

通过 9.1.1b）的试验来检验是否符合要求。

8.1.2 交流剩余电流叠加平滑直流剩余电流

在额定频率的交流剩余电流上叠加 0.4 倍额定剩余动作电流（$I_{\Delta n}$）的平滑直流剩余电流或 10 mA 的平滑直流剩余电流（两者取较大值）时 B 型 RCD 应动作。

交流脱扣电流应等于或小于 $I_{\Delta n}$。

通过 9.1.2 的试验来检验是否符合要求。

8.1.3 脉动直流剩余电流叠加平滑直流剩余电流

在脉动直流剩余电流上叠加 0.4 倍额定剩余动作电流（$I_{\Delta n}$）的平滑直流剩余电流或 10 mA 的平滑直流剩余电流（两者取较大值）时 B 型 RCD 应动作。

对 $I_{\Delta n}>0.01$ A 的 RCD，脱扣电流不应大于 $1.4I_{\Delta n}$，或对 $I_{\Delta n}\leqslant 0.01$ A 的 RCD，不应大于 $2I_{\Delta n}$。

注：由于是半波脉动直流电流，所以脱扣电流 $1.4I_{\Delta n}$ 或 $2I_{\Delta n}$（适用时）是有效值。

通过 9.1.3 的试验来检验是否符合要求。

8.1.4　两相供电的整流电路产生的脉动直流剩余电流

对整流电路产生的稳定增加的脉动直流剩余电流，B 型 RCD 应在 $0.5I_{\Delta n}$～$2I_{\Delta n}$的范围内动作。

通过 9.1.4a)的试验来检验是否符合要求。

对整流电路产生的突然施加的脉动直流剩余电流，B 型 RCD 应按表 1 规定的时间范围内动作。

通过 9.1.4b)的试验来检验是否符合要求。

8.1.5　三相供电的整流电路产生的脉动直流剩余电流

对整流电路产生的稳定增加的脉动直流剩余电流，B 型 RCD 应在 $0.5I_{\Delta n}$～$2I_{\Delta n}$的范围内动作。

通过 9.1.5a)的试验来检验是否符合要求。

对整流电路产生的突然施加的脉动直流剩余电流，B 型 RCD 应按表 1 规定的时间范围内动作。

通过 9.1.5b)的试验来检验是否符合要求。

8.1.6　平滑直流剩余电流

对稳定增加的平滑直流剩余电流，B 型 RCD 应在 $0.5I_{\Delta n}$～$2I_{\Delta n}$的范围内动作。

通过 9.1.6.1a)的试验来检验是否符合要求。

对突然施加的平滑直流剩余电流，B 型 RCD 应按表 1 规定的时间范围内动作。

通过 9.1.6.1b)的试验来检验是否符合要求。

9　试验

9.1　在基准温度(20±5)℃下验证动作特性

RCD 按正常使用安装。

所有试验 RCD 应先在额定频率下施加 $0.85U_n$ 进行试验，然后施加 $1.1U_n$ 进行试验。除非另有规定，试验时不带负载。

RCD 具有多个剩余动作电流整定值时，应对每个整定值试验。

9.1.1　在 1 000 Hz 及以下的正弦交流剩余电流时验证正确动作

a)　应按图 1 进行试验。试验开关 S_1、S_2 以及 RCD 处于闭合位置，剩余电流从不大于 $0.2I_{\Delta n}$的值开始稳定地增加，试图在 30 s 内达到表 2 规定的剩余动作电流值，测量脱扣电流。

　　对随机选取的一极在表 2 规定的每个频率进行试验，重复 5 次，脱扣电流值应符合表 2 的要求。

b)　第二组试验验证分断时间

　　试验电路调节至表 2 相应于 1 000 Hz 的剩余动作电流，试验开关 S_1 和 RCD 处于闭合位置，然后闭合试验开关 S_2 突然产生剩余电流。

　　在随机选取的一极测量 5 次分断时间。

　　对一般型 RCD 最大分断时间不应超过 0.3 s；对 S 型 RCD 最小不驱动时间应等于或大于 0.13 s并且最大分断时间不应超过 0.5 s。

9.1.2　在交流剩余电流叠加平滑直流剩余电流时验证正确动作

应按图 2 进行试验。

试验开关 S_1、S_2 及 RCD 处于闭合位置，对随机选取的一极施加平滑直流剩余电流并调节至 $0.4I_{\Delta n}$或 10 mA，两者取较大值。

对另外一极施加额定频率的交流剩余电流，剩余电流从不大于 $0.2I_{\Delta n}$的值开始稳定地增加，试图在 30 s 内达到 $I_{\Delta n}$值，测量脱扣电流。

开关 S_3 在位置Ⅰ和位置Ⅱ各进行二次试验。

交流脱扣电流应等于或小于 $I_{\Delta n}$。

9.1.3 在脉动直流剩余电流叠加平滑直流剩余电流时验证正确动作

应按图3进行试验。

试验开关S_1、S_2及RCD处于闭合位置，对随机选取的一极施加平滑直流剩余电流并调节至$0.4I_{\Delta n}$或10 mA，两者取较大值。

对随机选取的另外一极施加脉动直流剩余电流，电流滞后角α为0°，脉动直流剩余电流从不大于$0.2I_{\Delta n}$的值开始稳定地增加，试图在30 s内达到$1.4I_{\Delta n}$值(对$I_{\Delta n}>0.01$ A的RCD)或$2I_{\Delta n}$值(对$I_{\Delta n}\leqslant 0.01$ A的RCD)，测量脱扣电流。

开关S_3和S_4在位置Ⅰ和位置Ⅱ对RCD各进行二次试验。

RCD应在脉动直流剩余电流分别达到不超过$1.4I_{\Delta n}$(对$I_{\Delta n}>0.01$ A的RCD)或$2I_{\Delta n}$值(对$I_{\Delta n}\leqslant 0.01$ A的RCD)前脱扣。

9.1.4 在两相供电的整流电路产生的直流剩余电流时验证正确动作

a) 应按图4a)进行试验

试验开关S_1、S_2以及RCD处于闭合位置，脉动直流剩余电流从不大于$0.2I_{\Delta n}$的值开始稳定地增加，试图在30 s内达到$2I_{\Delta n}$值，测量脱扣电流。

试验电路连接到RCD随机选取的两个电源端子。

开关S_3在位置Ⅰ和位置Ⅱ RCD各进行5次试验。

RCD应在$0.5I_{\Delta n}$～$2I_{\Delta n}$范围内脱扣。

b) 第二组试验验证分断时间

试验电路依次调节至表1规定的每个电流值，试验开关S_1和RCD处于闭合位置，然后闭合试验开关S_2突然产生剩余电流。

RCD随机选取两个电源端子接线，对表1规定的每个剩余电流值，S_3在位置Ⅰ和位置Ⅱ各测量5次分断时间。

分断时间应符合表1规定的值。

9.1.5 在三相供电的整流电路产生的直流剩余电流时验证正确动作

a) 应按图4b)进行试验

试验开关S_1、S_2以及RCD处于闭合位置，脉动直流剩余电流从不大于$0.2I_{\Delta n}$的值开始稳定地增加，试图在30 s内达到$2I_{\Delta n}$值，测量脱扣电流。

开关S_3在位置Ⅰ和位置Ⅱ RCD各进行5次试验。

RCD应在$0.5I_{\Delta n}$～$2I_{\Delta n}$范围内脱扣。

b) 第二组试验验证分断时间

试验电路依次调节至表1规定的每个电流值，试验开关S_1和RCD处于闭合位置，然后闭合试验开关S_2突然产生剩余电流。

对表1规定的每个剩余电流值，S_3在位置Ⅰ和位置Ⅱ各测量5次分断时间。

分断时间应符合表1规定的值。

9.1.6 在平滑直流剩余电流时验证正确动作

9.1.6.1 不带负载，在平滑直流剩余电流时验证正确动作

a) 应按图5进行试验

试验开关S_1、S_2以及RCD处于闭合位置，平滑直流剩余电流从不大于$0.2I_{\Delta n}$的值开始稳定地增加，试图在30 s内达到$2I_{\Delta n}$值，测量脱扣电流。

如图5所示，对RCD随机选取的一极，开关S_3在位置Ⅰ和位置Ⅱ RCD各进行2次试验。

RCD应在$0.5I_{\Delta n}$～$2I_{\Delta n}$范围内脱扣。

b) 第二组试验验证分断时间

试验电路依次调节至表1规定的每个剩余动作电流值(除了5 A、10 A、20 A、50 A、100 A和200 A以外)，试验开关S_1和RCD处于闭合位置，然后闭合试验开关S_2突然产生剩余电流。

试验开关随机地在位置Ⅰ或位置Ⅱ。

对随机选取的一极，在每个剩余动作电流各测量两次分断时间。

分断时间应符合表1规定的值。

9.1.6.2 带负载，在平滑直流剩余电流时验证正确动作

RCD如同正常使用通以额定电流负载以足够的时间，使其达到热稳定状态，重复9.1.6.1a)的试验。

9.2 在温度极限值下试验

RCD应在下列条件下依次进行9.1.4b)、9.1.5b)和9.1.6.1b)规定的试验。

a) 周围温度：−5 ℃，空载；

b) 周围温度：+40 ℃，试验前RCD在任何合适电压下通以额定电流负载直至达到热稳态条件。

实际上，当每小时温升变化不超过1 K时，即达到了热稳态条件。

当RCD具有多个剩余动作电流整定值时，对每个整定值进行试验。

注：预热可在降低电压下进行，但辅助电路宜与其正常工作电压连接(尤其对与电源电压有关的元件)。

9.3 试验程序后验证RCD

通以2.5$I_{\Delta n}$平滑直流的试验电流，RCD应脱扣。

仅进行一次试验，不测分断时间。

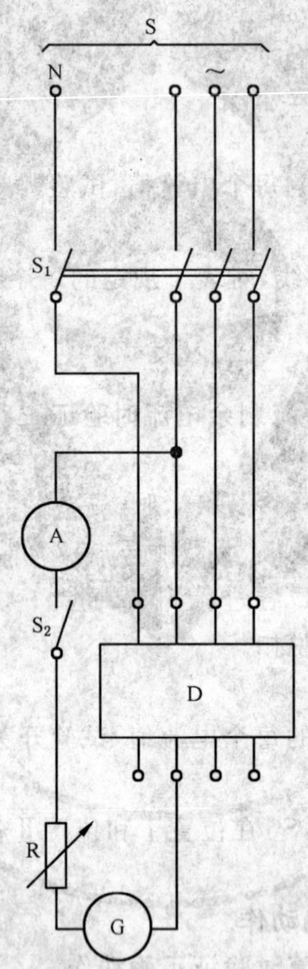

S——电源；

A——电流表(测量有效值)；

S_1——多极开关；

S_2——单极开关；

D——被试RCD；

R——可调电阻器；

G——发电机。

图1 验证1 000 Hz及以下的正弦交流剩余电流时正确动作的试验电路

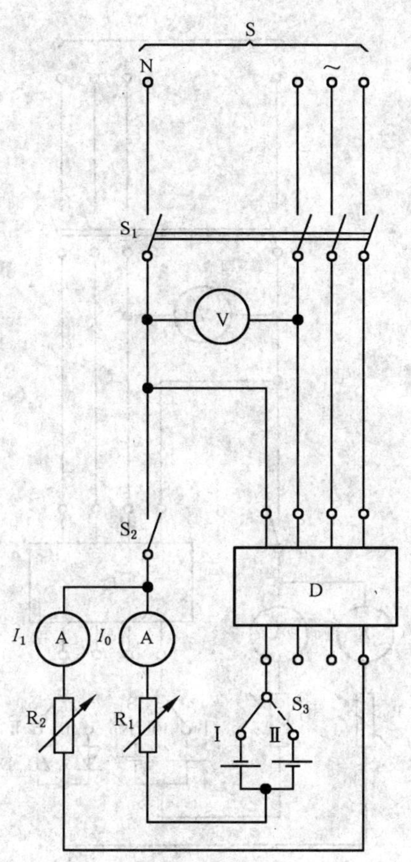

S——电源；

V——电压表；

A——电流表(测量有效值)；

D——被试 RCD；

R_1、R_2——可调电阻器；

S_1——多极开关；

S_2——单极开关；

S_3——双向开关。

图 2 验证交流剩余电流叠加平滑直流剩余电流时正确动作的试验电路

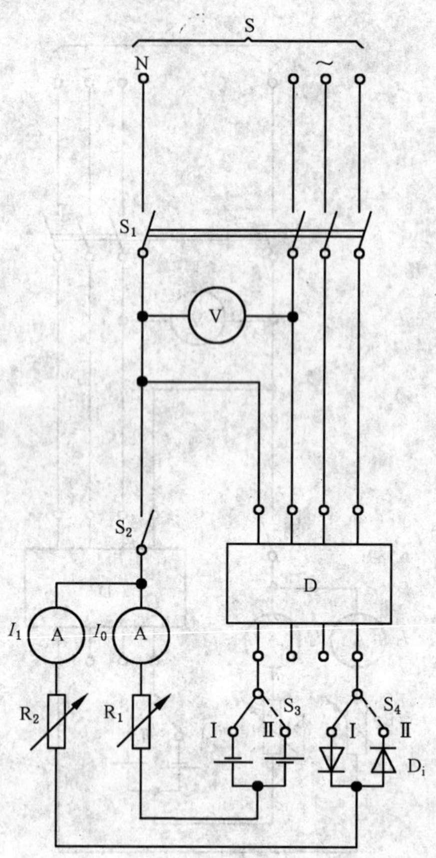

S——电源；

V——电压表；

A——电流表(测量有效值)；

D——被试 RCD；

D_i——二极管；

R_1、R_2——可调电阻器；

S_1——多极开关；

S_2——单极开关；

S_3 和 S_4——双向开关。

图 3 验证脉动直流剩余电流叠加平滑直流剩余电流时正确动作的试验电路

点 A——随机选取的两相电源；
S——电源；
V——电压表；
A——电流表(测量有效值)；
D——被试 RCD；
D_i——二极管；
R——可调电阻器；
S_1——多极开关；
S_2——单极开关；
S_3——双向开关。

a) 验证两相供电的整流电路产生的脉动直流剩余电流时正确动作的试验电路

图 4 验证两相或三相供电的整流电路产生的脉动直流剩余电流时正确动作的试验电路

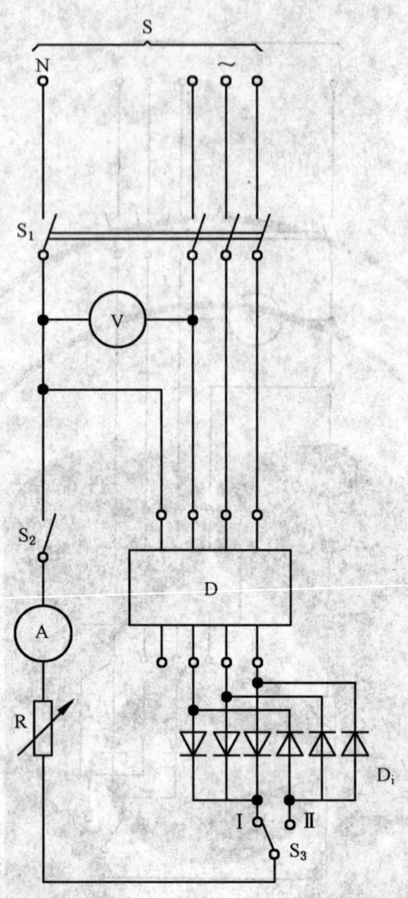

S——电源；

V——电压表；

A——电流表(测量有效值)；

D——被试 RCD；

D_i——二极管；

R——可调电阻器；

S_1——多极开关；

S_2——单极开关；

S_3——双向开关。

b) 验证三相供电的整流电路产生的脉动直流剩余电流时正确动作的试验电路

图 4(续)

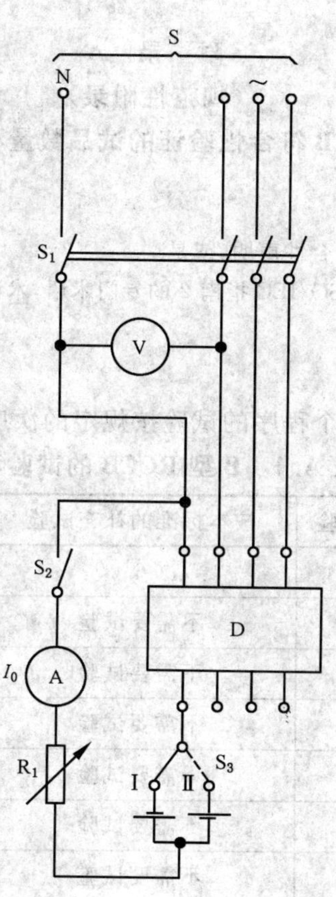

S——电源；

V——电压表；

A——电流表(测量有效值)；

D——被试 RCD；

R——可调电阻器；

S_1——多极开关；

S_2——单极开关；

S_3——双向开关。

图 5 验证平滑直流剩余电流时正确动作的试验电路

附 录 A
（规范性附录）
B型RCCB符合性验证的试品数量和试验程序

注：验证可以由：

——制造商进行，用于供应商的符合性声明，或是

——独立的认证机构进行，根据ISO/IEC指南2的专门术语，术语“认证”只能用于第二种案例。

A.1 B型RCCB的试验程序

按本附录的表A.1进行试验，每个程序的试验按规定的次序进行。

表A.1 B型RCCB的试验程序

<table>
<tr><th colspan="2">试验程序</th><th>按GB 16916.1—2003的试验</th><th>按本标准的补充试验</th><th colspan="2">试验（或检查）</th></tr>
<tr><td colspan="2" rowspan="13">A</td><td>6</td><td>6</td><td colspan="2">标志</td></tr>
<tr><td>8.1.1</td><td>不需要试验</td><td colspan="2">一般要求</td></tr>
<tr><td>8.1.2</td><td>不需要试验</td><td colspan="2">机构</td></tr>
<tr><td>9.3</td><td>不需要试验</td><td colspan="2">标志的耐久性</td></tr>
<tr><td>8.1.3</td><td>不需要试验</td><td colspan="2">电气间隙和爬电距离（仅对外部部件）</td></tr>
<tr><td>9.15</td><td>不需要试验</td><td colspan="2">自由脱扣机构</td></tr>
<tr><td>9.4</td><td>不需要试验</td><td colspan="2">螺钉、载流部件和连接的可靠性</td></tr>
<tr><td>9.5</td><td>不需要试验</td><td colspan="2">连接外部导体的接线端子的可靠性</td></tr>
<tr><td>9.6</td><td>不需要试验</td><td colspan="2">防电击保护</td></tr>
<tr><td>9.13.1</td><td>9.3</td><td>在试验程序后验证RCD</td><td rowspan="2">耐热性</td></tr>
<tr><td>9.13.2
9.13.3</td><td>不需要试验</td><td></td></tr>
<tr><td>8.1.3</td><td>不需要试验</td><td colspan="2">电气间隙和爬电距离（内部部件）</td></tr>
<tr><td>9.14</td><td>不需要试验</td><td colspan="2">耐异常发热和耐燃性</td></tr>
<tr><td colspan="2" rowspan="6">B</td><td>9.7</td><td>不需要试验</td><td colspan="2">介电性能试验</td></tr>
<tr><td>9.8</td><td>不需要试验</td><td colspan="2">温升</td></tr>
<tr><td>9.20</td><td>不需要试验</td><td colspan="2">绝缘耐冲击电压的性能</td></tr>
<tr><td>9.22.2</td><td>不需要试验</td><td colspan="2">在40 ℃时的可靠性</td></tr>
<tr><td>9.23</td><td>不需要试验</td><td colspan="2">电子元件的老化</td></tr>
<tr><td>—</td><td>9.3</td><td colspan="2">在试验程序后验证RCD</td></tr>
<tr><td colspan="2" rowspan="2">C</td><td>9.10</td><td>不需要试验</td><td colspan="2">机械和电气寿命</td></tr>
<tr><td>—</td><td>9.3</td><td colspan="2">在试验程序后验证RCD</td></tr>
<tr><td rowspan="2">D</td><td rowspan="2">D_0</td><td>9.9</td><td>不需要试验</td><td colspan="2">剩余电流动作特性</td></tr>
<tr><td></td><td>9.1.6.1</td><td colspan="2">不带负载在平滑直流电流时验证正确动作
在D_1中没有试验过的$I_{\Delta n}$额定值</td></tr>
</table>

表 A.1(续)

试验程序		按 GB 16916.1—2003 的试验	按本标准的补充试验	试验(或检查)
D	D_1	9.17	不需要试验	电源电压故障时的工作状况
		9.19	不需要试验	误脱扣　浪涌电流时的性能
		9.21.1[a]	不需要试验	A 型剩余电流装置
			9.1	B 型剩余电流装置
			9.2	在温度极限值下试验
		9.11.2.3	不需要试验	在 $I_{\Delta m}$ 时的性能
		9.16	不需要试验	试验装置
		9.12	不需要试验	耐机械振动和撞击性能
		9.18	不需要试验	过电流情况下的不动作电流
		—	9.3	在试验程序后验证 RCD
E		9.11.2.4 a)	不需要试验	在 I_{nc} 时的配合
		9.11.2.2	不需要试验	在 I_m 时的性能
		—	9.3	在试验程序后验证 RCD
F		9.11.2.4 b)	不需要试验	在 I_m 时的配合
		9.11.2.4 c)	不需要试验	在 $I_{\Delta c}$ 时的配合
		—	9.3	在试验程序后验证 RCD
G		9.22.1	不需要试验	可靠性(气候试验)
		—	9.3	在试验程序后验证 RCD

[a] 对具有不同剩余电流检测系统的装置,如其做 9.21.1 的试验不用电源电压,应采用 $1.1U_n$ 的电源电压按 9.21.1.1进行补充试验,以验证不同系统之间没有干扰。仅验证脱扣电流的下限值。

抽样方法按 GB 16916.1—2003 中 A.2 和 A.3 的规定。

附 录 B
(规范性附录)
B 型 RCBO 符合性验证的试品数量和试验程序

注：验证可以由：

——制造商进行，用于供应商的符合性声明，或是

——独立的认证机构进行，根据 ISO/IEC 指南 2 的专门术语，术语“认证”只能用于第二种案例。

B.1 B 型 RCBO 的试验程序

按本附录的表 B.1 进行试验，每个程序的试验按规定的次序进行。

表 B.1 B 型 RCBO 的试验程序

<table>
<tr><th>试验程序</th><th>按 GB 16917.1—2003 的试验</th><th>按本标准的补充试验</th><th colspan="2">试验(或检查)</th></tr>
<tr><td rowspan="14">A</td><td>6</td><td>6</td><td colspan="2">标志</td></tr>
<tr><td>8.1.1</td><td>不需要试验</td><td colspan="2">一般要求</td></tr>
<tr><td>8.1.2</td><td>不需要试验</td><td colspan="2">机构</td></tr>
<tr><td>9.3</td><td>不需要试验</td><td colspan="2">标志的耐久性</td></tr>
<tr><td>8.1.3</td><td>不需要试验</td><td colspan="2">电气间隙和爬电距离(仅对外部部件)</td></tr>
<tr><td>8.1.6</td><td>不需要试验</td><td colspan="2">不可互换性</td></tr>
<tr><td>9.11</td><td>不需要试验</td><td colspan="2">自由脱扣机构</td></tr>
<tr><td>9.4</td><td>不需要试验</td><td colspan="2">螺钉、载流部件和连接的可靠性</td></tr>
<tr><td>9.5</td><td>不需要试验</td><td colspan="2">连接外部导体的接线端子的可靠性</td></tr>
<tr><td>9.6</td><td>不需要试验</td><td colspan="2">防电击保护</td></tr>
<tr><td>9.14.1</td><td>9.3</td><td>在试验程序后验证 RCD</td><td rowspan="2">耐热性</td></tr>
<tr><td>9.14.2
9.14.3</td><td>不需要试验</td><td></td></tr>
<tr><td>8.1.3</td><td>不需要试验</td><td colspan="2">电气间隙和爬电距离(内部部件)</td></tr>
<tr><td>9.15</td><td>不需要试验</td><td colspan="2">耐异常发热和耐燃性</td></tr>
<tr><td rowspan="6">B</td><td>9.7</td><td>不需要试验</td><td colspan="2">介电性能试验</td></tr>
<tr><td>9.8</td><td>不需要试验</td><td colspan="2">温升</td></tr>
<tr><td>9.20</td><td>不需要试验</td><td colspan="2">绝缘耐冲击电压的性能</td></tr>
<tr><td>9.22.2</td><td>不需要试验</td><td colspan="2">在 40 ℃时的可靠性</td></tr>
<tr><td>9.23</td><td>不需要试验</td><td colspan="2">电子元件的老化</td></tr>
<tr><td>—</td><td>9.3</td><td colspan="2">在试验程序后验证 RCD</td></tr>
<tr><td rowspan="3">C</td><td>9.10</td><td>不需要试验</td><td colspan="2">机械和电气寿命</td></tr>
<tr><td>—</td><td>9.3</td><td colspan="2">在试验程序后验证 RCD</td></tr>
<tr><td>9.12.11.2(和 9.12.12)</td><td>不需要试验</td><td colspan="2">低短路电流下的性能</td></tr>
</table>

表 B.1（续）

试验程序		按 GB 16917.1—2003 的试验	按本标准的补充试验	试验(或检查)
D	D_0	9.9.1	不需要试验	剩余电流动作特性
			9.1.6.1	不带负载在平滑直流电流时验证正确动作 在 D_1 中没有试验过的 $I_{\Delta n}$ 额定值
	D_1	9.17	不需要试验	电源电压故障时的工作状况
		9.19	不需要试验	浪涌电流时的性能
		9.21.1[a]	不需要试验	A 型剩余电流装置
			9.1	B 型剩余电流装置
			9.2	在温度极限值下试验
		9.12.13	不需要试验	在 $I_{\Delta m}$ 时的性能
		9.16	不需要试验	试验装置
		—	9.3	在试验程序后验证 RCD
E_0		9.9.2	不需要试验	过电流动作特性
		9.18	不需要试验	三极或四极 RCBO 通以单相负载时过电流的极限值
E1		9.13	不需要试验	耐机械振动和撞击性能
		9.12.11.3(和 9.12.12)	不需要试验	在 1 500 A 下的短路性能
F_0		9.12.11.4 b)(和 9.12.12)	不需要试验	在运行短路能力下的性能
F_1		9.12.11.4 c)(和 9.12.12.2)	不需要试验	在额定短路能力下的性能
G		9.22.1	不需要试验	可靠性(气候试验)
		—	9.3	在试验程序后验证 RCD

[a] 对具有不同剩余电流检测系统的装置，如其做 9.21.1 的试验不用电源电压，应采用 $1.1U_n$ 的电源电压按 9.21.1.1进行补充试验，以验证不同系统之间没有干扰。仅验证脱扣电流的下限值。

抽样方法按 GB 16917.1—2003 中 A.2 和 A.3 的规定。

附 录 C
（规范性附录）
常 规 试 验

C.1 脱扣试验

依次对 B 型 RCCB 或 B 型 RCBO(适用时)每极通以一个交流剩余电流，在电流小于或等于 $0.5I_{\Delta n}$ 时，RCCB 或 RCBO(适用时)不应脱扣，但在 $I_{\Delta n}$ 时，应在规定时间内(见 GB 16916.1—2003 中的表 1 或 GB 16917.1—2003 中的表 2，适用时)脱扣。

对每个试品至少应施加 5 次试验电流，并且每极至少应施加 2 次。

对一个极通以平滑直流剩余电流，在电流小于或等于 $0.5I_{\Delta n}$ 时，B 型 RCCB 或 B 型 RCBO(适用时)不应脱扣，但在 $2I_{\Delta n}$ 时，应在规定时间内(见本标准的表 1)脱扣。

对每个试品至少应施加 2 次试验电流。

C.2 介电强度试验

GB 16916.1—2003 或 GB 16917.1—2003 中的 D.2 适用(适用时)。

C.3 试验装置的性能

GB 16916.1—2003 或 GB 16917.1—2003 中的 D.3 适用(适用时)。

参 考 文 献

[1] GB 16916.21 家用和类似用途的不带过电流保护的剩余电流动作断路器(RCCB) 第21部分:一般规则对动作功能与电源电压无关的RCCB的适用性

[2] GB 16916.22 家用和类似用途的不带过电流保护的剩余电流动作断路器(RCCB) 第22部分:一般规则对动作功能与电源电压有关的RCCB的适用性

[3] GB 16917.21 家用和类似用途的带过电流保护的剩余电流动作断路器(RCBO) 第21部分:一般规则对动作功能与电源电压无关的RCBO的适用性

[4] GB 16917.22 家用和类似用途的带过电流保护的剩余电流动作断路器(RCBO) 第22部分:一般规则对动作功能与电源电压有关的RCBO的适用性

[5] ISO/IEC 指南2 标准化及相关活动 一般词汇

ICS 21.060.10
J 13

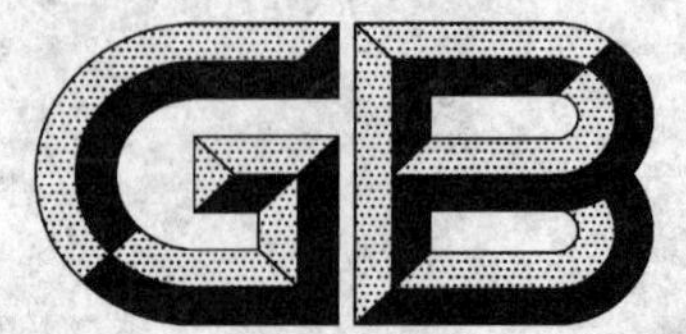

中华人民共和国国家标准

GB/T 22795—2008

混凝土用膨胀型锚栓　型式与尺寸

Expansion anchors for use in concrete—Type and dimension

2008-12-31 发布　　2010-01-01 实施

中华人民共和国国家质量监督检验检疫总局
中国国家标准化管理委员会　发布

前　言

本标准由中国机械工业联合会提出。

本标准由全国紧固件标准化技术委员会(SAC/TC 85)归口。

本标准负责起草单位：中机生产力促进中心。

本标准参加起草单位：宁波安拓实业有限公司、中冶集团建筑研究总院、上海徐浦标准件有限公司、喜利得(中国商贸)有限公司、慧鱼(太仓)建筑锚栓有限公司和宁波紧固件工业协会。

本标准由全国紧固件标准化技术委员会秘书处负责解释。

本标准为首次发布。

引　言

锚栓按照材质可分为塑料制、金属制等，按照锚固原理可分为膨胀型、切底型和粘结型等。

为使本标准涉及的产品更具有代表性，在收集多方意见后，特选取了市场中的代表产品作为本标准的编写依据。为便于厂家的生产以及从生产标准化角度考虑，本标准给出了锚栓基本尺寸的推荐值。但是，考虑到锚栓型式的多样性，允许生产企业按照企业标准有所调整。

混凝土用膨胀型锚栓 型式与尺寸

1 范围

本标准规定了由碳钢、合金钢或不锈钢制造的、螺纹规格为 M5～M24 的膨胀型锚栓的型式与基本尺寸。

本标准适用于普通混凝土上锚固的紧固锚栓。

2 规范性引用文件

下列文件中的条款通过本标准的引用而成为本标准的条款。凡是注日期的引用文件，其随后所有的修改单(不包括勘误的内容)或修订版均不适用于本标准，然而，鼓励根据本标准达成协议的各方研究是否可使用这些文件的最新版本。凡是不注日期的引用文件，其最新版本适用于本标准。

GB/T 1237 紧固件标记方法(GB/T 1237—2000,eqv ISO 8991:1986)

GB/T 3103.1 紧固件公差 螺栓、螺钉、螺柱和螺母(GB/T 3103.1—2002，ISO 4759-1:2000，IDT)

3 型式与基本尺寸

3.1 螺杆型膨胀锚栓(LG 型)

螺杆型膨胀锚栓型式与尺寸见图 1 和表 1。

螺杆型膨胀锚栓由锥形螺杆、膨胀片、六角螺母和平垫圈组成。

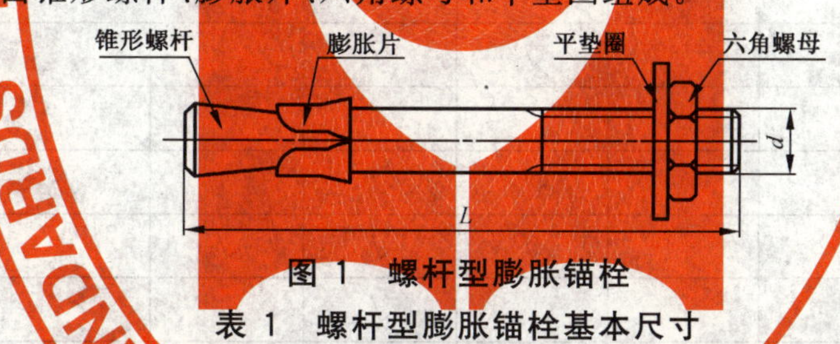

图 1 螺杆型膨胀锚栓

表 1 螺杆型膨胀锚栓基本尺寸

单位为毫米

螺纹规格	M6	M8	M10	M12	M14	M16	M20	M24
公称直径 d	6	8	10	12	14	16	20	24
L 公称								
40	√							
45	√							
50		√						
55	√	√						
60		√	√					
65	√	√	√					
70	√	√	√	√				

表 1（续） 单位为毫米

螺纹规格	M6	M8	M10	M12	M14	M16	M20	M24
公称直径 d	6	8	10	12	14	16	20	24
L 公称								
75		√	√	√				
80		√	√	√	√			
85	√	√	√	√		√		
90		√	√	√		√		
95		√	√	√	√			
100	√	√	√	√		√		
105		√				√		
110		√		√	√			
115		√	√	√				
120		√	√	√		√	√	
125						√	√	
130		√	√	√	√			
135		√		√				
140			√	√		√		
145						√		
150			√	√		√		
160			√	√	√		√	
170				√			√	
175						√		
180				√	√	√	√	
190						√		√
200				√		√	√	
215						√	√	√
220						√	√	
240				√		√		
250						√		√
260							√	
300				√				√

注 1：锚栓的公称长度公差按 GB/T 3103.1 的规定。

注 2：打“√”为商品规格。

3.2 **内迫型膨胀锚栓(NP型)**

内迫型膨胀锚栓型式与基本尺寸见图2和表2。

内迫型膨胀锚栓由内迫管和锥形内迫塞组成。

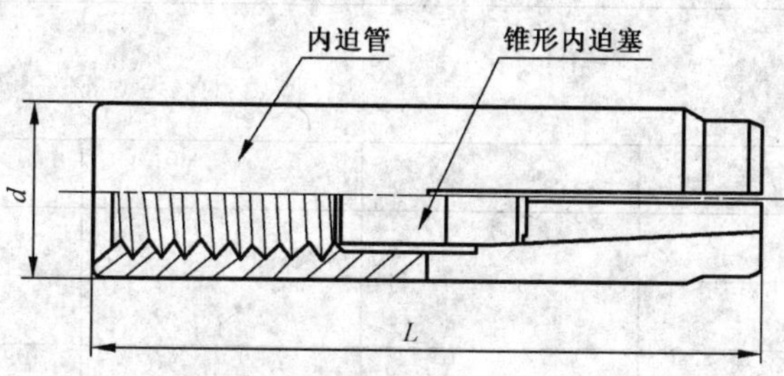

图2 内迫型膨胀锚栓

表2 内迫型膨胀锚栓基本尺寸

单位为毫米

螺纹规格	M6	M8	M10	M12	M12[a]	M16	M20
公称直径 d	8	10	12	15	16	20	25
L 公称							
25	√	√					
30	√	√	√				
40			√				
50				√	√		
65						√	
80							√

注1：锚栓的公称长度公差按GB/T 3103.1的规定。

注2：打“√”为商品规格。

[a] 加强型。

3.3 **外迫型膨胀锚栓(WP型)**

外迫型膨胀锚栓型式与基本尺寸见图3和表3。

外迫型膨胀锚栓由外迫管和锥形外迫塞组成。

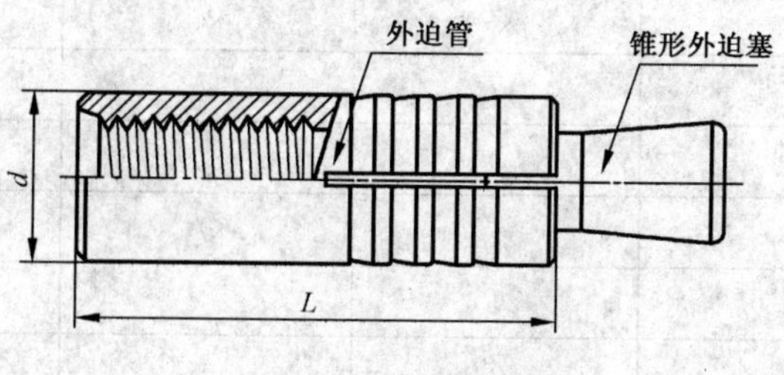

图3 外迫型膨胀锚栓

表 3　外迫型膨胀锚栓基本尺寸

单位为毫米

螺纹规格	M6	M8	M10	M12	M16
公称直径 d	10	12	14	18	22
L 公称					
30	√				
35		√			
40			√		
52				√	
60					√
注 1：锚栓的公称长度公差按 GB/T 3103.1 的规定。					
注 2：打"√"为商品规格。					

3.4　锥帽型膨胀锚栓(ZM 型)

锥帽型膨胀锚栓型式与基本尺寸见图 4 和表 4。

锥帽型膨胀锚栓由六角头螺栓、平垫圈、套管和锥形螺母组成。

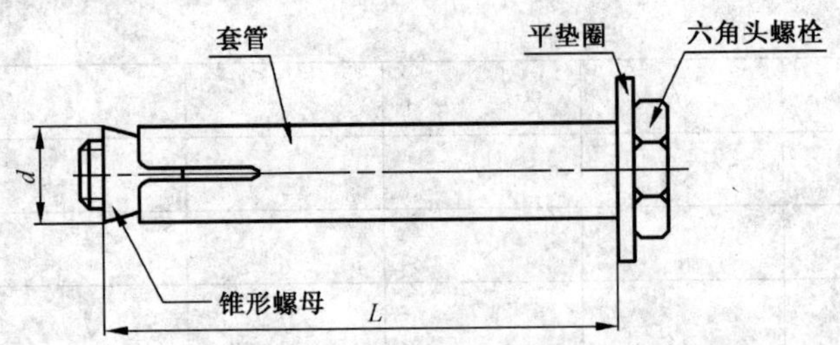

图 4　锥帽型膨胀锚栓

表 4　锥帽型膨胀锚栓基本尺寸

单位为毫米

螺纹规格	M6	M8	M10	M12	M16
公称直径 d	8	10	12	16	20
L 公称					
45	√				
50	√	√			
60		√	√		
70		√	√	√	
80		√	√	√	
90				√	
100			√	√	
105				√	
110				√	√
130				√	
注 1：锚栓的公称长度公差按 GB/T 3103.1 的规定。					
注 2：打"√"为商品规格。					

3.5 套管加强型膨胀锚栓(TGQ型)

套管加强型膨胀锚栓型式与基本尺寸见图5和表5。

套管加强型膨胀锚栓由螺栓、套管、六角螺母、弹簧垫圈和平垫圈组成。

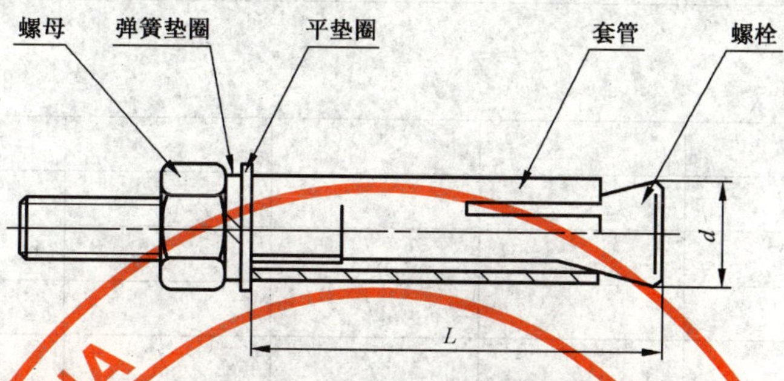

图5 套管加强型膨胀锚栓

表5 套管加强型膨胀锚栓基本尺寸

单位为毫米

螺纹规格	M6	M8	M10	M12	M14	M16	M18	M20
公称直径 d	10	12	14	16	18	22	25	25
L 公称								
40	√							
50		√						
60			√					
75				√				
85					√			
100						√		
115							√	√

注1：锚栓的公称长度公差按GB/T 3103.1的规定。

注2：打"√"为商品规格。

3.6 套管型膨胀锚栓(TG型)

套管型膨胀锚栓型式与基本尺寸见图6和表6。

套管型膨胀锚栓由锥形螺杆、套管和六角法兰面螺母组成。

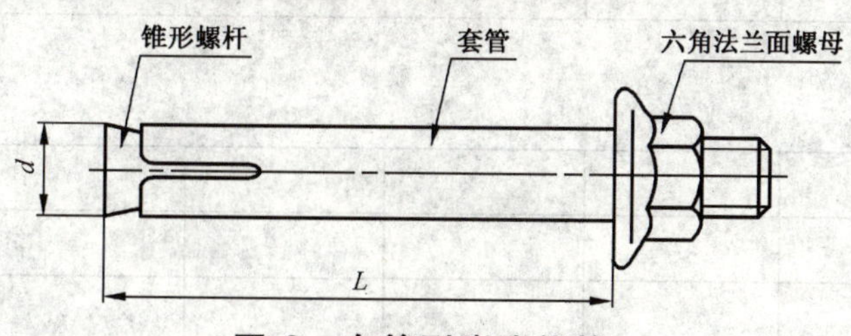

图6 套管型膨胀锚栓

表 6 套管型膨胀锚栓基本尺寸

单位为毫米

螺纹规格	M5	M6	M8	M10	M12	M16
公称直径 d	6.5	8	10	12	16	20
L 公称						
18	√					
25	√	√				
40		√	√			
50			√			
60		√	√	√		
65		√			√	
75	√			√		√
85		√			√	
120			√			
125			√			

注 1：锚栓的公称长度公差按 GB/T 3103.1 的规定。

注 2：打"√"为商品规格。

3.7 双套管型膨胀锚栓(STG 型)

双套管型膨胀锚栓型式与基本尺寸见图 7 和表 7。

双套管型膨胀锚栓由螺杆、螺母、平垫圈、抗剪套管、间隔套管、膨胀片和锥形螺母组成。

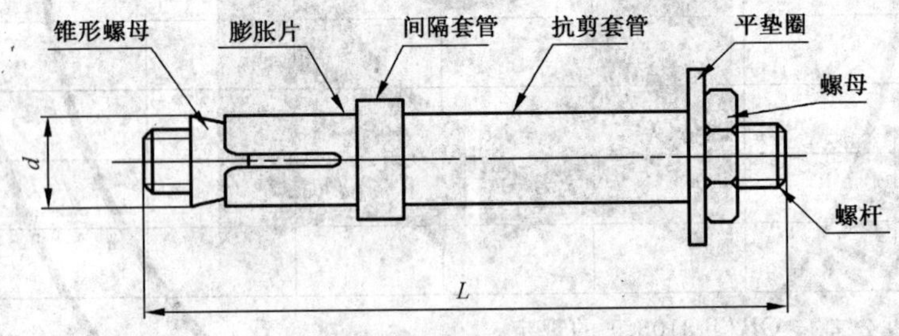

图 7 双套管型膨胀锚栓

表 7 双套管型膨胀锚栓基本尺寸

单位为毫米

螺纹规格	M6	M8	M10	M12	M16	M20	M24
公称直径 d	10	12	15	18	24	28	32
L 公称							
85	√						
90		√					
100	√		√				
105		√					
110			√				

表 7（续）

单位为毫米

螺纹规格	M6	M8	M10	M12	M16	M20	M24
公称直径 d	10	12	15	18	24	28	32
L 公称							
115			√				
120		√		√			
125	√		√				
130		√					
135			√	√			
140				√			
150			√		√		
160				√			
165				√	√		
170					√	√	
190					√	√	
200						√	
220						√	
230						√	
250							√
280							√

注 1：锚栓的公称长度公差按 GB/T 3103.1 的规定。

注 2：打"√"为商品规格。

3.8　击钉型膨胀锚栓(JD 型)

击钉型膨胀锚栓型式与基本尺寸见图 8 和表 8。

击钉型膨胀锚栓由螺杆、嵌入式垫片螺母和击钉组成。

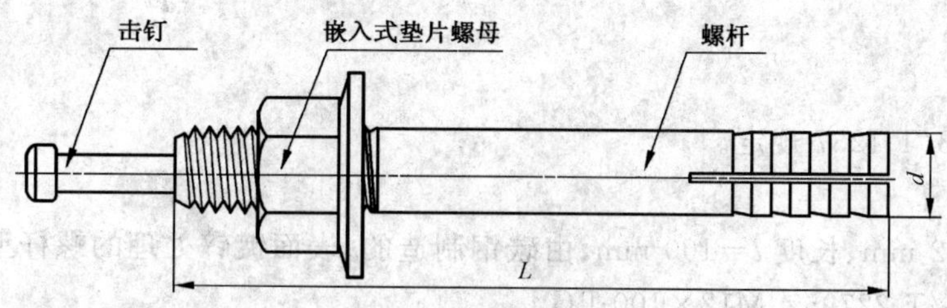

图 8　击钉型膨胀锚栓

表 8　击钉型膨胀锚栓基本尺寸

单位为毫米

螺纹规格	M6	M8	M10	M12	M16	M20
公称直径 d	6	8	10	12	16	20
L 公称						
40		√				
45	√					
50	√	√	√			
60	√		√	√		
65	√	√		√		
70		√				
75		√	√	√		
80		√	√		√	
90			√	√		
100			√	√	√	√
120			√	√	√	
130						√
150			√		√	√
154				√		
190					√	√
230						√

注 1：锚栓的公称长度公差按 GB/T 3103.1 的规定。

注 2：打"√"为商品规格。

4　标记

4.1　标记方法

标记方法按 GB/T 1237 规定。

4.2　标记示例

公称直径 d=12 mm、长度 l=100 mm、由碳钢制造的、表面镀锌处理的螺杆型膨胀锚栓的标记：

锚栓　GB/T 22795　M12×100-LG

公称直径 d=12 mm、长度 l=100 mm、由碳钢制造的、表面镀锌处理的内迫型膨胀锚栓的标记：

锚栓　GB/T 22795　M12×100-NP

公称直径 d=12 mm、长度 l=100 mm、由碳钢制造的、表面镀锌处理的外迫型膨胀锚栓的标记：

锚栓　GB/T 22795　M12×100-WP

公称直径 d=12 mm、长度 l=100 mm、由碳钢制造的、表面镀锌处理的锥帽型膨胀锚栓的标记：

锚栓　GB/T 22795　M12×100-ZM

公称直径 d=12 mm、长度 l=100 mm、由碳钢制造的、表面镀锌处理的套管加强型膨胀锚栓的标记：

锚栓 GB/T 22795 M12×100-TGQ

公称直径 d=12 mm、长度 l=100 mm、由碳钢制造的、表面镀锌处理的套管型膨胀锚栓的标记：

锚栓 GB/T 22795 M12×100-TG

公称直径 d=12 mm、长度 l=100 mm、由碳钢制造的、表面镀锌处理的双套管型膨胀锚栓的标记：

锚栓 GB/T 22795 M12×100-STG

公称直径 d=12 mm、长度 l=100 mm、由碳钢制造的、表面镀锌处理的击钉型膨胀锚栓的标记：

锚栓 GB/T 22795 M12×100-JD

ICS 97.040
Y 60

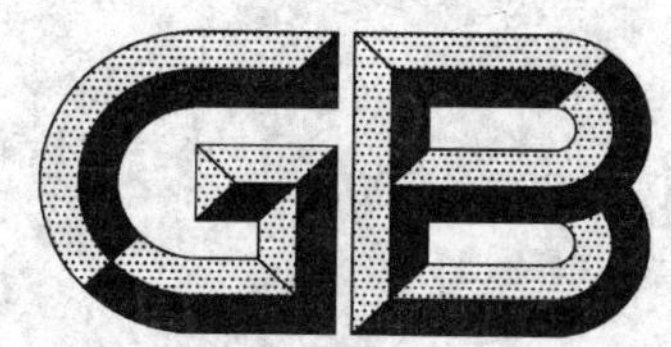

中华人民共和国国家标准

GB/T 22802—2008

家用废弃食物处理器

Household food waste disposers

2008-12-30 发布　　　　2009-09-01 实施

中华人民共和国国家质量监督检验检疫总局
中国国家标准化管理委员会　发布

前　言

本标准附录 A 和附录 B 为规范性附录。

本标准由中国轻工业联合会提出。

本标准由全国家用电器标准化技术委员会(SAC/TC 46)归口。

本标准主要起草单位:横店集团英洛华电气有限公司、艾默生(中国)电机有限公司、浙江海威电器有限公司、三门九星塑电有限公司、广东德尔电器有限公司、中国家用电器研究院、广州电器科学研究院。

本标准主要起草人:朱智平、张文福、李新军、叶峰、邹亚民、周锋华、闫凌。

本标准首次发布。

家用废弃食物处理器

1 范围

本标准规定了家用废弃食物处理器(以下简称“处理器”)的分类和命名、技术要求、试验方法、检验规则以及标志、包装、运输和贮存。

本标准适用于额定电压不超过250 V的家用废弃食物处理器。

2 规范性引用文件

下列文件中的条款通过本标准的引用而成为本标准的条款。凡是注日期的引用文件,其随后所有的修改单(不包括勘误的内容)或修订版均不适用于本标准,然而,鼓励根据本标准达成协议的各方研究是否可使用这些文件的最新版本。凡是不注日期的引用文件,其最新版本适用于本标准。

GB/T 191 包装储运图示标志(GB/T 191—2008,ISO 780:1997,MOD)

GB 755 旋转电机 定额和性能(GB 755—2008,IEC 60034-1:2004,IDT)

GB/T 1019 家用和类似用途电器包装通则

GB/T 2828.1 计数抽样检验程序 第1部分:按接收质量限(AQL)检索的逐批检验抽样计划(GB/T 2828.1—2003,ISO 2859-1:1999,IDT)

GB/T 2829 周期检验计数抽样程序及表(适用于对过程稳定性的检验)

GB/T 4214.1 声学 家用电器及类似用途器具噪声测试方法 第1部分:通用要求(GB/T 4214.1—2000,eqv IEC 60704-1:1997)

GB 4706.1 家用和类似用途电器的安全 第1部分:通用要求(GB 4706.1—2005,IEC 60335-1:2001,IDT)

GB 4706.49 家用和类似用途电器的安全 废弃食物处理器的特殊要求(GB 4706.49—2000,IEC 60335-2-16:1994,IDT)

GB/T 4798.1 电工电子产品应用环境 第一部分:贮存(GB/T 4798.1—2005,IEC 60721-3-1:1997,MOD)

GB/T 4798.2 电工电子产品应用环境条件 第2部分:运输(GB/T 4798.2—2008,IEC 60721-3-2:1997,MOD)

GB 5296.2 消费品使用说明 第2部分:家用和类似用途电器

QB/T 3901 家用电器产品型号命名通则

3 术语和定义

下列术语和定义适用于本标准。

3.1

家用废弃食物处理器 household food waste disposers

安装在洗涤槽排水口的用于将废弃食物处理成细小颗粒并和水一起排入到下水道的器具。

3.2

试验负载 tested load

处理器试验用一次研磨废弃食物规定的废弃食物的种类和质量。

3.3

研磨率 grinding rate

单位时间内研磨掉的废弃食物与研磨前废弃食物的质量分数。

3.4

细度　fineness

废弃食物研磨后颗粒的最大长度，单位为毫米(mm)。

3.5

研磨速度　grinding speed

单位时间内研磨掉的废弃食物的质量，单位为克每秒(g/s)。

4　分类与命名

4.1　型式

4.1.1　按处理器使用的电机类型划分

a)　直流电机家用废弃食物处理器；

b)　交流电机家用废弃食物处理器。

4.1.2　按处理器装料工作时间类型划分

a)　连续装料式处理器；

b)　间歇装料式处理器。

4.2　规格

处理器按最大输入功率分 250 W(1/3HP)，370 W(1/2HP)，560 W(3/4HP)，750 W(1HP)等。

4.3　型号命名

按照 QB/T 3901 对处理器进行命名。

处理器的型号命名及其含义：

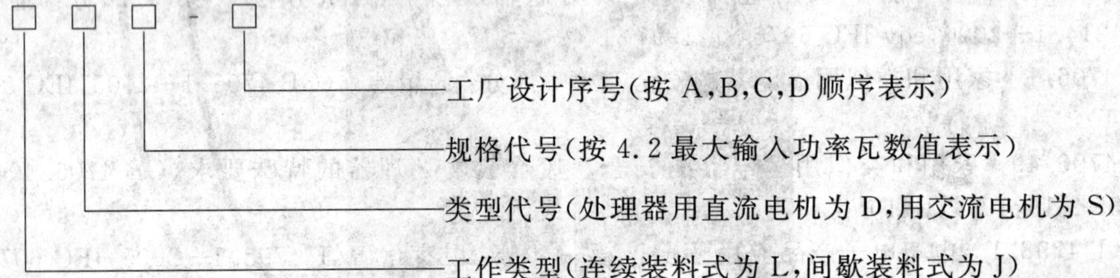

例：LD370-A 表示连续装料式的直流电机家用废弃食物处理器，最大输入功率不超过 370 W，派生号为 A 型。

5　技术要求

5.1　安全性

处理器的安全要求应符合 GB 4706.49 的规定，并按该规定的要求试验和检验。

5.2　处理范围

家庭日常生活产生的废弃食物垃圾，如家禽家畜骨头、水产骨刺、蔬菜、瓜皮果核等。

5.3　使用环境条件

a)　环境温度为 0 ℃～40 ℃；

b)　环境空气的相对湿度在 95%以下(温度为 25 ℃时)。

5.4　使用电源

单相交流，额定电压为 220 V，额定频率为 50 Hz。

5.5　处理器处理能力

5.5.1　研磨率

猪肋骨的研磨率不小于 60%，混合负载的研磨率为 100%。

5.5.2 研磨速度

猪肋骨的研磨速度不小于0.8 g/s,混合负载的研磨速度不小于8 g/s。

5.5.3 细度百分比

研磨后细度不小于6.4 mm的残渣所占质量分数应小于7%。

5.6 噪音要求

处理器空载运行时的声功率级噪音值应不大于72 dB(A)。

5.7 振动性能

处理器空载运行时的机身表面的振动加速度应小于4 m/s^2。

5.8 结构

5.8.1 组成

处理器应有固定装置、研磨腔、研磨刀具、电动机、出水管、过载保护器、电源线等。

5.8.2 固定装置

固定装置直接安装在水槽的出口处,其尺寸应满足水槽的出水安装要求。处理器机身由一卡锁与固定装置连接。固定装置应能承受100 N拉力不损坏,不变形。

5.8.3 研磨腔

a) 研磨腔是废弃食物处理的容器,与废弃食物接触部分在结构上应便于清洗;并应具有可供接洗碗机的接口;其容积不小于0.4 L。

b) 研磨腔的进料口,应有在处理器工作时可防止废弃食物飞溅的防溅罩,防溅罩应易于拆卸。

c) 处理器设计应能防止废弃食物碎物或液体渗入到可能引起电气或机械事故的部位。

5.8.4 研磨刀具

粉碎废弃食物的研磨刀具采用不锈钢或耐磨耐腐蚀的金属材料制成。

5.8.5 电源线

电源线长度从其两端入口算起应不小于800 mm,线芯横截面积不小于0.75 mm^2。

5.9 外观

5.9.1 钢铁件(不锈钢除外)表面应进行防锈蚀处理,如采用电镀、涂漆等有效的防锈蚀处理;电镀件表面光滑细致、色泽均匀,不得有明显剥落、露底、花斑和划伤等明显缺陷。

5.9.2 塑料件表面应光滑、色泽均匀,无裂缝、气泡、缩孔、明显斑痕等缺陷。

5.9.3 涂漆件或涂塑件的涂饰表面必须光滑细致,色泽均匀,漆膜牢固,不得有明显皱纹、流痕、针孔、气泡等明显缺陷。

6 试验方法

6.1 试验条件

6.1.1 环境温度

室温25±2 ℃。

6.1.2 试验用仪表

a) 用于型式检验的电工仪表的准确度为0.5级,用于出厂检验的准确度不低于1级;

b) 测量时间用的仪表的准确度不低于0.5%,测量温度用的仪表的准确度应在0.5 ℃以内。

6.1.3 电源电压与额定电压的偏差±1%,电源频率偏差±1 Hz。

6.2 外观质量检查

处理器的结构、材料、外观质量应符合5.9的有关要求和按照规定程序批准的图样和技术文件。外观质量采用目测法来判定。

6.3 处理能力试验

6.3.1 研磨率

处理器按附录A进行研磨率试验,应符合5.5.1的规定。

6.3.2 研磨速度

处理器按附录A进行研磨速度试验,应符合5.5.2的规定。

6.3.3 细度百分比

处理器按附录B进行细度试验,应符合5.5.3的规定。

6.4 噪声测定

按照GB/T 4214.1的规定,在半消音室内进行测试,以确定A计权声功率级。其测点的分布按GB/T 4214.1的图3“半球测量表面上的测点位置”,其四点的算术平均值作为该处理器的平均声压级噪音。

6.5 固定装置机械强度

将固定装置固定在水槽上,并安装上处理器机身,在机身下方加100 N的拉力,固定装置、卡锁架均不应松动、变形、损坏。

6.6 振动测试

处理器放在橡胶垫上在空载的工作状态下,用测振仪测量研磨腔及电机机身外部位,其振动加速度应满足5.7要求。

7 检验规则

7.1 处理器的检验分为出厂检验和型式检验。

7.2 出厂检验

7.2.1 每批处理器均需进行出厂检验,检验合格后方可出厂。

出厂检验的试验项目、要求和试验方法如表1所示。

表1 出厂检验的试验项目

序号	试验项目	本标准所属章条		GB 4706.49 所属章、条	不合格类别
		技术要求	检验方法		
1	包装	8.2	目测		B
2	外观检查	5.9	6.2		B
3	溢水试验			15.2	致命缺陷
4	泄漏电流和电气强度			16	致命缺陷
5	接地措施			27	致命缺陷
6	标志	8.1		7	致命缺陷

7.2.2 处理器出厂检验的抽样按GB/T 2828.1检验的批量、抽样方案、检验水平及接受质量限,具体由生产厂和订货方共同商量。

7.3 型式检验

7.3.1 凡属于下列情况之一时,应进行型式检验:

a) 试制新产品时;

b) 设计、工艺或使用的材料有重大改变时;

c) 停产一年以上,恢复再生产时;

d) 连续生产的产品,定期抽查每年至少一次。

7.3.2 型式检验的项目、要求、方法和不合格类别见表2。

表2 型式检验的项目

序号	试验项目	本标准所属章条		GB 4706.49 所属章、条	不合格类别
		技术要求	试验方法		
1	包装	8.2	8.2.3		B
2	外观检查	5.9	6.2		B
3	输入功率			10	致命缺陷
4	固定装置机械强度	5.8.2	6.5		A
5	研磨率	5.5.1	6.3.1		A
6	研磨速度	5.5.2	6.3.2		
7	细度百分比	5.5.3	6.3.3		C
8	噪声	5.6	6.4		B
9	标志和说明	8.1		7	致命缺陷
10	对触及带电部件的防护			8	致命缺陷
11	发热			11	致命缺陷
12	工作温度下的泄漏电流和电气强度			13	致命缺陷
13	耐潮湿			15	致命缺陷
14	泄漏电流和电气强度			16	致命缺陷
15	过载保护			17	致命缺陷
16	非正常工作			19	致命缺陷
17	稳定性和机械危险			20	致命缺陷
18	机械强度			21	致命缺陷
19	结构			22	致命缺陷
20	内部布线			23	致命缺陷
21	元件			24	致命缺陷
22	电源连接和外部软线	5.8.5		25	致命缺陷
23	外部导线用接线端子			26	致命缺陷
24	接地措施			27	致命缺陷
25	螺钉和连接			28	致命缺陷
26	电气间隙、爬电距离和固体绝缘			29	致命缺陷
27	耐热和耐燃			30	致命缺陷
28	防锈			31	致命缺陷
29	辐射、毒性和类似危险			32	致命缺陷

7.3.3 处理器连续生产的产品型式检验抽样按GB/T 2829的有关规定，其抽样方案、判别水平、样本大小、接收质量限及其判定见表3规定。

表 3 判别水平、样本大小、接收质量限及其判定

判别水平	二次抽样方案	样本大小	接收质量限			致命缺陷类不合格
			A 类不合格 AQL=15	B 类不合格 AQL=25	C 类不合格 AQL=40	
Ⅱ	第一次	3	$Ac_1=0$ $Re_1=2$	$Ac_1=0$ $Re_1=3$	$Ac_1=1$ $Re_1=3$	Ac=0 Re=1
	第二次	3	$Ac_2=1$ $Re_2=2$	$Ac_2=3$ $Re_2=4$	$Ac_2=4$ $Re_2=5$	

注 1：表 1、表 2、表 3 中不合格项的分类方法按 GB/T 2828.1 进行 A、B、C 分类，安全项目不合格为致命缺陷。

注 2：致命缺陷使用对应的一次抽样方案。

8 标志、包装、运输和贮存

8.1 标志和说明书

8.1.1 处理器的标志应符合 GB 4706.49 中相应条款。

8.1.2 处理器使用说明书的编写应符合 GB 5296.2 的要求及 GB 4706.49 中相应条款。

8.1.3 包装箱标志

处理器的包装箱标志应符合 GB/T 191 和 GB/T 1019 中相应条款。

8.2 包装

8.2.1 每台处理器的包装应按照 GB/T 1019 中规定的防潮包装流通条件 2 的防震包装进行包装箱设计。

8.2.2 每台处理器的包装箱内应附有产品合格证、使用说明书、保修卡，用塑料袋包装，放在箱内明显部位。

8.2.3 有产品的包装箱应经受 GB/T 1019—1989 附录 A 中的 A.4、试验强度按流通条件 2 的跌落试验，试验后应符合 GB/T 1019—1989 中 4.2 的规定。

8.3 运输

产品在运输过程中，严禁雨淋，受潮和剧烈碰撞。

8.4 贮存

包装好的处理器应贮存在温度低于 40 ℃，相对湿度 85％以下，通风干燥，无腐蚀性气体的仓库内。

具体仓库的贮存条件应按贮存厂商所在地区气候环境而定，可参照 GB/T 4798.1 规定的标准而定。

附 录 A
（规范性附录）
研磨能力试验方法

A.1 试验负载

A.1.1 猪肋骨

煮熟的猪肋骨，长 25 mm～50 mm，宽 38 mm±6 mm，质量 150(1±5%)g。要求将猪肋骨放入一个装满水的容器内，加盖煮沸 1 h～2 h，然后取出放进热水中冲洗，将肋骨上的软骨剔除干净，再放入准备好的烘箱中干燥 1 h 去除潮气，温度应为 150 ℃。

A.1.2 混合负载

处理物	长度/mm	质量/g	要求
香蕉皮	150～200	150(1±5%)	黄色
谷物类	75～100	100(1±5%)	试验前煮沸 10 min
柚子皮	100～110	100(1±5%)	
芹菜茎	100	50(1±5%)	
2 块餐巾纸及 2 个茶叶包		10(约)	干燥
土豆	50～65	190(约)	
总计		600±10	

A.2 研磨率试验

A.2.1 试验条件

按 6.1 试验条件，供应水温不应超过 27 ℃。

A.2.2 试验程序

a) 开启处理器使其连续运转，将待处理物从进料口倒入，同时保证水流速度 0.13 L/s；

b) 按下述试验方法，连续测试 3 次，为每种负载处理试验记录平均结果。

A.2.3 试验方法

A.2.3.1 猪肋骨研磨试验

a) 用 A.1.1 中准备的负载；

b) 研磨处理物 1 min，停止，如果有卡机，清除故障后继续；

c) 再放水 1 min 冲洗处理物；

d) 取出处理器内冲洗后的残渣；

e) 放入温度 150℃ 的烘箱中干燥去除潮气，1 h 后取出；

f) 称残留物质量。

A.2.3.2 混合负载研磨试验

a) 用 A.1.2 准备的负载；

b) 开启处理器，迅速放入处理物并打开处理器排出管，如果批量放入的话，应在开启处理器前；

c) 研磨负载 1 min，停止；

d) 再放水 1 min 冲洗处理物；

e) 取出处理器内冲洗后的残渣；

f) 用手挤出残留物中的水分；

g) 称量挤干后残留物的质量。

A.2.4 计算研磨率

a) 按2种研磨试验的6次残留物质量，计算6次研磨率；算出每种研磨试验的平均研磨率；

b) 计算方法

$$G=[(m_1-m_2)/m_1]\times 100\%/\text{min} \qquad \text{(A.1)}$$

式中：

m_1——研磨前质量，单位为克(g)；

m_2——残留物质量，单位为克(g)；

G——研磨率。

A.3 研磨速度试验 k

A.3.1 猪肋骨研磨

a) 用A.1.1中准备的负载；

b) 开启处理器，连续研磨至处理器内只有少量剩余物。如运行过程中卡机，清除故障后继续；

c) 关闭处理器，记录研磨时间 t_1(s)，放水冲洗，待碎物冲掉后关水；

d) 取出处理器内冲洗后的残渣；

e) 放入干毛巾中干燥，称重；

f) 如果质量大于4.5 g(原质量的3%)，将其放入处理器内再次研磨15 s；

g) 关闭处理器，放水冲洗1 min；

h) 取出剩余物，按"e)"干燥、称重；

i) 重复"f)"～"h)"操作直到残渣质量不大于4.5 g；

j) 总的研磨时间 t 为研磨时间的总和[从b)步骤开始计算，还需加上附加的若干个15 s]，即：

$$t=t_1+15\,n(n=0,1,2,3\cdots\cdots) \qquad \text{(A.2)}$$

k) 重复3次试验，记录每次试验的总研磨时间并算出平均值 T，即可算出该处理器骨头的研磨速度 S。

$$S=150/T \qquad \text{(A.3)}$$

A.3.2 混合负载研磨

将A.3.1中的负载猪肋骨改为A.1.2中的混合负载重复A.3.1的试验，计算处理器混合负载的研磨速度。

附　录　B
（规范性附录）
细度百分比试验方法

B.1　试验准备

a）　滤网 2 个

孔径为 12.7 mm 滤网 1 个。

孔径为 6.4 mm 滤网 1 个。

b）　喷头 1 个

喷头有 16 个孔径为 1.3mm 的喷孔。

c）　试验负载

25 mm～50 mm 长的猪肋骨，去掉上面的软骨和脂肪，称重 110 g。在水中煮沸 1 h 后，烘干1 h。

新鲜胡萝卜 110 g。

芹菜 110 g。

莴苣头 110 g。

将以上材料混合后，作为试验负载使用。

B.2　程序

a）　按图 B.1 安装好处理器，将准备好的试验负载投入进料口，并且保证水流速度为 0.13 L/s，水温不超过 27 ℃；

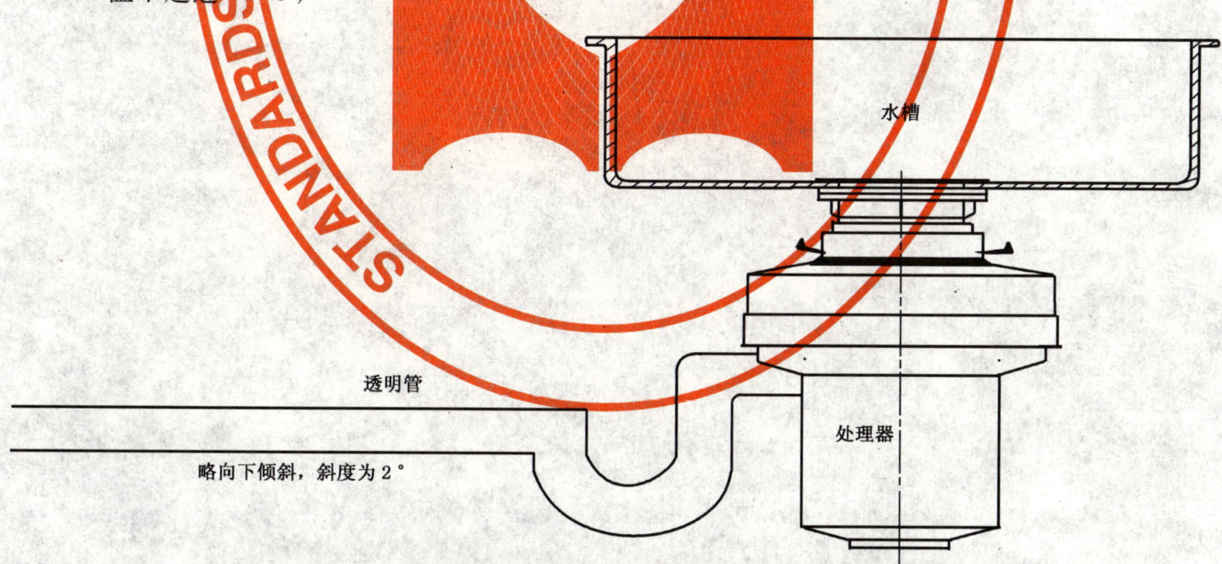

图 B.1　细度百分比试验安装示意图

b）　研磨后的废弃食物和水经过"P"型弯管以及长度为 1.5 m，内径为 38 mm 长的透明管后，先后通过 12.7 mm 和 6.4 mm 的滤网，流入排水系统；

c）　除了一些存留在滤网上的纤维外，其他所有的研磨物都应能通过网眼尺寸为 12.7 mm 的滤网；

d）　保留网眼尺寸为 6.4 mm 的滤网上的残留物；

e) 用带有16个孔径为1.3 mm喷孔的喷头，以0.16 L/s的水流速度冲洗6.4 mm滤网上的研磨物，喷头应保持在滤网正上方304.8 mm处持续循环移动冲洗15 s。水流应与滤网保持90°；

f) 冲洗后的残留物水分自然沥干后称重，质量为m(g)，即可算出该处理器的细度百分比F。

$$F = m/440 \times 100\% \qquad \text{(B.1)}$$

B.3 判定标准

试验结果应符合5.5.3规定。

ICS 85.060
Y 31

中华人民共和国国家标准

GB/T 22803—2008

制 鞋 纸 板

Shoe board

2008-12-30 发布

2009-09-01 实施

中华人民共和国国家质量监督检验检疫总局
中国国家标准化管理委员会 发布

前 言

本标准在原轻工行业标准 QB/T 1708—1993《制鞋纸板》的基础上制定。

本标准的附录 A、附录 B、附录 C、附录 D 为规范性附录。

本标准由中国轻工业联合会提出。

本标准由全国造纸工业标准化技术委员会归口。

本标准起草单位:河南省产品质量监督检验院、中国制浆造纸研究院、中国造纸协会标准化专业委员会。

本标准主要起草人:李锡香、李红、张建明。

制 鞋 纸 板

1 范围

本标准规定了鞋内底纸板、半托底纸板和主跟纸板的产品分类、技术要求、试验方法、检验规则和标志、包装、运输、贮存等要求。

本标准适用于供制作皮鞋和其他鞋类的内底、半托底、主跟用的纸板。

2 规范性引用文件

下列文件中的条款通过本标准的引用而成为本标准的条款。凡是注日期的引用文件，其随后所有的修改单(不包括勘误的内容)或修订版均不适用于本标准，然而，鼓励根据本标准达成协议的各方研究是否可使用这些文件的最新版本。凡是不注日期的引用文件，其最新版本适用于本标准。

GB/T 450 纸和纸板 试样的采取及试样纵横向、正反面的测定(GB/T 450—2008,ISO 186:2002,MOD)

GB/T 451.1 纸和纸板尺寸及偏斜度的测定

GB/T 451.2 纸和纸板定量的测定(GB/T 451.2—2002,eqv ISO 536:1995)

GB/T 451.3 纸和纸板厚度的测定(GB/T 451.3—2002,idt ISO 534:1988)

GB/T 459 纸和纸板伸缩性的测定(GB/T 459—2002,eqv ISO 5635:1978)

GB/T 462 纸、纸板和纸浆 分析试样水分的测定(GB/T 462—2008;ISO 287:1985,MOD;ISO 638:1978,MOD)

GB/T 465.2 纸和纸板 浸水后抗张强度的测定(GB/T 465.2—2008,ISO 3781:1983,MOD)

GB/T 2828.1 计数抽样检验程序 第1部分:按接收质量限(AQL)检索的逐批检验和抽样计划(GB/T 2828.1—2003,ISO 2859-1:1999,IDT)

GB/T 10342 纸张的包装和标志

GB/T 10739 纸、纸板和纸浆试样处理和试验的标准大气条件(GB/T 10739—2002,eqv ISO 187:1990)

GB/T 12914 纸和纸板 抗张强度的测定(GB/T 12914—2008;ISO 1924-1:1992,MOD;ISO 1924-2:1994,MOD)

QB/T 1472 鞋用纤维板屈挠指数

3 产品分类

3.1 制鞋纸板按其用途分为鞋内底纸板、半托底纸板和主跟纸板三个品种;鞋内底纸板按质量分为优等品、一等品和合格品三个等级;半托底纸板和主跟纸板规定的指标为合格品。

3.2 制鞋纸板为平板纸板。纸板尺寸:1 350 mm×920 mm,1 150 mm×880 mm,1 000 mm×1 600 mm,1 000 mm×1 100 mm,1 000 mm×800 mm,710 mm×870 mm,610 mm×830 mm。根据用户要求,可协议生产其他尺寸的纸板。

4 技术要求

4.1 制鞋纸板的尺寸偏差应不超过±10 mm,偏斜度应不超过 10 mm。

4.2 制鞋纸板的技术指标应符合表1～表3或订货合同的规定。

表1 鞋内底纸板

指标名称		单位	规定		
			优等品	一等品	合格品
厚度		mm	1.00±0.10 1.20±0.12 1.50±0.15 1.80±0.18 2.20±0.20 2.50±0.25 3.00±0.30		
紧度		g/cm³	0.70±0.20	0.70±0.20	≤1.00
层间剥离强度	≥	kN/m	0.40	0.33	0.27
屈挠指数(纵横向均)	≥	—	2.9	2.5	1.9
湿抗张强度	≥	kN/m	0.55	0.35	0.30
伸缩性	≤	%	1.5	1.6	1.7
高温干燥1h收缩率	≤	%	0.8	1.0	1.2
交货水分		%	8.0±2.0		

表2 半托底纸板

指标名称		单位	规定(合格品)
厚度		mm	2.00±0.20 2.40±0.24 3.00±0.30
紧度	≤	g/cm³	1.10
抗张强度	≥	kN/m	1.40
弯曲性能		—	弯曲90°不断
交货水分		%	8.0±2.0

表3 主跟纸板

指标名称		单位	规定(合格品)
厚度		mm	1.50±0.15 1.70±0.17 2.00±0.20
紧度	≤	g/cm³	0.90
层间剥离强度	≥	kN/m	0.40
弯曲性能		—	弯曲90°不裂
定型性能(用变形百分率表示)	≤	%	75.0
伸缩性	≤	%	1.5
高温干燥1h收缩率	≤	%	1.0
交货水分		%	8.0±2.0

注1：机抄制鞋纸板的强度、尺寸稳定性和定型性为纵、横向平均值。

注2：非机抄制鞋纸板的强度、尺寸稳定性和定型性为长向值。

注3：厚度1.5 mm以下(含1.5 mm)的鞋内底纸板、主跟纸板不测层间剥离强度。

4.3 制鞋纸板应厚度均匀、表面平整。

4.4 制鞋纸板应切边，切边应整齐、洁净。

4.5 制鞋纸板在冲切、压型、片茬时不应有分层、脱落现象。

4.6 制鞋纸板表面不应有折子、破皮、断裂、起泡、分层、杂质及未解离的纤维束。

4.7 制鞋纸板的尺寸、厚度、等级、色泽应在订货合同中规定。

5 试验方法

5.1 试样的采取按 GB/T 450 进行。

5.2 试样的处理和试验的标准大气条件按 GB/T 10739 进行。

5.3 尺寸及偏斜度按 GB/T 451.1 进行测定。

5.4 定量按 GB/T 451.2 进行测定。

5.5 厚度按 GB/T 451.3 进行测定。

5.6 紧度按 GB/T 451.2 和 GB/T 451.3 进行测定。

5.7 抗张强度按 GB/T 12914 进行测定,仲裁时采用恒速拉伸法测定。

5.8 湿抗张强度按 GB/T 465.2 进行测定,浸水时间 4 h,仲裁时采用恒速拉伸法。

5.9 伸缩性按 GB/T 459 进行测定,浸水时间 1 h。

5.10 屈挠指数按 QB/T 1472 进行测定。

5.11 交货水分按 GB/T 462 进行测定。

5.12 层间剥离强度的测定按附录 A 进行测定。

5.13 高温干燥收缩率按附录 B 进行测定。

5.14 弯曲性能按附录 C 进行测定。

5.15 定型性能按附录 D 进行测定。

6 检验规则

6.1 以一次交货为一批,但应不多于 30 t。

6.2 生产厂应保证所生产的产品符合本标准要求,每件纸板交货时应附质量合格证一份。

6.3 计数抽样检验程序应按 GB/T 2828.1 规定进行,样本单位为件。接收质量限(AQL):定型性能、弯曲性能、屈挠指数为 4.0;厚度、紧度、层间剥离强度、湿抗张强度、伸缩性、收缩率、交货水分、尺寸及偏斜度、外观为 6.5。采用正常检验二次抽样,检验水平为特殊检验水平 S-2。其抽样方案见表 4。

表 4 抽样方案

<table>
<tr><th rowspan="3">批量/件</th><th colspan="5">正常检验二次抽样方案 特殊检验水平 S-2</th></tr>
<tr><th rowspan="2">样本量</th><th colspan="2">AQL 值为 4.0</th><th colspan="2">AQL 值为 6.5</th></tr>
<tr><th>Ac</th><th>Re</th><th>Ac</th><th>Re</th></tr>
<tr><td rowspan="2">2～150</td><td>2</td><td>—</td><td>—</td><td>0</td><td>1</td></tr>
<tr><td>3</td><td>0</td><td>1</td><td>—</td><td>—</td></tr>
<tr><td rowspan="2">151～1 200</td><td>3</td><td>0</td><td>1</td><td>—</td><td>—</td></tr>
<tr><td>5
5(10)</td><td>—
—</td><td>—
—</td><td>0
1</td><td>2
2</td></tr>
</table>

6.4 可接收性的确定:第一次检验的样品数量应等于该方案给出的第一样本量。如果第一样本中发现的不合格品数小于或等于第一接收数,应认为该批是可接收的;如果第一样本中发现的不合格品数大于或等于第一拒收数,应认为该批是不可接收的。如果第一样本中发现的不合格品数介于第一接收数与第一拒收数之间,应检验由方案给出样本量的第二样本并累计在第一样本和第二样本中发现的不合格品数。如果不合格品累计数小于或等于第二接收数,则判定该批是可接收的;如果不合格品累计数大于或等于第二拒收数,则判定该批是不可接收的。

6.5 需方有权按本标准检验产品,如对产品质量有异议,应在到货后一个月内(或按合同规定)通知供方,由供需双方共同抽样检验。如果检验结果不符合本标准或订货合同规定,则判该批不可接收,由供方负责处理;如果检验结果符合本标准或订货合同的规定,则判该批可接收,由需方负责处理。

6.6 由于保管和运输不符合本标准的规定，以致造成质量不符合本标准或订货合同规定的，应由造成损失的责任方负责。

7 标志、包装、运输、贮存

7.1 纸板的包装和标志按 GB/T 10342 规定进行，并作如下补充：

7.1.1 纸板的每件净重为 250 kg，或由供需双方协商确定。

7.1.2 不同品种、厚度、尺寸、等级的纸板应分别包装。

7.2 运输时应使用有篷而洁净的运输工具。

7.3 装卸时不应钩吊，不应将纸件从高处扔下。

7.4 纸板应妥善保管，防止受风、雨、雪和地面湿气的影响。

附　录　A
（规范性附录）
层间剥离强度的测定

取 200 mm×15 mm 的试样纵横向各 5 条。沿长度方向预先剥开 50 mm，被剥开部分不应有明显损伤。将试样剥开部分的两端分别夹在试验机的上、下夹头上，使试样剥开部分的纵轴与上、下夹头的中心线重合，并松紧适宜。试验时，未剥开部分与拉伸方向呈 T 型。记录试样剥离过程的剥离力曲线。试验机的拉伸速度为 60 mm/min，计算每组试样的算术平均值。

附　录　B
（规范性附录）
高温干燥收缩率的测定

从选出的纸板上，沿纵横向各取 300 mm×50 mm 的试样一张，并在试样上画出 3 条长 260 mm 的直线，如图 B.1 所示，精确至 0.1 mm。将试样置于 100 ℃±2 ℃的干燥箱中，干燥 1 h，取出后立即测量直线的长度。

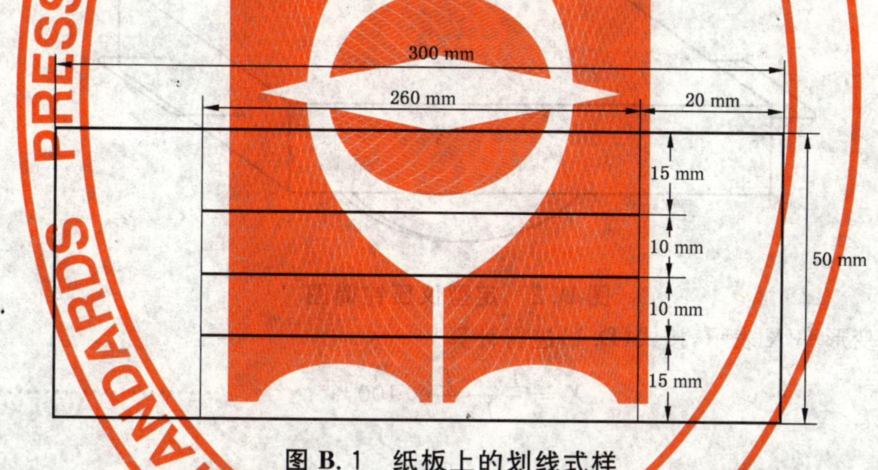

图 B.1　纸板上的划线式样

高温干燥收缩率按式(B.1)计算：

$$高温干燥收缩率 = \frac{L_0 - L}{L_0} \times 100\% \quad \cdots\cdots\cdots\cdots(B.1)$$

式中：

L_0——热处理前试样的直线长度，单位为毫米(mm)；

L——热处理后试样的直线长度，单位为毫米(mm)。

附　录　C
（规范性附录）
弯曲性能的测定

在距离纸板的边缘至少 50 mm 处，切取 100 mm×15 mm 的试样，纵横向各 3 条。对于半托底纸板，弯曲 90°应不断；对于主跟纸板，弯曲 90°应不裂。

附 录 D
（规范性附录）
定型性能的测定

在距离纸板边缘至少50 mm处，切取154 mm×30 mm的试样，纵横向各3条，置于凹进的半圆形定型仪中。压上凸出的半圆形重砣（砣重23.4 kg），单位面积纸板所承受的压力为49.6 kPa（0.506 kgf/cm^2），加压定型10 min。取出后将所测试样旋转90°放于平面上，24 h后测定纸板圆弧的中高（即纸板两端连接线中心点的垂线与圆弧交点的长度，以毫米表示）。定型仪示意图见图D.1、图D.2。

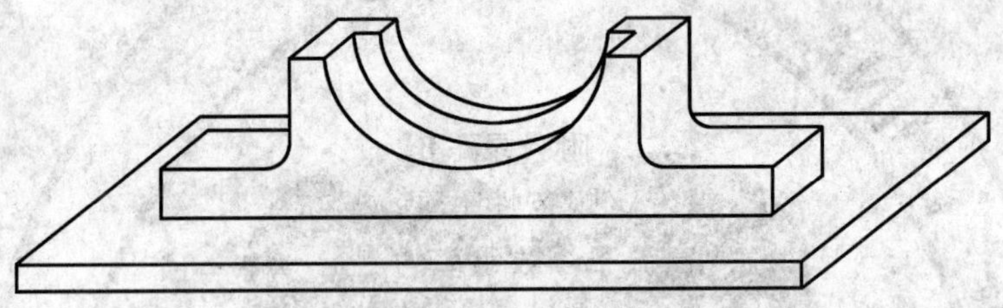

图D.1 定型仪底座简图

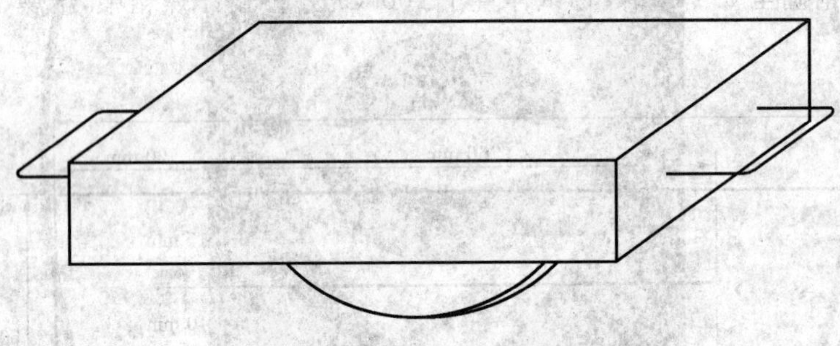

图D.2 定型仪压砣简图

定型性能用变形率X表示，按式（D.1）进行计算。

$$X = \frac{L_0 - L}{L_0} \times 100\% \qquad \text{(D.1)}$$

式中：

X——变形率，%；

L_0——凸出的半圆形压砣的半径，单位为毫米（mm）；

L——试样放置24 h后，纸板圆弧的中高，单位为毫米（mm）。

ICS 85-010
Y 30

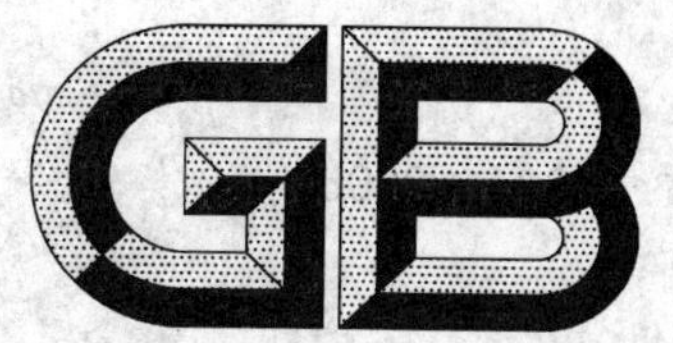

中华人民共和国国家标准

GB/T 22804—2008

纸浆、纸和纸板　汞含量的测定

Pulp, paper and board—Determination of mercury content

2008-12-30 发布　　　　2009-09-01 实施

中华人民共和国国家质量监督检验检疫总局
中国国家标准化管理委员会　发布

前 言

本标准的附录 A、附录 B 为资料性附录。

本标准由中国轻工业联合会提出。

本标准由全国造纸工业标准化技术委员会归口。

本标准起草单位:中华人民共和国深圳出入境检验检疫局、中国制浆造纸研究院。

本标准主要起草人:徐嵘、陈旭辉、顾浩飞、章雅玲。

纸浆、纸和纸板　汞含量的测定

1　范围

本标准规定了纸浆、纸和纸板中汞含量的测定方法。

本标准适用于各种可用硝酸湿法消解的纸、纸板及纸浆中汞含量的测定。

本方法检出限：0.02 mg/kg。

2　规范性引用文件

下列文件中的条款通过本标准的引用而成为本标准的条款。凡是注日期的引用文件，其随后所有的修改单（不包括勘误的内容）或修订版均不适用于本标准，然而，鼓励根据本标准达成协议的各方研究是否可使用这些文件的最新版本。凡是不注日期的引用文件，其最新版本适用于本标准。

GB/T 450　纸和纸板　试样的采取及试样纵横向、正反面的测定（GB/T 450—2008，ISO 186：2002，MOD）

GB/T 462　纸、纸板和纸浆　分析试样水分的测定（GB/T 462—2008，ISO 287：1985，MOD；ISO 638：1978，MOD）

GB/T 740　纸浆　试样的采取（GB/T 740—2003，ISO 7213：1981，IDT）

GB/T 6682　分析实验室用水规格和试验方法（GB/T 6682—2008，ISO 3696：1987，MOD）

3　原理

将试样放置于密闭容器中，加入一定量的硝酸，在高温高压条件下，进行消解。消解液经适当稀释后，通过还原处理将化合态的汞还原成原子态的汞，经载气带入石英管炉中，在低压汞灯发出波长253.7 nm的激发光束激发下，产生原子荧光，荧光强度与试样的汞含量成正比，与标准工作曲线比较进行定量分析。

4　试剂

除非另有说明，在分析中仅使用确认为优级纯的试剂。

4.1　水，GB/T 6682，二级。

4.2　硝酸（HNO_3），ρ=1.40 g/mL，质量分数是65%～68%。

4.3　硝酸（HNO_3），5+95，将50 mL的硝酸（4.2）加入到体积为950 mL的水中。

4.4　硼氢化钾溶液（KBH_4），0.05%，称取0.5 g氢氧化钾（KOH）于100 mL水中，溶解后，加入0.05 g的硼氢化钾继续溶解，若有沉淀，需过滤后使用。

4.5　汞标准储备溶液，100 mg/L，称取0.162 g硝酸汞（$HgNO_3$）于烧杯中，加入硝酸（4.3）溶解，用硝酸（4.3）定容至1 L。溶液保存在密闭聚乙烯容器中。

4.6　汞标准溶液，0.2 mg/L，用移液管移取1 mL的汞标准储备溶液（4.5）于10 mL的容量瓶中，用硝酸（4.3）稀释至刻度，用移液管从10 mL的容量瓶中移取1 mL的汞标准溶液于50 mL的容量瓶中，用硝酸（4.3）稀释至刻度。此溶液应当天配制。

5　仪器和设备

5.1　烘箱，控温范围为常温～200 ℃，控温精度为±2 ℃。

5.2　压力消解罐，配100 mL聚四氟乙烯的内罐。

5.3 微波消解仪，配 100 mL 聚四氟乙烯内罐的全密闭消解容器，不建议使用自动泄压罐。

5.4 原子荧光光谱仪，配汞空心阴极灯。

6 取样与试样的制备

6.1 取样

试样的采取按照 GB/T 450 或 GB/T 740 的有关规定进行。

6.2 试样的制备

将样品剪成约 5 mm×5 mm 的小块，彻底混匀，注意防止污染。试样称量前应在天平附近至少平衡 20 min。

6.3 水分含量的测定

按照 GB/T 462 测定试样的水分，用以计算试样的绝干物含量。

7 分析步骤

7.1 前处理

7.1.1 高压消解法

7.1.1.1 空白试验

与试样的测定平行进行，取相同量的所有试剂，采用相同的分析步骤，但不加试样。

7.1.1.2 试验

做两份试样的平行测定。

称取约 0.4 g 的风干试样，精确至 0.001 g(以绝干计)，放入压力消解罐(5.2)的聚四氟乙烯内罐中。加入 6 mL 的硝酸(4.2)，将压力消解罐放入烘箱(5.1)，升温至(95±2)℃，保持 1 h。然后再继续升温至(185±2)℃，保持 4 h。关闭电源，在烘箱中自然冷却至室温，取出压力消解罐，并小心地在通风柜中打开。将消解内罐中剩留的溶液用水适当稀释，过滤于 50 mL 的容量瓶内，消解内罐及滤纸用水洗涤数次并转入容量瓶后定容。

7.1.2 微波消解法

7.1.2.1 空白试验

与试样的测定平行进行，取相同量的所有试剂，采用相同的分析步骤，但不加试料。

7.1.2.2 试验

做两份试样的平行测定。

称取约 0.4 g 的风干试样，精确至 0.001 g(以绝干计)，放入微波消解罐的聚四氟乙烯内罐中，加入 8 mL 的硝酸(4.2)，加盖浸泡 0.5 h，放入微波消解仪。根据微波消解仪的使用说明书，选择适当的控制方式至试样消解完全，冷却，取出消解罐，并在通风柜中打开。将消解内罐中剩留的溶液用水适当稀释，过滤于 50 mL 的容量瓶内，消解内罐及滤纸用水洗涤数次并转入容量瓶后定容。

7.2 汞含量的测定

7.2.1 用移液管分别移取 0 mL、1 mL、2 mL、4 mL、8 mL 的汞标准溶液(4.6)于 100 mL 的容量瓶中，用硝酸(4.3)定容至刻度，每毫升上述标准溶液分别含汞 0 μg、0.002 μg、0.004 μg、0.008 μg、0.016 μg。

7.2.2 根据原子荧光光谱仪的操作手册设定参数，吸取一定量试液，加入一定量的硼氢化钾溶液(4.4)，测定空白溶液、标准工作溶液、待测溶液中汞原子的荧光强度。

7.2.3 绘制校准曲线，计算待测溶液的汞含量。

8 计算

汞含量以汞的质量分数 X_{Hg} 计，数值以毫克每千克(mg/kg)表示，按式(1)计算：

$$X_{Hg}=\frac{(X_1-X_0)\times V}{m} \quad \cdots\cdots(1)$$

式中：

X_{Hg}——试样中汞的含量，单位为毫克每千克(mg/kg)；

X_1——试验溶液中汞的浓度，单位为毫克每升(mg/L)；

X_0——空白试液中汞的浓度，单位为毫克每升(mg/L)；

V——试验溶液的总体积，单位为毫升(mL)；

m——试样的绝干质量，单位为克(g)。

计算结果修约至两位有效数字。两个测定结果的差与其平均值之比应不大于10%，以平均值表示测定结果。

9 质量保证和控制

微波消解可有不同的控制方式，有多种温度/压力/功率、时间、加酸量等不同的参数组合，可根据实际情况设定。只要保证消解完全且有较高回收率的消解方法均可使用。充分消解后通常可得到澄清的溶液，残余物为白色絮状。

分析仪器可根据实验室的实际情况选择，只要仪器的检出限满足要求即可。由于分析仪器的灵敏度不同，操作人员应根据仪器的测定范围选择合适的标准工作溶液范围。

10 试验报告

试验报告应包括下列项目：

a) 本国家标准编号；

b) 测定的日期和地点；

c) 试样制备的描述；

d) 所用的消解过程(高压消解法或微波消解法)；

e) 测定仪器的描述；

f) 测定的平均值，用mg/kg表示，如果测定次数多于两次，应说明测定次数；

g) 标准步骤变更的说明，或所观察到的任何会影响测定结果的异常现象。

附　录　A
（资料性附录）
微波消解仪的设定参数举例

A.1　Mars 微波消解仪（配超高压消解罐）

控制程序：温度主控，具体参数见表 A.1。

表 A.1

步　骤	爬坡时间/min	温度/℃	保持时间/min
1	5	95	5
2	5	185	15～30[a]

[a] 根据试样消解的难易程度调整时间，一般涂布、填料多的试样应选择长一点的消解时间。

A.2　Mars 微波消解仪（配高处理量消解罐）

控制程序：温度主控，具体参数见表 A.2。

表 A.2

步　骤	爬坡时间/min	温度/℃	保持时间/min
1	5	120	5
2	5	150	10
3	5	175	10
4	5	185	10

A.3　MILESTONE ethos tc 微波消解仪

控制程序：温度主控，具体参数见表 A.3。

表 A.3

步　骤	爬坡时间/min	温度/℃	保持时间/min
1	5	90	—
2	10	140	—
3	5	180	10～30[a]

[a] 根据试样消解的难易程度调整时间，一般涂布、填料多的试样应选择长一点的消解时间。

A.4　Multiwave 3000 微波消解仪

控制程序：温度主控，安全升压速度 30 kPa/s，具体参数见表 A.4。

表 A.4

步　骤	爬坡时间/min	温度/℃	保持时间/min
1	5	150	10
2	10	240	20

A.5 MWS－3＋微波消解仪

控制程序：温度主控，具体参数见表A.5。

表 A.5

步　骤	爬坡时间/min	温度/℃	保持时间/min
1	5	165	5
2	1	185	5～20[a]
冷却	1	100	10

[a] 根据试样消解的难易程度调整时间，一般涂布、填料多的试样应选择长一点的消解时间。

附　录　B
（资料性附录）
原子荧光光谱仪的设定参数举例

灯电流：15 mA；
负高压：240 V；
原子化温度：800 ℃；
载气(Ar)流速：400 mL/min；
屏蔽气流速：100 mL/min；
加还原剂时间：7 s；
读出时间：15 s；
延迟时间：1.0 s；
进样体积：1.0 mL；
读出方式：峰面积；
测定方法：标准曲线法。

ICS 85-010
Y 30

中华人民共和国国家标准

GB/T 22805.1—2008

纸和纸板　耐脂度的测定
第1部分:渗透法

Paper and board—Determination of grease resistance—
Part 1: Permeability test

(ISO 16532-1:2008,MOD)

2008-12-30 发布　　　　2009-09-01 实施

中华人民共和国国家质量监督检验检疫总局
中国国家标准化管理委员会　发布

前　言

GB/T 22805《纸和纸板　耐脂度的测定》分为以下两个部分：

——第 1 部分：渗透法；

——第 2 部分：表面排斥法。

本部分为第 1 部分。

本部分修改采用 ISO 16532-1:2008《纸和纸板　耐脂度的测定　第 1 部分：渗透法》。

本部分与 ISO 16532-1:2008 相比，主要差异如下：

——在规范性引用文件中将 ISO 标准转化为与之相应的国家标准，即 GB/T 450　纸和纸板　试样的采取及试样纵横向、正反面的测定(GB/T 450—2008,ISO 186:2002,MOD)；

——在规范性引用文件中将 ISO 标准转化为与之相应的国家标准，即 GB/T 10739　纸、纸板和纸浆试样处理和试验的标准大气条件(GB/T 10739—2002,eqv ISO 187:1990)。

本部分附录 A 为规范性附录。

本部分由中国轻工业联合会提出。

本部分由全国造纸工业标准化技术委员会归口。

本部分起草单位：中国制浆造纸研究院、中国造纸协会标准化专业委员会。

本部分主要起草人：李萍。

纸和纸板　耐脂度的测定
第1部分:渗透法

1　范围

GB/T 22805的本部分规定了纸和纸板耐脂度的测定方法。即测定拟脂肪材料(棕榈油)渗透如防油纸和植物羊皮纸等食品包装纸或纸板所用的时间。

本部分适用于有折痕和无折痕的纸和纸板。

本部分也适用于内部或表面施胶,或通过塑料挤压涂层来抗油脂的纸和纸板。

2　规范性引用文件

下列文件中的条款通过GB/T 22805的本部分的引用而成为本标准的条款。凡是注日期的引用文件,其随后所有的修改单(不包括勘误的内容)或修订版均不适用于本部分,然而,鼓励根据本部分达成协议的各方研究是否可使用这些文件的最新版本。凡是不注日期的引用文件,其最新版本适用于本部分。

GB/T 450　纸和纸板　试样的采取及试样纵横向、正反面的测定(GB/T 450—2008,ISO 186:2002,MOD)

GB/T 10739　纸、纸板和纸浆试样处理和试验的标准大气条件(GB/T 10739—2002,eqv ISO 187:1990)

3　术语和定义

下列术语和定义适用于GB/T 22805的本部分。

3.1

耐脂度　grease resistance

纸和纸板抗表面污点形成及油脂渗透的能力。

3.2

油脂渗透　grease permeability

纸和纸板抗油脂渗透的能力。渗透能力可以用两个术语来描述:“全渗”(实际穿透时间)和“微渗”(表面可见渗透时间)。

3.3

全渗　break-through

油脂和砝码刚接触试样表面时开始计时,油脂从试样的一面全部渗透到另一面所用的时间。

3.4

微渗　show-through

油脂和砝码刚接触试样表面时开始计时,从试样另一面刚看到油迹,或部分油脂渗透到另一面所用的时间。

注1:本部分主要是为了测定全渗。在某些特殊情况下微渗也引起了人们的重视,例如研究纸和纸板内部或表面施胶,或通过塑料挤压涂布方法达到抗油效果。这两种测定方法可结合使用,在全渗前测定微渗。

注2:对于大多数纸和纸板,其微渗时间和全渗时间几乎相同。

4　原理

将试样放在玻璃板上,玻璃板上可垫一张衬垫,也可不垫,然后将染色棕榈油滴在试样上,再在试样上放一定质量的砝码。按照下述方法，记录油脂部分或全部渗透试样所用的时间。

注1：也可使用标准油脂外的其他油脂，只要该油脂符合第5章的规定即可，但应在试验报告中说明。

测定试样对油脂的全渗透时，只要试样反面有明显可见的油点透过即为测定终点。

注2：实际上，油脂穿透衬垫的时间也包含在内了。由于这个时间非常短，可以忽略不计。

测定油脂部分(仅表面)渗透(微渗)的时候，在没有衬垫辅助时，用肉眼能观察到斑点或油污点即为测定终点。

5 试剂

标准油脂：棕榈油或具有以下性质的其他油类：

——液化温度为27 ℃ ～ 29 ℃；

——35 ℃时的动态黏度为33.5 mPa·s ～ 35.0 mPa·s；

——40 ℃时的折射率为1.44～1.45；

——用质量分数为0.25%的苏丹红或类似可溶性脂肪油染料染色。

如果油脂结块，使用前应用抹刀将其抹匀。

6 仪器

6.1 衬垫：用漂白化学浆制成。

使用棕榈油时渗透时间应小于15 s。

6.2 玻璃板：应不小于220 mm × 350 mm，板的底部应能在镜子中观察到。

6.3 镜子：放在玻璃板(6.2)下面，便于观察整个试样底部(见图1)，应保证镜子有足够的光线。

1——玻璃板；

2——镜子。

注1：从试验装置图可以看出，水平玻璃板应放在一定高度上，以便镜子可以放在下面。

注2：从图中的例子可以看出，右边样品已到达测定终点。

图1 全渗的测定装置

6.4 折痕装置：符合附录A的规定。

6.5　金属模板：圆形（直径约 60 mm）或方形（60 mm × 60 mm），厚 2 mm～3 mm，中间有洞（直径为 30 mm），且有特定体积盛油脂。

6.6　砝码：至少 10 个，每个砝码的质量为 50 g～55 g，直径为 30 mm。

6.7　金属环：10 个，每个金属环的质量大约为 200 g，外径为 65 mm～70 mm，内径约为 55 mm。

6.8　秒表或计时器。

7　取样

如果有足够的样品，应按照 GB/T 450 进行取样。

如果采用其他的取样方法，应在报告中说明样品来源，如有可能，还应说明取样过程。应确保试样具有代表性。

8　试验条件

温湿处理应按 GB/T 10739 的规定进行。

9　试样的制备

从采取的样品上切取横向和纵向试样至少各 5 个，试样面积至少为 60 mm×60 mm。如果已知试样方向及正反面，则应在试样上标注其方向及正反面。如果需要折痕，其步骤应符合附录 A 的规定。

10　试验步骤

10.1　概述

本试验应在与样品处理的相同的大气条件下进行。测试面应至少测定 10 个数据。如果不清楚哪一面接触包装内容物，则应两面都测定。

10.2　微渗的测定

将与包装内容物接触的测试面朝上，水平放置在玻璃板（6.2）上，如图 1 所示。

将金属模板（6.5）放在试样上，将其压紧。用标准油脂将模板上的洞完全填满，使油脂与试样接触，启动计时器。在模板的上表面画一个直边，以使标准油脂层具有相同的厚度。拿掉模板，将金属环（6.7）放在试样的中心，在每一个试样的标准油脂层中心放一个砝码（6.6），记下镜子里第一个油点或油渍出现时的时间。如果试样有折痕，则应将模板的洞放在折痕的断面上，并记录哪部分标准油脂渗透了。按 10.4 进行观察。

注 1：如果测定微渗，则最好与全渗分别测定。

注 2：按以上描述，记录第一个油点或油渍出现的时间，可同时做微渗和全渗试验。迅速小心地将试样放到衬垫（6.1）上，然后继续按 10.3.3 所述进行试验。如果微渗和全渗结合起来进行的话，应分别记录两个试验的结果，并确保记录正确。

10.3　全渗的测定

10.3.1　如果测定全渗，应将与包装内容物接触的测试面朝上，如图 1 所示，水平放置在玻璃板上的薄衬垫（6.1）上。

10.3.2　将金属模板（6.5）放在试样上，将其压紧。用标准油脂将模板上的洞完全填满，使油脂与试样接触。启动计时器（6.8）。在模板的上表面画一个直边，以使油脂层具有相同的厚度。拿掉模板，将金属环（6.7）放在试样的中心，每个试样的油脂层中心放一个砝码（6.6）。如果试样有折痕，则应将模板的洞放在折痕的断面上。

10.3.3　在镜子中检查试样的底面，记录衬垫上第一个有色点出现的时间。如果试样有折痕，则应记录哪部分油脂渗透了。按 10.4 进行观察。

10.4　观察时间

至少应按照下面的间隔时间进行观察：

——最先的 10 min，每 1 min 观察一次；
——在 10 min～30 min 之间，每 2 min 观察一次；
——在 30 min～60 min 之间，每 5 min 观察一次；
——在 60 min～150 min 之间，每 10 min 观察一次；
——在 2.5h～6 h 之间，每 30 min 观察一次；
——24 h 后(最后检验)。

11 结果的表示

如果需要，计算全渗时间与微渗时间的平均值或范围。

按以下方式表示结果：

——10 min 以下，保留至最接近的 1 min；
——10min～30 min，保留至最接近的 2 min；
——30 min～60 min，保留至最接近的 5 min；
——60 min～150 min，保留至最接近的 10 min；
——2.5 h～6 h，保留至最接近的 30 min；
——6 h～24 h，表示为 6 h～24 h；
——大于 24 h，表示为大于 24 h。

12 试验报告

试验报告应包括以下项目：

a) 本国家标准的编号；
b) 用于准确鉴定试样的全部信息；
c) 试验的日期和地点；
d) 所用的温湿处理条件；
e) 测试面的鉴定；
f) 除规定的棕榈油外的在试验中使用的其他油脂的鉴定；
g) 如果进行折痕，如果施加的力非 100 N/m；
h) 全渗时间(平均值或范围)；
i) 如果有要求，报告微渗时间(平均值或范围)；
j) 偏离本部分并可能影响试验结果的任何情况。

附 录 A
（规范性附录）
折 痕

A.1 装置

折痕床：包括一个带直角的凹槽（见图 A.1）和一个适合凹槽的长条。该长条应该有一个机械加工的非切割的边（曲率半径约为 0.3 mm）。

注：如果折痕的反面没有破损，也可使用其他折痕装置。

图 A.1 折痕床

A.2 步骤

将试样放于折痕床上，使其纵向与凹槽平行。在 10 s～15 s 内用 100 N/m 的力将长条按入凹槽中，使试样产生一个折痕。实际操作中也可用 1 kg/cm 的长条压入凹槽中产生折痕。

在与第一个折痕交叉垂直处，做第二个折痕。然后检查试样的反面，应确保试样未破损。

重复以上步骤，5 张试样正面朝上，5 张试样反面朝上。

注：对于非常厚的纸板，折痕时使用 100 N/m 的力是不够的。在这种情况下，应增加长条质量。但应在试验报告中说明实际施加的力，及其试验结果。

ICS 85-010
Y 30

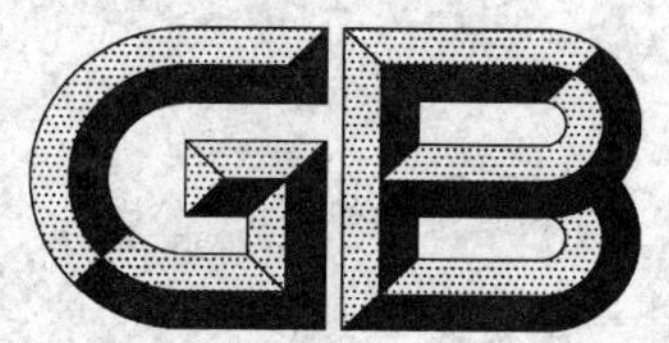

中华人民共和国国家标准

GB/T 22805.2—2008

纸和纸板 耐脂度的测定 第2部分:表面排斥法

Paper and board—Determination of grease resistance—Part 2:Surface repellency test

(ISO 16532-2:2007,MOD)

2008-12-30 发布　　2009-09-01 实施

中华人民共和国国家质量监督检验检疫总局
中国国家标准化管理委员会　发布

前　言

GB/T 22805《纸和纸板　耐脂度的测定》分为以下两个部分：

——第1部分：渗透法；

——第2部分：表面排斥法。

本部分为第2部分。

本部分修改采用ISO 16532-2:2007《纸和纸板　耐脂度的测定　第2部分：表面排斥法》。

本部分与ISO 16532-2:2007相比，主要差异如下：

——在规范性引用文件中将ISO标准转化为与之相应的国家标准，即GB/T 450纸和纸板　试样的采取及试样纵横向、正反面的测定(GB/T 450—2008，ISO 186:2002,MOD)；

——在规范性引用文件中将ISO标准转化为与之相应的国家标准，即GB/T 10739纸、纸板和纸浆试样处理和试验的标准大气条件(GB/T 10739—2002，eqv ISO 187:1990)；

——修改了结果表示方法，用耐脂值的最小值表示试验结果，比用平均值表示试验结果更能满足使用要求，维护消费者的利益。

本部分的附录A为规范性附录。

本部分由中国轻工业联合会提出。

本部分由全国造纸工业标准化技术委员会归口。

本部分起草单位：国家浆纸产品质量监督检验中心、莆田市产品质量监督检验所、中国制浆造纸研究院。

本部分主要起草人：黄德义、王鹏、范建云、佘集锋、尤聪娥、蔡梅琼。

纸和纸板　耐脂度的测定
第2部分:表面排斥法

警告:在本方法中使用一些高度易燃和对健康有害的危险化学药品,一定要做好相应的安全防范工作。

1　范围

GB/T 22805的本部分规定了测定纸和纸板耐脂度的一种方法。

本部分适用于经防油剂(如氟烷基化合物)浆内或表面施胶的纸和纸板。

2　规范性引用文件

下列文件中的条款通过GB/T 22805的本部分的引用而成为本部分的条款。凡是注日期的引用文件,其随后所有的修改单(不包括勘误的内容)或修订版均不适用于本部分,然而,鼓励根据本部分达成协议的各方研究是否可使用这些文件的最新版本。凡是不注日期的引用文件,其最新版本适用于本部分。

GB/T 450　纸和纸板　试样的采取及试样纵横向、正反面的测定(GB/T 450—2008,ISO 186:2002,MOD)

GB/T 10739　纸、纸板和纸浆试样处理和试验的标准大气条件(GB/T 10739—2002,eqv ISO 187:1990)

3　术语和定义

下列术语和定义适用于GB/T 22805的本部分。

3.1

耐脂度　grease resistance

纸和纸板抗表面污点形成及油脂渗透的能力。

3.2

表面排斥性　surface repellency

纸和纸板表面耐油脂润湿反应的能力。

3.3

耐脂值　kit rating

将经过编号的一组测试溶液依次滴在纸或纸板表面,在没有发生使纸或纸板表面颜色加深的润湿反应之前的测试溶液的最大编号。

注:耐脂值高表明该试样具有较好的耐脂性能。

4　原理

将蓖麻油与两种溶剂按比例混合,对不同比例的溶液进行由低到高的编号,形成一组测试溶液。不同编号测试溶液具有不同的渗透性能。将测试溶液滴在试样表面,在试样表面未产生暗色斑点时的测试溶液的最大编号即为试样的耐脂值。

5　试剂

5.1　蓖麻油,分析纯。

5.2 正庚烷，分析纯。

5.3 甲苯，分析纯。

5.4 测试溶液，用以上三种试剂遵照附录A的规定制备。

6 仪器和材料

6.1 吸收纸或棉织品(如棉布或滤纸)：用于测试终点时擦除测试溶液。

6.2 天平：最大称量值2 000 g，分度值为0.1 g。

6.3 玻璃量筒：容量为100 mL和500 mL，用于制备测试溶液(5.4)。

6.4 贮存瓶：用于制备测试溶液(5.4)。瓶塞可以为内衬金属箔的塞子、玻璃塞子或者内涂聚乙烯的塞子，用于防止测试溶液挥发。

6.5 秒表或定时器。

6.6 带有塞子的测试瓶和玻璃滴管：测试时使用。

6.7 试验台：试验台应置于符合10.1规定的实验室中，表面为深色，应洁净，上方有明亮均匀的光线照射。如果试验台表面为浅色，测试前，试样下面应垫一层深色材料。

7 取样

取样应按GB/T 450的规定进行，如果采用其他取样方法，应在试验报告中注明。

8 试样处理

温湿处理应按GB/T 10739的规定进行。

9 试样制备

从采取的样品上切取10片试样，试样面积至少为50 mm×150 mm，标记测试面。建议取样时戴塑料手套，防止样品被污染。如果测试区有手印、油以及其他任何影响测试结果的缺陷，测试时应尽量避开。

10 试验步骤

10.1 测试应在温度为23 ℃±1 ℃，相对湿度为50%±2%的恒温恒湿室内进行。每个测试面应至少测试5次。如果已知使用面，则该面为测试面，否则，测试双面。

10.2 将每个试样放在干净、平整的试验台(6.7)上，且测试面向上。

10.3 取一个试样和中间编号的测试溶液(5.4)，将该测试溶液装在测试瓶(6.6)中。在离试样测试面大约10 mm处，滴一滴测试溶液至试样表面，启动秒表(6.5)计时。注意：滴管不应接触到试样表面。

10.4 15 s后迅速用吸收纸或棉织品(6.1)擦除多余的测试溶液，同时，立即检查测试溶液滴到的区域。如果测试溶液滴到的区域变暗即到达测试终点。

注1：如果不立即检查测试溶液滴到的区域，测试溶液中的部分物质将会挥发，测试区域有可能恢复其原来的光反射值，从而得不到测试终点。

注2：纸和纸板表面变暗是由于测试溶液润湿试样造成的。

注3：对于高打浆度、高紧度和低不透明度的纸和纸板，其终点判断可能比较困难。

10.5 如果第一次测试就得到测试终点，那么用较低编号的测试溶液，在同一个试样的其他区域重复10.3和10.4步骤，直至测试终点(10.4)不再出现。以不出现终点的测试溶液的最大编号作为该试样的耐脂值。

10.6 其余4个试样重复该步骤，并记录其耐脂值。

注：第一个试样的耐脂值可以为其余4个试样的测试提供参考。

11 试验结果

以该试样耐脂值的最小值作为试验结果，同时报出耐脂值的最大值。

12 精密度

5个实验室对12个试样进行了测试，并对结果进行了统计分析，重复性和再现性如表1所示。

表1 测试方法精密度评估

耐脂值	重复性限 r	重复性/%	再现性限 R	再现性/%
1～5	1.0	10.0	0.8	30.0
6～9	0.9	10.5	3.8	45.0
10～12	0.6	6.0	1.5	14.0

以上结果表明，该方法在实验室内具有较好的重复性，高耐脂值在实验室间具有良好的再现性，低耐脂值(尤其中等耐脂值)的再现性偏低。

注：试验的精密度仅作为参考，在此引用的数据是国外实验室取得的。

13 试验报告

试验报告应包括以下项目：

a) 本国家标准编号；

b) 正确识别样品的所有信息；

c) 日期和试验地点；

d) 测试的大气条件；

e) 注明测试面；

f) 试验结果；

g) 测试次数；

h) 测试所得结果的最大值和最小值；

i) 任何对本部分的偏移和任何影响结果的情况。

附 录 A
（规范性附录）
测试溶液的制备

测试溶液的制备见表A.1。

表A.1 测试溶液的制备

测试溶液编号	蓖麻油/g	甲苯/mL	正庚烷/mL
1	960.0	0	0
2	864.0	50	50
3	768.0	100	100
4	672.0	150	150
5	576.0	200	200
6	480.0	250	250
7	384.0	300	300
8	288.0	350	350
9	192.0	400	400
10	96.0	450	450
11	0	500	500
12	0	450	550

对于某些测试，耐脂值可能会超过12，这时，需调整甲苯和正庚烷的比例。在报告中应注明甲苯和正庚烷的比例。

不应通过加和方式来计算添加量，因为溶液混合时候体积可能会变小。

注：蓖麻油用质量来度量，因为蓖麻油的粘度高，会降低体积度量的准确性。25 ℃蓖麻油的密度在0.957 g/mL～0.961 g/mL之间，计算时取0.960 g/mL。23 ℃蓖麻油密度的增加可以忽略不计。

将测试溶液贮存在带标签的贮存瓶(6.4)中。测试时，用相应耐脂值编号的测试溶液装满测试瓶(6.6)。

不使用时，贮存瓶和测试瓶应密封，避免由于溶剂挥发造成测试溶液成分和配比发生改变。建议测试溶液每两个月重新配制。

根据使用情况，测试瓶中的测试溶液应定期更换。如果每天使用次数多，测试溶液应每周更换一次。如果使用次数少，测试溶液应每月更换一次就足够了。

ICS 85.060
Y 32

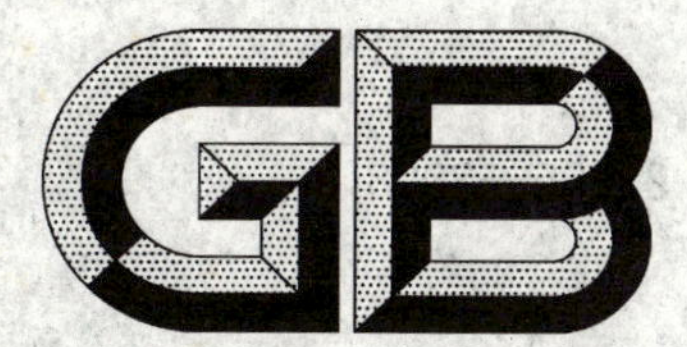

中华人民共和国国家标准

GB/T 22806—2008

白卡纸

Ivory board

2008-12-30 发布　　　　2009-09-01 实施

中华人民共和国国家质量监督检验检疫总局
中国国家标准化管理委员会　发布

前　言

本标准在原轻工行业标准 QB/T 3523—1999《白卡纸》的基础上制定。

本标准由中国轻工业联合会提出。

本标准由全国造纸工业标准化技术委员会(SAC/TC 141)归口。

本标准起草单位:广东出入境检验检疫局技术中心、中国制浆造纸研究院。

本标准主要起草人:郭仁宏、周颖红。

白　卡　纸

1　范围

本标准规定了白卡纸的产品分类、技术要求、试验方法、检验规则和标志、包装、运输、贮存。

本标准适用于面层、底层以漂白木浆为主，中间层可加有机械木浆，表面未经涂布的硬质纸板。该产品主要用于印制美术印刷品或制作包装纸盒。

2　规范性引用文件

下列文件中的条款通过本标准的引用而成为本标准的条款。凡是注日期的引用文件，其随后所有的修改单(不包括勘误的内容)或修订版均不适用于本标准，然而，鼓励根据本标准达成协议的各方研究是否可使用这些文件的最新版本。凡是不注日期的引用文件，其最新版本适用于本标准。

GB/T 450　纸和纸板　试样的采取及试样纵横向、正反面的测定(GB/T 450—2008,ISO 186:2002,MOD)

GB/T 451.1　纸和纸板尺寸及偏斜度的测定

GB/T 451.2　纸和纸板定量的测定(GB/T 451.2—2002,eqv ISO 536:1995)

GB/T 451.3　纸和纸板厚度的测定(GB/T 451.3—2002,idt ISO 534:1988)

GB/T 456　纸和纸板平滑度的测定(别克法)(GB/T 456—2002,idt ISO 5627:1995)

GB/T 457—2008　纸和纸板　耐折度的测定(ISO 5626:1993,MOD)

GB/T 462　纸、纸板和纸浆　分析试样水分的测定(GB/T 462—2008;ISO 287:1985,MOD;ISO 638:1978,MOD)

GB/T 1539　纸板　耐破度的测定(GB/T 1539—2007,ISO 2759:2001,IDT)

GB/T 1540　纸和纸板吸水性的测定　可勃法

GB/T 1541　纸和纸板　尘埃度的测定

GB/T 2828.1　计数抽样检验程序　第1部分:按接收质量限(AQL)检索的逐批检验抽样计划(GB/T 2828.1—2003,ISO 2859-1:1999,IDT)

GB/T 7974　纸、纸板和纸浆亮度(白度)的测定　漫射/垂直法(GB/T 7974—2002,neq ISO 2470:1999)

GB/T 10342—2002　纸张的包装和标志

GB/T 10739　纸、纸板和纸浆试样的处理和试验的标准大气条件(GB/T 10739—2002,eqv ISO 187:1990)

GB/T 21244　纸芯

GB/T 22364—2008　纸和纸板　弯曲挺度的测定(ISO 2493:1992,MOD;ISO 5629:1983,MOD)

3　分类

3.1　白卡纸按质量分为优等品、一等品、合格品三个等级。

3.2　白卡纸分为卷筒纸和平板纸两种。

4　技术要求

4.1　白卡纸的技术指标应符合表1或订货合同的规定。

表 1

指标名称			单位	规定		
				优等品	一等品	合格品
1	定量		g/m²	160 180 200 230 250 300 350 400 450 500		
2	定量偏差 ≤		%	±3.0	±4.0	±5.0
3	横幅定量差 ≤		%	3.0	4.0	5.0
4	紧度 ≥		g/cm³	0.85	0.85	0.80
5	耐破指数 ≥		kPa·m²/g	2.00	1.60	1.20
6	泰伯挺度（纵向/横向） ≥	160 g/m²	mN·m	2.20/1.20	1.90/1.00	1.70/0.80
		180 g/m²		2.90/1.40	2.50/1.20	2.15/1.00
		200 g/m²		4.10/2.10	3.60/1.85	3.10/1.60
		230 g/m²		5.50/3.10	4.95/2.80	4.40/2.50
		250 g/m²		7.30/3.45	6.50/3.15	5.70/2.85
		300 g/m²		9.40/5.20	8.55/4.85	7.60/4.40
		350 g/m²		12.0/7.40	10.8/6.85	9.70/6.30
		400 g/m²		14.6/9.70	13.2/8.90	11.9/8.10
		450 g/m²		17.5/11.9	15.9/11.0	14.2/10.0
		500 g/m²		20.6/16.0	18.6/14.6	16.4/13.5
7	横向耐折度 ≥		次	80	60	40
8	亮度（白度） ≥		%	75.0	70.0	65.0
9	平滑度 ≥	＜200 g/m²	s	50	45	40
		200 g/m²～300 g/m²		40	35	30
		＞300 g/m²		35	25	20
10	吸水性（Cobb60s）（正反面平均）≤		g/m²	30±5		
11	尘埃度 ≤	0.2 mm²～1.5 mm²	个/m²	28	36	48
		＞1.5 mm²		不应有		
12	交货水分		%	7.0±2.0		

4.2 白卡纸不应使用二次纤维。

4.3 尺寸

4.3.1 平板白卡纸的尺寸为 787 mm×1 092 mm、889 mm×1 194 mm，尺寸偏差应不超过 $^{+3}_{0}$ mm，偏斜度应不超过 3 mm。

4.3.2 卷筒白卡纸的幅宽为 750 mm～2 500 mm，其偏差应不超过 $^{+5}_{0}$ mm。

4.3.3 卷筒白卡纸的卷筒直径为 800 mm～1 200 mm，其直径偏差应不超过±50 mm。

4.3.4 可按订货合同规定生产其他尺寸的产品。

4.4 外观质量

4.4.1 白卡纸的表面应均匀平整，厚薄应一致，不应有明显的翘曲、条痕、折子、破损、斑点、硬质块等。不应掉粉、脱皮，在不经外力作用时，不应有分层现象。

4.4.2 同批白卡纸的面层色调应一致，不应有明显的色差。

4.4.3 卷筒白卡纸的纸芯不应有扭结或压扁现象，应符合 GB/T 21244 的规定。每卷纸的接头优等品不超过 1 个，一等品不超过 2 个，合格品不超过 3 个。接头处应用胶带粘牢，并作出明显标记。

4.4.4 平板白卡纸的切边应整齐光洁，不应有缺边、缺角、薄边等现象。卷筒白卡纸的端面应平整。

5 试验方法

5.1 试样的采取按 GB/T 450 进行。

5.2 试样的处理和测定按 GB/T 10739 进行。

5.3 尺寸、偏斜度按 GB/T 451.1 进行。

5.4 定量和横幅定量差按 GB/T 451.2 进行。

5.5 紧度按 GB/T 451.3 进行。

5.6 耐破指数按 GB/T 1539 进行。

5.7 泰伯挺度按 GB/T 22364—2008 中弯曲法进行。

5.8 横向耐折度按 GB/T 457—2008 进行，采用 MIT 仪测定法，初始张力为 9.8 N。

5.9 亮度(白度)按 GB/T 7974 进行。

5.10 平滑度按 GB/T 456 进行。

5.11 吸水性按 GB/T 1540 进行。

5.12 尘埃度按 GB/T 1541 进行。

5.13 交货水分按 GB/T 462 进行。

5.14 外观质量用目视检测。

6 检验规则

6.1 以一次交货为一批，但应不多于 30 t。

6.2 生产厂应保证所生产的白卡纸符合本标准或订货合同的规定，每件纸交货时应附有一份产品质量合格证。

6.3 计数抽样检验程序按 GB/T 2828.1 规定进行，样本单位为件(卷)。接收质量限(AQL 值)：泰伯挺度、横向耐折度为 4.0；定量、定量偏差、横幅定量差、紧度、耐破指数、亮度(白度)、平滑度、吸水性(Cobb60s)、尘埃度、交货水分、尺寸、外观质量为 6.5。采用正常检验二次抽样，检验水平为特殊检验水平 S-2，其抽样方案见表 2。

表 2

批量/件或卷	正常检验二次抽样方案　　特殊检验水平　S-2				
	样本数量	AQL 值为 4.0		AQL 值为 6.5	
		Ac	Re	Ac	Re
2～150	2	—	—	0	1
	3	0	1	—	—
151～280	3	0	1	—	—
	5	—	—	0	2
	5(10)	—	—	1	2

6.4 可接收性的确定：第一次检验的样品数量应等于该方案给出的第一样本量。如果第一样本中发现的不合格品数小于或等于第一接收数，应认为该批是可接收的；如果第一样本中发现的不合格品数大于或等于第一拒收数，应认为该批是不可接收的。如果第一样本中发现的不合格品数介于第一接收数与

第一拒收数之间，应检验由方案给出样本量的第二样本并累计在第一样本和第二样本中发现的不合格品数。如果不合格品累计数小于或等于第二接收数，则判定该批是可接收的；如果不合格品累计数大于或等于第二拒收数，则判定该批是不可接收的。

6.5 需方有权按本标准或订货合同的规定进行验收检验，检验时应先检查外部包装，然后从中取样进行检验。如果检验结果与标准或订货合同不符，需方应在到货后一个月内(或按订货合同规定)通知供方共同取样进行复验。如仍不合格，则判为批不合格，由供方负责处理；如合格，则判为批合格，由需方负责处理。

7 标志、包装、运输、贮存

7.1 成品应用三层箱纸板作为外包装，亦可根据需方要求加裹防潮塑料薄膜。平板纸按照GB/T 10342—2002 中条形木夹板包装的规定进行标志和包装，每件产品的纵横向应一致，并在包装上注明产品的纵向；卷筒纸按照 GB/T 10342—2002 中卷筒纸包装的规定进行标志和包装。也可按订货合同的规定进行包装和标志。

7.2 运输过程中应使用有篷而洁净的运输工具。

7.3 装卸时不应钩吊，不应将纸卷(件)从高处扔下。

7.4 产品应妥善保管，严防受潮。

ICS 59.140.30
Y 46

中华人民共和国国家标准

GB/T 22807—2008

皮革和毛皮　化学试验
六价铬含量的测定

Leather and fur—Chemical tests—Determination of chromium Ⅵ content

2008-12-30 发布　　2009-09-01 实施

中华人民共和国国家质量监督检验检疫总局
中国国家标准化管理委员会　发布

前言

本标准参考了国际标准草案 ISO/DIS 17075:2006《皮革和毛皮　化学试验　六价铬含量的测定》。

ISO/DIS 17075:2006 国际标准草案所使用的方法基于国际皮革工艺师和化学师联合会(IULTCS)的方法标准 IULTCS/IUC 18。

本标准的附录 A 为资料性附录。

本标准由中国轻工业联合会提出。

本标准由全国皮革工业标准化技术委员会(SAC/TC 252)归口。

本标准起草单位:中华人民共和国嘉兴出入境检验检疫局、大连隆生服饰有限公司、中国皮革和制鞋工业研究院、陕西科技大学资源与环境学院、BLC-方圆(海宁)皮革检测中心。

本标准主要起草人:沈兵、吴琦、赵立国、丁绍兰、黄新霞。

皮革和毛皮　化学试验 六价铬含量的测定

1　范围

本标准规定了皮革、毛皮中六价铬含量的测定方法。

本标准适用于各类皮革、毛皮产品及其制品。

2　规范性引用文件

下列文件中的条款通过本标准的引用而成为本标准的条款。凡是注日期的引用文件，其随后所有的修改单(不包括勘误的内容)或修订版均不适用于本标准，然而，鼓励根据本标准达成协议的各方研究是否可使用这些文件的最新版本。凡是不注日期的引用文件，其最新版本适用于本标准。

QB/T 1267　毛皮成品　样块部位和标志

QB/T 1272　毛皮成品　化学分析试样的制备及化学分析通则

QB/T 2706　皮革　化学、物理、机械和色牢度试验　取样部位(QB/T 2706—2005，ISO 2418:2002，MOD)

QB/T 2716　皮革　化学试验样品的准备(QB/T 2716—2005，ISO 4044:1977，MOD)

QB/T 2717　皮革　化学试验　挥发物的测定

3　原理

用pH值在7.5～8.0之间的磷酸盐缓冲液萃取试样中的可溶性六价铬，需要时，可用脱色剂除去对试验有干扰的物质。滤液中的六价铬在酸性条件下与1,5-二苯卡巴肼反应，生成紫红色络合物，用分光光度法在540 nm处测定。

萃取条件对本方法的试验结果有直接的影响，用不同的萃取条件(萃取剂、pH值、萃取时间等)得到的结果与本方法得到的结果没有可比性。

4　试剂和材料

除非另有说明，在分析中仅使用确认为分析纯的试剂和蒸馏水或去离子水或相当纯度的水。

4.1　磷酸氢二钾缓冲液($K_2HPO_4 \cdot 3H_2O$)：0.1 mol/L。将22.8 g磷酸氢二钾(相对分子质量228)溶解在1 000 mL蒸馏水中，用磷酸(4.3)将pH值调至8.0±0.1，再用氩气或氮气排出空气。

4.2　1,5-二苯卡巴肼溶液：称取1,5-二苯卡巴肼1.0 g，溶解在100 mL丙酮中，加一滴乙酸，使其呈酸性。

注：已配好的1,5-二苯卡巴肼溶液应保存在棕色瓶中，在4 ℃时遮光存放，有效期14 d。溶液出现明显变色(特别是粉红色)时不能再使用。

4.3　磷酸溶液(H_3PO_4)：将浓度为85%、密度为1.71 g/mL的磷酸700 mL，用蒸馏水稀释至1 000 mL。

4.4　重铬酸钾($K_2Cr_2O_7$)标准品：在(102±2)℃下干燥(16±2)h。

4.5　六价铬标准储备液：称取0.282 9 g重铬酸钾($K_2Cr_2O_7$)(4.4)，用蒸馏水溶解、转移、洗涤、定容到1 000 mL容量瓶中，每1 mL该溶液中含有0.1 mg铬。

4.6　六价铬标准溶液：用移液管移取10 mL六价铬标准储备液(4.5)至1 000 mL容量瓶中，用磷酸氢二钾缓冲液(4.1)稀释至刻度，每1 mL该溶液中含有1 μg铬。

4.7　氩气(或氮气，最好是氩气)：不含氧气，纯度至少为99.998%。

注：用氩气代替氮气，因其相对密度大，开启时不易向上逸出；而氮气相对密度比空气小，容易逸出容器。

5 装置

5.1 机械振荡器,做水平环行振荡,频率为 50 次/min～150 次/min。

5.2 锥形瓶,250 mL,具磨口塞。

5.3 导气管和流量计。

5.4 带玻璃电极的 pH 计,读数精确至 0.1 单位。

5.5 容量瓶,25 mL、100 mL、1 000 mL。

5.6 移液管,0.5 mL、1.0 mL、2.0 mL、5.0 mL、10.0 mL、20.0 mL、25.0 mL。

5.7 分光光度计或滤光光度计,波长 540 nm。

5.8 石英比色皿,厚度为 2 cm,或其他厚度适合的比色皿。

5.9 脱色柱,玻璃或聚丙烯小柱,内径约 3 cm,装有适当的脱色剂,如 PA 脱色剂(约 4 g)。脱色剂的选择参见附录 A。

6 试样制备

6.1 取样

6.1.1 标准部位取样

a) 皮革:按 QB/T 2706 的规定进行。

b) 毛皮:按 QB/T 1267 的规定进行。

6.1.2 非标准部位取样

采用随机取样方式,样品应具有代表性,并在试验报告中详细记录取样情况。

6.2 试样的制备

6.2.1 皮革:按 QB/T 2716 的规定进行。

6.2.2 毛皮:按 QB/T 1272 的规定进行,剪切过程中应避免损伤毛被,保持毛被完好。

6.2.3 尽可能干净地除去样品上面的胶水、附着物,将试样混匀,装入清洁的试样瓶内待测。

7 程序

7.1 称取剪碎的试样(2±0.01)g,精确至 0.001 g。

7.2 用移液管吸取 100 mL 排去空气的磷酸盐缓冲液(4.1),置于 250 mL 锥型瓶(5.2)中,插入导气管(5.3)(导气管不得接触液面),往锥型瓶中通入不含氧气的氩气(或氮气),流量(50±10)mL/min,时间 5 min,加入试样,盖好磨口塞,放在振荡器(5.1)上萃取 3 h±5 min。

注:适当调节振动器的频率和振幅,使悬浮在溶液中的试样做顺畅的圆周运动,应避免使试样粘附在液面上方的瓶壁上。

7.3 萃取 3 h 后,检查溶液的 pH 值,应在 7.5～8.0 之间,如果超出这一范围,则需要重新调整称样质量进行测定。

萃取结束后,立即将锥形瓶中的溶液通过玻璃小柱(5.9)过滤至玻璃烧瓶中,并盖好瓶塞。

7.4 测定萃取液中六价铬的含量

用移液管移取 7.3 所得的溶液 10 mL,置于一个 25 mL 容量瓶中,用缓冲液(4.1)稀释至该容量瓶容积的四分之三处。加入 0.5 mL 磷酸溶液(4.3),然后再加入 0.5 mL 二苯卡巴肼溶液(4.2),用缓冲液(4.1)稀释至刻度并混匀。静止(15±5)min,用 2 cm 比色皿测量该溶液 540 nm 处相对于空白溶液(7.5)的吸光度,该吸光度记作 E_1。

同时用移液管移取另外 10 mL 7.3 所得的溶液,置于一个 25 mL 容量瓶中。除不加二苯卡巴肼溶液(4.2)外,其余按上述步骤操作,用相同方法测量吸光度,并记作 E_2。

7.5 空白溶液

取一个 25 mL 容量瓶,加入缓冲液(4.1)至容量瓶的四分之三处,加入 0.5 mL 磷酸(4.3)和 0.5 mL 二苯卡巴肼溶液(4.2),用缓冲液(4.1)稀释至刻度并混匀。该溶液应每天配制并置于黑暗处。

7.6 校准

校准溶液用六价铬标准溶液(4.6)制备，校准溶液中铬的含量应覆盖测量的范围。

校准溶液配制在 25 mL 容量瓶中。

在 0.5 mL～15 mL 标准溶液(4.6)的范围内，至少配制 6 个校准溶液，绘制一条合适的校准曲线。将一定量的标准溶液(4.6)用移液管分别移入几个 25 mL 的容量瓶中，每个容量瓶中加入 0.5 mL 磷酸(4.3)和 0.5 mL 二苯卡巴肼溶液(4.2)，用缓冲液(4.1)稀释至刻度，摇匀，静置(15±5)min。

用与测量试样相同的比色皿测量校准溶液在 540 nm 处相对于空白溶液(7.5)的吸光度。

用六价铬浓度(μg/mL)对吸光度绘制校准曲线，六价铬浓度为 X 轴，吸光度为 Y 轴。

注：多个实验室试验表明，2 cm 比色皿是最合适的。上述标准溶液是供 2 cm 比色皿测试用的。在某些情况下，可能适合用更长或更短光程的比色皿，这时应注意确保校准曲线的范围在光度计的线性测量范围内。

7.7 回收率的测定

7.7.1 基体的影响

测定回收率的重要性在于可提供有关影响试验结果的基体效应的信息。

移取 7.3 所得的溶液 10 mL，加入合适体积的六价铬标准溶液，使得六价铬的量接近于原萃取液中六价铬的量的二倍(±25%)。添加的六价铬标准溶液的浓度的选择方法是：添加六价铬标准溶液后溶液的最终体积不超过 11 mL。加入六价铬标准溶液后的溶液用与试样相同的方法处理(吸光度记作 E_{1s} 和 E_{2s})(见 7.4)。

吸光度应在校准曲线的范围内，否则减少移取体积重做。回收率应大于 80%。

7.7.2 脱色剂的影响

移取一定体积的六价铬标准溶液(4.6)至 100 mL 容量瓶中，使得该溶液中六价铬的量与试样中六价铬的量相当。用缓冲液(4.1)稀释至刻度。

用与试样萃取液相同的方法处理该溶液，并用相同方法测量该溶液中六价铬的含量，与计算结果相比较。如果样品中未检出六价铬，那么该溶液的浓度应为 6 μg/100 mL。回收率应大于 90%。如果回收率小于或等于 90%，则该脱色材料不适合本方法。

注 1：如果添加的六价铬不能被检测到，表明样品中含有还原剂。在这种情况下，如果按 7.7.2 所得的回收率大于 90%，那么可以得出结论：这样的样品中不含六价铬(低于检测限)。

注 2：回收率表明试验步骤是否可行或基体效应是否影响检测结果，通常回收率大于 80%。

8 结果的表述

8.1 六价铬含量的计算

按式(1)计算样品中的六价铬含量 w_{CrVI}：

$$w_{\mathrm{CrVI}} = \frac{(E_1 - E_2) \times V_0 \times V_1}{A_1 \times m \times F} \qquad (1)$$

式中：

w_{CrVI}——样品中可溶性六价铬含量(以样品实际质量计算)，单位为毫克每千克(mg/kg)；

E_1——加二苯卡巴肼的试样溶液的吸光度；

E_2——不加二苯卡巴肼的试样溶液的吸光度；

V_0——萃取液体积，单位为毫升(mL)；

V_1——A_1 稀释后的体积，单位为毫升(mL)；

A_1——试样萃取液移取的体积，单位为毫升(mL)；

m——称取试样的质量，单位为克(g)；

F——校准曲线斜率(Y/X)，单位为毫升每微克(mL/μg)。

8.2 以绝干质量计算的样品中六价铬含量的换算

按式(2)计算出以绝干质量计算的样品中的六价铬含量：

$$w_{CrⅥ\text{-dry}} = w_{CrⅥ} \times D \quad \cdots\cdots (2)$$

式中：

$w_{CrⅥ\text{-dry}}$——以绝干质量计算的样品中六价铬含量，单位为毫克每千克(mg/kg)；

$w_{CrⅥ}$——样品中可溶性六价铬含量(以样品实际质量计算)，单位为毫克每千克(mg/kg)；

D——转换成绝干质量的换算系数。

其中：

$$D = \frac{100}{100 - w} \quad \cdots\cdots (3)$$

w——按 QB/T 2717 测得的样品中的挥发物含量，%。

8.3 回收率

$$R = \frac{(E_{1s} - E_{2s}) - (E_1 - E_2)}{M_2 \times F} \quad \cdots\cdots (4)$$

式中：

R——回收率，%；

E_{1s}——加二苯卡巴肼溶液、六价铬标准溶液的试样溶液的吸光度；

E_{2s}——不加二苯卡巴肼溶液、加六价铬标准溶液的试样溶液的吸光度；

E_1——加二苯卡巴肼溶液的试样溶液的吸光度；

E_2——不加二苯卡巴肼溶液的试样溶液的吸光度；

M_2——添加的六价铬含量，单位为微克每毫升(μg/mL)；

F——校准曲线的斜率，单位为毫升每微克(mL/μg)。

8.4 结果表示

六价铬含量应注明是以样品实际质量为基准，还是以样品绝干质量计算为基准，用 mg/kg 表示，修约至 0.1 mg/kg。当发生争议或仲裁试验时，以绝干质量为准。挥发物用%表示，修约至 0.1%。

以两次平行试验结果的算术平均值作为结果，两次平行试验结果的差值与平均值之比应小于 10%。

本方法检测限为 3 mg/kg。

如果检测到的六价铬含量超过 3 mg/kg，应将测试溶液与标准溶液(4.6)的紫外光谱相比较，以判定阳性结果是否由干扰物质引起的。

9 试验报告

试验报告应包含以下内容：

a) 本标准编号；

b) 样品名称、种类、取样的详细信息；

c) 脱色剂种类；

d) 如果不使用 2 cm 的比色皿，说明比色皿的厚度；

e) 样品中的六价铬含量(mg/kg)应注明是以样品实际质量为基准，还是以样品绝干质量计算为基准，如果以样品绝干质量计算为基准，应注明样品中的挥发物含量，%；

f) 试验报告结果保留一位小数；

g) 如果回收率小于 80%或大于 105%，详细注明回收率；

h) 试验中出现的异常现象；

i) 实测方法与本标准的不同之处；

j) 试验人员、日期。

附 录 A
（资料性附录）
脱 色 剂

试验表明，PA脱色剂适用于本方法，是较为理想的脱色材料。某些情况下其他合适的脱色剂也可适用。不管在什么情况下，都应仔细地进行回收率试验。试验表明，活性炭不适合萃取液脱色。

ICS 59.140.30
Y 46

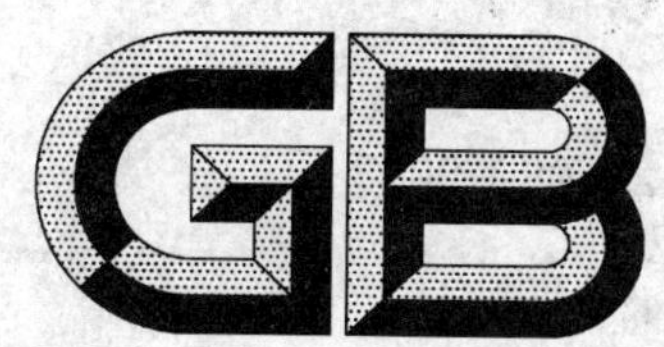

中华人民共和国国家标准

GB/T 22808—2008

皮革和毛皮　化学试验 五氯苯酚含量的测定

Leather and fur—Chemical tests—Determination of pentachlorophenol content

2008-12-30 发布　　　　2009-09-01 实施

中华人民共和国国家质量监督检验检疫总局
中国国家标准化管理委员会　发布

前言

本标准参考了国际标准最终草案 ISO/FDIS 17070:2006 皮革和毛皮　化学试验　五氯苯酚含量的测定。

ISO/FDIS 17070:2006 国际标准最终草案所使用的方法基于国际皮革工艺师和化学师联合会(IULTCS)的方法标准 IULTCS/IUC 25。

本标准的附录 A 为资料性附录。

本标准由中国轻工业联合会提出。

本标准由全国皮革工业标准化技术委员会(SAC/TC 252)归口。

本标准起草单位:中华人民共和国嘉兴出入境检验检疫局、大连隆生服饰有限公司、BLC-方圆(海宁)皮革检测中心、中国皮革和制鞋工业研究院、轻工业标准化编辑出版委员会。

本标准主要起草人:沈兵、吴琦、黄新霞、赵立国、俞睛。

皮革和毛皮　化学试验 五氯苯酚含量的测定

1　范围

本标准规定了皮革、毛皮中五氯苯酚及其盐和酯含量的测定方法。

本标准适用于各类皮革、毛皮产品及其制品。

2　规范性引用文件

下列文件中的条款通过本标准的引用而成为本标准的条款。凡是注日期的引用文件，其随后所有的修改单(不包括勘误的内容)或修订版均不适用于本标准，然而，鼓励根据本标准达成协议的各方研究是否可使用这些文件的最新版本。凡是不注日期的引用文件，其最新版本适用于本标准。

QB/T 1267　毛皮成品　样块部位和标志

QB/T 1272　毛皮成品　化学分析试样的制备及化学分析通则

QB/T 2706　皮革　化学、物理、机械和色牢度试验　取样部位(QB/T 2706—2005，ISO 2418：2002，MOD)

QB/T 2716　皮革　化学试验样品的准备(QB/T 2716—2005，ISO 4044：1977，MOD)

QB/T 2717　皮革　化学试验　挥发物的测定

3　原理

首先，将试样用水蒸气蒸馏，然后将五氯苯酚(PCP)用乙酸酐乙酰化，再将五氯苯酚乙酸酯萃取至正己烷中。用带有电子捕获检测器(ECD)或质量选择检测器(MSD)的气相色谱对五氯苯酚乙酸酯进行分析。外标法定量，同时用内标物校准。

4　试剂和材料

除非另有说明，在分析中仅使用确认为分析纯的试剂和蒸馏水或去离子水或相当纯度的水。

4.1　五氯苯酚(PCP)溶液

以五氯苯酚的含量表示的浓度可以包括五氯苯酚及其盐和酯。

4.1.1　五氯苯酚标准溶液，100 μg/mL，用五氯苯酚标准品和丙酮配制。

4.1.2　五氯苯酚乙酸酯标准储备溶液，10 μg/mL，用五氯苯酚乙酸酯标准品和正己烷配制。

4.1.3　五氯苯酚乙酸酯标准溶液，0.04 mg/L，用正己烷配制(相当于每升溶液中含 0.034 6 mg 五氯苯酚)。

4.2　四氯邻甲氧基苯酚(TCG)标准溶液(tetrachloro-*O*-methoxyphenol)，100 μg/mL，用四氯邻甲氧基苯酚标准品和丙酮配制，内标物，熔点 118 ℃～119 ℃。

4.3　硫酸，1 mol/L。

4.4　正己烷，残留分析用。

4.5　碳酸钾，K_2CO_3。

4.6　乙酸酐，$C_4H_6O_3$。

4.7　无水硫酸钠。

4.8　三乙胺。

4.9 丙酮。

5 装置

5.1 气相色谱仪，带电子捕获检测器(ECD)或质量选择检测器(MSD)。

5.2 分析天平，精确至 0.1 mg。

5.3 合适的水蒸气蒸馏装置。

5.4 振荡器。

5.5 容量瓶：50 mL，500 mL。

5.6 锥形瓶，100 mL。

5.7 分液漏斗，250 mL，或其他能分离有机相和水相的合适容器，能密封并剧烈振荡。

5.8 单标移液管，刻度移液管，合适的自动移液器。

5.9 带玻璃纤维滤器的过滤装置 GF8 或玻璃纤维过滤器 G3，直径 125 mm。

6 试样制备

6.1 取样

6.1.1 标准部位取样

a) 皮革：按 QB/T 2706 的规定进行。

b) 毛皮：按 QB/T 1267 的规定进行。

6.1.2 非标准部位取样

采用随机取样方式，样品应具有代表性，并在试验报告中详细记录取样情况。

6.2 试样的制备

6.2.1 皮革：按 QB/T 2716 的规定进行。

6.2.2 毛皮：按 QB/T 1272 的规定进行，剪切过程中应避免损伤毛被，保持毛被完好。

6.2.3 尽可能干净地除去样品上面的胶水、附着物，将试样混匀，装入清洁的试样瓶内待测。

7 程序

7.1 水蒸气蒸馏

称取约 1.0 g 试样(精确至 0.001 g)，置于蒸馏器(5.3)中，加入 20 mL 1 mol/L 硫酸(4.3)和 0.1 mL 四氯邻甲氧基苯酚标准溶液(4.2)，用合适的水蒸气蒸馏装置对蒸馏器中的内容物进行水蒸气蒸馏。用装有 5 g 碳酸钾(4.5)的 500 mL 容量瓶(5.5)作为接收器。

蒸馏出约 450 mL 溶液，用水稀释至刻度。

如果蒸馏时过度沸腾，应降低蒸馏温度。

7.2 液液萃取和乙酰化

7.2.1 将 7.1 所得的馏出物 100 mL 转移至 250 mL 分液漏斗(5.7)中。

7.2.2 加入 20 mL 正己烷(4.4)，0.5 mL 三乙胺(4.8)和 1.5 mL 乙酸酐(4.6)，在机械振荡器(5.4)上充分振荡 30 min。

衍生化步骤是两相反应，与振荡的强度密切相关。应使用振荡频率高(至少 500 r/min)的机械振荡器，不要用手摇，否则易得出错误的结果。分液漏斗用振荡器振荡前，应进行放气操作。

7.2.3 两相分层后，将有机层转入 100 mL 锥形瓶(5.6)中，水相中加入 20 mL 正己烷再萃取一次。

7.2.4 合并正己烷层，在 100 mL 锥形瓶(5.6)中用无水硫酸钠(4.7)脱水约 10 min。

7.2.5 用过滤器(5.9)将正己烷层全部滤入 50 mL 容量瓶(5.5)中，并用正己烷洗涤残渣，洗涤液并入 50 mL 容量瓶中。

7.2.6 用正己烷稀释至刻度，此溶液用气相色谱仪(5.1)分析。

7.3 乙酰化 PCP 和 TCG 混合校准溶液的制备

7.3.1 用于回收率试验的 PCP 和 TCG 标准溶液的衍生化

为计算回收率,用与试样相同的方法处理 PCP/TCG 标准混合液。

量取 100 μL PCP 标准溶液(4.1.1)和 100 μL TCG 标准溶液(4.2),置于蒸馏器中,并加入 20 mL 硫酸(4.3)。用与试样相同的方法处理该溶液,回收率应大于 90%。

7.3.2 PCP 乙酸酯标准溶液(外标溶液)

将 PCP 乙酸酯标准溶液(4.1.3)直接用气相色谱分析,该溶液浓度为 0.04 mg/L。

该标准溶液包含在计算公式中。

7.3.3 TCG 标准溶液的衍生化

将 20 μL TCG 标准溶液(4.2)加入到 30 mL 浓度为 0.1 mol/L 的 K_2CO_3 溶液中,用与试样相同的方法乙酰化,并将有机层转移到 50 mL 容量瓶(5.5)中。

用与试样相同的方法分析该标准溶液。

7.4 毛细管气相色谱(GC)

下列色谱条件仅作举例。

毛细管色谱柱:熔融石英毛细柱(中等极性),长 50 m,内径 0.32 mm,膜厚 0.25 μm。如 95%二甲基硅油-5%二苯基硅油。

检测器/测试温度:ECD/280 ℃。

进样系统:分流/不分流,60 s。

进样量:2 μL。

进样口温度:250 ℃。

载气:氦气。

补偿气:氩气(95%)/甲烷(5%)。

柱温:80 ℃保持 1 min,6 ℃/min 升温至 280 ℃,保持 10 min。

8 结果的表述

8.1 PCP 含量的计算

将试样溶液的峰面积与同时进样的标准溶液的峰面积进行比较。

按式(1)、式(2)计算样品中的 PCP 含量 w_{PCP}:

$$w_{PCP} = \frac{A_{PCP} \times c_{PCPSt} \times V \times \beta \times F_{TCG}}{A_{PCPSt} \times m} \qquad \cdots\cdots(1)$$

其中:

$$F_{TCG} = \frac{A_{TCG校准液}}{A_{TCG样品}} \qquad \cdots\cdots(2)$$

式中:

w_{PCP}——样品中 PCP 的含量(以样品实际质量计算),单位为毫克每千克(mg/kg);

A——峰面积;

c——PCP 标准溶液(4.1.3)浓度,单位为微克每毫升(μg/mL)(0.04 mg PCP 乙酸酯相当于 0.034 6 mg 游离 PCP);

m——试样质量,单位为克(g);

V——试样最终定容体积,单位为毫升(mL);

β——稀释倍数;

F——内标物(TCG)的校正系数;

下标：

PCPSt——五氯苯酚标准溶液；

TCG——内标溶液。

8.2 以绝干质量计算的样品中 PCP 含量的换算

按式(3)计算出以绝干质量算出的样品中的 PCP 含量：

$$w_{PCP\cdot dry} = w_{PCP} \times D \quad \cdots\cdots(3)$$

式中：

$w_{PCP\cdot dry}$——以绝干质量计算的样品中的 PCP 含量，单位为毫克每千克(mg/kg)；

w_{PCP}——样品中的 PCP 含量(以样品实际质量计算)，单位为毫克每千克(mg/kg)；

D——转换成绝干质量的换算系数。

其中：

$$D = \frac{100}{100 - w} \quad \cdots\cdots(4)$$

w——按 QB/T 2717 测得的样品中的挥发物含量，%。

8.3 结果表示

五氯苯酚含量应注明是以样品实际质量为基准，还是以样品绝干质量计算为基准，用 mg/kg 表示，修约至 0.1 mg/kg。当发生争议或仲裁试验时，以绝干质量为准。挥发物用%表示，修约至 0.1%。

以两次平行试验结果的算术平均值作为结果，两次平行试验结果的差值与平均值之比应小于10%。

8.4 方法的可靠性

方法的可靠性参见附录 A。

9 试验报告

试验报告应包含以下内容：

a) 本标准编号；

b) 样品名称、种类、取样的详细信息；

c) 样品中的五氯苯酚含量(mg/kg)；

d) 应注明试验结果是以样品实际质量为基准，还是以样品绝干质量计算为基准，如果以样品绝干质量计算为基准，应注明样品中的挥发物含量，%；

e) 试验中出现的异常现象；

f) 实测方法与本标准的不同之处；

g) 试验人员、日期。

附 录 A
（资料性附录）
方法的可靠性

PCP 定量检测限：　0.1 mg/kg

PCP 回收率：　96%～107%(0.09 mg/kg～3 mg/kg)

PCP 乙酸酯标准溶液回收率：　80%

本方法可用于三氯苯酚和四氯苯酚的定量分析。

本方法用三个不同的皮革样品(A、B、C)在实验室间进行了验证，见表 A.1。

表 A.1　实验室间试验

单位为毫克每千克

皮革	平均值	重现性标准偏差 S_r	重现性限 r	再现性标准偏差 S_R	再现性限 R
A	6.7	0.4	1.2	0.8	2.3
B	16.8	0.5	1.4	2.1	5.8
C	5.0	0.3	0.9	0.6	1.5

ICS 85-010
Y 30

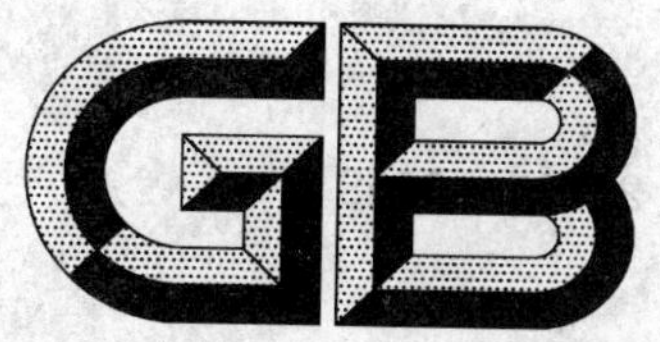

中华人民共和国国家标准

GB/T 22811—2008

瓦楞纸板　分离后组成原纸定量的测定

Corrugated fibreboard—Determination of the grammage of the component papers after separation

(ISO 3039:1975,MOD)

2008-12-30 发布　　　　2009-09-01 实施

中华人民共和国国家质量监督检验检疫总局
中 国 国 家 标 准 化 管 理 委 员 会　发布

前言

本标准修改采用 ISO 3039:1975《瓦楞纸板　分离后组成原纸定量的测定》。

本标准与 ISO 3039:1975 的结构对比在附录 A 中列出。

本标准与 ISO 3039:1975 的技术性差异在附录 B 中列出。

本标准的附录 A、附录 B 为资料性附录。

本标准由中国轻工业联合会提出。

本标准由全国造纸工业标准化技术委员会归口。

本标准负责起草单位:中华人民共和国上海出入境检验检疫局、中国制浆造纸研究院。

本标准参加起草单位:上海家化联合股份有限公司、上海华励包装有限公司、上海济丰石东包装纸业股份有限公司。

本标准主要起草人:张晓蓉、朱洪坤、蒋伟、蒋晓斌、曹晖。

瓦楞纸板　分离后组成原纸定量的测定

1　范围

本标准规定了组成瓦楞纸板的单张原纸定量的测定方法。

本标准适用于所有类型的瓦楞纸板。

2　规范性引用文件

下列文件中的条款通过本标准的引用而成为本标准的条款。凡是注日期的引用文件，其随后所有的修改单(不包括勘误的内容)或修订版均不适用于本标准，然而，鼓励根据本标准达成协议的各方研究是否可使用这些文件的最新版本。凡是不注日期的引用文件，其最新版本适用于本标准。

GB/T 450　纸和纸板　试样的采取及试样纵横向、正反面的测定(GB/T 450—2008，ISO 186：2002，MOD)

GB/T 451.2　纸和纸板定量的测定(GB/T 451.2—2002，eqv ISO 536：1995)

GB/T 10739　纸、纸板和纸浆试样处理和试验的标准大气条件(GB/T 10739—2002，eqv ISO 187：1990)

3　术语和定义

下列术语和定义适用于本标准。

3.1

定量　grammage

纸或纸板每平方米的质量，以克每平方米(g/m^2)表示。

4　原理

对瓦楞纸板样品进行浸渍处理，使其组成原纸彼此分离。对这些组成原纸进行干燥和处理，然后按GB/T 451.2测定其定量。

5　仪器

5.1　水槽：浸渍瓦楞纸板试样用，应有足够的尺寸，并适宜存放冷水和热水。

5.2　分离后干燥的装置(可采用类似照相印刷品的干燥装置)。

5.3　切样装置：应确保所裁出的95%的试样面积与规定面积相比，其偏差在±1%内。如试样裁切精度未达到该规定，应分别测定每个试样的面积，然后再进行定量计算。

5.4　天平：感量为0.001 g。

5.5　温度计：测量范围是0 ℃～100 ℃，准确至0.1 ℃。

6　取样

按GB/T 450规定进行取样。样品表面不应有影响试验结果的损伤，最好未经印刷和涂布。样品尺寸应足够切取试验所需的试样。

7　温湿处理

按GB/T 10739规定对样品进行温湿处理。

8 试样的制备

从温湿处理的样品上切取10片试样。每个试样的面积不小于100 cm^2，最好使用5.3所述的切样装置。边缘裁切应光滑，并垂直于瓦楞纸板的表面。

9 试验步骤

9.1 组成原纸的分离

将试样浸于水中保持足够时间，以使组成试样的原纸可自然分开或稍微用力即可分开。在分离这些纸时，应避免纸纤维从任一表面脱落而沾到相邻的一面上去，避免试样破损。为了加速分离过程，或分离带有抗水性粘合剂的瓦楞纸板时，可使用热水。

9.2 粘合剂的清除

暴露在纸张表面、未被纸张吸收的粘合剂，可在湿润后轻轻地从纸张表面刮去。

9.3 分离后纸页的处理

在不超过105 ℃温度下干燥单张纸页，并按GB/T 10739规定进行温湿处理。

9.4 瓦楞芯层

在进行清洁和温湿处理后，将瓦楞芯层压平至完全舒展，再切割成100 cm^2 的试样。

9.5 定量的测定

分层原纸定量的测定按GB/T 451.2规定进行。

10 结果的计算

根据式(1)进行分层定量的计算，修约至三位有效数字，以 g/m^2 表示。

$$G = m/S \times 10\,000 \quad\quad (1)$$

式中：

G——分层定量，单位为克每平方米(g/m^2)；

m——每层试样平均质量，单位为克(g)；

S——每层试样的平均面积，单位为平方厘米(cm^2)。

11 质量保证和控制

大量试验表明，在试样的制备过程中不同的操作和处理方法对试验结果的准确性都会有影响。应注意以下几点：试样浸泡的时间和浸泡的水温应根据实际情况而定；在分离组成试样的原纸的操作中，应避免试样的纤维组织受损；在粘合剂的清除过程中，完全去除纸页表面的粘合剂是不可能的，应尽量避免去除纸张的纤维。

12 试验报告

试验报告应包括以下项目：

a） 本国家标准的编号；

b） 试验日期和地点；

c） 试验用瓦楞纸板的描述和识别；

d） 单个纸页的描述和识别；

e) 检验时的大气条件；
f) 分离组成纸页用水的温度；
g) 试样数量；
h) 每个单项试验的结果，用 g/m^2 来表示；
i) 每个单项试验的算术平均值；
j) 任何偏离本国家标准的叙述；
k) 任何对解释试验结果有用的资料。

附 录 A
（资料性附录）
本标准与 ISO 3039:1975 章条编号对照

表 A.1 给出了本标准与 ISO 3039:1975 章条编号对照一览表。

表 A.1 本标准与 ISO 3039:1975 章条编号对照

本标准章条编号	对应国际标准章条编号
前言	ISO 前言
1	1
2	—
3	—
3.1	—
4	4
5	5
5.1	5.1
5.2	5.2
5.3	5.3
5.4	5.4
5.5	—
6	6
7	7
8	8
9	9
9.1	9.1
9.2	9.2
9.3	9.3
9.4	9.4
9.5	9.5
10	10
11	—
12	11
附录 A	—
附录 B	—

附　录　B
（资料性附录）
本标准与 ISO 3039:1975 的技术性差异及其原因

表 B.1 给出了本标准与 ISO 3039:1975 的技术性差异及其原因的一览表。

表 B.1　本标准与 ISO 3039:1975 的技术性差异及其原因

本标准的章条编号	技术性差异	原因
前言	修改和增加了采标情况、归口单位、起草单位、起草人等内容	遵循我国国标制标要求
1	将 ISO 标准中范围和应用领域合并	遵循我国国标制标的要求
2	修改成规范性引用文件	遵循我国国标制标的要求
3	增加了术语和定义	遵循我国国标制标的要求
5.1	对语句表述进行了修改	符合我国国家标准的表述方法，并进一步明确可盛冷热水的功能
5.2	将方法修改为装置	更符合本条款的含义
5.3	添加了对切样装置的精度要求	切样装置的精度将最终影响试验的结果，所以需要明确
5.4	修改了对天平的精度表述	符合我国国家标准的表述方法，并使标准表述更简明
5.5	增加温度计	在试验报告中需要记录分离纸页的水温
6	对语句表述进行了修改	符合我国国家标准的表述方法，并明确此条款是对样品的取样
9.2	将注去除	将注的内容归入第 12 章
9.5	将原文精简	符合我国国家标准的表述方法
10	修改并添加了计算公式，将注去除	使标准更完整
11	添加了质量保证和控制	进一步突出影响结果准确性的因素
附录 A	增加了附录 A	遵循我国国标制标的要求
附录 B	增加了附录 B	遵循我国国标制标的要求

ICS 85.060
Y 32

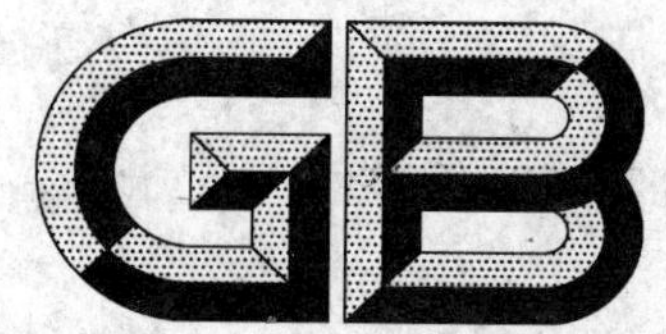

中华人民共和国国家标准

GB/T 22812—2008

半透明纸

Paper of glassine

2008-12-30 发布　　　　2009-09-01 实施

中华人民共和国国家质量监督检验检疫总局
中国国家标准化管理委员会　发布

前　言

本标准在原轻工行业标准 QB/T 2691—2005《半透明纸》的基础上制定。

本标准由中国轻工业联合会提出。

本标准由全国造纸工业标准化技术委员会归口。

本标准起草单位：福建铙山纸业集团有限公司、福建优兰发集团（实业）有限公司、福建省浆纸质量监督检验站、中国制浆造纸研究院、国家纸张质量监督检验中心。

本标准主要起草人：林小琦、高晓明、詹金春、柯吉熊、陈长兴。

半 透 明 纸

1 范围

本标准规定了半透明纸的产品分类、技术要求、试验方法、检验规则及标志、包装、运输、贮存。

本标准适用于包装、装潢等使用的半透明纸。

2 规范性引用文件

下列文件中的条款通过本标准的引用而成为本标准的条款。凡是注日期的引用文件，其随后所有的修改单(不包括勘误的内容)或修订版均不适用于本标准，然而，鼓励根据本标准达成协议的各方研究是否可使用这些文件的最新版本。凡是不注日期的引用文件，其最新版本适用于本标准。

GB/T 450 纸和纸板 试样的采取及试样纵横向、正反面的测定(GB/T 450—2008，ISO 186:2002，MOD)

GB/T 451.1 纸和纸板尺寸及偏斜度的测定

GB/T 451.2 纸和纸板定量的测定(GB/T 451.2—2002，eqv ISO 536:1995)

GB/T 454 纸耐破度的测定(GB/T 454—2002，idt ISO 2758:2001)

GB/T 455 纸和纸板撕裂度的测定(GB/T 455—2002，eqv ISO 1974:1990)

GB/T 462 纸、纸板和纸浆 分析试样水分的测定(GB/T 462—2008；ISO 287:1985，MOD；ISO 638:1978，MOD)

GB/T 1541 纸和纸板 尘埃度的测定

GB/T 2679.1 纸透明度的测定法

GB/T 2828.1 计数抽样检验程序 第1部分：按接收质量限(AQL)检索的逐批检验抽样计划(GB/T 2828.1—2003，ISO 2859-1:1999，IDT)

GB/T 7975 纸和纸板 颜色的测定(漫反射法)

GB/T 10342 纸张的包装和标志

GB/T 10739 纸、纸板和纸浆试样处理和试验的标准大气条件(GB/T 10739—2002，eqv ISO 187:1990)

3 产品分类

3.1 半透明纸按质量分为优等品、一等品和合格品。

3.2 半透明纸按形式分为平板纸和卷筒纸。

3.3 半透明纸按颜色分为白色纸或彩色纸。

4 技术要求

4.1 半透明纸的技术指标应符合表1或合同的规定。

表 1

指 标 名 称		单 位	规 定		
			优等品	一等品	合格品
定量	20.0 g/m^2～26.0 g/m^2	g/m^2	±1.0		
	>26.0 g/m^2		±5.0%		
透明度（白色纸）	≤26 g/m^2 ≥	%	72.0	67.0	63.0
	>26 g/m^2～34 g/m^2 ≥		60.0	55.0	50.0
	>34 g/m^2 ≥		45.0	45.0	45.0
耐破指数	≥	$kPa \cdot m^2/g$	2.40	2.20	2.00
撕裂指数（纵向）	≥	$mN \cdot m^2/g$	3.00	2.60	2.40
尘埃度	0.1 mm^2～1.0 mm^2 ≤	个/m^2	36	48	80
	>1.0 mm^2～1.5 mm^2 ≤		不应有	4	8
	>1.5 mm^2～2.0 mm^2		不应有		
交货水分		%	8.0 ± 2.0		

4.2 平板纸和卷筒纸的规格尺寸按合同规定。平板纸尺寸偏差应不超过±3 mm，偏斜度应不超过3 mm，卷筒纸宽度尺寸偏差应不超过±3 mm，或符合合同规定。

4.3 平板纸包装数量（张数）负偏差应不大于2%。

4.4 半透明纸的切边应整齐、洁净。

4.5 半透明纸的纤维组织应均匀，纸面应平整，不应有折子、皱纹、残缺、破洞、明显条痕、裂口、泡泡纱、浆块及迎光可见的孔眼。

4.6 卷筒纸应复卷整齐，端面应平整，每卷的接头数优等品应不超过4个，其余等级应不超过6个；接头处应粘接牢固并作好明显标记。

4.7 同批纸张的色差 ΔE^*_{ab} 应不大于2.5。

5 试验方法

5.1 试样的采取和检验前试样的处理按 GB/T 450 和 GB/T 10739 进行。

5.2 定量按 GB/T 451.2 测定。

5.3 透明度按 GB/T 2679.1 测定。

5.4 耐破指数按 GB/T 454 测定。如单层耐破度测定值小于 70 kPa，则以双层进行测定，最后换算为单层的测定值报出结果。

5.5 撕裂指数按 GB/T 455 测定。

5.6 尘埃度按 GB/T 1541 测定。

5.7 交货水分按 GB/T 462 测定。

5.8 尺寸及偏差按 GB/T 451.1 测定。

5.9 平板纸包装数量偏差：取1个完整的最小包装单位样品，数其实际包装张数，以实际包装数量与包装标称的数量之差占包装标称的数量的百分比表示。按式(1)计算，结果修约至1%。

$$偏差 = \frac{实际数量 - 标称数量}{标称数量} \times 100\% \quad \cdots\cdots(1)$$

5.10 外观质量用目测法测定。

5.11 色差按 GB/T 7975 测定。

6 检验规则

6.1 以一次交货数量为一批，每批应不多于 30 t。

6.2 供方应保证生产的半透明纸质量符合本标准或合同的规定，每件纸交货时应附有一份合格证。

6.3 计数抽样检验程序按 GB/T 2828.1 规定进行。样本单位为件(卷)。接收质量限(AQL):透明度、耐破指数、撕裂指数为 4.0;定量、尘埃度、交货水分、尺寸偏差、外观质量、包装数量、色差为 6.5。采用正常检验二次抽样，检验水平为特殊检验水平 S-2，其抽样方案见表 2。

表 2

批量/件或卷	正常检验二次抽样方案　特殊检验水平 S-2				
	样本量	AQL 值为 4.0		AQL 值为 6.5	
		Ac	Re	Ac	Re
2～150	2	—	—	0	1
	3	0	1	—	—
151～1 200	3	0	1	—	—
	5 5(10)	— —	— —	0 1	2 2

6.4 可接收性的确定：第一次检验的样品数量应等于该方案给出的第一样本量。如果第一样本中发现的不合格品数小于或等于第一接收数，应认为该批是可接收的；如果第一样本中发现的不合格品数大于或等于第一拒收数，应认为该批是不可接收的。如果第一样本中发现的不合格品数介于第一接收数与第一拒收数之间，应检验由方案给出样本量的第二样本并累计在第一样本和第二样本中发现的不合格数。如果不合格品累计数小于或等于第二接收数，则判定该批是可接收的；如果不合格品累计数大于或等于第二拒收数，则判定该批是不可接收的。

6.5 需方若对产品质量有异议，应在到货后三个月内通知供方共同复验，或委托共同商定的检验部门进行复验。复验结果如不符合本标准或合同规定，则判为批不可接收，由供方负责处理；如符合本标准或合同规定，则判为批可接收，由需方负责处理。

7 标志、包装、运输、贮存

7.1 半透明纸的标志、包装按 GB/T 10342 或合同规定进行。

7.2 运输时应使用有篷而洁净的运输工具。

7.3 不应将纸件从高处扔下。

7.4 纸张应妥善保管，以防受雨、雪和地面湿气的影响。

ICS 55.040
Y 39

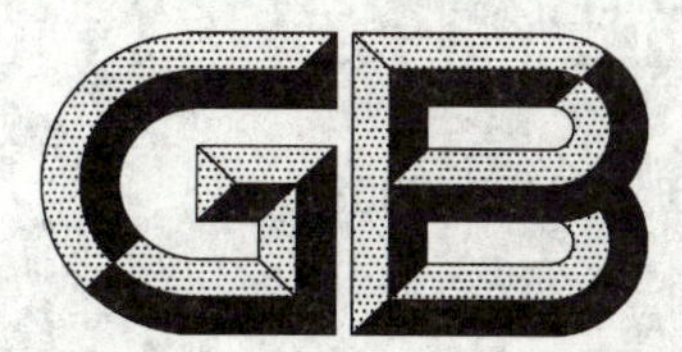

中华人民共和国国家标准

GB/T 22813—2008

薄页包装纸

Tissue wrapping paper

2008-12-30 发布　　　　2009-09-01 实施

中华人民共和国国家质量监督检验检疫总局
中国国家标准化管理委员会　发布

前　言

本标准在原轻工行业标准 QB/T 3526—1999《薄页包装纸》的基础上制定。

本标准由中国轻工业联合会提出。

本标准由全国造纸工业标准化技术委员会归口。

本标准起草单位：福建优兰发集团（实业）有限公司、福建铙山纸业集团有限公司、福建省浆纸质量监督检验站、中国制浆造纸研究院。

本标准主要起草人：林小琦、柯吉熊、陈长兴、高晓明、詹金春。

薄 页 包 装 纸

1 范围

本标准规定了薄页包装纸的产品分类、技术要求、试验方法、检验规则和标志、包装、运输、贮存。

本标准适用于包装、装潢等使用的薄页包装纸。

2 规范性引用文件

下列文件中的条款通过本标准的引用而成为本标准的条款。凡是注日期的引用文件，其随后所有的修改单(不包括勘误的内容)或修订版均不适用于本标准，然而，鼓励根据本标准达成协议的各方研究是否可使用这些文件的最新版本。凡是不注日期的引用文件，其最新版本适用于本标准。

GB/T 450 纸和纸板 试样的采取及试样纵横向、正反面的测定(GB/T 450—2008,ISO 186:2002,MOD)

GB/T 451.1 纸和纸板尺寸及偏斜度的测定

GB/T 451.2 纸和纸板定量的测定(GB/T 451.2—2002,eqv ISO 536:1995)

GB/T 451.3 纸和纸板厚度的测定(GB/T 451.3—2002,idt ISO 534:1988)

GB/T 455 纸和纸板撕裂度的测定(GB/T 455—2002,eqv ISO 1974:1990)

GB/T 462 纸、纸板和纸浆 分析试样水分的测定(GB/T 462—2008;ISO 287:1985,MOD;ISO 638:1978,MOD)

GB/T 1541 纸和纸板 尘埃度的测定

GB/T 2828.1 计数抽样检验程序 第1部分:按接收质量限(AQL)检索的逐批检验抽样计划(GB/T 2828.1—2003,ISO 2859-1:1999,IDT)

GB/T 7974 纸、纸板和纸浆亮度(白度)的测定 漫射/垂直法(GB/T 7974—2002,neq ISO 2470:1999)

GB/T 7975 纸和纸板 颜色的测定(漫反射法)

GB/T 10342 纸张的包装和标志

GB/T 10739 纸、纸板和纸浆试样处理和试验的标准大气条件(GB/T 10739—2002,eqv ISO 187:1990)

GB/T 12914 纸和纸板 抗张强度的测定(GB/T 12914—2008;ISO 1924-1:1992,MOD;ISO 1924-2:1994,MOD)

3 产品分类

3.1 薄页包装纸按质量分为优等品、一等品和合格品。

3.2 薄页包装纸按形式分为平板纸和卷筒纸。

3.3 薄页包装纸按颜色分为白色纸或彩色纸。

4 技术要求

4.1 薄页包装纸的技术指标应符合表1或合同规定。

表 1

<table>
<tr><th colspan="2" rowspan="2">指 标 名 称</th><th rowspan="2">单 位</th><th colspan="3">规 定</th></tr>
<tr><th>优等品</th><th>一等品</th><th>合格品</th></tr>
<tr><td colspan="2">定量</td><td>g/m^2</td><td colspan="3">13.0±0.8　14.0±1.0
17.0±1.0　20.0±1.0　22.0±1.5</td></tr>
<tr><td colspan="2">紧度　≥</td><td>g/cm^3</td><td colspan="2">0.50</td><td>0.45</td></tr>
<tr><td colspan="2">亮度(白色纸)　≤</td><td>%</td><td colspan="3">90</td></tr>
<tr><td rowspan="2">裂断长　≥</td><td>平板纸(纵横平均)</td><td rowspan="2">km</td><td>2.20</td><td>2.00</td><td>1.80</td></tr>
<tr><td>卷筒纸(纵向)</td><td>5.50</td><td>5.00</td><td>4.50</td></tr>
<tr><td colspan="2">撕裂指数(纵向)　≥</td><td>$mN \cdot m^2/g$</td><td>4.80</td><td>4.20</td><td>3.80</td></tr>
<tr><td rowspan="3">尘埃度</td><td>$0.3\ mm^2 \sim 1.0\ mm^2$　≤</td><td rowspan="3">个$/m^2$</td><td>36</td><td>72</td><td>160</td></tr>
<tr><td>$0.3\ mm^2 \sim 1.0\ mm^2$(黑色)　≤</td><td>4</td><td>8</td><td>32</td></tr>
<tr><td>$>1.0\ mm^2 \sim 2.0\ mm^2$</td><td colspan="3">不应有</td></tr>
<tr><td colspan="2">交货水分</td><td>%</td><td colspan="3">6.0±2.0</td></tr>
</table>

4.2　平板纸尺寸一般为 787 mm×1 092 mm、750 mm×1 050 mm、508 mm×762 mm 或按合同规定；卷筒纸的规格尺寸按合同规定。

4.3　平板纸尺寸偏差应不超过±3 mm，偏斜度应不超过 3 mm，卷筒纸宽度尺寸偏差应不超过±3 mm，或符合合同规定。

4.4　平板纸包装数量(张数)负偏差应不大于 2%。

4.5　纸张的纤维组织应均匀，纸面应平整，不应有折子、皱纹、残缺、破洞、明显条痕、裂口、泡泡纱、浆块及迎光可见的孔眼。

4.6　卷筒纸应复卷整齐，端面应平整，每卷的接头数优等品应不超过 4 个，其余等级应不超过 6 个；接头处应粘接牢固并做好明显标记。

4.7　同批纸张的色差(ΔE^*_{ab})应不大于 2.5。

5　试验方法

5.1　试样的采取和检验前试样的处理按 GB/T 450 和 GB/T 10739 进行。

5.2　尺寸及偏差按 GB/T 451.1 测定。

5.3　定量按 GB/T 451.2 测定。

5.4　紧度按 GB/T 451.3 测定。厚度用 10 层试样(应同一面向上层叠起来)进行测定，然后换算为单层试样的测定值。

5.5　裂断长按 GB/T 12914 测定，仲裁时按恒速拉伸法测定。

5.6　纵向撕裂指数按 GB/T 455 测定。

5.7　交货水分按 GB/T 462 测定。

5.8　尘埃度按 GB/T 1541 测定。

5.9　亮度按 GB/T 7974 测定。

5.10　平板纸包装数量偏差：取 1 个完整的最小包装单位样品，数其实际包装张数，以实际包装数量与包装标称数量之差占包装标称数量的百分比表示。按式(1)计算，结果修约至 1%。

$$偏差 = \frac{实际数量 - 标称数量}{标称数量} \times 100\% \quad \cdots\cdots(1)$$

5.11　外观质量用目测法测定。

5.12 色差按 GB/T 7975 测定。

6 检验规则

6.1 以一次交货数量为一批，每批应不多于 30 t。

6.2 供方应保证生产的薄页包装纸质量符合本标准或订货合同的规定，每件纸交货时应附有一份合格证。

6.3 计数抽样检验程序按 GB/T 2828.1 规定进行，样本单位为件(卷)。接收质量限(AQL)：裂断长、撕裂指数为 4.0；定量、紧度、亮度、尘埃度、交货水分、尺寸偏差、外观质量、包装数量、色差为 6.5。采用正常检验二次抽样，检验水平为特殊检验水平 S-2，其抽样方案见表 2。

表 2

批量/件或卷	正常检验二次抽样方案　特殊检验水平 S-2				
	样本量	AQL 值为 4.0		AQL 值为 6.5	
		Ac	Re	Ac	Re
2～150	2	—	—	0	1
	3	0	1	—	—
151～1 200	3	0	1	—	—
	5	—	—	0	2
	5(10)	—	—	1	2

6.4 可接收性的确定：第一次检验的样品数量应等于该方案给出的第一样本量。如果第一样本中发现的不合格品数小于或等于第一接收数，应认为该批是可接收的；如果第一样本中发现的不合格品数大于或等于第一拒收数，应认为该批是不可接收的。如果第一样本中发现的不合格品数介于第一接收数与第一拒收数之间，应检验由方案给出样本量的第二样本并累计在第一样本和第二样本中发现的不合格数。如果不合格品累计数小于或等于第二接收数，则判定该批是可接收的；如果不合格品累计数大于或等于第二拒收数，则判定该批是不可接收的。

6.5 需方若对产品质量有异议，应在到货后三个月内通知供方共同复验，或委托共同商定的检验部门进行复验。复验结果如不符合本标准或合同规定，则判为批不可接收，由供方负责处理；如符合本标准或合同规定，则判为批可接收，由需方负责处理。

7 标志、包装、运输、贮存

7.1 按照 GB/T 10342 的规定进行包装和标志，或按合同规定进行。

7.2 运输时应使用有篷而洁净的运输工具。

7.3 纸张应妥善保管，以防受雨雪和地面湿气的影响。

7.4 不应将纸件从高处扔下。

ICS 55.040
Y 39

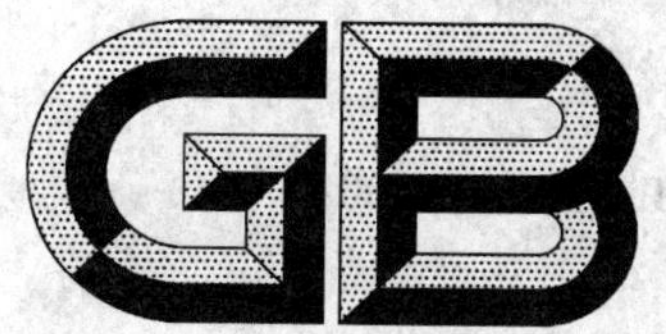

中华人民共和国国家标准

GB/T 22814—2008

防锈原纸

Anti-rust base paper

2008-12-30 发布

2009-09-01 实施

中华人民共和国国家质量监督检验检疫总局
中国国家标准化管理委员会 发布

前　言

本标准在原轻工行业标准 QB/T 2193—1996《防锈原纸》的基础上制定。

本标准由中国轻工业联合会提出。

本标准由全国造纸工业标准化技术委员会归口。

本标准起草单位:沈阳防锈包装材料有限责任公司、黑龙江方正晟丰纸业有限公司、中国制浆造纸研究院。

本标准主要起草人:白芳、其其格、任世伟、安成强、吴秀伟、周丰熙、唐艳秋、杨广文、刘彦、朱进军、周红。

防锈原纸

1 范围

本标准规定了防锈原纸的分类、要求、试验方法、检验规则及标志、包装、运输、贮存。

本标准适用于制造金属防锈、防护包装用材料的原纸。

2 规范性引用文件

下列文件中的条款通过本标准的引用而成为本标准的条款。凡是注日期的引用文件,其随后所有的修改单(不包括勘误的内容)或修订版均不适用于本标准,然而,鼓励根据本标准达成协议的各方研究是否可使用这些文件的最新版本。凡是不注日期的引用文件,其最新版本适用于本标准。

GB/T 450 纸和纸板 试样的采取及试样纵横向、正反面的测定(GB/T 450—2008,ISO 186:2002,MOD)

GB/T 451.1 纸和纸板尺寸及偏斜度的测定

GB/T 451.2 纸和纸板定量的测定(GB/T 451.2—2002,eqv ISO 536:1995)

GB/T 451.3 纸和纸板厚度的测定(GB/T 451.3—2002,idt ISO 534:1988)

GB/T 454 纸耐破度的测定

GB/T 455 纸和纸板撕裂度的测定(GB/T 455—2002,eqv ISO 1974:1990)

GB/T 462 纸、纸板和纸浆 分析试样水分的测定(GB/T 462—2008;ISO 287:1985,MOD;ISO 638:1978,MOD)

GB/T 1540 纸和纸板吸水性的测定 可勃法

GB/T 1545 纸、纸板和纸浆 水抽提液酸度或碱度的测定(GB/T 1545—2008,ISO 6588:1981,MOD)

GB/T 2678.2—2008 纸、纸板和纸浆 水溶性氯化物的测定

GB/T 2678.6 纸、纸板和纸浆水溶性硫酸盐的测定(电导滴定法)(GB/T 2678.6—1996,eqv ISO 9198:1989)

GB/T 2828.1 计数抽样检验程序 第1部分:按接收质量限(AQL)检索的逐批检验抽样计划(GB/T 2828.1—2003,ISO 2859-1:1999,IDT)

GB/T 10342 纸张的包装和标志

GB/T 10739 纸、纸板和纸浆试样处理和试验的标准大气条件(GB/T 10739—2002,eqv ISO 187:1990)

GB/T 12914 纸和纸板 抗张强度的测定(GB/T 12914—2008;ISO 1924-1:1992,MOD;ISO 1924-2:1994,MOD)

3 分类

3.1 防锈原纸按外观分为两类。Ⅰ类为平纸,Ⅱ类为皱纹纸。

3.2 防锈原纸按材料构成分为A型、B型两种。A型为原生纤维,B型为原生纤维加部分回用纤维或全部回用纤维。在满足使用性能的前提下,应最大限度的使用B型。

4 要求

4.1 防锈原纸为卷筒纸。卷径和幅宽按合同要求,宽度偏差应不大于±3 mm。

4.2 卷筒纸的切边应整齐洁净，卷取应紧密，松紧应一致。

4.3 卷筒纸应均衡缠绕在纸芯上。纸芯应结实耐用，纸芯不应拼接，以防纸卷在搬运时扭曲变形。

4.4 每卷接头应不多于 2 个，接头应使用无腐蚀性的胶合剂接牢，并应在接口两端做彩色标记。

4.5 可按合同规定或协议生产其他定量的防锈原纸。

4.6 防锈原纸应平整，纤维应均匀，无高出纸面杂质和硬质杂质，无孔眼、裂口、明显皱褶及影响使用的其他缺陷。

4.7 防锈原纸的技术指标应符合表 1 规定。

表 1

指标名称		单位	规定								
			Ⅰ类(A 型)				Ⅰ类(B 型)		Ⅱ类		
定量		g/m^2	40.0±2.0	60.0±3.0	75.0±4.0	100±5.0	75.0±4.0	100±5.0	80.0±10.0	100±10.0	115±15.0
抗张强度	纵向 ≥	kN/m	2.00	3.50	4.50	6.00	4.00	5.50	2.00	2.50	3.00
	横向 ≥		1.20	1.50	2.00	2.50	1.50	2.00	1.20	1.50	2.00
撕裂度	纵向 ≥	mN	280	550	800	900	700	800	500	800	1 200
耐破度 ≥		kPa	150	180	200	240	150	200	500	800	1 200
紧度 ≥		g/cm^3	0.55	0.60	0.65	0.75	0.50	0.55	—		
吸水性		g/m^2	40±10	90±10	100±10	120±15	105±15	125±20	—		
伸长率(起皱方向) ≥		%	—						20		
水抽提液 pH		—	6.5～8.0								
水溶性氯化物含量 ≤		mg/kg	200								
水溶性硫酸盐含量 ≤		mg/kg	500								
交货水分		%	7.0±2.0								

5 试验方法

5.1 取样和检验前试样处理按 GB/T 450 和 GB/T 10739 规定进行。

5.2 尺寸和偏斜度按 GB/T 451.1 规定进行。

5.3 定量按 GB/T 451.2 规定进行。

5.4 紧度按 GB/T 451.3 规定进行。

5.5 抗张强度按 GB/T 12914 规定进行，仲裁时采用恒速拉伸法测定。

5.6 撕裂度按 GB/T 455 规定进行。

5.7 耐破度按 GB/T 454 规定进行。

5.8 吸水性按 GB/T 1540 规定进行。

5.9 伸长率按 GB/T 12914 规定进行，仲裁时采用恒速拉伸法测定。

5.10 水抽提液 pH 按 GB/T 1545 规定进行。

5.11 水溶性氯化物含量按 GB/T 2678.2—2008 中硝酸汞法的规定进行。

5.12 水溶性硫酸盐含量按 GB/T 2678.6 规定进行。

5.13 交货水分按 GB/T 462 规定进行。

6 检验规则

6.1 以一次交货数量为一批，但应不多于 30 t。

6.2 生产方应保证生产的产品符合本标准规定，每卷纸应附一份产品质量检验合格证。

6.3 产品交收检验抽样按 GB/T 2828.1 规定进行。样本单位为卷。接收质量限(AQL)：水抽提液pH、水溶性氯化物含量为 4.0；定量、紧度、抗张强度、耐破度、撕裂度、吸水性、水溶性硫酸盐含量、伸长率(起皱方向)、交货水分、尺寸偏差、外观为 6.5。采用正常检验二次抽样，检验水平为特殊检验水平 S-2，其抽样方案见表 2。

表 2

批量/卷	正常检验二次抽样方案　特殊检验水平 S-2				
	样本量	AQL 值为 4.0		AQL 值为 6.5	
		Ac	Re	Ac	Re
2～150	2	—	—	0	1
	3	0	1	—	—
151～1 200	3	0	1	—	—
	5 5(10)	— —	— —	0 1	2 2

6.4 可接收性的确定：第一次检验的样品数量应等于该方案给出的第一样本量。如果第一样本中发现的不合格品数小于或等于第一接收数，应认为该批是可接收的；如果第一样本中发现的不合格品数介于第一接收数与第一拒收数之间，应检验由方案给出样本量的第二样本并累计在第一样本和第二样本中发现的不合格品数。如果不合格品累计数小于或等于第二接收数，则判定该批是可以接收的；如果不合格品累计数大于或等于第二拒收数，则判定该批是不可接收的。

6.5 需方有权检查该批产品的质量是否符合本标准或合同的规定，若对产品质量有异议，应在到货后一个月内通知供方，由供需双方共同取样进行复检，如不符合本标准或合同规定，则判为批不可接收，由供方负责处理；若符合本标准或合同规定，则判为批可接收，由需方负责处理。

7 标志、包装、运输、贮存

7.1 产品按 GB/T 10342 的规定进行标志和包装，或按订货合同的规定进行。

7.2 产品的包装：内包装采用塑料薄膜进行防潮包装，外包装采用纸塑复合布包装，端面采用圆形纸板进行加强。

7.3 产品运输时应使用有篷且洁净的运输工具。

7.4 产品应妥善保管，以防受雨、雪、酸、碱、化学气体和地面湿气的影响。

7.5 产品在搬运过程中不应将纸卷从高处扔下。

7.6 由于保管和运输不符合本标准规定，产品发生质变或损失，应由责任方负责。

ICS 85.060
Y 31

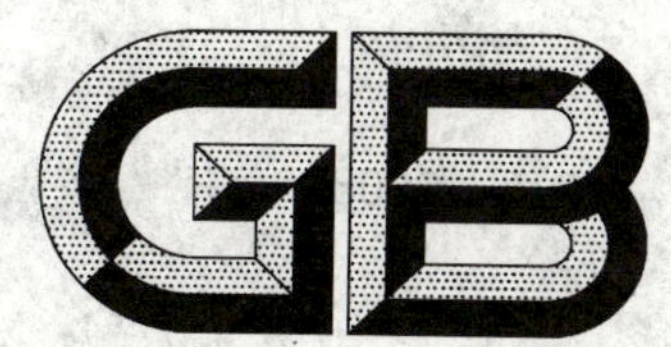

中华人民共和国国家标准

GB/T 22815—2008

封套纸板

Envelope board

2008-12-30 发布　　　　2009-09-01 实施

中华人民共和国国家质量监督检验检疫总局
中国国家标准化管理委员会　发布

前　言

本标准在原轻工行业标准 QB/T 1316—1991《封套纸板》的基础上制定。

本标准由中国轻工业联合会提出。

本标准由全国造纸工业标准化技术委员会归口。

本标准起草单位：中国制浆造纸研究院、中国造纸协会标准化专业委员会。

本标准主要起草人：李锡香。

封 套 纸 板

1 范围

本标准规定了封套纸板的产品分类、技术要求、试验方法、检验规则及标志、包装、运输、贮存。

本标准适用于供制作精装著作、画册等封套用的纸板。

2 规范性引用文件

下列文件中的条款通过本标准的引用而成为本标准的条款。凡是注日期的引用文件，其随后所有的修改单(不包括勘误的内容)或修订版均不适用于本标准，然而，鼓励根据本标准达成协议的各方研究是否可使用这些文件的最新版本。凡是不注日期的引用文件，其最新版本适用于本标准。

GB/T 450 纸和纸板 试样的采取及试样纵横向、正反面的测定(GB/T 450—2008,ISO 186:2002,MOD)

GB/T 451.1 纸和纸板尺寸及偏斜度的测定

GB/T 451.2 纸和纸板定量的测定(GB/T 451.2—2002,eqv ISO 536:1995)

GB/T 451.3 纸和纸板厚度的测定(GB/T 451.3—2002,idt ISO 534:1988)

GB/T 457—2008 纸和纸板 耐折度的测定(ISO 5626:1993,MOD)

GB/T 462 纸、纸板和纸浆 分析试样水分的测定(GB/T 462—2008;ISO 287:1985,MOD;ISO 638:1978,MOD)

GB/T 2828.1 计数抽样检验程序 第1部分:按接收质量限(AQL)检索的逐批检验和抽样计划(GB/T 2828.1—2003,ISO 2859-1:1999,IDT)

GB/T 10342 纸张的包装和标志

GB/T 10739 纸、纸板和纸浆试样处理和试验的标准大气条件(GB/T 10739—2002,eqv ISO 187:1990)

GB/T 12914 纸和纸板 抗张强度的测定(GB/T 12914—2008;ISO 1924-1:1992,MOD;ISO 1924-2:1994,MOD)

3 产品分类

3.1 封套纸板按质量分为优等品和合格品两个等级。

3.2 封套纸板为平板纸板，按厚度分为厚型和薄型两类。

厚型尺寸规格:1 350 mm×920 mm，或符合合同规定。

薄型尺寸规格:1 150 mm×880 mm，或符合合同规定。

4 技术要求

4.1 封套纸板的技术指标应符合表1规定，或符合合同规定。

表 1

指标名称	单位	规定	
		优等品	合格品
厚度	mm	0.70±0.05 1.00±0.10 1.50±0.15 2.00±0.20 2.50±0.20	
紧度 ≥	g/cm³	0.75	0.70
抗张强度 纵横向平均值 ≥ 厚度:0.70 mm 1.00 mm 1.50 mm 2.00 mm 2.50 mm	kN/m	 14.0 20.0 29.0 39.0 49.0	 11.0 16.0 24.0 31.0 39.0
耐折度 厚度小于 1.0 mm 纵横向平均值 ≥	次	20	
交货水分	%	10.0±2.0	

4.2 厚型纸板尺寸的偏差应不超过±10.0 mm,偏斜度应不超过 10.0 mm。

薄型纸板尺寸的偏差应不超过±5.0 mm,偏斜度应不超过 5.0 mm。

4.3 纸板应经压光,表面平整。

4.4 纸板切边应整齐洁净,不应有翘曲不平,表面不应有破皮、破洞、鼓包、折子、纸毛、明显的毛布痕及未解离的纤维束。

4.5 纸板在切裁加工时,不应有分层现象,纸板制作封套时不应折裂。

4.6 纸板为原浆本色,不施胶。但根据特殊要求可生产染色和施胶的纸板,每批纸板色调应一致,不应有明显差别。

4.7 纸板的厚度、尺寸、染色、施胶、等级应在订货合同中规定。

5 试验方法

5.1 试样的采取按 GB/T 450 进行,试样的处理和试验的标准大气条件按 GB/T 10739 进行。

5.2 尺寸及偏斜度按 GB/T 451.1 进行测定。

5.3 厚度按 GB/T 451.3 进行测定。

5.4 定量按 GB/T 451.2 进行测定。

5.5 紧度按 GB/T 451.2 和 GB/T 451.3 进行测定。

5.6 抗张强度按 GB/T 12914 进行测定,仲裁时按恒速拉伸法测定。

5.7 耐折度按 GB/T 457—2008 进行测定。

5.8 交货水分按 GB/T 462 进行测定。

5.9 外观采用目测检验。

6 检验规则

6.1 以一次交货为一批,但应不多于 30 t。

6.2 生产厂应保证所生产的产品符合本标准或合同规定，每件纸板交货时应附质量合格证一份。

6.3 计数抽样检验程序应按 GB/T 2828.1 规定进行。样本单位为件。接收质量限(AQL)：抗张强度、耐折度为 4.0；厚度、紧度、交货水分、尺寸及偏斜度、外观为 6.5。采用正常检验二次抽样，检验水平为特殊检验水平 S-2，其抽样方案见表 2。

表 2

批量/件	正常检验二次抽样方案 特殊检验水平 S-2				
	样本量	AQL 值为 4.0		AQL 值为 6.5	
		Ac	Re	Ac	Re
2～150	2	—	—	0	1
	3	0	1	—	—
151～1 200	3	0	1	—	—
	5	—	—	0	2
	5(10)	—	—	1	2

6.4 可接收性的确定：第一次检验的样品数量应等于该方案给出的第一样本量。如果第一样本中发现的不合格品数小于或等于第一接收数，应认为该批是可接收的；如果第一样本中发现的不合格品数大于或等于第一拒收数，应认为该批是不可接收的。如果第一样本中发现的不合格品数介于第一接收数与第一拒收数之间，应检验由方案给出样本量的第二样本并累计在第一样本和第二样本中发现的不合格品数。如果不合格品累计数小于或等于第二接收数，则判定该批是可接收的；如果不合格品累计数大于或等于第二拒收数，则判定该批是不可接收的。

6.5 需方对产品质量有异议，应在到货后三个月内向供方提出，共同抽样复验或委托共同商定的检验部门进行交验，若不符合本标准或合同规定，则判为不合格，由供方负责处理；若符合本标准或合同规定，则判为合格，由需方负责处理。

6.6 由于贮存和运输不符合本标准的规定，以至造成质量不符合本标准规定的，应由有关方面负责。

7 标志、包装、运输、贮存

7.1 封套纸板的标志和包装应按 GB/T 10342 规定进行，或符合合同规定。

7.2 不同牌号、厚度、尺寸、等级的封套纸板应分别包装。

7.3 运输时应用有篷而洁净的运输工具。

7.4 纸件不应由高处往下扔。

7.5 封套纸板应妥善保管，防止受风、雨、雪和地面湿气的影响。

ICS 85.060
Y 32

中华人民共和国国家标准

GB/T 22816—2008

复写原纸

Carbonizing base paper

2008-12-30 发布 2009-09-01 实施

中华人民共和国国家质量监督检验检疫总局
中国国家标准化管理委员会 发布

前　言

本标准在原轻工行业标准 QB/T 2690—2005《复写原纸》的基础上制定。

本标准的附录 A 为规范性附录。

本标准由中国轻工业联合会提出。

本标准由全国造纸工业标准化技术委员会归口。

本标准起草单位：中国制浆造纸研究院、中国造纸协会标准化专业委员会。

本标准主要起草人：邱文伦、邹小峰。

复 写 原 纸

1 范围

本标准规定了复写原纸的技术要求、试验方法、检验规则和标志、包装、运输、贮存。

本标准适用于加工复写纸的原纸。

2 规范性引用文件

下列文件中的条款通过本标准的引用而成为本标准的条款。凡是注日期的引用文件，其随后所有的修改单(不包括勘误的内容)或修订版均不适用于本标准，然而，鼓励根据本标准达成协议的各方研究是否可使用这些文件的最新版本。凡是不注日期的引用文件，其最新版本适用于本标准。

GB/T 450 纸和纸板 试样的采取及试样纵横向、正反面的测定(GB/T 450—2008,ISO 186:2002,MOD)

GB/T 451.1 纸和纸板尺寸及偏斜度的测定

GB/T 451.2 纸和纸板定量的测定(GB/T 451.2—2002,eqv ISO 536:1995)

GB/T 451.3 纸和纸板厚度的测定(GB/T 451.3—2002,idt ISO 534:1988)

GB/T 458—2008 纸和纸板 透气度的测定

GB/T 462 纸、纸板和纸浆 分析试样水分的测定(GB/T 462—2008;ISO 287:1985,MOD;ISO 638:1978,MOD)

GB/T 1541 纸和纸板 尘埃度的测定

GB/T 2828.1 计数抽样检验程序 第1部分:按接收质量限(AQL)检索的逐批检验抽样计划(GB/T 2828.1—2003,ISO 2859-1:1999,IDT)

GB/T 7974 纸、纸板和纸浆亮度(白度)的测定 漫射/垂直法(GB/T 7974—2002,neq ISO 2470:1999)

GB/T 10342 纸张的包装和标志

GB/T 10739 纸、纸板和纸浆试样处理和试验的标准大气条件(GB/T 10739—2002,eqv ISO 187:1990)

GB/T 12914 纸和纸板 抗张强度的测定(GB/T 12914—2008;ISO 1924-1:1992,MOD;ISO 1924-2:1994,MOD)

3 技术要求

3.1 复写原纸为卷筒纸。

3.2 复写原纸的技术指标应符合表1或合同规定。

表 1

指标名称		单位	规定		
定量		g/m²	$17.0^{+0.7}_{-1.0}$	$15.0^{+0.7}_{-1.0}$	13.0±0.5
紧度	≥	g/cm³	0.55		
亮度(白度)	≥	%	68.0		
抗张强度(纵向)	≥	kN/m	1.20	1.10	1.00
吸油量		g/m²	4.0±0.5	3.5±0.4	3.0±0.3

表 1(续)

指标名称		单位	规定		
透气度 ≤		μm/(Pa·s)	2.25	3.06	3.57
尘埃度	$0.5\ mm^2 \sim 2.0\ mm^2$ ≤	个/m^2	100		
	>$2.0\ mm^2$		不应有		
交货水分		%	3.5~6.5		

3.3 卷筒纸的宽度为 227 mm、350 mm、376 mm、446 mm 、460 mm 和 516 mm,长度为 7 000 m,或根据合同生产其他长度或宽度的复写原纸。

3.4 卷筒纸的长度偏差应不超过±30 m,宽度偏差应不超过±2 mm,质量偏差应不超过±1 kg。

3.5 复写原纸的纤维组织应均匀,纸面应平整,不应有影响使用的折子、皱纹、沙子、裂口、泡泡纱、透明点、洞眼等纸病。

3.6 卷筒纸的两边应松紧一致,切边应整齐、洁净,不应有破口、毛边、夹边等纸病。

3.7 复写原纸接头应牢固、平整,不应有粘层现象,每卷纸的接头应不多于 5 个。

4 试验方法

4.1 试样的采取按 GB/T 450 进行,试样的处理和试验的标准大气条件按 GB/T 10739 进行。

4.2 尺寸及偏差按 GB/T 451.1 测定。

4.3 定量按 GB/T 451.2 测定。

4.4 紧度按 GB/T 451.3 测定。

4.5 亮度(白度)按 GB/T 7974 测定。

4.6 抗张强度按 GB/T 12914 测定,仲裁时采用恒速拉伸法测定。

4.7 吸油量按附录 A 测定。

4.8 透气度按 GB/T 458—2008 中肖伯尔法测定。

4.9 尘埃度按 GB/T 1541 测定。

4.10 交货水分按 GB/T 462 测定。

4.11 外观质量采用目测检验。

5 检验规则

5.1 以一次交货量为一批,但每批应不多于 10 t。

5.2 供方应保证生产的复写原纸符合本标准或合同的规定,交货时每卷产品应附有一份产品质量合格证。

5.3 计数抽样检验程序按 GB/T 2828.1 规定进行,样本单位为卷。接收质量限(AQL 值):定量、抗张强度、吸油量为 4.0;紧度、亮度(白度)、透气度、交货水分、接头、尘埃度、外观质量、尺寸偏差为 6.5。采用正常检验二次抽样,检验水平为特殊检验水平 S-2,其抽样方案见表 2。

表 2

批量/卷	正常检验二次抽样方案 特殊检验水平 S-2				
	样本量	AQL 值为 4.0		AQL 值为 6.5	
		Ac	Re	Ac	Re
2~150	2	—	—	0	1
	3	0	1	—	—
151~1 200	3	0	1	—	—
	5	—	—	0	2
	5(10)	—	—	1	2

5.4　可接收性的确定：第一次检验的样品数量应等于该方案给出的第一样本量。如果第一样本中发现的不合格品数小于或等于第一接收数，应认为该批是可接收的；如果第一样本中发现的不合格品数大于或等于第一拒收数，应认为该批是不可接收的。如果第一样本中发现的不合格品数介于第一接收数与第一拒收数之间，应检验由方案给出样本量的第二样本并累计在第一样本和第二样本中发现的不合格品数。如果不合格品累计数小于或等于第二接收数，则判定该批是可接收的；如果不合格品累计数大于或等于第二拒收数，则判定该批是不可接收的。

5.5　需方若对产品质量有异议，应在到货后一个月内(或按合同规定)通知供方共同复验，复验结果如不符合本标准或合同规定，则判为批不合格，由供方负责处理；如符合本标准或合同规定，则判为批合格，由需方负责处理。

6　标志、包装、运输、贮存

6.1　按照 GB/T 10342 的规定进行标志和包装，或按照订货合同规定。

6.2　产品运输时应使用有篷而洁净的运输工具，应避免雨、雪、地面潮气及机械损伤，不应将纸件从高处扔下。

6.3　产品应保管在干燥、通风的仓库中，应避免存放在过热、过潮或太干燥和有酸、碱等腐蚀性气体的环境中。

附　录　A
(规范性附录)
吸油量的测定

A.1　试样的采取和处理

试样的采取和处理按 GB/T 450、GB/T 10739 规定进行。

A.2　仪器

A.2.1　天平:感量为 0.001 g。
A.2.2　烘箱:能使温度保持在(105±2)℃。
A.2.3　搪瓷(或不锈钢)盘。
A.2.4　油酸:化学纯。
A.2.5　干燥器。
A.2.6　胶辊。

A.3　试验步骤

A.3.1　准确切取 100 mm×100 mm 试样 10 张～20 张,从中任取 4 张作为测定试样。
A.3.2　将选取的试样放入(105±2)℃的烘箱(A.2.2)中烘干,直至试样恒重 m_1。
A.3.3　将恒重后的试样小心地浸入温度为(30±5)℃的油酸(A.2.4)中,待试样上无白点后,再浸渍 5 min。取出试样,轻轻刮掉浮油,然后在试样的上下两面各垫原纸 10 层,再平整地放入搪瓷(或不锈钢)盘(A.2.3)内,用胶辊(A.2.6)来回加压,以吸干浮油。每次加压 1 min～2 min,每加压一次应更换与试样接触的上下吸油原纸,依次反复施压,直至试样上无油痕为止,迅速称取试样的质量 m_2。若反复施压 4 次～5 次后,再施压 1 次～3 次,前后两次质量之差在 0.1 g/m² 以内,则认为试样上无油痕。
A.3.4　测定吸油量的环境温度应不低于 20 ℃。

A.4　结果的计算

试样吸油量 P 按式(A.1)计算,计算结果应准确至 0.1 g/m²。

$$P=(m_2-m_1)/S \qquad \text{(A.1)}$$

式中:

P——吸油量,单位为克每平方米(g/m²);
m_2——4 张试样吸油后的总质量,单位为克(g);
m_1——4 张试样烘干后的总质量,单位为克(g);
S——4 张试样的面积,单位为平方米(m²)。

ICS 85.080
Y 33

中华人民共和国国家标准

GB/T 22817—2008

钢纸管

Vulcanized paper core

2008-12-30 发布　　2009-09-01 实施

中华人民共和国国家质量监督检验检疫总局
中国国家标准化管理委员会　发布

前　言

本标准在原轻工行业标准 QB/T 2201—1996《钢纸管》的基础上制定。

本标准由中国轻工业联合会提出。

本标准由全国造纸工业标准化技术委员会归口。

本标准起草单位:中国制浆造纸研究院、中国造纸协会标准化专业委员会。

本标准主要起草人:邱文伦。

钢　纸　管

1　范围

本标准规定了钢纸管的产品分类、技术要求、试验方法、检验规则和标志、包装、运输、贮存。

本标准适用于供电器高、低压熔断器，避雷器及其他线路套管用钢纸管。

2　规范性引用文件

下列文件中的条款通过本标准的引用而成为本标准的条款。凡是注日期的引用文件，其随后所有的修改单(不包括勘误的内容)或修订版均不适用于本标准，然而，鼓励根据本标准达成协议的各方研究是否可使用这些文件的最新版本。凡是不注日期的引用文件，其最新版本适用于本标准。

GB/T 450　纸和纸板　试样的采取及试样纵横向、正反面的测定(GB/T 450—2008，ISO 186：2002，MOD)

GB/T 461.3　纸和纸板　吸水性的测定(浸水法)(GB/T 461.3—2005，ISO 5637：1989，MOD)

GB/T 462　纸、纸板和纸浆　分析试样水分的测定(GB/T 462—2008；ISO 287：1985，MOD；ISO 638：1978，MOD)

GB/T 742　造纸原料、纸浆、纸和纸板　灰分的测定(GB/T 742—2008，ISO 2144：1997，MOD)

GB/T 1408.1　绝缘材料电气强度试验方法　第1部分：工频下试验(GB/T 1408.1—2006，IEC 60243-1：1998，IDT)

GB/T 2828.1　计数抽样检验程序　第1部分：按接收质量限(AQL)检索的逐批检验抽样计划(GB/T 2828.1—2003，ISO 2859-1：1999，IDT)

GB/T 10342　纸张的包装和标志

GB/T 10739　纸、纸板和纸浆试样处理和试验的标准大气条件(GB/T 10739—2002，eqv ISO 187：1990)

3　产品分类

钢纸管按用途分为A类钢纸管和B类钢纸管两种。A类钢纸管供高压熔断器、避雷器及不同型号的玻璃钢复合管用材料；B类钢纸管供低压熔断器及其他线路套管用材料。

4　技术要求

4.1　钢纸管的技术指标应符合表1或符合合同规定。

表1

指标名称		单位	规定	
			A类	B类
紧度 ≥		g/cm^3	1.35	1.30
轴向横断面抗张强度 ≥		kN/m^2	7.0×10^4	6.0×10^4
轴向耐电压(常态试验1 min) ≥		kV	30	25
垂直壁层耐电压 ≥	壁厚	kV		
	2.5 mm～3.0 mm		10	8
	>3.0 mm～5.0 mm		12	10
	>5.0 mm～10 mm		15	12
	>10 mm～15 mm		18	16

表 1(续)

指标名称		单位	规定	
			A类	B类
吸水性	壁厚 2.5 mm～3.5 mm >3.5 mm～5.0 mm >5.0 mm～10 mm	%	 45 40 35	 50 45 40
氯化锌含量	≤	%	0.07	0.15
灰分	≤	%	1.2	1.3
交货水分		%	6.0～10.0	

4.2 钢纸管的长度为 620 mm、300 mm,或按订货合同规定,偏差应不超过±10 mm。

4.3 钢纸管的弯曲度以长度 250 mm 为准,内径不小于 25 mm 时,弯曲度为 1.5 mm;内径小于 25 mm 时,弯曲度为 1.0 mm。

4.4 钢纸管应具有机械加工性能,钻孔、切削、套丝、锯割不会引起裂纹、分层、剥落等现象。加工前试样应经水分平衡,应在相对湿度(50±2)%和温度(23±1)℃的标准大气条件下,使钢纸管的水分调节至6%～8%的范围,其处理时间规定为:壁厚小于 3 mm 时,处理时间应不少于 48 h;壁厚为 3.0 mm～6.0 mm 时,处理时间应不少于 72 h;壁厚大于 6.0 mm 时,处理时间应不少于 96 h。

4.5 钢纸管的表面应清洁、光滑,不应有分层、起泡、压痕和纵向皱纹等缺陷。

4.6 钢纸管内壁表面不应有严重影响使用的皱纹。

4.7 钢纸管的两头应切齐,不应有堆头和毛刺现象。

4.8 钢纸管的内、外径尺寸应符合表 2 或订货合同规定。

表 2

单位为毫米

A 类			B 类		
直径	允许偏差		直径	允许偏差	
	内径	外径		内径	外径
9×15	±0.5	±1.0	7×14.5	−1.0	+1.0
10×16			13×23.5	−1.0	+1.0
13×19			19×30	−1.0	+2.0
13×22			22×34	−1.0	+2.0
15×21			24×36	−1.0	+2.0
16×25			25.5×41	−1.0	+2.0
17×24			29×44	−1.5	+2.0
23×31			33×48	−1.5	+2.0
25×33			44×64	−1.5	+2.0
			55×78	−2.5	+2.5
			59×79	−2.5	+2.5

5 试验方法

5.1 试样的采取和处理

试样的采取按 GB/T 450 进行,试样的处理和试验的标准大气条件按 GB/T 10739 进行。

5.2 紧度的测定

在距离端部大于 50 mm 处截取至少 3 个试样,试样的长度由其质量确定,一般每个试样约 20 g,准确称取试样的质量。用精度为 0.2 mm 游标卡尺分别准确测定试样的内径、外径和高度,并计算试样的体积。试样的紧度按式(1)计算。

$$X=\frac{m}{V} \quad \cdots\cdots(1)$$

式中：

X——试样的紧度，单位为克每立方厘米(g/cm^3)；

m——试样的质量，单位为克(g)；

V——试样的体积，单位为立方厘米(cm^3)。

以3次测定结果的算术平均值表示测定结果，准确至小数点后两位小数。

5.3 轴向横断面抗张强度的测定

5.3.1 试样的采取

去掉钢管纸端部50 mm，截取长度为(250±2)mm的试样，并按4.4规定进行处理。试验前准确测定试样的内径、外径尺寸，应准确至0.05 mm。

5.3.2 试验步骤

从试样两端塞进长度为50 mm的金属棒，金属棒的外径等于试样的内径。将试样置于抗张强度试验仪的夹具之间。夹牢后，启动试验仪，以(50±2)mm/min的速度施加拉力直至试样断裂为止。记录拉力值，以3次测定的算术平均值表示测定结果。

5.3.3 计算方法

钢纸管轴向横断面抗张强度按式(2)计算。

$$Q_t=\frac{4F}{\pi(D^2-d^2)} \quad \cdots\cdots(2)$$

式中：

Q_t——钢纸管轴向横断面抗张强度，单位为千牛每平方米(kN/m^2)；

F——钢纸管轴向拉断时所需的力，单位为千牛(kN)；

D——试样外径，单位为米(m)；

d——试样内径，单位为米(m)。

5.4 轴向耐电压的测定

按GB/T 1408.1规定测定。

5.5 垂直壁层耐电压的测定

按GB/T 1408.1规定测定，常态试验1 min。

5.6 吸水性的测定

按GB/T 461.3规定测定，并作如下补充：去掉钢纸管端部50 mm，截取长度为(20±2)mm的试样3个，将其浸入(20±2)℃的水中24 h，取出后迅速将试样表面的水擦掉，称其质量计算吸水性。吸水性按式(3)计算。

$$w=\frac{m_2-m_1}{m_1}\times 100 \quad \cdots\cdots(3)$$

式中：

w——试样的吸水性，%；

m_1——试样浸水前的质量，单位为克(g)；

m_2——试样浸水后的质量，单位为克(g)。

以3次测定的算术平均值表示测定结果。

5.7 氯化锌含量的测定

将钢纸管试样切成2 mm×2 mm的小块，称取2.5 g的试样两份。一份置于100 ℃～105 ℃的烘箱中烘至恒量。另一份置于250 mL的锥形瓶中，加入蒸馏水约150 mL，再加入3%的过氧化氢溶液2 mL～4 mL，放在电炉上煮沸15 min。将抽出液一并倒入250 mL的容量瓶中，再加入150 mL蒸馏水继续煮沸 15 min，抽出液合并于 250 mL 的容量瓶中，冷却至 20 ℃后加蒸馏水稀释至刻线。然后用移液管吸取 50 mL，移入 150 mL 锥形瓶中，加入 5%铬酸钾指示剂 0.4 mL，用 0.01 mol/L 硝酸银滴至橘红色为终点。

氯化锌含量按式(4)计算。

$$X=\frac{c\times V\times 0.068\,2\times 5}{m}\times 100 \quad \cdots\cdots\cdots\cdots(4)$$

式中：

X——试样氯化锌的含量，%；

V——试验过程中耗用硝酸银的体积，单位为毫升(mL)；

c——试验用硝酸银的摩尔浓度，单位为摩尔每升(mol/L)；

m——干燥的试样质量，单位为克(g)；

0.068 2——与 1.00 mL 标准滴定溶液[$c(AgNO_3)=1.0$ mol/L]相当的以克表示的氯化锌的质量。

5.8 灰分的测定

灰分按 GB/T 742 规定测定。

5.9 交货水分的测定

交货水分按 GB/T 462 测定。

5.10 外观检验

外观质量采用目测检验。

6 检验规则

6.1 供方应保证生产的钢纸管符合本标准或合同的规定，以一次交货量为一批，交货时每件产品应附有一份产品质量合格证，箱内放产品质量说明书。

6.2 计数抽样检验程序按 GB/T 2828.1 规定进行，样本单位为根。接收质量限(AQL)：轴向横断面抗张强度、轴向耐电压、垂直壁层耐电压为 4.0；紧度、氯化锌含量、吸水性、灰分、交货水分、外观质量、尺寸为 6.5。采用正常检验二次抽样，检验水平为特殊检验水平 S-2，其抽样方案见表 3。

表 3

批量/根	正常检验二次抽样方案　　特殊检验水平　S-2				
	样本量	AQL 值为 4.0		AQL 值为 6.5	
		Ac	Re	Ac	Re
2～150	2	—	—	0	1
	3	0	1	—	—
151～1 200	3	0	1	—	—
	5	—	—	0	2
	5(10)	—	—	1	2

6.3 可接收性的确定：第一次检验的样品数量应等于该方案给出的第一样本量。如果第一样本中发现的不合格品数小于或等于第一接收数，应认为该批是可接收的；如果第一样本中发现的不合格品数大于或等于第一拒收数，应认为该批是不可接收的。如果第一样本中发现的不合格品数介于第一接收数与第一拒收数之间，应检验由方案给出样本量的第二样本并累计在第一样本和第二样本中发现的不合格品数。如果不合格品累计数小于或等于第二接收数，则判定该批是可接收的；如果不合格品累计数大于或等于第二拒收数，则判定该批是不可接收的。

6.4 需方若对产品质量有异议，应在到货后三个月内(或按合同规定)通知供方共同复验，复验结果如不符合本标准或订货合同规定，则判为批不合格，由供方负责处理；如符合本标准或订货合同规定，则判为批合格，由需方负责处理。

7 标志、包装、运输、贮存

7.1 产品的标志和包装应符合 GB/T 10342 或合同规定。

7.2 运输时应使用有篷而洁净的运输工具，搬运时不应将纸件从高处扔下。

7.3 产品应放在干燥处保管，防止受大气凝结物和地面潮气的影响。

ICS 85.060
Y 32

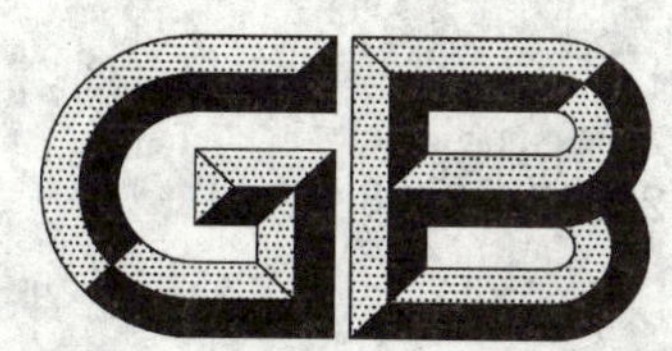

中华人民共和国国家标准

GB/T 22818—2008

钢 纸 原 纸

Vulcanized base paper

2008-12-30 发布　　2009-09-01 实施

中华人民共和国国家质量监督检验检疫总局
中国国家标准化管理委员会　发布

前　言

本标准在原轻工行业标准 QB/T 2194—1996《钢纸原纸》的基础上制定。

本标准由中国轻工业联合会提出。

本标准由全国造纸工业标准化技术委员会归口。

本标准起草单位:中国制浆造纸研究院、中国造纸协会标准化专业委员会、国家纸张质量监督检验中心。

本标准主要起草人:邱文伦。

钢 纸 原 纸

1 范围

本标准规定了钢纸原纸的产品分类、技术要求、试验方法、检验规则和标志、包装、运输、贮存。

本标准适用于专供化学加工生产的各种钢纸板及钢纸管的原纸。

2 规范性引用文件

下列文件中的条款通过本标准的引用而成为本标准的条款。凡是注日期的引用文件，其随后所有的修改单(不包括勘误的内容)或修订版均不适用于本标准，然而，鼓励根据本标准达成协议的各方研究是否可使用这些文件的最新版本。凡是不注日期的引用文件，其最新版本适用于本标准。

GB/T 450 纸和纸板 试样的采取及试样纵横向、正反面的测定(GB/T 450—2008，ISO 186:2002，MOD)

GB/T 451.1 纸和纸板尺寸及偏斜度的测定

GB/T 451.2 纸和纸板定量的测定(GB/T 451.2—2002，eqv ISO 536:1995)

GB/T 451.3 纸和纸板厚度的测定(GB/T 451.3—2002，idt ISO 534:1988)

GB/T 461.1 纸和纸板毛细吸液高度的测定(克列姆法)(GB/T 461.1—2002，idt ISO 8787:1986)

GB/T 462 纸、纸板和纸浆 分析试样水分的测定(GB/T 462—2008；ISO 287:1985，MOD；ISO 638:1978，MOD)

GB/T 742 造纸原料、纸浆、纸和纸板 灰分的测定(GB/T 742—2008，ISO 2144:1997，MOD)

GB/T 1541 纸和纸板 尘埃度的测定

GB/T 2828.1 计数抽样检验程序 第1部分：按接收质量限(AQL)检索的逐批检验抽样计划(GB/T 2828.1—2003，ISO 2859-1:1999，IDT)

GB/T 10342 纸张的包装和标志

GB/T 10739 纸、纸板和纸浆试样处理和试验的标准大气条件(GB/T 10739—2002，eqv ISO 187:1990)

GB/T 12914 纸和纸板 抗张强度的测定(GB/T 12914—2008；ISO 1924-1:1992，MOD；ISO 1924-2:1994，MOD)

3 产品分类

3.1 钢纸原纸按用途可分为Ⅰ型、Ⅱ型、Ⅲ型三种类型。Ⅰ型用于制造航空构件专用的硬钢纸板和软钢纸板；Ⅱ型用于生产钢纸管；Ⅲ型用于间歇或连续化钢纸机生产钢纸板、电气绝缘钢纸板、高强度钢纸板、厚钢纸板及棉条筒钢纸板或卷筒钢纸板。

3.2 钢纸原纸为卷筒纸，卷筒直径为 600 mm～800 mm 或按合同规定。

4 技术要求

4.1 钢纸原纸的技术指标应符合表1规定，或符合订货合同规定。生产非电气绝缘钢纸板的原纸灰分应不超过2%。

表 1

指标名称		单位	规定		
			Ⅰ型	Ⅱ型	Ⅲ型
定量		g/m²	80.0±3.2	70.0±2.8	80.0±3.2　90.0±3.6
横幅定量差　≤		g/m²	4.0	4.0	5.0
紧度　≤		g/cm³	0.55		
抗张指数　≥	纵向	N·m/g	37.0	25.0	25.0
	横向		22.5	19.0	21.5
吸水性(纵横平均)		mm/10 min	33～43	45～55	35～45
尘埃度	0.5 mm²～2.0 mm²　≤	个/m²	350	400	400
	＞2.0 mm²～3.0 mm²　≤		10		
	＞3.0 mm²		不应有		
灰分　≤		%	0.5	0.8	1.0
交货水分　≤		%	6.0		

4.2　钢纸原纸的卷筒宽度Ⅰ型为800 mm、1 500 mm，Ⅱ型为800 mm，Ⅲ型为1 450 mm、1 500 mm、1 600 mm或按合同规定。幅宽偏差应不超过±3 mm。

4.3　钢纸原纸的卷筒应紧密，全幅松紧应一致，两个端面应整齐，凹凸应不超过20 mm。卷筒内的接头应不超过3个，并夹与原纸不同颜色的纸签作标志。

4.4　钢纸原纸为粉红色，根据订货合同可生产其他颜色的钢纸原纸。

4.5　钢纸原纸应使用在氯化锌溶液中稳定的染料染色，同批纸不应有明显的色差。

4.6　钢管原纸的纤维组织应均匀，不应有明显的云彩花。

4.7　钢管原纸的纸面应平整，不应有死折子、金属片、油污、破损、潮湿、纸边及其他影响使用的纸病。

5　试验方法

5.1　试样的采取按GB/T 450进行，试样的处理和试验的标准大气条件按GB/T 10739进行。

5.2　尺寸及偏差按GB/T 451.1测定。

5.3　定量按GB/T 451.2测定，用100 mm×100 mm试样测定横幅定量差。

5.4　紧度按GB/T 451.3测定。

5.5　抗张指数按GB/T 12914测定，仲裁时按恒速拉伸法测定。

5.6　吸水性按GB/T 461.1测定。

5.7　尘埃度按GB/T 1541测定。

5.8　灰分按GB/T 742测定。

5.9　交货水分按GB/T 462测定。

5.10　外观质量采用目测检验。

6　检验规则

6.1　以一次交货量为一批，但每批应不多于10 t。

6.2　供方应保证生产的钢纸原纸符合本标准或订货合同的规定，交货时每卷产品应附有一份产品质量合格证。

6.3　计数抽样检验程序按GB/T 2828.1规定进行，样本单位为卷筒。接收质量限(AQL)：定量、抗张指数、吸水性、尘埃度为 4.0；紧度、交货水分、灰分、外观、尺寸偏差、接头数为 6.5。采用正常检验二次抽样，检验水平为特殊检验水平 S-2，其抽样方案见表 2。

表 2

批量/卷	正常检验二次抽样方案　　特殊检验水平 S -2				
	样本量	AQL 值为 4.0		AQL 值为 6.5	
		Ac	Re	Ac	Re
2～150	2	—	—	0	1
	3	0	1	—	—
151～1 200	3	0	1	—	—
	5	—	—	0	2
	5(10)	—	—	1	2

6.4　可接收性的确定：第一次检验的样品数量应等于该方案给出的第一样本量。如果第一样本中发现的不合格品数小于或等于第一接收数，应认为该批是可接收的；如果第一样本中发现的不合格品数大于或等于第一拒收数，应认为该批是不可接收的。如果第一样本中发现的不合格品数介于第一接收数与第一拒收数之间，应检验由方案给出样本量的第二样本并累计在第一样本和第二样本中发现的不合格品数。如果不合格品累计数小于或等于第二接收数，则判定该批是可接收的；如果不合格品累计数大于或等于第二拒收数，则判定该批是不可接收的。

6.5　需方若对产品质量有异议，应在到货后三个月内(或按合同规定)通知供方共同复验，复验结果如不符合本标准或订货合同的规定，则判为批不合格，由供方负责处理；如符合本标准或订货合同的规定，则判为批合格，由需方负责处理。

7　标志、包装、运输、贮存

7.1　按照 GB/T 10342 的规定进行包装和标志，或按合同规定进行。

7.2　运输时应保持清洁，不应与铁、石等硬物碰撞，以免损坏纸张。

7.3　产品应贮存在干燥的库房内，防止受雨、雪和地面湿气的影响。

7.4　堆垛高度不应超过三个辊。搬运或堆垛时，不应将卷筒从高处扔下，以免损坏纸张。

7.5　产品在使用前，应保证有三个月以上的自然存放平衡期。

ICS 85-010
Y 30

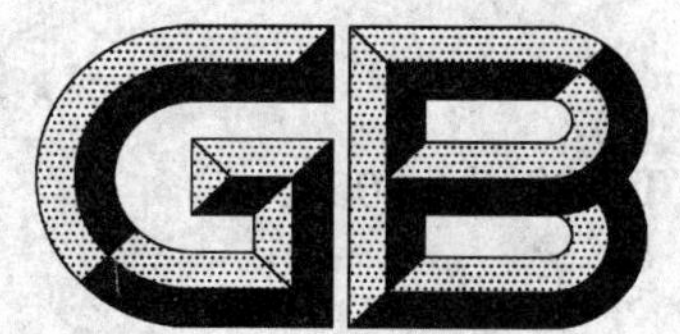

中华人民共和国国家标准

GB/T 22819—2008

高透气纸张透气性的测定

Determination of air permeability of high permeable paper

2008-12-30 发布　　　　2009-09-01 实施

中华人民共和国国家质量监督检验检疫总局
中国国家标准化管理委员会　发布

前　言

本标准在原轻工行业标准 QB/T 1461—1992《高透气纸张透气性的测定法》的基础上制定。

本标准的附录 A 为资料性附录。

本标准由中国轻工业联合会提出。

本标准由全国造纸工业标准化技术委员会归口。

本标准起草单位:中国制浆造纸研究院、中国造纸协会标准化专业委员会。

本标准主要起草人:邱文伦。

高透气纸张透气性的测定

1 范围

本标准规定了高透气纸张透气性的测定方法。

本标准适用于透气度大于 1×10^2 μm/(Pa·s)的纸张。

2 规范性引用文件

下列文件中的条款通过本标准的引用而成为本标准的条款。凡是注日期的引用文件，其随后所有的修改单(不包括勘误的内容)或修订版均不适用于本标准，然而，鼓励根据本标准达成协议的各方研究是否可使用这些文件的最新版本。凡是不注日期的引用文件，其最新版本适用于本标准。

GB/T 450 纸和纸板 试样的采取及试样纵横向、正反面的测定(GB/T 450—2008，ISO 186:2002，MOD)

GB/T 10739 纸、纸板和纸浆试样处理和试验的标准大气条件(GB/T 10739—2002，eqv ISO 187:1990)

3 术语和定义

下列术语和定义适用于本标准。

3.1

透气性 air permeability

纸张两面存在压差的情况下，空气透过纸张的性能。

3.2

透气量 air permeance volume

在规定的条件下，在单位时间和规定压差下，单位面积纸张所通过的平均空气流量，以立方厘米每平方厘米秒[$cm^3/(cm^2\cdot s)$]表示。

3.3

透气度 air permeance

在规定的条件下，在单位时间和单位压差下，单位面积纸张所通过的平均空气流量，以微米每帕斯卡秒[μm/(Pa·s)]表示[1 mL/(m^2·Pa·s)=1 μm/(Pa·s)]。

4 原理

按规定的方法和试验参数，将试样夹持在透气仪的进气孔上，然后调节风机速度，使试样两面达到规定的压差，根据孔板尺寸及两面压差大小测定纸张的透气量。

5 仪器设备

5.1 测量透气量的仪器如图1所示，主要由5.2～5.6所规定的部分组成。

5.2 试样夹持装置：能使试样不变形，边缘不漏气。这一装置确保(38.5±0.2) cm^2 的试验面积。

5.3 风机：可调速，能抽吸空气，使纸张两面达到所需压差。

5.4 倾斜压力计和垂直压力计：用于测定压差。倾斜压力计的量程为0～245 Pa(0～25 mm 水柱)，垂直压力计的量程为0～3 922 Pa(0～400 mm 水柱)。

5.5 测定空气流量的装置及一组经过标定的孔板：其流量偏差应不超过±2%。

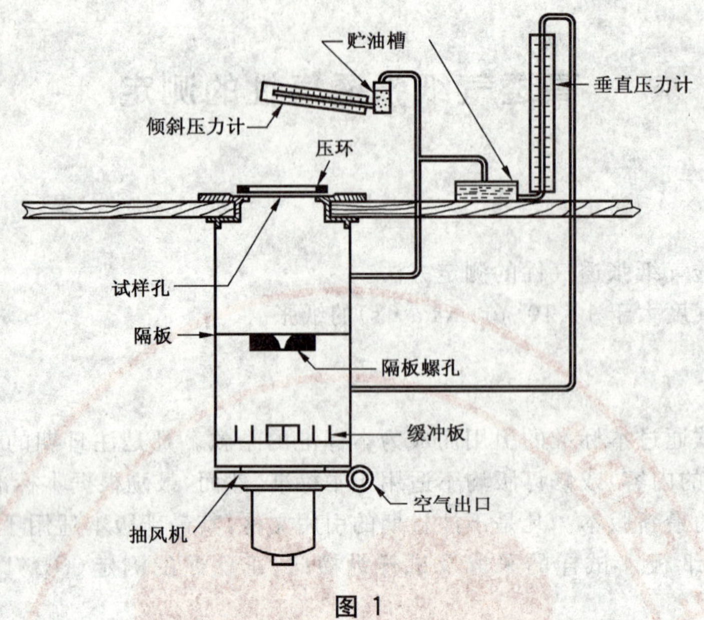

图 1

5.6 校正板:校验仪器用。

6 试样的采取制备和处理

6.1 试样的采取按 GB/T 450 规定进行。

6.2 试样的处理按 GB/T 10739 规定进行。

6.3 将样品切成 150 mm×150 mm 的试样 5 张,被测面上不应有皱折、裂缝和洞眼等外观纸病。

7 试验步骤

7.1 仪器的校验

7.1.1 校正仪器(5.1)至水平。

7.1.2 将倾斜压力计和垂直压力计(5.4)的液面调节至零点。

7.1.3 将校正板(5.6)安放在仪器的试样孔上,并予以固定。

7.1.4 开启仪器的弧形门,将标准孔板(5.5)旋入箱体的隔板螺孔,然后关紧箱门。

7.1.5 接通仪器电源,启动风机(5.3),借助调压器慢慢调节风机的速度,使倾斜压力计中的液面缓缓上升,然后稳定在 127 Pa(13 mm 水柱)处。

7.1.6 观察垂直压力计的液面读数,从压差-流量图表中查出相应的透气量,核对所测透气量与校正板所标的透气量是否相等。如偏差超出±2%,则应查找原因,并加以排除。

7.2 试样的测定

7.2.1 纸张两面压差一般定为 127 Pa(13 mm 水柱)。在特殊条件或专用情况下可另定压差,并在试验报告中说明。

7.2.2 根据被测试样的透气量范围选用相应的孔板,使垂直压力计的液面读数介于 588 Pa~3 332 Pa(60 mm 水柱~340 mm 水柱)之间。

7.2.3 将试样放在仪器的试样孔上,用压环将试样夹紧。

7.2.4 按 7.1.5 使倾斜压力计的液面稳定在规定压差处,准确读出垂直压力计的液面示值,记录并准确至刻度尺的最小格。

8 计算

8.1 根据垂直压力计的液面读数,从压差-流量图表中查出试样的透气量 $Q[L/(m^2 \cdot s)]$,然后换算

为 $cm^3/(cm^2 \cdot s)$ 表示[$1\ L/(m^2 \cdot s) = 0.1\ cm^3/(cm^2 \cdot s)$]。

8.2 试样的透气度按式(1)计算：

$$P = 78.74Q \tag{1}$$

式中：

P——试样的透气度，单位为微米每帕斯卡秒[$\mu m/(Pa \cdot s)$]；

Q——试样在 127 Pa(13 mm 水柱)压差下的透气量，单位为立方厘米每平方厘米秒[$cm^3/(cm^2 \cdot s)$]。

9 试验报告

试验报告应包括以下项目：

a) 本国家标准编号；

b) 仪器的型号或名称；

c) 试样的两面压差(Pa，mm 水柱)；

d) 试验结果以透气量 $cm^3/(cm^2 \cdot s)$ 或透气度 $\mu m/(Pa \cdot s)$ 表示；

e) 试验结果的算术平均值，准确至三位有效数字；

f) 试验结果的标准偏差或变异系数，保留两位有效数字；

g) 试验过程中的任何偏离本标准的操作。

附 录 A
（资料性附录）
不同单位透气量与透气度的换算因数

纸张透气度可根据不同单位的透气量换算，常用的单位可按式(A.1)与系数换算。然而，在不同压差下所测定的透气量换算成透气度是相关的，但并不是等同的，因此应报告所用的压差。

换算公式如式(A.1)：

$$P = KQ \qquad \cdots\cdots (A.1)$$

式中：

P——透气度，单位为微米每帕斯卡秒[$\mu m/(Pa \cdot s)$]；

K——换算系数，根据不同压差，不同透气量单位选用相应的数值，见表 A.1；

Q——透气量，单位为立方厘米每平方厘米秒；升每平方米秒；立方英尺每平方英尺分钟[$cm^3/(cm^2 \cdot s)$；$L/(m^2 \cdot s)$；$ft^3/(ft^2 \cdot min)$]。

表 A.1 换算系数 K 值表

压 差	*K* 值		
	$cm^3/(cm^2 \cdot s)$	$L/(m^2 \cdot s)$	$ft^3/(ft^2 \cdot min)$
127 Pa(13 mm 水柱)	78.74	7.874	40.00
196 Pa(20 mm 水柱)	51.02	5.102	25.92

ICS 85.060
Y 32

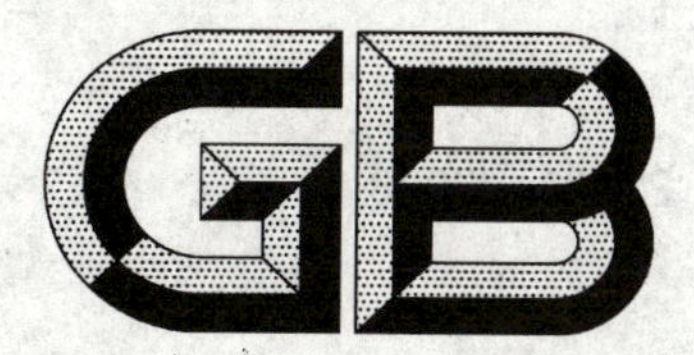

中华人民共和国国家标准

GB/T 22820—2008

工艺礼品纸

Craftwork paper

2008-12-30 发布　　　　2009-09-01 实施

中华人民共和国国家质量监督检验检疫总局
中国国家标准化管理委员会　发布

前　言

本标准在原轻工行业标准 QB/T 2596—2003《工艺礼品纸》的基础上制定。

本标准由中国轻工联合会提出。

本标准由全国造纸工业标准化技术委员会归口。

本标准起草单位:浙江惠同纸业有限公司、中国制浆造纸研究院、中国造纸协会标准化专业委员会。

本标准主要起草人:王东、崔科丛、李大方、沈晓飞、王润霞、翁明强。

工 艺 礼 品 纸

1 范围

本标准规定了工艺礼品纸(简称礼品纸)的产品分类、技术要求、试验方法、检验规则及标志、包装、运输、贮存。

本标准适用于编制工艺纸带、纸绳和工艺礼品及装饰用纸。

2 规范性引用文件

下列文件中的条款通过本标准的引用而成为本标准的条款。凡是注日期的引用文件,其随后所有的修改单(不包括勘误的内容)或修订版均不适用于本标准,然而,鼓励根据本标准达成协议的各方研究是否可使用这些文件的最新版本。凡是不注日期的引用文件,其最新版本适用于本标准。

GB/T 450 纸和纸板 试样的采取及试样纵横向、正反面的测定(GB/T 450—2008,ISO 186:2002,MOD)

GB/T 451.1 纸和纸板尺寸及偏斜度的测定

GB/T 451.2 纸和纸板定量的测定(GB/T 451.2—2002,eqv ISO 536:1995)

GB/T 451.3 纸和纸板厚度的测定(GB/T 451.3—2002,idt ISO 534:1988)

GB/T 462 纸、纸板和纸浆 分析试样水分的测定(GB/T 462—2008;ISO 287:1985,MOD;ISO 638:1978,MOD)

GB/T 465.2 纸和纸板 浸水后抗张强度的测定(GB/T 465.2—2008,ISO 3781:1983,MOD)

GB/T 2828.1 计数抽样检验程序 第1部分:按接收质量限(AQL)检索的逐批检验抽样计划(GB/T 2828.1—2003,ISO 2859-1:1999,IDT)

GB/T 7974 纸、纸板和纸浆亮度(白度)的测定 漫射/垂直法(GB/T 7974—2002,neq ISO 2470:1999)

GB/T 7975 纸和纸板 颜色的测定(漫反射法)

GB/T 10342 纸张的包装和标志

GB/T 10739 纸、纸板和纸浆试样处理和试验的标准大气条件(GB/T 10739—2002,eqv ISO 187:1990)

GB/T 12914 纸和纸板 抗张强度的测定(GB/T 12914—2008;ISO 1924-1:1992,MOD;ISO 1924-2:1994,MOD)

3 产品分类

3.1 礼品纸按色泽分为白色纸和彩色纸两种。

3.2 礼品纸为卷筒纸,卷筒直径为 500 mm～600 mm 或符合订货合同规定。

3.3 礼品纸的宽度为 560 mm 或符合订货合同规定。

4 技术要求

4.1 礼品纸的技术指标应符合表1的规定,如有特殊要求可按合同生产。

表 1

指标名称		单位	规定				
定量		g/m²	20.0±1.0	22.0±1.1	24.0±1.2	26.0±1.3	28.0±1.4
紧度		g/cm³	0.53±0.05	0.55±0.05	0.55±0.05	0.57±0.05	0.57±0.05
纵向抗张强度	≥	kN/m	1.30	1.65	1.80	2.00	2.20
横向抗张强度	≥	kN/m	0.23	0.27	0.30	0.30	0.35
纵向湿抗张强度	≥	kN/m	0.35	0.40	0.45	0.50	0.55
亮度(白色纸)	≥	%	80.0				
色差 ΔE^*	≤	%	3.0				
交货水分	≤	%	8.0				

4.2 卷筒纸宽度的尺寸偏差应不超过±3 mm。

4.3 纤维组织应均匀,不应有杂质、硬块、破洞、裂口及较大纤维束。

4.4 礼品纸的纸面应平整,不应有皱纹和其他机械损伤;两端面应松紧一致,且纸芯不应松动。每卷接头应不超过3个,接头处应有明显标记。

4.5 彩色纸的颜色应符合订货合同的规定。

5 试验方法

5.1 试样的采取、处理及检验按 GB/T 450 和 GB/T 10739 规定进行。

5.2 尺寸、偏斜度按 GB/T 451.1 测定。

5.3 定量按 GB/T 451.2 测定。

5.4 紧度按 GB/T 451.3 测定。其中测定厚度时,试样的制备和测定可按以下方法进行:取试样一张,以正面向外对折成10层,沿试样横向分段进行测定。每段距离应不大于 100 mm,取其算术平均值。

5.5 抗张强度按 GB/T 12914 测定,仲裁时采用恒速拉伸法测定。

5.6 纵向湿抗张强度按 GB/T 465.2 测定,浸水时间为 10 min±10 s,仲裁时采用恒速拉伸法测定。

5.7 白色纸亮度按 GB/T 7974 测定。

5.8 同批礼品纸的色差 ΔE^* 应按 GB/T 7975 测定。

5.9 交货水分按 GB/T 462 测定。

5.10 外观质量采用目测。

6 检验规则

6.1 以一次交货为一批,但不多于 10 t。

6.2 生产方应保证生产的纸张符合本标准规定,每筒纸应附一份产品质量检验合格证。产品交收检验抽样按 GB/T 2828.1 规定进行,样本单位为筒。接收质量限(AQL):定量、抗张强度(纵向)、纵向湿抗张强度为4.0;抗张强度(横向)、紧度、亮度、色差、交货水分、外观质量为6.5。采用正常检验二次抽样方案,检验水平为特殊检验水平S-2,其抽样方案见表2。

表 2

批量/件或卷	正常检验二次抽样方案　特殊检查水平 S-2				
	样本量	AQL 值为 4.0		AQL 值为 6.5	
		Ac	Re	Ac	Re
2～150	2	—	—	0	1
	3	0	1	—	—
151～500	3	0	1	—	—
	5	—	—	0	2
	5(10)	—	—	1	2

6.3　可接收性的确定：第一次检验的样品数量应等于该方案给出的第一样本量。如果第一样本中发现的不合格品数小于或等于第一接收数，应认为该批是可接收的。如果第一样本中发现的不合格品数大于或等于第一拒收数，应认为该批是不可接收的。如果第一样本中发现的不合格品数介于第一接收数与第一拒收数之间，应检验由方案给出样本量的第二样本并累计在第一样本和第二样本中发现的不合格品数。如果不合格品累计数小于或等于第二接收数，则判定该批是可接收的；如果不合格品累计数大于或等于第二拒收数，则判定该批是不可接收的。

6.4　需方有权按本标准或订货合同检查产品质量，若对产品质量有异议，应在到货后三个月内(或按合同规定)通知供方共同取样复检，若不符合本标准或订货合同规定，则判为批不合格，由供方负责处理；若符合本标准或订货合同规定，则判为批合格，由需方负责处理。

7　标志、包装、运输、贮存

7.1　产品的标志、标签和包装应按 GB/T 10342 中的有关规定进行，或符合合同规定。

7.2　产品运输时应使用有篷而洁净的运输工具。

7.3　产品搬运过程中不应从高处扔下。

7.4　产品应妥善贮存保管，防止其受雨、雪、地面湿气及其他有害物质的影响。

7.5　由于保管和运输不符合本标准规定，产品发生质变或损失，由造成损失的责任方负责。

ICS 85.060
Y 32

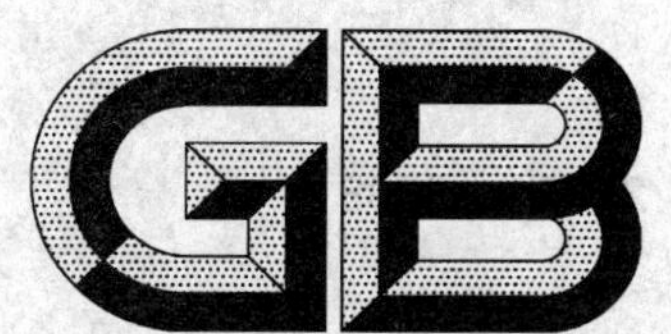

中华人民共和国国家标准

GB/T 22821—2008

光学字符阅读纸

Optical character reader paper

2008-12-30 发布　　　　2009-09-01 实施

中华人民共和国国家质量监督检验检疫总局
中国国家标准化管理委员会　发布

前 言

本标准在原轻工行业标准 QB/T 2465—1999《光学字符阅读纸》的基础上制定。

本标准由中国轻工业联合会提出。

本标准由全国造纸工业标准化技术委员会归口。

本标准起草单位：中国制浆造纸研究院、中国造纸协会标准化专业委员会、国家纸张质量监督检验中心。

本标准主要起草人：邱文伦。

光学字符阅读纸

1 范围

本标准规定了光学字符阅读纸的产品分类、技术要求、试验方法、检验规则和标志、包装、运输、贮存。

本标准适用于光电录入技术所用的光学字符阅读纸。

2 规范性引用文件

下列文件中的条款通过本标准的引用而成为本标准的条款。凡是注日期的引用文件，其随后所有的修改单(不包括勘误的内容)或修订版均不适用于本标准，然而，鼓励根据本标准达成协议的各方研究是否可使用这些文件的最新版本。凡是不注日期的引用文件，其最新版本适用于本标准。

GB/T 450 纸和纸板 试样的采取及试样纵横向、正反面的测定(GB/T 450—2008,ISO 186:2002,MOD)

GB/T 451.1 纸和纸板尺寸及偏斜度的测定

GB/T 451.2 纸和纸板定量的测定(GB/T 451.2—2002,eqv ISO 536:1995)

GB/T 451.3 纸和纸板厚度的测定(GB/T 451.3—2002,idt ISO 534:1988)

GB/T 455 纸和纸板撕裂度的测定(GB/T 455—2002,eqv ISO 1974:1990)

GB/T 456 纸和纸板平滑度的测定(别克法)(GB/T 456—2002,idt ISO 5627:1995)

GB/T 460—2008 纸 施胶度的测定

GB/T 462 纸、纸板和纸浆 分析试样水分的测定(GB/T 462—2008;ISO 287:1985,MOD;ISO 638:1978,MOD)

GB/T 742 造纸原料、纸浆、纸和纸板 灰分的测定(GB/T 742—2008,ISO 2144:1997,MOD)

GB/T 1541 纸和纸板 尘埃度的测定

GB/T 1543 纸和纸板 不透明度(纸背衬)的测定(漫反射法)(GB/T 1543—2005,ISO 2471:1998,MOD)

GB/T 2828.1 计数抽样检验程序 第1部分:按接收质量限(AQL)检索的逐批检验抽样计划(GB/T 2828.1—2003,ISO 2859-1:1999,IDT)

GB/T 7974 纸、纸板和纸浆亮度(白度)的测定 漫射/垂直法(GB/T 7974—2002,neq ISO 2470:1999)

GB/T 7975 纸和纸板 颜色的测定(漫反射法)

GB/T 10342 纸张的包装和标志

GB/T 10739 纸、纸板和纸浆试样处理和试验的标准大气条件(GB/T 10739—2002,eqv ISO 187:1990)

GB/T 12914 纸和纸板 抗张强度的测定(GB/T 12914—2008;ISO 1924-1:1992,MOD;ISO 1924-2:1994,MOD)

GB/T 22365 纸和纸板 印刷表面强度的测定(GB/T 22365—2008,ISO 3783:1980,MOD)

3 产品分类

3.1 光学字符阅读纸分为优等品和合格品两个等级。

3.2 光学字符阅读纸为卷筒纸，按订货合同可生产平板纸。

4 技术要求

4.1 光学字符阅读纸的技术指标应符合表1或合同规定。

表 1

指标名称			单位	规定	
				优等品	合格品
定量			g/m^2	100±3.0　105±3.0	
紧度		≥	g/cm^3	0.75	
纵向抗张强度		≥	kN/m	5.00	4.50
横向撕裂度		≥	mN	730	630
施胶度(正反面均)		≥	s	60	55
不透明度		≥	%	88.0	85.0
平滑度(正反面均)		≥	s	25～35	
印刷表面强度(正反面均)		≥	m/s	2.00	1.00
亮度		≥	%	80.0	
尘埃度	$0.3\ mm^2\sim0.7\ mm^2$	≤	个$/m^2$	20	
	$>0.7\ mm^2$			不应有	
灰分		≤	%	5.0	
交货水分		≤	%	7.0	

4.2 光学字符阅读纸的纤维组织应均匀，纸面应平整，用肉眼观察，不应有折子、皱纹、残缺破洞、透光点、裂口、各种斑点、沙子、硬质块、明显毛布痕及鱼鳞斑等纸病，借透射光迎光观察，不应有孔眼。

4.3 每批纸的色调应一致，不应有明显色差，同批纸色差 ΔE^* 应不大于2.0。

4.4 卷筒纸宽度偏差应不超过±3 mm，平板纸尺寸偏差应不超过±3 mm，偏斜度应不超过3 mm，或符合订货合同的规定。

4.5 卷筒纸每卷接头合格品应不超过2个，优等品应不超过1个，接头处应有明显标志，或符合订货合同的规定。

4.6 光学字符阅读纸在印刷时不应有掉毛掉粉现象。

5 试验方法

5.1 试样的采取按 GB/T 450 进行，试样的处理和试验的标准大气条件按 GB/T 10739 进行。

5.2 尺寸及偏差按 GB/T 451.1 测定。

5.3 定量按 GB/T 451.2 测定。

5.4 紧度按 GB/T 451.3 测定。

5.5 抗张强度按 GB/T 12914 测定，仲裁时采用恒速拉伸法测定。

5.6 撕裂度按 GB/T 455 测定。

5.7 施胶度按 GB/T 460—2008 测定，采用液体渗透法测定。

5.8 不透明度按 GB/T 1543 测定。

5.9 平滑度按 GB/T 456 测定。

5.10 印刷表面强度按 GB/T 22365 进行测定，使用低粘度拉毛油，仲裁时采用电动加速法。

5.11 亮度按 GB/T 7974 测定。

5.12 尘埃度按 GB/T 1541 测定。

5.13 灰分按 GB/T 742 测定。

5.14 交货水分按 GB/T 462 测定。

5.15 色差按 GB/T 7975 测定。

5.16 外观质量采用目测检验。

6 检验规则

6.1 以一次交货量为一批,每批应不多于 30 t。

6.2 生产厂应保证所生产的产品符合本标准或订货合同的规定,每卷(件)纸交货时应附有产品质量合格证。

6.3 计数抽样检验程序按 GB/T 2828.1 规定进行,样本单位为卷或件。接收质量限(AQL):抗张强度、施胶度、不透明度为 4.0;定量、紧度、撕裂度、平滑度、印刷表面强度、亮度、尘埃度、灰分、交货水分、色差、外观质量、尺寸偏差为 6.5。采用正常检验二次抽样,检验水平为特殊检验水平 S-2,其抽样方案见表 2。

表 2

批量/卷或件	正常检验二次抽样方案　检验水平 S-2				
	样本量	AQL 值为 4.0		AQL 值为 6.5	
		Ac	Re	Ac	Re
2～150	2	—	—	0	1
	3	0	1	—	—
151～1 200	3	0	1	—	—
	5	—	—	0	2
	5(10)	—	—	1	2

6.4 可接收性的确定:第一次检验的样品数量应等于该方案给出的第一样本量。如果第一样本中发现的不合格品数小于或等于第一接收数,应认为该批是可接收的;如果第一样本中发现的不合格品数大于或等于第一拒收数,应认为该批是不可接收的。如果第一样本中发现的不合格品数介于第一接收数与第一拒收数之间,应检验由方案给出样本量的第二样本并累计在第一样本和第二样本中发现的不合格品数。如果不合格品累计数小于或等于第二接收数,则判定该批是可接收的;如果不合格品累计数大于或等于第二拒收数,则判定该批是不可接收的。

6.5 需方若对产品质量有异议,应在到货后三个月内(或按合同规定)通知供方共同复验,复验结果如不符合本标准或订货合同规定,则判为批不合格,由供方负责处理;如符合本标准或订货合同规定,则判为批合格,由需方负责处理。

7 标志、包装、运输、贮存

7.1 产品的标志及包装按 GB/T 10342 的规定进行,或可按订货合同的规定进行。

7.2 产品在运输时,应使用有篷而洁净的运输工具。

7.3 产品在装卸时不应钩吊,不应将纸件从高处扔下。

7.4 产品应妥善贮存于通风仓库的垫板上,以防受雨雪或地面湿气的影响。

ICS 85.060
Y 31

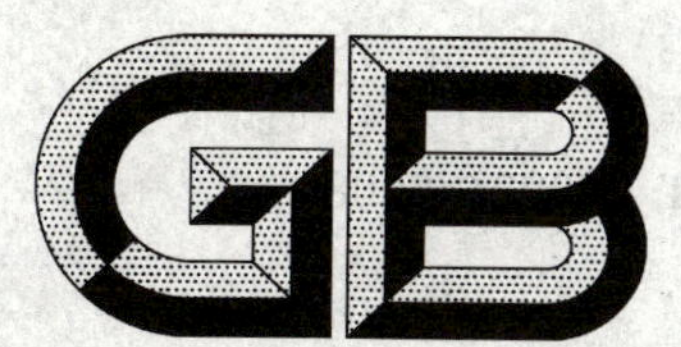

中华人民共和国国家标准

GB/T 22822—2008

厚纸板

Thick board

2008-12-30 发布　　　　2009-09-01 实施

中华人民共和国国家质量监督检验检疫总局
中国国家标准化管理委员会　发布

前　言

本标准在原轻工行业标准 QB/T 1315—1991《厚纸板》的基础上制定。

本标准由中国轻工业联合会提出。

本标准由全国造纸工业标准化技术委员会归口。

本标准起草单位:中国制浆造纸研究院、中国造纸协会标准化专业委员会。

本标准主要起草人:李锡香。

厚　纸　板

1　范围

本标准规定了厚纸板的形式和尺寸、技术要求、试验方法、检验规则及标志、包装、运输、贮存。

本标准适用于供制作特种纸盒及纸箱内隔栅用的厚纸板。

2　规范性引用文件

下列文件中的条款通过本标准的引用而成为本标准的条款。凡是注日期的引用文件，其随后所有的修改单(不包括勘误的内容)或修订版均不适用于本标准，然而，鼓励根据本标准达成协议的各方研究是否可使用这些文件的最新版本。凡是不注日期的引用文件，其最新版本适用于本标准。

GB/T 450　纸和纸板　试样的采取及试样纵横向、正反面的测定(GB/T 450—2008，ISO 186：2002，MOD)

GB/T 451.1　纸和纸板尺寸及偏斜度的测定

GB/T 451.2　纸和纸板定量的测定(GB/T 451.2—2002，eqv ISO 536：1995)

GB/T 451.3　纸和纸板厚度的测定(GB/T 451.3—2002，idt ISO 534：1988)

GB/T 457—2008　纸和纸板　耐折度的测定(ISO 5626：1993，MOD)

GB/T 462　纸、纸板和纸浆　分析试样水分的测定(GB/T 462—2008；ISO 287：1985，MOD；ISO 638：1978，MOD)

GB/T 1545　纸、纸板和纸浆　水抽提液酸度或碱度的测定(GB/T 1545—2008，ISO 6588：1981，MOD)

GB/T 2828.1　计数抽样检验程序　第1部分：按接收质量限(AQL)检索的逐批检验和抽样计划(GB/T 2828.1—2003，ISO 2859-1：1999，IDT)

GB/T 10342　纸张的包装和标志

GB/T 10739　纸、纸板和纸浆试样处理和试验的标准大气条件(GB/T 10739—2002，eqv ISO 187：1990)

GB/T 12914　纸和纸板　抗张强度的测定(GB/T 12914—2008；ISO 1924-1：1992，MOD；ISO 1924-2：1994，MOD)

GB/T 22364—2008　纸和纸板　弯曲挺度的测定(ISO 2493：1992，MOD；ISO 5629：1983，MOD)

3　形式和尺寸

3.1　厚纸板为平板纸板。

3.2　纸板尺寸为1 350 mm×920 mm、1 150 mm×880 mm，或符合合同规定。

4　技术要求

4.1　厚纸板的技术指标应符合表1或合同规定。

表 1

指 标 名 称	单 位	规 定
厚度	mm	0.50±0.05 0.80±0.08 1.00±0.10 1.50±0.15 2.00±0.20 2.50±0.20 3.00±0.25
紧度 ≥	g/cm^3	0.70
抗张强度 纵横向平均值 ≥ 厚度:0.50 mm 0.80 mm 1.00 mm 1.50 mm 2.00 mm 2.50 mm 3.00 mm	kN/m	 8.0 13.0 16.0 24.0 31.0 39.0 47.0
耐折度 厚度小于 1.0 mm 的纸板 纵横向平均值 ≥	次	20
横向挺度 厚度小于 1.0 mm 的纸板 ≥ 0.50 mm 0.80 mm 1.00 mm	mN·m	 5.0 13.0 25.0
水抽提液 pH		6.0~7.5
交货水分	%	10.0±2.0

4.2 规格 1 350 mm×920 mm 的厚纸板尺寸偏差应不超过±10.0 mm,偏斜度应不超过 10.0 mm。规格 1 150 mm×880 mm 的厚纸板尺寸,其偏差应不超过±5.0 mm,偏斜度应不超过 5.0 mm。

4.3 厚纸板应经压光,表面应平整,厚度应一致。

4.4 厚纸板的切边应整齐洁净,表面不应有压痕、折子、皱纹、破洞、擦伤、鼓包、翘曲及未解离的纤维束。

4.5 纸板的厚度、尺寸应在合同中规定。

5 试验方法

5.1 试样的采取按 GB/T 450 进行,试样的处理和试验的标准大气条件按 GB/T 10739 进行。

5.2 尺寸及偏斜度按 GB/T 451.1 进行测定。

5.3 厚度按 GB/T 451.3 进行测定。

5.4 定量按 GB/T 451.2 进行测定。

5.5 紧度按 GB/T 451.2 和 GB/T 451.3 进行测定。

5.6 抗张强度按 GB/T 12914 进行测定，仲裁时采用恒速拉伸法。

5.7 耐折度按 GB/T 457—2008 进行测定，采用肖波尔测定仪测定法。

5.8 挺度按 GB/T 22364—2008 进行测定，采用静态弯曲法。

5.9 水抽提液 pH 按 GB/T 1545 进行测定。

5.10 交货水分按 GB/T 462 进行测定。

5.11 外观采用目测检验。

6 检验规则

6.1 以一次交货为一批，但应不多于 30 t。

6.2 生产厂应保证所生产的产品符合本标准或合同规定，每件纸板交货时应附质量合格证一份。

6.3 计数抽样检验程序应按 GB/T 2828.1 规定进行，样本单位为件。接收质量限(AQL)：抗张强度、水抽提液 pH 为 4.0；厚度、紧度、耐折度、横向挺度、交货水分、尺寸偏差、外观为 6.5。采用正常检验二次抽样，检验水平为特殊检验水平 S-2，其抽样方案见表 2。

表 2

批量/件	正常检验二次抽样方案　特殊检验水平 S-2				
	样本量	AQL 值为 4.0		AQL 值为 6.5	
		Ac	Re	Ac	Re
2～150	2	—	—	0	1
	3	0	1	—	—
151～1 200	3	0	1	—	—
	5	—	—	0	2
	5(10)	—	—	1	2

6.4 可接收性的确定：第一次检验的样品数量应等于该方案给出的第一样本量。如果第一样本中发现的不合格品数小于或等于第一接收数，应认为该批是可接收的；如果第一样本中发现的不合格品数大于或等于第一拒收数，应认为该批是不可接收的。如果第一样本中发现的不合格品数介于第一接收数与第一拒收数之间，应检验由方案给出样本量的第二样本并累计在第一样本和第二样本中发现的不合格品数。如果不合格品累计数小于或等于第二接收数，则判定该批是可接收的；如果不合格品累计数大于或等于第二拒收数，则判定该批是不可接收的。

6.5 需方对产品质量有异议，应在到货后三个月内向供方提出，共同抽样复验或委托共同商定的检验部门进行交验，若不符合本标准或合同规定，则判为不合格，由供方负责处理，若符合本标准或合同规定，则判为合格，由需方负责处理。

6.6 由于保管和运输不符合本标准的规定，以至造成质量不符合本标准规定的，应由有关方面负责。

7 标志、包装、运输、贮存

7.1 产品的标志和包装应按 GB/T 10342 规定进行，或符合合同规定。

7.2 不同牌号、厚度、尺寸、等级的纸板应分别包装。

7.3 运输时应用有篷而洁净的运输工具。

7.4 纸件不应由高处往下扔。

7.5 产品应妥善保管，防止受风、雨、雪和地面湿气的影响。

ICS 85.060
Y 32

中华人民共和国国家标准

GB/T 22823—2008

胶 带 原 纸

Adhesive tape base paper

2008-12-30 发布　　2009-09-01 实施

中华人民共和国国家质量监督检验检疫总局
中国国家标准化管理委员会　发布

前　言

本标准在原轻工行业标准 QB/T 2494—2000《双面胶带原纸》的基础上制定。

本标准由中国轻工联合会提出。

本标准由全国造纸工业标准化技术委员会归口。

本标准起草单位：浙江惠同纸业有限公司、中国制浆造纸研究院、中国造纸协会标准化专业委员会。

本标准主要起草人：王东、崔科丛、李大方、沈晓飞、王润霞、翁明强。

胶 带 原 纸

1 范围

本标准规定了胶带原纸的产品分类、技术要求、试验方法、检验规则及标志、包装、运输、贮存。

本标准适用于制造双面或单面胶带吸附胶粘剂的原纸。

2 规范性引用文件

下列文件中的条款通过本标准的引用而成为本标准的条款。凡是注日期的引用文件，其随后所有的修改单(不包括勘误的内容)或修订版均不适用于本标准，然而，鼓励根据本标准达成协议的各方研究是否可使用这些文件的最新版本。凡是不注日期的引用文件，其最新版本适用于本标准。

GB/T 450 纸和纸板 试样的采取及试样纵横向、正反面的测定(GB/T 450—2008，ISO 186：2002，MOD)

GB/T 451.1 纸和纸板尺寸及偏斜度的测定法

GB/T 451.2 纸和纸板定量的测定(GB/T 451.2—2002，eqv ISO 536：1995)

GB/T 451.3 纸和纸板厚度的测定(GB/T 451.3—2002，idt ISO 534：1988)

GB/T 462 纸、纸板和纸浆 分析试样水分的测定(GB/T 462—2008；ISO 287：1985，MOD；ISO 638：1978，MOD)

GB/T 465.2 纸和纸板 浸水后抗张强度的测定(GB/T 465.2—2008，ISO 3781.：1983，MOD)

GB/T 7974 纸、纸板和纸浆亮度(白度)的测定 漫射/垂直法(GB/T 7974—2002，neq ISO 2470：1999)

GB/T 2828.1 计数抽样检验程序 第1部分：按接收质量限(AQL)检索的逐批检验抽样计划(GB/T 2828.1—2003，ISO 2859-1：1999，IDT)

GB/T 10342 纸张的包装和标志

GB/T 10739 纸、纸板和纸浆试样处理和试验的标准大气条件(GB/T 10739—2002，eqv ISO 187：1990)

GB/T 12914 纸和纸板 抗张强度的测定(GB/T 12914—2008；ISO 1924-1：1992，MOD；ISO 1924-2：1994，MOD)

3 产品分类

3.1 胶带原纸为卷筒纸，卷筒直径为400 mm～600 mm，或符合订货合同规定。

3.2 胶带原纸的幅宽应符合订货合同规定。

4 技术要求

4.1 胶带原纸的技术指标应符合表1的规定，如有特殊要求可按合同生产。

表 1

指标名称	单位	规 定							
定量	g/m^2	11.0±0.7	12.0±0.8	14.0±0.8	16.0±0.9	18.0±0.9	20.0±1.0	22.0±1.1	25.0±1.3

表 1（续）

指标名称		单位	规　定							
紧度	≤	g/cm³	0.55		0.60		0.65		0.68	
纵向抗张强度	≥	kN/m	0.55	0.65	0.80	1.00	1.20	1.30	1.65	1.80
横向抗张强度	≥	kN/m	0.09	0.10	0.12	0.15	0.19	0.23	0.27	0.30
纵向湿抗张强度	≥	kN/m	0.10	0.11	0.15	0.19	0.23	0.27	0.30	0.35
亮度	≥	%	75.0							
交货水分	≤	%	8.0							

4.2　胶带原纸的卷筒宽度偏差应不超过±3 mm。

4.3　胶带原纸的纤维组织应均匀，不应有杂质、硬块、裂口、硬纤维束及大于 2 mm² 的孔洞。

4.4　胶带原纸的纸面应平整，无皱纹和其他机械损伤；两端面应松紧一致，且纸芯不松动。每卷接头应不超过 3 个，接头处应有明显标记。

5　试验方法

5.1　试样的采取、处理及检验按 GB/T 450 和 GB/T 10739 规定进行。

5.2　尺寸、偏斜度按 GB/T 451.1 测定。

5.3　定量按 GB/T 451.2 测定。

5.4　紧度按 GB/T 451.3 测定。其中测定厚度时，试样的制备和测定可按以下方法进行：取试样一张，以正面向外对折成 10 层，沿试样的横向分段进行测定。每段距离应不大于 100 mm，取其算术平均值。

5.5　抗张强度按 GB/T 12914 测定，仲裁按恒速拉伸法测定。

5.6　纵向湿抗张强度按 GB/T 465.2 测定，浸水时间为 10 min±10 s。

5.7　亮度按 GB/T 7974 测定。

5.8　交货水分按照 GB/T 462 规定进行。

5.9　外观质量采用目测。

6　检验规则

6.1　以一次交货为一批，但应不多于 10 t。

6.2　生产方应保证生产的胶带原纸符合本标准或订货合同的规定，每筒纸应附一份产品质量检验合格证。产品交收检验抽样按 GB/T 2828.1 规定进行，样本单位为筒。接收质量限（AQL）：定量、纵向抗张强度、纵向湿抗张强度为 4.0；横向抗张强度、紧度、亮度、交货水分、外观质量为 6.5。采用正常检验二次抽样，检验水平为特殊检验水平 S-2，其抽样方案见表 2。

表 2

批量/件或卷	正常检验二次抽样方案　特殊检验水平 S-2				
	样本量	AQL 值为 4.0		AQL 值为 6.5	
		Ac	Re	Ac	Re
2～150	2	—	—	0	1
	3	0	1	—	—
151～500	5	0	1	—	—
	5	—	—	0	2
	5(10)	—	—	1	2

6.3 可接收性的确定:第一次检验的样品数量应等于该方案给出的第一样本量。如果第一样本中发现的不合格品数小于或等于第一接收数,应认为该批是可接收的。如果第一样本中发现的不合格品数大于或等于第一拒收数,应认为该批是不可接收的。如果第一样本中发现的不合格品数介于第一接收数与第一拒收数之间,应检验由方案给出样本量的第二样本并累计在第一样本和第二样本中发现的不合格品数。如果不合格品累计数小于或等于第二接收数,则判定该批是可接收的;如果不合格品累计数大于或等于第二拒收数,则判定该批是不可接收的。

6.4 需方有权按本标准或订货合同检查产品质量,若对产品质量有异议,应在到货后三个月内(或按合同规定)通知供方共同取样复检,若不符合本标准或订货合同规定,则判为批不合格,由供方负责处理;若符合本标准或订货合同规定,则判为批合格,由需方负责处理。

7 标志、包装、运输、贮存

7.1 产品的标志、标签和包装应按 GB/T 10342 中的有关规定进行,或按合同规定。

7.2 产品运输时应使用有篷而洁净的运输工具。

7.3 产品搬运过程中不应从高处扔下。

7.4 产品应妥善贮存保管,防止受雨、雪、地面湿气及其他有害物质的影响。

7.5 由于保管和运输不符合本标准规定,产品发生质变或损失,由造成损失的责任方负责。

ICS 85.060
Y 32

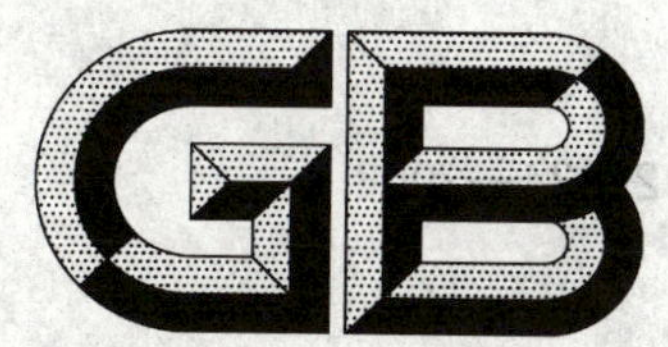

中华人民共和国国家标准

GB/T 22824—2008

蜡光原纸

Flint glazed base paper

2008-12-30 发布　　　　2009-09-01 实施

中华人民共和国国家质量监督检验检疫总局
中国国家标准化管理委员会　发布

前　言

本标准在原轻工行业标准 QB/T 1707—1993《蜡光原纸》的基础上制定。

本标准由中国轻工业联合会提出。

本标准由全国造纸工业标准化技术委员会归口。

本标准起草单位：河南省产品质量监督检验院、中国制浆造纸研究院、中国造纸协会标准化专业委员会。

本标准主要起草人：李红、徐艳秋、张建明。

蜡 光 原 纸

1 范围

本标准规定了蜡光原纸的分类、要求、试验方法、检验规则和标志、包装、运输、贮存。

本标准适用于生产各种颜色蜡光纸的原纸。

2 规范性引用文件

下列文件中的条款通过本标准的引用而成为本标准的条款。凡是注日期的引用文件,其随后所有的修改单(不包括勘误的内容)或修订版均不适用于本标准,然而,鼓励根据本标准达成协议的各方研究是否可使用这些文件的最新版本。凡是不注日期的引用文件,其最新版本适用于本标准。

GB/T 450 纸和纸板 试样的采取及试样纵横向、正反面的测定(GB/T 450—2008,ISO 186:2002,MOD)

GB/T 451.1 纸和纸板尺寸及偏斜度的测定

GB/T 451.2 纸和纸板定量的测定(GB/T 451.2—2002,eqv ISO 536:1995)

GB/T 451.3 纸和纸板厚度的测定(GB/T 451.3—2002,idt ISO 534:1988)

GB/T 455 纸和纸板撕裂度的测定(GB/T 455—2002,eqv ISO 1974:1990)

GB/T 456 纸和纸板平滑度的测定(别克法)(GB/T 456—2002,idt ISO 5627:1995)

GB/T 462 纸、纸板和纸浆 分析试样水分的测定(GB/T 462—2008,ISO 287:1985,MOD;ISO 638:1978,MOD)

GB/T 742 造纸原料、纸浆、纸和纸板 灰分的测定(GB/T 742—2008,ISO 2144:1997,MOD)

GB/T 1540 纸和纸板吸水性的测定 可勃法

GB/T 1541 纸和纸板 尘埃度的测定

GB/T 2828.1 计数抽样检验程序 第1部分:接收质量限(AQL)检索的逐批检验抽样计划(GB/T 2828.1—2003,ISO 2859-1:1999,IDT)

GB/T 7974 纸、纸板和纸浆亮度(白度)的测定 漫射/垂直法(GB/T 7974—2002,neq ISO 2470:1999)

GB/T 10342 纸张的包装和标志

GB/T 10739 纸、纸板和纸浆试样处理和试验的标准大气条件(GB/T 10739—2002,eqv ISO 187:1990)

GB/T 12914 纸和纸板 抗张强度的测定(GB/T 12914—2008;ISO 1924-1:1992,MOD;ISO 1924-2:1994,MOD)

3 分类

3.1 蜡光原纸按质量分为一等品和合格品。

3.2 蜡光原纸为卷筒纸。卷筒纸的宽度为762 mm,也可按合同生产其他规格的原纸。

4 要求

4.1 蜡光原纸的技术指标应符合表1或按订货合同的规定。

表 1

指标名称	单位	规定	
		一等品	合格品
定量	g/m^2	50.0±2.5 52.0±2.5	
紧度	g/cm^3	0.55～0.75	
亮度　　≥	%	80.0	70.0
纵向抗张强度　　≥	kN/m	2.00	1.70
平滑度(正面)　　≥	s	20	17
撕裂度(横向)　　≥	mN	300	265
吸水性(Cobb60s)　　≤	g/m^2	25.0	30.0
灰分　　≤	%	10.0	13.0
尘埃度			
0.2 mm^2～1.5 mm^2　　≤		48	96
其中：0.2 mm^2～1.5 mm^2(黑色尘埃)　　≤	个/m^2	4	8
大于 1.5 mm^2		不应有	不应有
交货水分	%	7.0±2.0	

4.2　卷筒宽度偏差应不超过±3 mm。

4.3　蜡光原纸的纤维应组织均匀，不应有明显的云彩花。

4.4　蜡光原纸的纸面不应有折子、皱纹、透明点、裂口、孔眼、斑点及硬质块等外观缺陷。

4.5　每卷质量 250 kg～300 kg 的卷筒断头应不超过 2 个，断头处应全幅接好裁齐，不应粘接下一层。接头宽度应不超过 30 mm，并应用有色纸条在卷筒端部加以标志。

4.6　卷筒两边的切边应整齐、洁净，不应有裂口，弓形应不超过 15 mm。

5　试验方法

5.1　试样的采取按 GB/T 450 规定进行。

5.2　试样的处理和测定应按 GB/T 10739 进行。

5.3　尺寸和偏差按 GB/T 451.1 进行测定。

5.4　定量按 GB/T 451.2 进行测定。

5.5　紧度按 GB/T 451.3 进行测定。

5.6　亮度按 GB/T 7974 进行测定。

5.7　抗张强度按 GB/T 12914 进行测定，仲裁时采用恒速拉伸法进行测定。

5.8　平滑度按 GB/T 456 进行测定。

5.9　撕裂度按 GB/T 455 进行测定。

5.10　吸水性按 GB/T 1540 进行测定。

5.11　灰分按 GB/T 742 进行测定。

5.12　尘埃度按 GB/T 1541 进行测定。

5.13　交货水分按 GB/T 462 进行测定。

5.14　外观质量采用目测检验。

6 检验规则

6.1 生产厂应保证产品符合本标准或订货合同的规定，交货时应附产品合格证。

6.2 以一次交货的数量为一批，但应不多于 50 t。

6.3 计数抽样检验程序按 GB/T 2828.1 规定进行，样本单位为筒。接收质量限(AQL)：纵向抗张强度、撕裂度、吸水性为 4.0；定量、紧度、亮度、平滑度、尘埃度、灰分、交货水分、尺寸偏差、外观质量为 6.5。采用正常检验二次抽样，检验水平为一般检验水平Ⅰ，其抽样方案见表 2。

表 2

批量/筒	正常检验二次抽样方案　一般检验水平Ⅰ				
	样本量	AQL 值为 4.0		AQL 值为 6.5	
		Ac	Re	Ac	Re
2～25	2	—	—	0	1
	3	0	1	—	—
26～90	3	0	1	—	—
	5	—	—	0	2
	5(10)	—	—	1	2
91～150	5	—	—	1	2
	5(10)	—	—	1	2
	8	0	2	—	—
	8(16)	1	2		
151～280	8	0	2	0	3
	8(16)	1	2	3	4

6.4 可接收性的确定：第一次检验的样品数量应等于该方案给出的第一样本量。如果第一样本中发现的不合格品数小于或等于第一接收数，应认为该批是可接收的；如果第一样本中发现的不合格品数大于或等于第一拒收数，应认为该批是不可接收的。如果第一样本中发现的不合格品数介于第一接收数与第一拒收数之间，应检验由方案给出样本量的第二样本，并累计在第一样本和第二样本中发现的不合格品数。如果不合格品累计数小于或等于第二接收数，则判定该批是可接收的；如果不合格品累计数大于或等于第二拒收数，则判定该批是不可接收的。

6.5 需方有权按本标准或订货合同检验产品，如对产品质量有异议，应在到货一个月内(或按合同规定)通知供方，由供需双方共同抽样检验。如果检验结果不符合标准或订货合同规定，则判该批不可接收，由供方负责处理；如果检验结果符合本标准或订货合同规定，则判该批可接收，由需方负责处理。

7 标志、包装、运输、贮存

7.1 按照 GB/T 10342 的规定进行标志和包装。要求特殊包装的应在订货合同中加以规定。

7.2 运输时应使用有篷而洁净的运输工具。

7.3 装卸时不应钩吊，不应将纸件从高处扔下。

7.4 纸张应妥善贮存于通风仓库的垫板上，以防受雨雪或地面湿气的影响。

ICS 85.060
Y 32

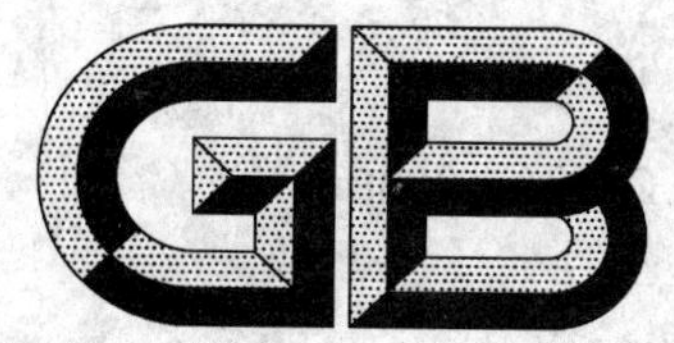

中华人民共和国国家标准

GB/T 22825—2008

蜡 光 纸

Flint glazed paper

2008-12-30 发布 2009-09-01 实施

中华人民共和国国家质量监督检验检疫总局
中国国家标准化管理委员会 发布

前　言

本标准在原轻工行业标准 QB/T 1600—1992《蜡光纸》的基础上制定。

本标准由中国轻工业联合会提出。

本标准由全国造纸工业标准化技术委员会归口。

本标准起草单位：河南省产品质量监督检验院、中国制浆造纸研究院。

本标准主要起草人：李红、阮健。

蜡　光　纸

1　范围

本标准规定了蜡光纸的分类、要求、试验方法、检验规则和标志、包装、运输、贮存。

本标准适用于商标、装潢、剪纸及精美包装等用的蜡光纸。

2　规范性引用文件

下列文件中的条款通过本标准的引用而成为本标准的条款。凡是注日期的引用文件，其随后所有的修改单(不包括勘误的内容)或修订版均不适用于本标准，然而，鼓励根据本标准达成协议的各方研究是否可使用这些文件的最新版本。凡是不注日期的引用文件，其最新版本适用于本标准。

GB/T 450　纸和纸板　试样的采取及试样纵横向、正反面的测定(GB/T 450—2008,ISO 186:2002,MOD)

GB/T 451.2　纸和纸板定量的测定(GB/T 451.2—2002,eqv ISO 536:1995)

GB/T 462　纸、纸板和纸浆　分析试样水分的测定(GB/T 462—2008,ISO 287:1985,MOD;ISO 638:1978,MOD)

GB/T 1541　纸和纸板　尘埃度的测定

GB/T 2828.1　计数抽样检验程序　第1部分:按接收质量限(AQL)检索的逐批检验抽样计划(GB/T 2828.1—2003,ISO 2859-1:1999,IDT)

GB/T 7975　纸和纸板　颜色的测定(漫反射法)

GB/T 8941—2007　纸和纸板　镜面光泽度的测定(20° 45° 75°)

GB/T 10342　纸张的包装和标志

GB/T 10739　纸、纸板和纸浆试样处理和试验的标准大气条件(GB/T 10739—2002,eqv ISO 187:1990)

3　分类

3.1　蜡光纸按质量分为一等品和合格品。

3.2　蜡光纸为平板纸，纸张尺寸为762 mm×508 mm或787 mm×508 mm,也可按合同生产。

4　要求

4.1　蜡光纸的技术指标应符合表1或合同规定。

表1

指标名称		单位	规定	
			一等品	合格品
定量		g/m^2	72.0±4.0	
正面光泽度	≥	%	45	40
色差 ΔE^*	≤	—	1.5	
尘埃度				
0.3 mm^2～1.5 mm^2	≤	个/m^2	40	60
其中0.3 mm^2～1.5 mm^2 黑色尘埃	≤	个/m^2	4	8
大于1.5 mm^2		个/m^2	不应有	不应有
交货水分		%	5.0～8.0	

4.2 其尺寸偏差应不超过±3 mm,偏斜度应不超过 3 mm。

4.3 纸面应平整、细致、色泽均匀鲜艳,不应有明显翘曲、条痕、折子、破损、斑点及硬质块等外观缺陷。

5 试验方法

5.1 试样的采取按 GB/T 450 规定进行。

5.2 试样的处理和测定应按 GB/T 10739 进行。

5.3 定量按 GB/T 451.2 的规定进行测定。

5.4 正面光泽度按 GB/T 8941—2007 中 75°角的规定进行测定。

5.5 色差按 GB/T 7975 的规定进行测定。

5.6 尘埃度按 GB/T 1541 的规定进行测定。

5.7 交货水分按 GB/T 462 的规定进行测定。

5.8 外观质量采用目测。

6 检验规则

6.1 生产厂应保证产品符合本标准或合同规定,交货时应附产品合格证。

6.2 以一次交货的数量为一批,应不多于 50 t。

6.3 计数抽样检验程序按 GB/T 2828.1 规定进行,样本单位为件。接收质量限(AQL):正面光泽度、色差为 4.0;定量、尘埃度、交货水分、尺寸偏差、外观质量为 6.5。采用正常检验二次抽样,检验水平为一般检验水平Ⅰ,其抽样方案见表 2。

表 2

批量/件	正常检验二次抽样方案　一般检验水平Ⅰ				
	样本量	AQL 值为 4.0		AQL 值为 6.5	
		Ac	Re	Ac	Re
2～25	2	—	—	0	1
	3	0	1	—	—
26～90	3	0	1	—	—
	5 5(10)	— —	— —	0 1	2 2
91～150	5 5(10)	— —	— —	1 1	2 2
	8 8(16)	0 1	2 2	— —	— —
151～280	8 8(16)	0 1	2 2	0 3	3 4

6.4 可接收性的确定:第一次检验的样品数量应等于该方案给出的第一样本量。如果第一样本中发现的不合格品数小于或等于第一接收数,应认为该批是可接收的;如果第一样本中发现的不合格品数大于或等于第一拒收数,应认为该批是不可接收的。如果第一样本中发现的不合格品数介于第一接收数与第一拒收数之间,应检验由方案给出样本量的第二样本,并累计在第一样本和第二样本中发现的不合格品数。如果不合格品累计数小于或等于第二接收数,则判定该批是可接收的;如果不合格品累计数大于或等于第二拒收数,则判定该批是不可接收的。

6.5 需方有权按本标准或合同检验产品，如对产品质量有异议，应在到货后一个月内(或按合同规定)通知供方，由供需双方共同抽样检验。如果检验结果不符合标准或合同规定，则判该批不可接收，由供方负责处理；如果检验结果符合本标准或合同规定，则判该批可接收，由需方负责处理。

7 标志、包装、运输、贮存

7.1 按照 GB/T 10342 的规定进行标志和包装。要求特殊包装的应在订货合同中加以规定。

7.2 运输时应使用有篷而洁净的运输工具。

7.3 装卸时不应钩吊，不应将纸件从高处扔下。

7.4 纸张应妥善贮存于通风仓库的垫板上，以防受雨、雪或地面湿气的影响。

ICS 85.060
Y 32

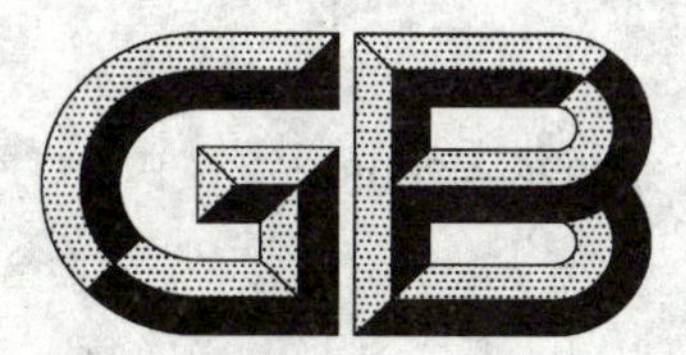

中华人民共和国国家标准

GB/T 22826—2008

盲文印刷纸

Braille printing paper

2008-12-30 发布　　　　2009-09-01 实施

中华人民共和国国家质量监督检验检疫总局
中国国家标准化管理委员会　发布

前　言

本标准在原轻工行业标准 QB/T 3522—1999《盲文印刷纸》的基础上制定。

本标准由中国轻工业联合会提出。

本标准由全国造纸工业标准化技术委员会归口。

本标准起草单位：广东省造纸研究所、中国制浆造纸研究院。

本标准主要起草人：梁健文、马学逵、陈洋、胡芬。

盲文印刷纸

1 范围

本标准规定了盲文印刷纸的技术要求、试验方法、检验规则及标志、包装、运输、贮存。

本标准适用于盲人书籍印刷用纸。

2 规范性引用文件

下列文件中的条款通过本标准的引用而构成为本标准的条款。凡是注日期的引用文件，其随后所有的修改单(不包括勘误的内容)或修订版均不适用于本标准，然而，鼓励根据本标准达成协议的各方研究是否可使用这些文件的最新版本。凡是不注日期的引用文件，其最新版本适用于本标准。

GB/T 450 纸和纸板 试样的采取及试样纵横向、正反面的测定(GB/T 450—2008, ISO 186:2002,MOD)

GB/T 451.1 纸和纸板尺寸及偏斜度的测定

GB/T 451.2 纸和纸板定量的测定(GB/T 451.2—2002,eqv ISO 536:1995)

GB/T 451.3 纸和纸板厚度的测定(GB/T 451.3—2002,idt ISO 534:1988)

GB/T 454 纸耐破度的测定(GB/T 454—2002,idt ISO 2758:2001)

GB/T 462 纸、纸板和纸浆 分析试样水分的测定(GB/T 462—2008;ISO 287:1985,MOD;ISO 638:1978,MOD)

GB/T 1540 纸和纸板吸水性的测定 可勃法

GB/T 2828.1 计数抽样检验程序 第1部分:按接收质量限(AQL)检索的逐批检验抽样计划(GB/T 2828.1—2003,ISO 2859-1:1999,IDT)

GB/T 10342 纸张的包装和标志

GB/T 10739 纸、纸板和纸浆试样处理和试验的标准大气条件(GB/T 10739—2002,eqv ISO 187:1990)

GB/T 12914 纸和纸板 抗张强度的测定(GB/T 12914—2008;ISO 1924-1:1992,MOD;ISO 1924-2:1994,MOD)

3 技术要求

3.1 盲文印刷纸采用卷筒纸形式。

3.2 盲文印刷纸的技术指标应符合表1或按合同规定。

表 1

指标名称		单位	规定
定量		g/m²	110～125
紧度	≤	g/cm³	0.85
耐破度	≥	kPa	300
裂断长(纵向)	≥	km	5.80
吸水性	≤	g/m²	35.0
交货水分		%	6.0±2.0

3.3 盲文印刷纸的卷筒直径为(650±50)mm、宽度为 635 mm 或符合订货合同规定,宽度偏差应不超过±3 mm。

3.4 盲文印刷纸的纤维组织应均匀,切边应整齐、洁净。

3.5 盲文印刷纸的纸面应平整,不应有影响使用的沙子、折子、皱纹、裂口、洞眼、硬质块及各种斑点、透光点、明显的毛布痕等外观纸病。

3.6 卷筒端面弓形应不超过 15 mm,锯齿形应不超过 3 mm。

3.7 每卷纸的接头应不多于 3 个,接头用胶带纸牢固地粘接好,并作明显标志。

4 试验方法

4.1 试样的采取和处理按 GB/T 450 和 GB/T 10739 的规定进行。

4.2 尺寸及偏差按 GB/T 451.1 的规定进行测定。

4.3 定量、紧度按 GB/T 451.2 和 GB/T 451.3 进行测定。

4.4 耐破度按 GB/T 454 进行测定。

4.5 裂断长按 GB/T 12914 进行测定,仲裁时按恒速拉伸法测定。

4.6 吸水性按 GB/T 1540 进行测定,吸水时间为 60 s。

4.7 交货水分按 GB/T 462 进行测定。

4.8 外观质量采用目测检验。

5 检验规则

5.1 以一次交货数量为一批。

5.2 生产厂应保证所生产的盲文印刷纸符合本标准或合同的规定,每卷纸交货时应附有一份合格证。

5.3 计数抽样程序应按 GB/T 2828.1 规定进行,样本单位为卷。接收质量限(AQL):定量、紧度、耐破度为 4.0;裂断长、吸水性、交货水分、外观质量、尺寸偏差为 6.5。采用正常检验二次抽样,检验水平为特殊检验水平 S-2,其抽样方案见表 2。

表 2

批量/卷	正常检验二次抽样方案　特殊检验水平 S-2				
	样本量	AQL 值为 4.0		AQL 值为 6.5	
		Ac	Re	Ac	Re
2～150	2	—	—	0	1
	3	0	1	—	—
151～500	3	0	1	—	—
	5	—	—	0	2
	5(10)	—	—	1	2

5.4 可接收性的确定:第一次检验的样品数量应等于该方案给出的第一样本量。如果第一样本中发现的不合格品数小于或等于第一接收数,应认为该批是可接收的;如果第一样本中发现的不合格品数大于或等于第一拒收数,应认为是不可接收的。如果第一样本中发现的不合格品数介于第一接收数与第一拒收数之间,应检验由方案给出样本量的第二样本并累计在第一样本和第二样本中发现的不合格品数。如果不合格品累计数小于或等于第二接收数,则判定批是可接收的;如果不合格品累计数大于或等于第二拒收数,则判定该批是不可接收的。

5.5 需方若对产品质量有异议,应在到货后一个月内向直接供方提出书面意见,由供需双方共同复验或委托共同商定的检验部门进行复验。复验结果如不符合本标准规定,则判为批不可接收,由供方负责处理;若符合本标准或合同规定,则判为批可接收,由需方负责处理。

6 标志、包装、运输、贮存

6.1 标志和包装应按 GB/T 10342 规定进行。

6.2 在运输中应使用有篷而洁净的运输工具。

6.3 不应将纸卷从高处扔下。

6.4 纸张应妥善保管,以防受雨、雪、地面湿气、化学气体等的影响。

ICS 85.060
Y 31

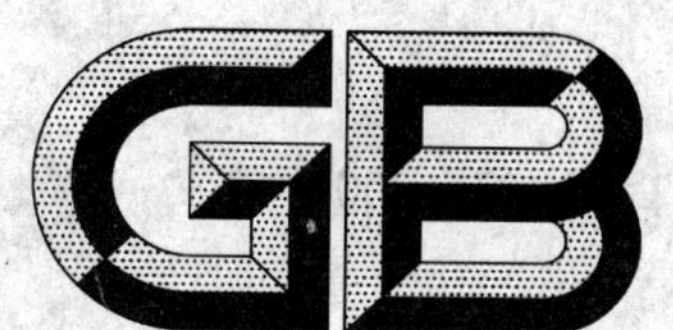

中华人民共和国国家标准

GB/T 22827—2008

手风琴风箱纸板

Accordion bellows board

2008-12-30 发布

2009-09-01 实施

中华人民共和国国家质量监督检验检疫总局
中国国家标准化管理委员会 发布

前　言

本标准在原轻工行业标准 QB/T 1317—1991《手风琴风箱纸板》的基础上制定。

本标准由中国轻工业联合会提出。

本标准由全国造纸工业标准化技术委员会归口。

本标准起草单位:中国制浆造纸研究院、中国造纸协会标准化专业委员会。

本标准主要起草人:李锡香。

手风琴风箱纸板

1 范围

本标准规定了手风琴风箱纸板的形式和尺寸、技术要求、试验方法、检验规则及标志、包装、运输、贮存。

本标准适用于制作手风琴风箱的纸板。

2 规范性引用文件

下列文件中的条款通过本标准的引用而成为本标准的条款。凡是注日期的引用文件，其随后所有的修改单(不包括勘误的内容)或修订版均不适用于本标准，然而，鼓励根据本标准达成协议的各方研究是否可使用这些文件的最新版本。凡是不注日期的引用文件，其最新版本适用于本标准。

GB/T 450 纸和纸板 试样的采取及试样纵横向、正反面的测定(GB/T 450—2008，ISO 186:2002，MOD)

GB/T 451.1 纸和纸板尺寸及偏斜度的测定

GB/T 451.2 纸和纸板定量的测定(GB/T 451.2—2002，eqv ISO 536:1995)

GB/T 451.3 纸和纸板厚度的测定(GB/T 451.3—2002，idt ISO 534:1988)

GB/T 461.3 纸和纸板 吸收性的测定(浸水法)(GB/T 461.3—2005，ISO 5637:1989，MOD)

GB/T 457—2008 纸和纸板 耐折度的测定(ISO 5626:1993，MOD)

GB/T 462 纸、纸板和纸浆 分析试样水分的测定(GB/T 462—2008；ISO 287:1985，MOD；ISO 638:1978，MOD)

GB/T 2828.1 计数抽样检验程序 第1部分：按接收质量限(AQL)检索的逐批检验和抽样计划(GB/T 2828.1—2003，ISO 2859-1:1999，IDT)

GB/T 10342 纸张的包装和标志

GB/T 10739 纸、纸板和纸浆试样处理和试验的标准大气条件(GB/T 10739—2002，eqv ISO 187:1990)

GB/T 12914 纸和纸板 抗张强度的测定(GB/T 12914—2008；ISO 1924-1:1992，MOD；ISO 1924-2:1994，MOD)

3 形式和尺寸

3.1 手风琴风箱纸板为平板纸板。

3.2 纸板尺寸：1 000 mm×750 mm，1 200 mm×750 mm，1 000 mm×720 mm，1 200 mm×720 mm 或符合合同规定。长的一边为横向。

4 技术要求

4.1 手风琴风箱纸板的技术指标应符合表1或合同规定。

表 1

指 标 名 称		单 位	规 定
厚度		mm	0.50±0.03 0.70±0.04
紧度	≤	g/cm³	0.8
抗张强度(纵横平均) 厚度 0.5 mm 0.7 mm	≥	kN/m	 12.0 17.0
耐折度(纵横平均)	≥	次	2 000
吸收性 浸水时间 30 min	≤	%	90.0
交货水分		%	8.0±2.0

4.2 纸板尺寸偏差应不超过±10 mm,偏斜度应不超过 10 mm。

4.3 纸板应经压光,表面平整、光滑、不翘曲。

4.4 纸板表面不应有折子、裂纹、鼓包、起泡、杂质及未解离的纤维束。

4.5 纸板在切裁加工时,不应有分层现象。

4.6 纸板的颜色为纤维本色。

4.7 纸板的厚度、尺寸应在订货合同中规定。

5 试验方法

5.1 试样的采取按 GB/T 450 进行,试样的处理和试验的标准大气条件按 GB/T 10739 进行。

5.2 尺寸及偏斜度按 GB/T 451.1 进行测定。

5.3 厚度按 GB/T 451.3 进行测定。

5.4 定量按 GB/T 451.2 进行测定。

5.5 紧度按 GB/T 451.2 和 GB/T 451.3 进行测定。

5.6 抗张强度按 GB/T 12914 进行测定,仲裁时按恒速拉伸法测定。

5.7 耐折度按 GB/T 457—2008 中肖伯尔法进行测定。

5.8 吸收性按 GB/T 461.3 进行测定。

5.9 交货水分按 GB/T 462 进行测定。

5.10 外观采用目测。

6 检验规则

6.1 以一次交货为一批,但应不多于 30 t。

6.2 生产厂应保证所生产的产品符合本标准或合同规定,每件纸板交货时应附质量合格证一份。

6.3 计数抽样检验程序应按 GB/T 2828.1 规定进行,样本单位为件。接收质量限(AQL):耐折度为 4.0;厚度、紧度、抗张强度、吸收性、交货水分、尺寸及偏斜度、外观为 6.5。采用正常检验二次抽样,检验水平为特殊检验水平 S-2,其抽样方案见表 2。

表 2

批量/件	正常检验二次抽样方案 特殊检验水平 S-2				
	样本量	AQL 值为 4.0		AQL 值为 6.5	
		Ac	Re	Ac	Re
2～150	2	—	—	0	1
	3	0	1	—	—
151～1 200	3	0	1	—	—
	5	—	—	0	2
	5(10)	—	—	1	2

6.4 可接收性的确定：第一次检验的样品数量应等于该方案给出的第一样本量。如果第一样本中发现的不合格品数小于或等于第一接收数，应认为该批是可接收的；如果第一样本中发现的不合格品数大于或等于第一拒收数，应认为该批是不可接收的。如果第一样本中发现的不合格品数介于第一接收数与第一拒收数之间，应检验由方案给出样本量的第二样本并累计在第一样本和第二样本中发现的不合格品数。如果不合格品累计数小于或等于第二接收数，则判定该批是可接收的；如果不合格品累计数大于或等于第二拒收数，则判定该批是不可接收的。

6.5 需方对产品质量有异议，应在到货后三个月内向供方提出，共同抽样复验或委托共同商定的检验部门进行交验，若不符合本标准规定，则判为不合格，由供方负责处理；若符合本标准或合同规定，则判为合格，由需方负责处理。

6.6 由于保管和运输不符合本标准的规定，以致造成质量不符合本标准或合同规定的，应由有关方面负责。

7 标志、包装、运输、贮存

7.1 手风琴风箱纸板的标志和包装按 GB/T 10342 规定进行，或符合合同规定。

7.2 不同牌号、厚度、尺寸、等级的手风琴风箱纸板应分别包装。

7.3 运输时应使用有篷而洁净的运输工具。

7.4 纸件不应由高处往下扔。

7.5 手风琴风箱纸板应妥善保管，防止受风、雨、雪和地面湿气的影响。

ICS 85.060
Y 32

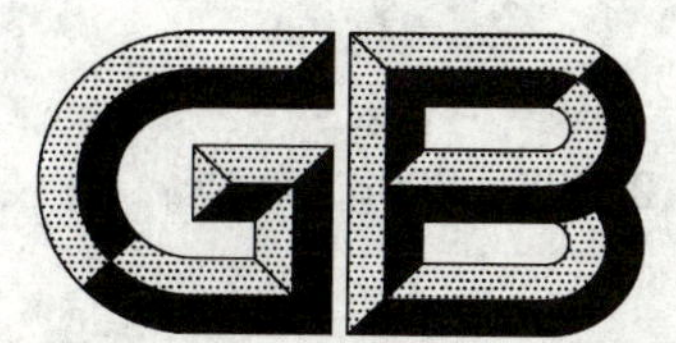

中华人民共和国国家标准

GB/T 22828—2008

书画纸

Painting and calligraphy paper

2008-12-30 发布　　　　2009-09-01 实施

中华人民共和国国家质量监督检验检疫总局
中国国家标准化管理委员会　发布

前　言

本标准在原轻工行业标准 QB/T 1599—2006《书画纸》的基础上制定。

本标准由中国轻工业联合会提出。

本标准由全国造纸工业标准化技术委员会归口。

本标准起草单位:中国宣纸集团公司、中国制浆造纸研究院。

本标准主要起草人:肖阳、邢春荣、陈宇平。

书　画　纸

1　范围

本标准规定了书画纸的产品分类、技术要求、试验方法、检验规则及标志、包装、运输、贮存。

本标准适用于传统工艺加工和其他方法加工的用于创作或练习中国书法、绘画、水印、古籍印刷、装璜、拓裱等一般艺术用纸。

2　规范性引用文件

下列文件中的条款通过本标准的引用而成为本标准的条款。凡是注日期的引用文件，其随后所有的修改单(不包括勘误的内容)或修订版均不适用于本标准，然而，鼓励根据本标准达成协议的各方研究是否可使用这些文件的最新版本。凡是不注日期的引用文件，其最新版本适用于本标准。

GB/T 450　纸和纸板　试样的采取及试样纵横向、正反面的测定(GB/T 450—2008,ISO 186:2002,MOD)

GB/T 451.1　纸和纸板尺寸及偏斜度的测定

GB/T 451.2　纸和纸板定量的测定(GB/T 451.2—2002,eqv ISO 536:1995)

GB/T 451.3　纸和纸板厚度的测定(GB/T 451.3—2002,idt ISO 534:1988)

GB/T 455　纸和纸板撕裂度的测定(GB/T 455—2002,eqv ISO 1974:1990)

GB/T 459　纸和纸板伸缩性的测定(GB/T 459—2002,eqv ISO 5635:1978)

GB/T 461.1　纸和纸板毛细吸液高度的测定(克列姆法)(GB/T 461.1—2002,idt ISO 8787:1986)

GB/T 462　纸、纸板和纸浆　分析试样水分的测定(GB/T 462—2008;ISO 287:1985,MOD;ISO 638:1978,MOD)

GB/T 464　纸和纸板的干热加速老化(GB/T 464—2008,ISO 5630-4:1986,MOD)

GB/T 465.2　纸和纸板　浸水后抗张强度的测定(GB/T 465.2—2008,ISO 3781:1983,MOD)

GB/T 1541　纸和纸板　尘埃度的测定

GB/T 2828.1　计数抽样检验程序　第1部分:按接收质量限(AQL)检索的逐批检验抽样计划(GB/T 2828.1—2003,ISO 2859-1:1999,IDT)

GB/T 7974　纸、纸板和纸浆亮度(白度)的测定　漫射/垂直法(GB/T 7974—2002,neq ISO 2470:1999)

GB/T 10342　纸张的包装和标志

GB/T 10739　纸、纸板和纸浆试样处理和试验的标准大气条件(GB/T 10739—2002,eqv ISO 187:1990)

GB/T 12914　纸和纸板　抗张强度的测定(GB/T 12914—2008;ISO 1924-1:1992,MOD;ISO 1924-2:1994,MOD)

3　产品分类

3.1　书画纸按原料组成分为皮料和棉料两类。

3.2　书画纸一般为平板纸，以100张为1刀。也可按合同生产卷筒书画纸。

3.3　平板书画纸规格：

以四尺为前冠的书画纸　690 mm×1 380 mm

700 mm×1 380 mm

以五尺为前冠的书画纸　840 mm×1 530 mm

以六尺为前冠的书画张　970 mm×1 800 mm

以尺八为前冠的书画纸　530 mm×2 340 mm

以八尺为前冠的书画纸　1 242 mm×2 484 mm

以丈二为前冠的书画纸　1 449 mm×3 675 mm

以丈六为前冠的书画纸　1 932 mm×5 037 mm

以二丈为前冠的书画纸　2 162 mm×6 291 mm

可按合同生产其他规格的书画纸。

4　技术要求

4.1　各种规格平板书画纸的尺寸允许偏差为±3 mm，偏斜度应不超过 5 mm。

4.2　卷筒书画纸长度、宽度以及偏差可按合同规定。

4.3　书画纸的技术指标应符合表 1 或合同的规定。

表 1

指标名称			单位	规定	
				皮料类	棉料类
定量[a]			g/m^2	30.0±2.0	26.0±2.0
紧度			g/cm^3	0.35±0.05	
亮度(白度)		≥	%	68.0	
裂断长(纵横平均)		≥	km	2.20	1.70
撕裂度(纵横平均)		≥	mN	170	140
湿抗张强度(纵横平均)		≥	mN	390	320
耐老化亮度(白度)(绝对值)下降		≤	%	6.5	
吸水性	纵横平均		mm/60 s	18～35	
	纵横差	≤		4.0	
伸缩性	浸湿后纵横向伸长平均值	≤	%	0.75	
	干燥后纵横向收缩平均值	≤		1.00	
尘埃度	$0.5\ mm^2$～$2.0\ mm^2$		个/m^2	88	100
	$0.3\ mm^2$～$1.5\ mm^2$(黑色)	≤		28	32
	>$1.5\ mm^2$(黑色)			不应有	
交货水分		≤	%	10.0	

[a] 也可按合同生产其他定量的书画纸。

4.4　纸面应平整、洁白细腻、手感柔软。

4.5　纸面不应有明显的沙粒、浆块、皱折、残缺、洞眼和裂口等影响使用的外观纸病。

4.6　平板纸切边应整齐洁净，卷筒纸两端应平整，不应出现弓型或锯齿型。

4.7　同批产品的色调应一致。

5　试验方法

5.1　试样采取按 GB/T 450 的规定进行。

5.2　试样的处理和试验应按 GB/T 10739 进行。

5.3 纸张尺寸按 GB/T 451.1 进行测定。

5.4 定量按 GB/T 451.2 进行测定。

5.5 紧度按 GB/T 451.3 进行测定。

5.6 亮度(白度)按 GB/T 7974 进行测定。

5.7 裂断长按 GB/T 12914 进行测定,仲裁时按恒速拉伸法进行测定。

5.8 撕裂度按 GB/T 455 进行测定。

5.9 湿抗张强度按 GB/T 465.2 进行测定。浸水时间为 10 min,仲裁时采用恒速拉伸法。

5.10 耐老化亮度(白度)(绝对值)下降按 GB/T 464 进行测定,105 ℃±2 ℃下处理 72 h,测定老化前、后试样的亮度,计算差值。

5.11 吸水性按 GB/T 461.1 进行测定。吸液时间为 60 s。

5.12 伸缩性按 GB/T 459 进行测定。试样浸水 2 h 后,测定试样的伸长值,然后在温度为(23±1) ℃、相对湿度为(50±2)%的大气条件下风干 2 h 后,再测定试样的收缩值。

5.13 尘埃度按 GB/T 1541 进行测定。

5.14 交货水分按 GB/T 462 进行测定。

5.15 外观检查采用目测方法。

6 检验规则

6.1 型式检验

6.1.1 有下列情形之一者应进行型式检验,检验项目为本标准的全部技术指标。

a) 生产中,改变生产工艺或原、辅材料,有可能影响产品性能时;

b) 产品停产后,恢复生产时;

c) 产品转产,新产品试制的定型鉴定;

d) 正常生产,每半年进行一次;

e) 出厂检验结果与上次型式检验有较大差异时。

6.1.2 型式检验采用抽样检验,在一个周期内的产品中随机抽取样品。

6.1.3 按本标准规定的全部技术指标对样品进行检验,符合时判为合格。

6.1.4 型式检验不合格的,可进行一次复检,复检合格判为合格,复检不合格判为不合格。

6.2 交收检验

6.2.1 同类产品以一次交货数量为一批,样本单位为刀或卷。

6.2.2 生产厂应保证所生产的产品符合本标准要求或合同规定。交货时,应附产品质量合格证。成刀纸切边应盖有清晰印章。

6.2.3 交收检验按 GB/T 2828.1 规定进行。接收质量限(AQL):湿强度、耐老化亮度(白度)(绝对值)下降、吸水性、伸缩性为 6.5,尺寸偏差、定量、紧度、亮度(白度)、裂断长、撕裂度、尘埃度、交货水分、外观质量为 10。采用正常检验二次抽样,检验水平为特殊检验水平 S-4,其抽样方案见表 2。

表 2

批量/刀或卷	正常检验二次抽样方案　特殊检验水平 S-4				
	样本量	AQL 值为 6.5		AQL 值为 10	
		Ac	Re	Ac	Re
26～150	3 3(6)	— —	— —	0 1	2 2
	5 5(10)	0 1	2 2	0 3	3 4

表 2（续）

批量/刀或卷	样本量	正常检验二次抽样方案　特殊检验水平 S-4			
		AQL 值为 6.5		AQL 值为 10	
		Ac	Re	Ac	Re
151～500	8 8(16)	0 3	3 4	1 4	3 5
501～1 200	13 13(26)	2 4	3 5	3 6	5 7
1 201～10 000	20 20(40)	4 6	5 7	3 9	6 10

6.2.4　可接收性的确定：第一次检验的样品数量应等于该方案给出的第一样本量。如果第一样本中发现的不合格品数小于或等于第一接收数，应认为该批是可接收的；如果第一样本中发现的不合格品数大于或等于第一拒收数，应认为该批是不可接收的。如果第一样本中发现的不合格品数介于第一接收数与第一拒收数之间，应检验由方案给出样本量的第二样本并累计在第一样本和第二样本中发现的不合格品数。如果不合格品累计数小于或等于第二接收数，则判定该批是可接收的；如果不合格品累计数大于或等于第二拒收数，则判定该批是不可接收的。

6.2.5　需方对产品质量有异议，应在到货后三个月内向供方提出，由双方共同抽样进行复验，如不符合本标准或订货合同的规定，则判为批不可接收，由供方负责处理；如符合本标准或订货合同的规定，则判为批可接收，由需方负责处理。

7　标志、包装、运输、贮存

7.1　标志、包装

书画纸的标志、包装应按 GB/T 10342 或按订货合同的规定进行。

7.2　运输

运输时应妥善保管，防雨、防潮，使用洁净的运输工具；不应使纸件受冲撞，不应将纸件从高处扔下。

7.3　贮存

贮存时应妥善保管，贮存在阴凉、干燥、通风、避光的库房中，防止地面潮湿的影响，防止露天堆放、日晒、雨淋或靠近热源。

ICS 85.060
Y 32

中华人民共和国国家标准

GB/T 22829—2008

书 皮 纸

Book cover paper

2008-12-30 发布

2009-09-01 实施

中华人民共和国国家质量监督检验检疫总局
中国国家标准化管理委员会 发布

前　言

本标准在原轻工行业标准 QB/T 1454—1992《书皮纸》的基础上制定。

本标准由中国轻工业联合会提出。

本标准由全国造纸工业标准化技术委员会归口。

本标准起草单位：广东省造纸研究所、中国制浆造纸研究院。

本标准主要起草人：马学逵、梁健文、陈洋、胡芬。

书 皮 纸

1 范围

本标准规定了书皮纸的产品分类、技术要求、试验方法、检验规则及标志、包装、运输、贮存。

本标准适用于书籍、杂志、簿册等封面用纸。

2 规范性引用文件

下列文件中的条款通过本标准的引用而构成为本标准的条款。凡是注日期的引用文件，其随后所有的修改单(不包括勘误的内容)或修订版均不适用于本标准，然而，鼓励根据本标准达成协议的各方研究是否可使用这些文件的最新版本。凡是不注日期的引用文件，其最新版本适用于本标准。

GB/T 450 纸和纸板 试样的采取及试样纵横向、正反面的测定(GB/T 450—2008,ISO 186:2002,MOD)

GB/T 451.2 纸和纸板定量的测定(GB/T 451.2—2002,eqv ISO 536:1995)

GB/T 456 纸和纸板平滑度的测定(别克法)(GB/T 456—2002,idt ISO 5627:1995)

GB/T 457—2008 纸和纸板 耐折度的测定(ISO 5626:1993,MOD)

GB/T 460—2008 纸 施胶度的测定

GB/T 462 纸、纸板和纸浆 分析试样水分的测定(GB/T 462—2008;ISO 287:1985,MOD;ISO 638:1978,MOD)

GB/T 1541 纸和纸板 尘埃度的测定

GB/T 2828.1 计数抽样检验程序 第1部分:按接收质量限(AQL)检索的逐批检验抽样计划(GB/T 2828.1—2003,ISO 2859-1:1999,IDT)

GB/T 7974 纸、纸板和纸浆亮度(白度)的测定 漫射/垂直法(GB/T 7974—2002,neq ISO 2470:1999)

GB/T 10342 纸张的包装和标志

GB/T 10739 纸、纸板和纸浆试样处理和试验的标准大气条件(GB/T 10739—2002,eqv ISO 187:1990)

GB/T 12914 纸和纸板 抗张强度的测定(GB/T 12914—2008;ISO 1924-1:1992,MOD;ISO 1924-2:1994,MOD)

3 产品分类

3.1 书皮纸按质量水平分为优等品、一等品、合格品。

3.2 书皮纸分为平板纸和卷筒纸。

4 技术要求

4.1 书皮纸的技术指标应符合表1或按合同规定。

表 1

技术指标		单位	规定		
			优等品	一等品	合格品
定量		g/m^2	80.0、100、120		
定量偏差		%	±5		
亮度 ≥		%	80.0	75.0	70.0
施胶度 ≥		mm	1.25	1.00	0.75
裂断长(纵横平均) ≥	80.0 g/m^2	km	3.00	2.70	2.50
	100 g/m^2、120 g/m^2		3.00	2.50	2.30
耐折度(横向) ≥	80.0 g/m^2	次	10	6	5
	100 g/m^2、120 g/m^2		14	10	7
平滑度(正反面均) ≥		s	30	25	20
尘埃度 ≤	0.3 mm^2~2.0 mm^2	个/m^2	80	100	160
	其中:0.5 mm^2~1.0 mm^2 黑色尘埃		5	10	15
	>1.0 mm^2 黑色尘埃		不应有	不应有	不应有
	>2.0 mm^2		不应有	不应有	不应有
交货水分		%	6.0±2.0		

4.2 书皮纸纤维组织应均匀,切边应整齐、洁净。同批纸张颜色不应有显著差别,匀度、色调均应符合订货合同的规定。纸张在印刷过程中不应有透印和明显的掉毛、掉粉现象。

4.3 根据订货合同规定可以生产各种颜色和压纹的书皮纸,有颜色的书皮纸不考核亮度,压纹纸不考核平滑度。

4.4 书皮纸的纸面应平整,不应有影响使用的沙子、折子、皱纹、裂口、洞眼、硬质块及各种斑点、透光点、明显的毛布痕等外观纸病。

4.5 平板纸为 880 mm×1 230 mm、787 mm×1 092 mm 或符合订货合同的规定。尺寸偏差应不超过±3 mm,偏斜度应不超过 3 mm。卷筒宽度按订货合同规定,卷筒宽度误差应不超过±3 mm。

4.6 卷筒纸每卷的接头应不多于 3 个,应用胶带纸牢固地粘接好,并作明显标志。

5 试验方法

5.1 试样的采取和试验前试样的处理按 GB/T 450 和 GB/T 10739 的规定进行。

5.2 定量和定量偏差按 GB/T 451.2 进行测定。

5.3 亮度按 GB/T 7974 进行测定。

5.4 施胶度按 GB/T 460—2008 进行测定,采用墨水划线法。

5.5 裂断长按 GB/T 12914 进行测定,仲裁时按恒速拉伸法测定。

5.6 耐折度按 GB/T 457—2008 进行测定,采用肖伯尔测定法。

5.7 平滑度按 GB/T 456 进行测定。

5.8 尘埃度按 GB/T 1541 进行测定。

5.9 交货水分按 GB/T 462 进行测定。

5.10 外观质量采用目测检验。

6 检验规则

6.1 以一次交货数量为一批。

6.2 生产厂应保证所生产的书皮纸符合本标准或合同规定，每件纸交货时应附有一份合格证。

6.3 计数抽样程序应按 GB/T 2828.1 规定进行。平板纸样本单位为件，卷筒纸样本单位为卷。接收质量限(AQL)：施胶度、裂断长、耐折度为 4.0；定量、亮度、平滑度、尘埃度、交货水分、外观质量、尺寸偏差为 6.5。采用正常检验二次抽样，检验水平为特殊检验水平 S-2。抽样方案见表 2。

表 2

批量/件(卷)	正常检验二次抽样方案　特殊检查水平 S-2				
	样本量	AQL 值为 4.0		AQL 值为 6.5	
		Ac	Re	Ac	Re
2～150	2	—	—	0	1
	3	0	1	—	—
151～500	3	0	1	—	—
	5 5(10)	— —	— —	0 1	2 2

6.4 可接收性的确定：第一次检验的样品数量应等于该方案给出的第一样本量。如果第一样本中发现的不合格品数小于或等于第一接收数，应认为该批是不可接收的；如果第一样本中发现的不合格品数大于或等于第一拒收数，应认为该批是不可接收的。如果第一样本中发现的不合格品数介于第一接收数与第一拒收数之间，应检验由方案给出样本量的第二样本并累计在第一样本和第二样本中发现的不合格品数。如果不合格品累计数小于或等于第二接收数，则判定该批是可接收的；如果不合格品累计数大于或等于第二拒收数，则判定该批是不可接收的。

6.5 需方若对产品质量有异议，应在到货后一个月内向直接供方提出书面意见，由供需双方共同复验或委托共同商定的检验部门进行复验。复验结果如不符合本标准或合同规定，则判为批不可接收，由供方负责处理；若符合本标准或合同规定，则判为批可接收，由需方负责处理。

7 标志、包装、运输、贮存

7.1 标志、包装应按 GB/T 10342 规定进行。

7.2 书皮纸在运输中应使用有篷而洁净的运输工具。

7.3 书皮纸应妥善保管，以防受雨、雪、地面湿气、化学气体等的影响。

7.4 不应将成件纸从高处扔下。

ICS 85.060
Y 32

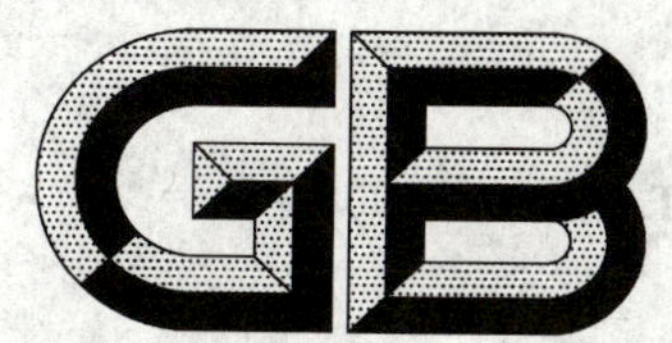

中华人民共和国国家标准

GB/T 22830—2008

水彩画纸

Watercolor painting paper

2008-12-30 发布　　　　2009-09-01 实施

中华人民共和国国家质量监督检验检疫总局
中国国家标准化管理委员会　发布

前　言

本标准在原轻工行业标准 QB/T 2204—1996《水彩画纸》的基础上制定。

本标准的附录 A 为规范性附录。

本标准由中国轻工业联合会提出。

本标准由全国造纸工业标准化技术委员会(SAC/TC 141)归口。

本标准起草单位:保定钞票纸厂、中国制浆造纸研究院。

本标准主要起草人:曹秀痕、赵刚、王莉萍、曹明、齐玉兰、张牪、苏新禹、李小虎、卢文江。

水 彩 画 纸

1 范围

本标准规定了水彩画纸的术语和定义、产品分类、要求、试验方法、检验规则和标志、包装、运输、贮存。

本标准适用于供水彩画创作或练习用纸。

2 规范性引用文件

下列文件中的条款通过本标准的引用而成为本标准的条款。凡是注日期的引用文件，其随后所有的修改单(不包括勘误的内容)或修订版均不适用于本标准，然而，鼓励根据本标准达成协议的各方研究是否可使用这些文件的最新版本。凡是不注日期的引用文件，其最新版本适用于本标准。

GB/T 450 纸和纸板 试样的采取及试样纵横向、正反面的测定(GB/T 450—2008,ISO 186:2002,MOD)

GB/T 451.1 纸和纸板尺寸及偏斜度的测定

GB/T 451.2 纸和纸板定量的测定(GB/T 451.2—2002,eqv ISO 536:1995)

GB/T 451.3 纸和纸板厚度的测定(GB/T 451.3—2002,idt ISO 534:1988)

GB/T 457—2008 纸和纸板 耐折度的测定(ISO 5626:1993,MOD)

GB/T 459 纸和纸板 伸缩性的测定(GB/T 459—2002,eqv ISO 5635:1978)

GB/T 460—2008 纸 施胶度的测定

GB/T 462 纸、纸板和纸浆 分析试样水分的测定(GB/T 462—2008;ISO 287:1985,MOD;ISO 638:1978,MOD)

GB/T 465.2 纸和纸板 浸水后抗张强度的测定(GB/T 465.2—2008,ISO 3781:1983,MOD)

GB/T 1541 纸和纸板 尘埃度的测定

GB/T 1545 纸、纸板和纸浆 水抽提液酸度或碱度的测定(GB/T 1545—2008,ISO 6588:1981,MOD)

GB/T 2828.1 计数抽样检验程序 第1部分:按接收质量限(AQL)检索的逐批检验抽样计划(GB/T 2828.1—2003,ISO 2859-1:1999,IDT)

GB/T 7974 纸、纸板和纸浆亮度(白度)的测定 漫射/垂直法(GB/T 7974—2002,neq ISO 2470:1999)

GB/T 10342 纸张的包装和标志

GB/T 10739 纸、纸板和纸浆试样处理和试验的标准大气条件(GB/T 10739—2002,eqv ISO 187:1990)

GB/T 12914 纸和纸板 抗张强度的测定(GB/T 12914—2008;ISO 1924-1:1992,MOD;ISO 1924-2:1994,MOD)

3 术语和定义

下列术语和定义适用于本标准。

3.1

专家型 expert type

适用于专业画师创作，有长期保存需要。

3.2

专业型 professional type

适用于专业画师创作或练习使用，非专业人士创作使用，有保存需要。

3.3

普及型 popular type

适用于非专业人士创作或练习使用，无保存需要。

4 产品分类

4.1 水彩画纸按用途及质量水平分为专家型、专业型、普及型三类。

4.2 水彩画纸为平板纸。

5 要求

5.1 物理指标

水彩画纸的技术指标应符合表1或订货合同的规定。

表1 技术指标

指标名称			单位	规定		
				专家型	专业型	普及型
定量			g/m²	150～300		
定量偏差			%	±4.0		
紧度		≥	g/cm³	0.55	0.50	0.50
裂断长		≥	m	3 000	2 500	2 500
浸水后抗张强度保留率		≥	%	10	—	
耐折度(纵横向平均)		≥	次	200	100	100
伸缩性[a]	纵向	≤	%	−0.5	−0.7	−0.7
	横向	≤		−0.5	−0.7	−0.7
施胶度		≥	mm	2.00	1.50	1.50
亮度(白度)		≥	%	84.0	80.0	78.0
尘埃度	0.3 mm²～1.5 mm²	≤	个/m²	30	50	50
	>1.5mm²			不应有	不应有	不应有
水分			%	4.0～8.0		
pH		≥	—	6.0		—
耐擦性			—	合格		

[a] 指标规定中的“—”是指负变形。

5.2 纸张尺寸

尺寸有787 mm×1 092 mm、546 mm×787 mm、394 mm×546 mm或符合订货合同规定，尺寸偏差应不超过±3 mm，偏斜度应不超过3 mm。

5.3 外观

水彩画纸的纤维组织应均匀，纸面呈粗、细颗粒状两种，应符合订货合同的规定。

纸面不应有折子、皱纹、硬质块、有光泽或无光泽条痕、斑点、透光点、裂口以及借透射光线可见的孔眼。

切边的水彩画纸其纸切边应整齐、洁净，也可以不切边。

6 试验方法

6.1 试样的采取按 GB/T 450 的规定进行。

6.2 试样处理和试验的标准大气按 GB/T 10739 的规定进行。

6.3 尺寸及偏斜度按 GB/T 451.1 的规定进行测定。

6.4 定量按 GB/T 451.2 的规定进行测定。

6.5 紧度按 GB/T 451.3 的规定进行测定。

6.6 裂断长按 GB/T 12914 的规定进行测定，仲裁时按恒速拉伸法测定。

6.7 浸水后抗张强度保留率按 GB/T 465.2 的规定进行测定，仲裁时采用恒速拉伸法。浸水时间为 2 h。

6.8 耐折度按 GB/T 457—2008 中肖伯尔法的规定进行测定。

6.9 伸缩性按 GB/T 459 的规定进行测定。

6.10 施胶度按 GB/T 460—2008 中墨水划线法的规定进行测定。

6.11 亮度(白度)按 GB/T 7974 的规定进行测定。

6.12 尘埃度按 GB/T 1541 的规定进行测定。

6.13 水分按 GB/T 462 的规定进行测定。

6.14 pH 按 GB/T 1545 的规定进行测定。

6.15 耐擦性按附录 A 进行测定。

7 检验规则

7.1 以一次交货数量为一批，但每批应不多于 30 t。

7.2 供方应保证水彩画纸的质量符合本标准或合同规定，每令纸交货时应附一份产品合格证。

7.3 计数抽样检验程序按 GB/T 2828.1 规定进行，样本单位为令。接收质量限(AQL)：亮度(白度)为 4.0；定量、紧度、裂断长、浸水后抗张强度保留率、耐折度、伸缩性、施胶度、尘埃度、水分、pH、耐擦性为 6.5。采用正常检验二次抽样，检验水平为一般检验水平Ⅰ，其抽样方案见表 2。

表 2

批量/令	正常检验二次抽样方案　　一般检验水平Ⅰ				
	样本量	AQL 值为 4.0		AQL 值为 6.5	
		Ac	Re	Ac	Re
2～25	2	—	—	0	1
	3	0	1	—	—
26～90	3	0	1	—	—
	5	—	—	0	2
	5(10)	—	—	1	2
91～150	5 5(10)	—	—	0 1	2 2
	8 8(16)	0 1	2 2	—	—
151～280	8	0	2	0	3
	8(16)	1	2	3	4

7.4 可接收性的确定：第一次检验的样品数量应等于该方案给出的第一样本量。如果第一样本中发现

的不合格品数小于或等于第一接收数,应认为该批是可接收的;如果第一样本中发现的不合格品数大于或等于第一拒收数,应认为该批是不可接收的。如果第一样本中发现的不合格品数介于第一接收数与第一拒收数之间,应检验由方案给出样本量的第二样本并累计在第一样本和第二样本中发现的不合格品数。如果不合格品累计数小于或等于第二接收数,则判定该批是可接收的;如果不合格品累计数大于或等于第二拒收数,则判定该批是不可接收的。

7.5 需方有权检查该批产品的质量是否符合本标准或订货合同规定,若对产品质量有异议,应在到货后一个月内通知供方,由供需双方共同取样进行复验,如不符合本标准或合同规定,则判为批不可接收,由供方负责处理;若符合本标准或合同规定,则判为批可接收,由需方负责处理。

8 标志、包装、运输、贮存

8.1 水彩画纸的标志、包装按 GB/T 10342 或合同规定进行。

8.2 运输时应用防雨、防潮、洁净的运输工具,不应将纸件从高处扔下。

8.3 贮存应妥善保管,防止雨雪和地面潮湿的影响。

附　录　A
（规范性附录）
耐擦性的测定

A.1　取样

取 100 mm×100 mm 的试样六张。

A.2　测定

用 HB 绘图铅笔在试样上画出长 50 mm、宽 0.5 mm～1.0 mm 的线条，再用绘图橡皮擦去线条，专家型和专业型试样反复进行三次以上操作，普及型试样反复进行两次以上操作，观察试样是否有起毛现象；然后，在试样的同一位置，再用标准墨水划出长 50 mm、宽 1.5 mm 的线条，观察线条是否有带刺现象或扩散现象。

A.3　结果的表示

正反面各测定三张试样，若试样出现起毛、线条带刺或线条扩散三种现象中一种，则判定该项目不合格；若三种现象均未出现，则判定该项目合格。

ICS 85.060
Y 31

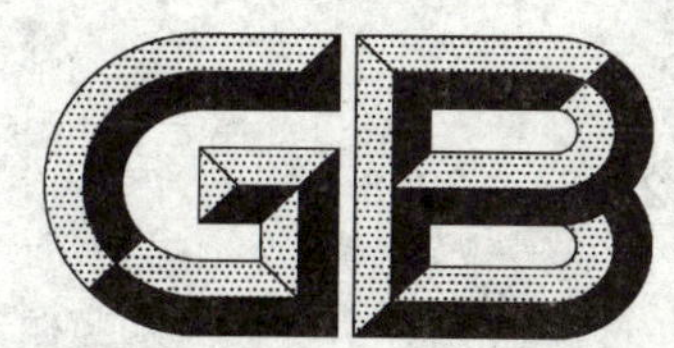

中华人民共和国国家标准

GB/T 22831—2008

提花纸板

Jackard board

2008-12-30 发布　　　　2009-09-01 实施

中华人民共和国国家质量监督检验检疫总局
中国国家标准化管理委员会　发布

前　言

本标准在原轻工行业标准 QB/T 1713—1993《提花纸板》的基础上制定。

本标准由中国轻工业联合会提出。

本标准由全国造纸工业标准化技术委员会归口。

本标准起草单位：中国制浆造纸研究院、中国造纸协会标准化专业委员会。

本标准主要起草人：李锡香。

提 花 纸 板

1 范围

本标准规定了提花纸板的产品分类、技术要求、试验方法、检验规则及标志、包装、运输、贮存。

本标准适用于供纺织工业制造提花机上打孔卡片用的提花纸板。

2 规范性引用文件

下列文件中的条款通过本标准的引用而成为本标准的条款。凡是注日期的引用文件,其随后所有的修改单(不包括勘误的内容)或修订版均不适用于本标准,然而,鼓励根据本标准达成协议的各方研究是否可使用这些文件的最新版本。凡是不注日期的引用文件,其最新版本适用于本标准。

GB/T 450 纸和纸板 试样的采取及试样纵横向、正反面的测定(GB/T 450—2008,ISO 186:2002,MOD)

GB/T 451.1 纸和纸板尺寸及偏斜度的测定

GB/T 451.2 纸和纸板定量的测定(GB/T 451.2—2002,eqv ISO 536:1995)

GB/T 451.3 纸和纸板厚度的测定(GB/T 451.3—2002,idt ISO 534:1988)

GB/T 459 纸和纸板伸缩性的测定(GB/T 459—2002,eqv ISO 5635:1978)

GB/T 462 纸、纸板和纸浆 分析试样水分的测定(GB/T 462—2008;ISO 287:1985,MOD;ISO 638:1978,MOD)

GB/T 1540 纸和纸板吸水性的测定 可勃法

GB/T 2828.1 计数抽样检验程序 第1部分:按接收质量限(AQL)检索的逐批检验和抽样计划(GB/T 2828.1—2003,ISO 2859-1:1999,IDT)

GB/T 10342 纸张的包装和标志

GB/T 10739 纸、纸板和纸浆试样处理和试验的标准大气条件(GB/T 10739—2002,eqv ISO 187:1990)

GB/T 12914 纸和纸板 抗张强度的测定(GB/T 12914—2008;ISO 1924-1:1992,MOD;ISO 1924-2:1994,MOD)

GB/T 22364 纸和纸板 弯曲挺度的测定(GB/T 22364—2008;ISO 2493:1992,MOD;ISO 5629:1983,MOD)

3 产品分类

3.1 提花纸板按质量分为优等品和合格品两个等级。

3.2 提花纸板为平板纸板,纸板尺寸为1 265 mm×775 mm、1 265 mm×700 mm,或符合合同规定。

4 技术要求

4.1 提花纸板的技术指标应符合表1规定,或符合合同规定。

表 1

指标名称	单位	规定	
		优等品	合格品
定量	g/m^2	440±20 480±20 580±20	

表 1（续）

指 标 名 称		单 位	规 定	
			优等品	合格品
紧度	≥	g/cm³	0.75	
抗张强度(纵横向平均值) 440 g/m² 480 g/m² 580 g/m²	≥	kN/m	17.0 19.0 23.0	14.0 16.0 19.0
吸水性(正面)	≤	g/m²	40.0	60.0
伸缩性(浸水时间 30 min) 纵向 横向	≤	%	0.4 2.5	
横向挺度 440 g/m² 480 g/m² 580 g/m²	≥	mN·m	12.00 14.00 18.00	10.00 12.00 14.00
交货水分		%	8.0±2.0	

4.2 提花纸板尺寸偏差应不超过±5.0 mm，偏斜度应不超过 5.0 mm。

4.3 提花纸板应切边，切边应整齐、洁净、表面平整、光滑，不应有翘曲。

4.4 提花纸板在剪切和打孔时不应有分层现象。

4.5 提花纸板颜色为纤维本色，内部应施胶。

4.6 提花纸板表面不应有折子、裂纹、鼓包、杂质及未解离的纤维束。

4.7 提花纸板的定量、尺寸、等级应在订货合同中规定。

5 试验方法

5.1 试样的采取按 GB/T 450 进行，试样的处理和试验的标准大气条件按 GB/T 10739 进行。

5.2 尺寸及偏斜度按 GB/T 451.1 进行测定。

5.3 定量按 GB/T 451.2 进行测定。

5.4 厚度按 GB/T 451.3 进行测定。

5.5 紧度按 GB/T 451.2 和 GB/T 451.3 进行测定。

5.6 抗张强度按 GB/T 12914 进行测定，仲裁时按恒速拉伸法进行测定。

5.7 吸水性按 GB/T 1540 进行测定。

5.8 伸缩性按 GB/T 459 进行测定。

5.9 挺度按 GB/T 22364 进行测定。

5.10 交货水分按 GB/T 462 进行测定。

5.11 外观采用目测。

6 检验规则

6.1 以一次交货为一批，但应不多于 30 t。

6.2 生产厂应保证所生产的提花纸板符合本标准或合同规定，每件纸板交货时应附质量合格证一份。

6.3 计数抽样检验程序应按 GB/T 2828.1 规定进行，样本单位为件。接收质量限(AQL)：定量、抗张强度为 4.0；紧度、吸水性、伸缩性、横向挺度、交货水分、尺寸及偏斜度、尺寸及偏斜度、外观为 6.5。采用正常检验二次抽样，检验水平为特殊检验水平 S-2，其抽样方案见表 2。

表 2

批量/件	正常检验二次抽样方案　　特殊检验水平 S-2				
	样本量	AQL 值为 4.0		AQL 值为 6.5	
		Ac	Re	Ac	Re
2～150	2	—	—	0	1
	3	0	1	—	—
151～1 200	3	0	1	—	—
	5 5(10)	— —	— —	0 1	2 2

6.4　可接收性的确定：第一次检验的样品数量应等于该方案给出的第一样本量。如果第一样本中发现的不合格品数小于或等于第一接收数，应认为该批是可接收的；如果第一样本中发现的不合格品数大于或等于第一拒收数，应认为该批是不可接收的。如果第一样本中发现的不合格品数介于第一接收数与第一拒收数之间，应检验由方案给出样本量的第二样本并累计在第一样本和第二样本中发现的不合格品数。如果不合格品累计数小于或等于第二接收数，则判定该批是可接收的；如果不合格品累计数大于或等于第二拒收数，则判定该批是不可接收的。

6.5　需方对产品质量有异议，应在到货后三个月内向供方提出，共同抽样复验或委托共同商定的检验部门进行交验，若不符合本标准或合同规定，则判为不合格，由供方负责处理；若符合本标准或合同规定，则判为合格，由需方负责处理。

6.6　由于保管和运输不符合本标准的规定，以至造成质量不符合本标准或合同规定的，应由有关方面负责。

7　标志、包装、运输、贮存

7.1　产品的标志和包装按 GB/T 10342 规定进行，或符合合同规定。

7.2　不同牌号、定量、尺寸、等级的提花纸板应分别包装。

7.3　运输时应用有篷而洁净的运输工具。

7.4　纸件不应由高处往下扔。

7.5　产品应妥善保管，防止受风、雨、雪和地面湿气的影响。

ICS 85.060
Y 32

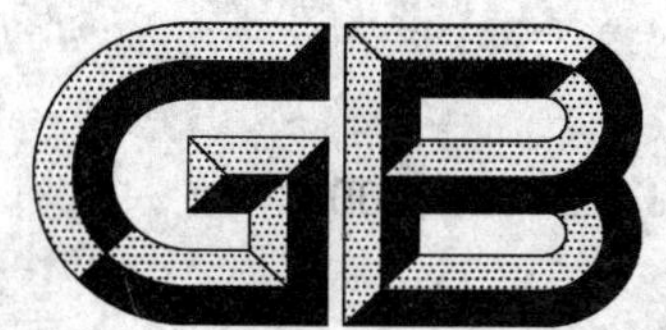

中华人民共和国国家标准

GB/T 22832—2008

涂布美术印刷纸原纸(铜版原纸)

Coated art base paper (Art base paper)

2008-12-30 发布 2009-09-01 实施

中华人民共和国国家质量监督检验检疫总局
中国国家标准化管理委员会 发布

前　言

本标准在原轻工行业标准 QB/T 1705—1993《胶版印刷涂布原纸(铜版原纸)》的基础上制定。

本标准由中国轻工业联合会提出。

本标准由全国造纸工业标准化技术委员会归口。

本标准起草单位:山东太阳纸业股份有限公司、山东华泰纸业股份有限公司、中国制浆造纸研究院。

本标准主要起草人:牛丽、李树伦、邱小艳、张凤山。

涂布美术印刷纸原纸(铜版原纸)

1 范围

本标准规定了涂布美术印刷纸原纸(铜版原纸)的产品分类、技术要求、试验方法、检验规则及标志、包装、运输、贮存 。

本标准适用于加工涂布美术印刷纸(铜版纸)的原纸。

2 规范性引用文件

下列文件中的条款通过本标准的引用而成为本标准的条款。凡是注日期的引用文件,其随后所有的修改单(不包括勘误的内容)或修订版均不适用于本标准,然而,鼓励根据本标准达成协议的各方研究是否可使用这些文件的最新版本。凡是不注日期的引用文件,其最新版本适用于本标准。

GB/T 147 印刷、书写和绘图用原纸尺寸(GB/T 147—1997,neq ISO 217:1995)

GB/T 450 纸和纸板 试样的采取及试样纵横向、正反面的测定(GB/T 450—2008,ISO 186:2002,MOD)

GB/T 451.1 纸和纸板尺寸及偏斜度的测定

GB/T 451.2 纸和纸板定量的测定(GB/T 451.2—2002,eqv ISO 536:1995)

GB/T 451.3 纸和纸板厚度的测定(GB/T 451.3—2002,idt ISO 534:1988)

GB/T 455 纸和纸板撕裂度的测定(GB/T 455—2002,eqv ISO 1974:1990)

GB/T 456 纸和纸板平滑度的测定(别克法)(GB/T 456—2002,idt ISO 5627:1995)

GB/T 462 纸、纸板和纸浆 分析试样水分的测定(GB/T 462—2008,ISO 287:1985,MOD;ISO 638:1978,MOD)

GB/T 1540 纸和纸板吸水性的测定 可勃法

GB/T 1541 纸和纸板 尘埃度的测定

GB/T 2828.1 计数抽样检验程序 第1部分:按接收质量限(AQL)检索的逐批检验抽样计划(GB/T 2828.1—2003,ISO 2859-1:1999,IDT)

GB/T 7974 纸、纸板和纸浆亮度(白度)测定 漫射/垂直法(GB/T 7974—2002,neq ISO 2470:1999)

GB/T 10342 纸张的包装和标志

GB/T 10739 纸、纸板和纸浆试样处理和试验的标准大气条件(GB/T 10739—2002,eqv ISO 187:1990)

GB/T 12914 纸和纸板 抗张强度的测定(GB/T 12914—2008;ISO 1924-1:1992,MOD;ISO 1924-2:1994,MOD)

GB/T 22365 纸和纸板 印刷表面强度的测定(GB/T 22365—2008,ISO 3783:1980,MOD)

3 产品分类

涂布美术印刷纸原纸(铜版原纸)按质量分为优等品、一等品、合格品三个等级。

4 技术要求

4.1 涂布美术印刷纸原纸(铜版原纸)的技术指标应符合表1或符合订货合同的规定。

表 1

<table>
<tr><th colspan="2" rowspan="2">指标名称</th><th rowspan="2">单 位</th><th colspan="3">规定</th></tr>
<tr><th>优等品</th><th>一等品</th><th>合格品</th></tr>
<tr><td colspan="2">定量</td><td>g/m^2</td><td colspan="3">60.0±2.5 65.0±2.5 70.0±3.0 75.0±3.0 80.0±3.0
85.0±3.0 90.0±3.5 95.0±3.0 100±4 110±4
140±5 160±5 170±5</td></tr>
<tr><td rowspan="3">横幅定量差 ≤</td><td>≤70 g/m^2</td><td rowspan="3">g/m^2</td><td colspan="2">3.0</td><td>4.0</td></tr>
<tr><td>>70 g/m^2～110 g/m^2</td><td colspan="2">4.0</td><td>4.5</td></tr>
<tr><td>>110 g/m^2</td><td colspan="2">4.5</td><td>5.0</td></tr>
<tr><td colspan="2">紧度 ≤</td><td>g/cm^3</td><td colspan="3">0.82</td></tr>
<tr><td rowspan="3">抗张指数(纵向) ≥</td><td>≤70 g/m^2</td><td rowspan="3">N·m/g</td><td>53.0</td><td>45.0</td><td>39.0</td></tr>
<tr><td>>70 g/m^2～110 g/m^2</td><td>50.0</td><td>40.0</td><td>36.0</td></tr>
<tr><td>>110 g/m^2</td><td>45.0</td><td>36.0</td><td>34.0</td></tr>
<tr><td colspan="2">撕裂指数(横向) ≥</td><td>mN·m^2/g</td><td>5.50</td><td>4.90</td><td>4.00</td></tr>
<tr><td rowspan="2">平 滑 度</td><td>正反平均 ≥</td><td>s</td><td colspan="3">15</td></tr>
<tr><td>正反面差 ≤</td><td>%</td><td>20.0</td><td>30.0</td><td>35.0</td></tr>
<tr><td colspan="2">吸水性(Cobb60s)</td><td>g/m^2</td><td colspan="3">30.0±10.0</td></tr>
<tr><td colspan="2">亮度 ≤</td><td>%</td><td colspan="3">85.0</td></tr>
<tr><td colspan="2">印刷表面强度(正反面均) ≥</td><td>m/s</td><td>1.50</td><td>1.20</td><td>1.00</td></tr>
<tr><td rowspan="3">尘埃度 ≤</td><td>0.2 mm^2～1.5 mm^2</td><td rowspan="3">个/m^2</td><td>32</td><td>60</td><td>100</td></tr>
<tr><td>其中:黑色尘埃
1.0 mm^2～1.5 mm^2</td><td>不应有</td><td>不应有</td><td>1</td></tr>
<tr><td>大于 1.5 mm^2</td><td>不应有</td><td>不应有</td><td>不应有</td></tr>
<tr><td colspan="2">水分</td><td>%</td><td colspan="3">4.5～7.0</td></tr>
</table>

4.2 涂布美术印刷纸原纸为卷筒纸，尺寸按 GB/T 147 规定或按订货合同的规定供货，其尺寸偏差应不超过±3 mm，卷筒直径为(900±50)mm 或符合订货合同的规定。

4.3 卷筒纸应紧密，全幅松紧应一致，卷筒端面应平整，纸卷内不应卷入碎纸片或纸条等杂物。

4.4 纸的切边不应有毛边、锯齿状和裂口。

4.5 卷筒纸的优等品每卷纸接头应不多于一个，一等品应不多于两个，合格品应不多于三个。断头处应用胶粘带加以粘接、整平，不应粘上纸的另一层。接头宽度应不超过 50 mm，接头应接牢、接正，应有明显标识。

4.6 纸的纤维组织应均匀一致。

4.7 纸面应平整，不应有折子、皱纹、残缺、破洞、透光点、裂口，以及各种斑点、沙子、硬质块、明显毛布痕、鱼鳞斑及透射光可见的孔眼等纸病。

5 试验方法

5.1 试样的采取和检验前试样的处理按 GB/T 450 和 GB/T 10739 的规定进行。

5.2 尺寸和偏斜度按 GB/T 451.1 规定进行。

5.3 定量和横幅定量差按 GB/T 451.2 规定进行。

5.4 紧度按 GB/T 451.3 规定进行。

5.5 抗张指数按 GB/T 12914 规定进行,仲裁时采用恒速拉伸法。

5.6 撕裂指数按 GB/T 455 规定进行。

5.7 平滑度按 GB/T 456 规定进行。

5.8 亮度按 GB/T 7974 规定进行。

5.9 尘埃度按 GB/T 1541 规定进行。

5.10 水分按 GB/T 462 规定进行。

5.11 吸水性按 GB/T 1540 规定进行。

5.12 印刷表面强度按 GB/T 22365 规定进行,采用中粘油,仲裁时采用电动加速法。

5.13 外观检验凭目测。

6 检验规则

6.1 以一次交货为一批,但应不多于 30 t。

6.2 按本标准检验合格后方可出厂,每件纸交货时应附有一张产品合格证。

6.3 计数抽样检验程序按 GB/T 2828.1 进行,样本单位为卷。接收质量限(AQL):抗张指数、撕裂指数为 4.0,定量、横幅定量差、紧度、平滑度(差)、亮度、吸水性、印刷表面强度、尘埃度、水分尺寸及各项外观指标为 6.5。采用正常检验二次抽样,检验水平为特殊检验水平 S-2,其抽样方案见表 2。

表 2

批量/卷	正常检验二次抽样方案 特殊检验水平 S-2				
	样本量	AQL 值为 4.0		AQL 值为 6.5	
		Ac	Re	Ac	Re
2～150	2	—	—	0	1
	3	0	1	—	—
151～1 200	3	0	1	—	—
	5	—	—	0	2
	5(10)	—	—	1	2

6.4 可接收性的确定:第一次检验的样品量应等于该方案给出的第一样本量。如果第一样本中发现的不合格品数小于或等于第一接收数,应认为该批是可接收的;如果第一样本中发现的不合格品数大于或等于第一拒收数,应认为该批是不可接收的。如果第一样本中发现的不合格品数介于第一接收数与第一拒收数之间,应检验由方案给出样本量的第二样本并累计在第一样本和第二样本中发现的不合格品数。如果不合格品累计数小于或等于第二接收数,则判定该批是可接收的;如果不合格品累计数大于或等于第二拒收数,则判定该批是不可接收的。

6.5 需方有权检查该批纸的质量是否符合本标准或订货合同的规定,检验时应先检查外部包装,然后从中取样进行检验。如检验结果与标准或订货合同不符,需方应在到货后三个月内或按订货合同规定通知供方共同取样复验,如仍不符合标准或订货合同则判为批不合格,由供方负责处理;如符合标准或订货合同则判为批合格,由需方负责处理。

7 标志、包装、运输、贮存

7.1 按照 GB/T 10342 的规定进行标志和包装,或符合订货合同的规定。

7.2 在每卷纸上应贴上合格证,其内容包括:产品名称、厂名、定量、等级、规格、质量、生产日期、商标、厂址、采用的标准编号。

7.3 运输时应使用有篷而洁净的运输工具。

7.4 装卸时不应钩吊,不应将纸件从高处扔下。

7.5 应妥善贮存在无污染、具有防潮防水的环境中。

ICS 85.060
Y 32

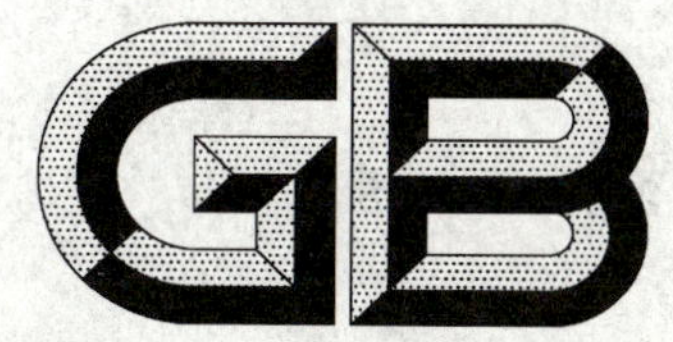

中华人民共和国国家标准

GB/T 22833—2008

图画纸

Painting paper

2008-12-30 发布　　2009-09-01 实施

中华人民共和国国家质量监督检验检疫总局
中国国家标准化管理委员会　发布

前　言

本标准在原轻工行业标准 QB/T 2203—1996《图画纸》的基础上制定。

本标准的附录 A 为规范性附录。

本标准由中国轻工业联合会提出。

本标准由全国造纸工业标准化技术委员会(SAC/TC 141)归口。

本标准起草单位:保定钞票纸厂、中国制浆造纸研究院。

本标准主要起草人:曹秀痕、赵刚、王莉萍、曹明、齐玉兰、张牪、苏新禹、李小虎、卢文江。

图　画　纸

1　范围

本标准规定了图画纸的要求、试验方法、检验规则及标志、包装、运输、贮存。

本标准适用于铅笔绘画或彩画用的图画纸。

2　规范性引用文件

下列文件中的条款通过本标准的引用而成为本标准的条款。凡是注日期的引用文件，其随后所有的修改单(不包括勘误的内容)或修订版均不适用于本标准，然而，鼓励根据本标准达成协议的各方研究是否可使用这些文件的最新版本。凡是不注日期的引用文件，其最新版本适用于本标准。

GB/T 450　纸和纸板　试样的采取及试样纵横向、正反面的测定(GB/T 450—2008,ISO 186:2002,MOD)

GB/T 451.1　纸和纸板尺寸及偏斜度的测定

GB/T 451.2　纸和纸板定量的测定(GB/T 451.2—2002,eqv ISO 536:1995)

GB/T 451.3　纸和纸板厚度的测定(GB/T 451.3—2002,idt ISO 534:1988)

GB/T 457—2008　纸和纸板　耐折度的测定(ISO 5626:1993,MOD)

GB/T 460—2008　纸　施胶度的测定

GB/T 462　纸、纸板和纸浆　分析试样水分的测定(GB/T 462—2008;ISO 287:1985,MOD;ISO 638:1978,MOD)

GB/T 1541　纸和纸板　尘埃度的测定

GB/T 2828.1　计数抽样检验程序　第1部分:按接收质量限(AQL)检索的逐批检验抽样计划(GB/T 2828.1—2003,ISO 2859-1:1999,IDT)

GB/T 7974　纸、纸板和纸浆亮度(白度)的测定　漫射/垂直法(GB/T 7974—2002,neq ISO 2470:1999)

GB/T 10342　纸张的包装和标志

GB/T 10739　纸、纸板和纸浆试样处理和试验的标准大气条件(GB/T 10739—2002,eqv ISO 187:1990)

GB/T 12914　纸和纸板　抗张强度的测定(GB/T 12914—2008;ISO 1924-1:1992,MOD;ISO 1924-2:1994,MOD)

3　要求

3.1　物理指标

图画纸的技术指标应符合表1或订货合同规定。

表 1

指　标　名　称		单　　位	规　　定
定量		g/m^2	80～150
定量偏差		%	±4.0
紧度	≥	g/cm^3	0.60

表 1（续）

指 标 名 称			单 位	规 定
裂断长		≥	m	3 000
耐折度（纵横向平均）		≥	次	20
施胶度		≥	mm	1.50
亮度（白度）		≥	%	80.0
尘埃度	0.3 mm^2～1.5 mm^2	≤	个/m^2	100
	＞1.5 mm^2			不应有
水分			%	4.0～8.0
耐擦性			—	合格

3.2 纸张尺寸

图画纸为平板纸。尺寸：787 mm×1 092 mm，546 mm×787 mm，394 mm×546 mm 或符合订货合同的规定，尺寸偏差应不超过±3 mm，偏斜度应不超过 3 mm。

3.3 外观

图画纸的纤维组织应均匀，应符合订货合同的规定。

图画纸的纸面不应有折子、皱纹、硬质块、有光泽或无光泽条痕、斑点、透光点、裂口以及借透射光线可见的孔眼。

切边的图画纸其纸切边应整齐、洁净，也可以不切边。

4 试验方法

4.1 试样的采取按 GB/T 450 的规定进行。

4.2 试样处理和试验的标准大气按 GB/T 10739 的规定进行。

4.3 尺寸及偏斜度按 GB/T 451.1 的规定进行测定。

4.4 定量按 GB/T 451.2 的规定进行测定。

4.5 紧度按 GB/T 451.3 的规定进行测定。

4.6 裂断长按 GB/T 12914 的规定进行测定，仲裁时采用恒速拉伸法测定。

4.7 耐折度按 GB/T 457—2008 中肖伯尔法的规定进行测定。

4.8 施胶度按 GB/T 460—2008 中墨水划线法的规定进行测定。

4.9 亮度（白度）按 GB/T 7974 的规定进行测定。

4.10 尘埃度按 GB/T 1541 的规定进行测定。

4.11 水分按 GB/T 462 的规定进行测定。

4.12 耐擦性按附录 A 进行测定。

5 检验规则

5.1 以一次交货数量为一批，但每批应不多于 30 t。

5.2 供方应保证产品的质量符合本标准或合同规定。每令纸交货时，应附一份产品合格证。

5.3 计数抽样检验程序按 GB/T 2828.1 规定进行，样本单位为令。接收质量限（AQL）：亮度（白度）为 4.0，定量、紧度、裂断长、耐折度、施胶度、尘埃度、水分、耐擦性、尺寸偏差、外观为 6.5。采用正常检验二次抽样，检验水平为一般检验水平Ⅰ，其抽样方案见表 2。

表 2

批量/令	样本量	正常检验二次抽样方案　一般检验水平Ⅰ			
		AQL 值为 4.0		AQL 值为 6.5	
		Ac	Re	Ac	Re
2～25	2	—	—	0	1
	3	0	1	—	—
26～90	3	0	1	—	—
	5 5(10)	— —	— —	0 1	2 2
91～150	5 5(10)	—	—	0 1	2 2
	8 8(16)	0 1	2 2	—	—
151～280	8 8(16)	0 1	2 2	0 3	3 4

5.4　可接收性的确定：第一次检验的样品数量应等于该方案给出的第一样本量。如果第一样本中发现的不合格品数小于或等于第一接收数，应认为该批是可接收的；如果第一样本中发现的不合格品数大于或等于第一拒收数，应认为该批是不可接收的。如果第一样本中发现的不合格品数介于第一接收数与第一拒收数之间，应检验由方案给出样本量的第二样本并累计在第一样本和第二样本中发现的不合格品数。如果不合格品累计数小于或等于第二接收数，则判定该批是可接收的；如果不合格品累计数大于或等于第二拒收数，则判定该批是不可接收的。

5.5　需方有权检查该批产品的质量是否符合本标准或合同规定，若对产品质量有异议，应在到货后一个月内通知供方，由供需双方共同取样进行复验，如不符合本标准规定，则判为批不可接收，由供方负责处理；若符合本标准或合同规定，则判为批可接收，由需方负责处理。

6　标志、包装、运输、贮存

6.1　产品的标志、包装按 GB/T 10342 或合同规定进行。

6.2　运输时应用防雨、防潮、洁净的运输工具，不应将纸件从高处扔下。

6.3　产品应妥善保管，防止受雨雪和地面潮湿的影响。

附 录 A
（规范性附录）
耐擦性的测定

A.1 取样

取 100 mm×100 mm 的试样六张。

A.2 测定

用 HB 绘图铅笔在试样上画出长 50 mm、宽 0.5 mm～1.0 mm 的线条，再用绘图橡皮擦去线条，反复进行两次以上操作，观察试样是否有起毛现象；然后，在试样的同一位置，再用标准墨水划出长 50 mm、宽 1.5 mm 的线条，观察线条是否有带刺现象或扩散现象。

A.3 结果的表示

正反面各测定三张试样，若试样出现起毛、线条带刺或线条扩散三种现象中有一种，则判定该项目不合格；若三种现象均未出现，则判定该项目合格。

ICS 85.060
Y 32

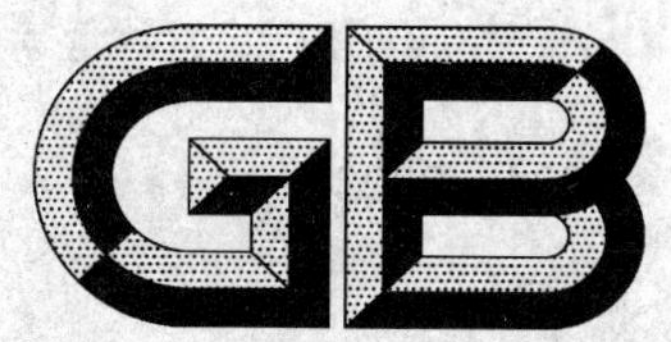

中华人民共和国国家标准

GB/T 22834—2008

信 封 用 纸

Envelope paper

2008-12-30 发布 2009-09-01 实施

中华人民共和国国家质量监督检验检疫总局
中国国家标准化管理委员会 发布

前　言

本标准在原轻工行业标准 QB/T 2234—1996《信封用纸》的基础上制定。

本标准由中国轻工业联合会提出。

本标准由全国造纸工业标准化技术委员会归口。

本标准起草单位:中国制浆造纸研究院、邮政用品用具质量监督检验中心、中国造纸协会标准化专业委员会。

本标准主要起草人:张清文、崔鑫。

信 封 用 纸

1 范围

本标准规定了信封用纸的产品分类、技术要求、试验方法、检验规则及标志、包装、运输、贮存。

本标准适用于以邮政为目的，供国际、国内通信使用的信封用纸。

2 规范性引用文件

下列文件中的条款通过本标准的引用而成为本标准的条款。凡是注日期的引用文件，其随后所有的修改单(不包括勘误的内容)或修订版均不适用于本标准，然而，鼓励根据本标准达成协议的各方研究是否可使用这些文件的最新版本。凡是不注日期的引用文件，其最新版本适用于本标准。

GB/T 450　纸和纸板　试样的采取及试样纵横向、正反面的测定(GB/T 450—2008，ISO 186：2002，MOD)

GB/T 451.1　纸和纸板尺寸及偏斜度的测定

GB/T 451.2　纸和纸板定量的测定(GB/T 451.2—2002，eqv ISO 536：1995)

GB/T 454　纸耐破度的测定(GB/T 454—2002，idt ISO 2758：2001)

GB/T 456　纸和纸板平滑度的测定(别克法)(GB/T 456—2002，idt ISO 5627：1995)

GB/T 457—2008　纸和纸板　耐折度的测定(ISO 5626：1993，MOD)

GB/T 460—2008　纸　施胶度的测定

GB/T 462　纸、纸板和纸浆　分析试样水分的测定(GB/T 462—2008；ISO 287：1985，MOD；ISO 638：1978，MOD)

GB/T 1541　纸和纸板　尘埃度的测定

GB/T 1543　纸和纸板　不透明度(纸背衬)的测定(漫反射法)(GB/T 1543—2005，ISO 2471：1998，MOD)

GB/T 2828.1　计数抽样检验程序　第1部分：按接收质量限(AQL)检索的逐批检验和抽样计划(GB/T 2828.1—2003，ISO 2859-1：1999，IDT)

GB/T 7974　纸、纸板和纸浆亮度(白度)的测定　漫射/垂直法(GB/T 7974—2002，neq ISO 2470：1999)

GB/T 7975　纸和纸板　颜色的测定(漫反射法)

GB/T 10342　纸张的包装和标志

GB/T 10739　纸、纸板和纸浆试样处理和试验的标准大气条件(GB/T 10739—2002，eqv ISO 187：1990)

GB/T 12914　纸和纸板　抗张强度的测定(GB/T 12914—2008；ISO 1924-1：1992，MOD；ISO 1924-2：1994，MOD)

GB/T 22365　纸和纸板　印刷表面强度的测定(GB/T 22365—2008，ISO 3783：1980，MOD)

3 产品分类

3.1 信封用纸分为白色信封用纸和牛皮信封用纸。

3.2 信封用纸为平板纸和卷筒纸。

3.3 信封用纸分为一等品和合格品。

4 技术要求

4.1 白色信封用纸的技术指标应符合表1的规定。

表 1

指标名称			单位	规定				
				一等品			合格品	
定量			g/m²	80.0	90.0	100	110	120
定量偏差			%	+5.0 −3.0	±5.0	±5.0	±4.0	±4.0
抗张指数(横向)		≥	N·m/g	26.5			22.5	
平滑度(正面)		≥	s	40			30	
耐折度(横向)		≥	次	20			10	
施胶度(正面)		≥	mm	0.75				
不透明度		≥	%	88.0				
印刷表面强度(正面)		≥	m/s	1.50			1.00	
亮度(白度)(正面)		≥	%	75.0			70.0	
尘埃度	0.3 mm²～1.5 mm²	≤	个/m²	40			56	
	其中：1.0 mm²～1.5 mm² 黑色尘埃	≤		4			8	
	>1.5mm²			不应有				
交货水分			%	6.0～10.0				

4.2 牛皮信封用纸的技术指标应符合表2的规定。

表 2

指标名称			单位	规定				
				一等品			合格品	
定量			g/m²	80.0	90.0	100	110	120
定量偏差			%	+5.0 −3.0	±5.0	±5.0	±4.0	±4.0
耐破指数			kPa·m²/g	3.75			2.25	
平滑度(正面)		≥	s	50			30	
印刷表面强度(正面)		≥	m/s	1.50			1.00	
施胶度(正面)		≥	mm	0.75				
绿光反射因数		≥	%	43.0				
尘埃度	1.0 mm²～1.5 mm² 黑色尘埃	≤	个/m²	4			8	
	>1.5mm²			不应有				
交货水分			%	6.0～10.0				
注：色纸颜色可按合同确定，但反射因数应不低于43.0%。								

4.3 信封用纸尺寸为787 mm×1 092 mm，880 mm×1 230 mm，尺寸偏差应不超过±3 mm，偏斜度应不超过3 mm，卷筒纸幅宽偏差应不超过±5 mm。

4.4 信封用纸的纤维组织应均匀,色调应一致,纸张切边应整齐、洁净。

4.5 纸面应平整,不应有沙子、硬质块、折子、皱纹、裂口及迎光可见的孔眼、显著的毛布痕等影响使用的外观纸病。

5 试验方法

5.1 试样的采取按 GB/T 450 进行,试样的处理和试验的标准大气条件按 GB/T 10739 进行。

5.2 尺寸及偏斜度按 GB/T 451.1 测定。

5.3 定量按 GB/T 451.2 测定。

5.4 抗张指数按 GB/T 12914 测定,仲裁时按恒速拉伸法测定。

5.5 耐破指数按 GB/T 454 测定。

5.6 平滑度按 GB/T 456 测定。

5.7 耐折度按 GB/T 457—2008 中肖伯尔法测定。

5.8 施胶度按 GB/T 460—2008 中墨水划线法测定。

5.9 尘埃度按 GB/T 1541 测定。

5.10 不透明度按 GB/T 1543 测定。

5.11 印刷表面强度按 GB/T 22365 测定,采用低粘油墨,仲裁时采用电动加速法。

5.12 亮度(白度)按 GB/T 7974 测定。

5.13 绿光反射因数按 GB/T 7975 测定。

5.14 交货水分按 GB/T 462 测定。

5.15 外观检验采用目测。

6 检验规则

6.1 以一次交货的数量为一批,但每批应不多于 30 t。

6.2 供方应保证信封用纸的质量符合本标准。每件纸交货时,应附一份产品合格证。

6.3 计数抽样检验程序应按 GB/T 2828.1 规定进行,样本单位为件或卷。接收质量限(AQL 值):抗张指数、耐破指数、不透明度、耐折度、绿光反射因数为 4.0;定量、平滑度、施胶度、尘埃度、亮度(白度)、印刷表面强度、交货水分、尺寸及偏斜度、外观质量为 6.5。采用正常检验二次抽样,检验水平为特殊检验水平 S-2,其抽样方案见表 3。

表 3

批 量/件或卷	正常检验二次抽样方案 特殊检验水平 S-2				
	样本量	AQL 值为 4.0		AQL 值为 6.5	
		Ac	Re	Ac	Re
2～150	2	—	—	0	1
	3	0	1	—	—
151～500	3	0	1	—	—
	5	—	—	0	2
	5(10)	—	—	1	2

6.4 可接收性的确定:第一次检验的样品数量应等于该方案给出的第一样本量。如果第一样本中发现的不合格品数小于或等于第一接收数,应认为该批是可接收的;如果第一样本中发现的不合格品数大于或等于第一拒收数,应认为该批是不可接收的。如果第一样本中发现的不合格品数介于第一接收数与第一拒收数之间,应检验由方案给出样本量第二样本并累计在第一样本和第二样本中发现的不合格品

数。如果不合格品累计数小于或等于第二接收数，则判定该批是可接收的；如果不合格品累计数大于或等于第二拒收数，则判定该批是不可接收的。

6.5 需方若对产品质量有异议，应在到货后两个月内通知供方对该产品进行共同检验，如不符合本标准的规定，则判为批不合格，由供方负责处理；如符合本标准的规定，则判为批合格，由需方负责处理。

7 标志、包装、运输、贮存

7.1 产品的标志、包装应符合 GB/T 10342 的规定。

7.2 产品应妥善保管，防止其受雨雪和地面湿气的影响。

7.3 产品运输时应使用有篷而洁净的运输工具，搬运时不应将纸件从高处扔下。

7.4 由于保管和运输不符合本标准要求，产品发生变质或其他损坏，应由造成损失的责任方负责。

ICS 85.060
Y 32

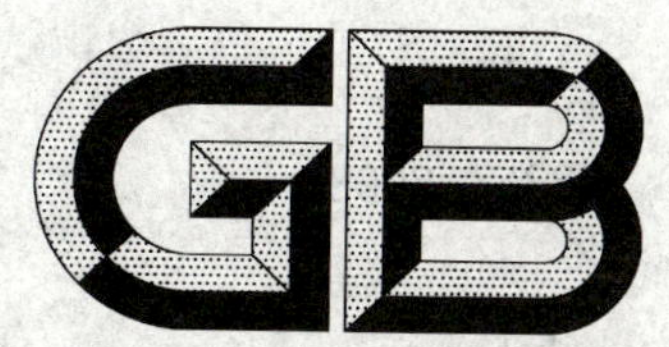

中华人民共和国国家标准

GB/T 22835—2008

信息处理用连续格式纸

Continuous forms paper used for information processing

2008-12-30 发布

2009-09-01 实施

中华人民共和国国家质量监督检验检疫总局
中国国家标准化管理委员会 发布

前　言

本标准在原轻工行业标准 QB/T 3513—1999《信息处理用连续格式纸》的基础上制定。

本标准由中国轻工业联合会提出。

本标准由全国造纸工业标准化技术委员会归口。

本标准起草单位:河南省产品质量监督检验院、中国制浆造纸研究院。

本标准主要起草人:李红、杨长军、徐艳秋。

信息处理用连续格式纸

1 范围

本标准规定了信息处理用连续格式纸的分类、要求、试验方法、检验规则及标志、包装、运输、贮存。

本标准适用于信息处理设备中击打式打印设备使用的带有传动定位孔的折叠式连续格式纸，也可作为行政管理、商业和技术文件的印刷输出用纸。本标准中纸的总宽度尺寸不适用于走纸传动部件不可调节的打印设备使用的连续格式纸。

2 规范性引用文件

下列文件中的条款通过本标准的引用而成为本标准的条款。凡是注日期的引用文件，其随后所有的修改单(不包括勘误的内容)或修订版均不适用于本标准，然而，鼓励根据本标准达成协议的各方研究是否可使用这些文件的最新版本。凡是不注日期的引用文件，其最新版本适用于本标准。

GB/T 450　纸和纸板　试样的采取及试样纵横向、正反面的测定(GB/T 450—2008，ISO 186：2002，MOD)

GB/T 2828.1　计数抽样检验程序　第1部分：接收质量限(AQL)检索的逐批检验抽样计划(GB/T 2828.1—2003，ISO 2859-1：1999，IDT)

GB/T 4873　信息处理用连续格式纸　尺寸和输送孔

GB/T 10739　纸、纸板和纸浆试样处理和试验的标准大气条件(GB/T 10739—2002，eqv ISO 187：1990)

GB/T 12914　纸和纸板　抗张强度的测定(GB/T 12914—2008；ISO 1924-1：1992，MOD；ISO 1924-2：1994，MOD)

GB/T 16797　无碳复写纸

QB/T 3507　电子计算机连续记录格式原纸

3 分类

3.1 信息处理用连续格式纸为连续不断的500张、1 000张、2 000张三种规格的折叠本式纸，也可按合同生产其他规格。

3.2 产品型号由总宽度尺寸和产品印刷型式符号两组字码组合而成。

产品印刷型式符号：

0——无印刷；

1——通用表格印刷；

2——专用表格印刷。

产品型号印刷型式符号示例：

381-1

381——总宽度尺寸；

1——通用表格印刷。

3.3 信息处理用连续格式纸分为单联和多联。

4 要求

4.1 单联信息处理用连续格式纸应采用符合 QB/T 3507 规定的原纸进行加工，多联信息处理用连续格式纸应采用符合 GB/T 16797 规定的原纸进行加工。

4.2 信息处理用连续格式纸的总宽度尺寸应符合 GB/T 4873 的规定。

4.3 信息处理用连续格式纸的纵向尺寸应符合 GB/T 4873 的规定。

4.4 信息处理用连续格式纸的输送孔应符合 GB/T 4873 的规定。在上机使用时应走纸顺利、不卡纸。

4.5 横向折线应布置在两相邻输送孔的中点上，偏差应不超过 0.1 mm。横向折线的切口应清晰，不应有断裂，横向折线应与折缝重合。

4.6 每本纸的张数偏差应不超过±6 张。

4.7 每本纸中不应有接头和断头。

4.8 横向折线抗张强度应不低于原纸纵向抗张强度的四分之一。

4.9 信息处理用连续格式纸的纤维组织应均匀，纸面应平整，不应有污点、皱纹、破洞、硬质块、裂口等外观纸病，不应有残留的纸片、纸屑等。

4.10 经印刷的信息处理用连续格式纸图文应清晰、完整，墨色应深浅一致，印刷纸面应清洁，不应有油污、脏点。

4.11 信息处理用连续格式纸的切边应整齐、洁净。

4.12 信息处理用连续格式纸折叠后的纸本端面应整齐，端面倾斜度应不超过 0.10。

纸本端面的倾斜度图示见图 1。

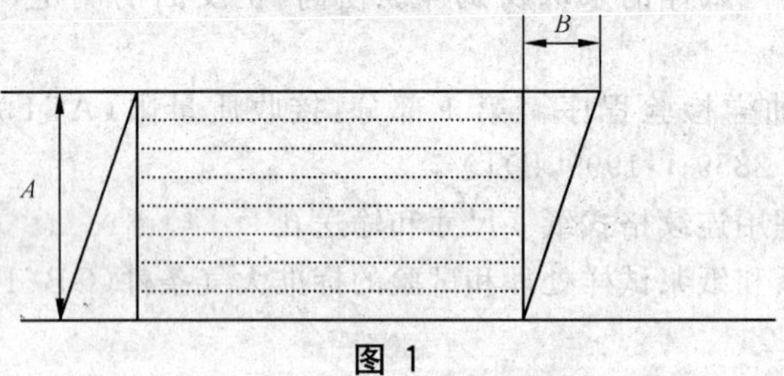

图 1

纸本端面倾斜度 k 按式(1)计算：

$$k = \frac{B}{A} \qquad \cdots\cdots(1)$$

式中：

A——纸本的高度尺寸，单位为毫米(mm)；

B——偏斜尺寸，单位为毫米(mm)。

5 试验方法

5.1 试样的采取和试样的处理应按 GB/T 450 和 GB/T 10739 进行。

5.2 尺寸和输送孔、横向折线位置检验应使用精度为 0.02 mm 的游标卡尺测定。

5.3 横向折线抗张强度应按 GB/T 12914 进行测定，仲裁时采用恒速拉伸法。试样采取应避开两端的输送孔，折线应在试样长度的中间位置，使用 1∶2 压痕刀压痕时试样折线的连续点为五点(见图 2)。

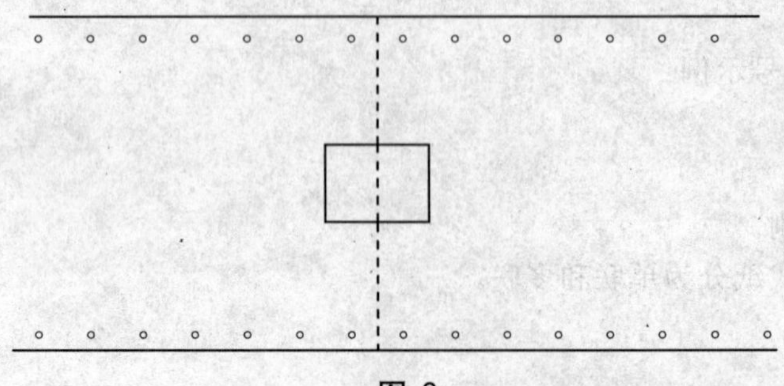

图 2

5.4 纸本端面的倾斜度应用精度为 0.02 mm 的游标卡尺测定。

5.5 纸本的张数、断头及外观质量用目测检验。

6 检验规则

6.1 生产厂应保证产品符合本标准或合同规定，交货时应附产品质量合格证。

6.2 以一次交货的数量为一批，但应不多于 150 本。

6.3 计数抽样检验程序按 GB/T 2828.1 规定进行，样本单位为本。接收质量限(AQL)：总宽尺寸、输送孔、接头、断头、横向折线抗张强度为 4.0；外观质量、倾斜度、印刷质量、横向折线位置为 6.5。采用正常检验二次抽样，检验水平为特殊检验水平 S-3，其抽样方案见表 1。

表 1

批量/本	正常检验二次抽样方案　特殊检验水平 S-3				
	样本量	AQL 值为 4.0		AQL 值为 6.5	
		Ac	Re	Ac	Re
2～50	2	—	—	0	1
	3	0	1	—	—
51～150	3	0	1	—	—
	5	—	—	0	2
	5(10)	—	—	1	2

6.4 可接收性的确定：第一次检验的样品数量应等于该方案给出的第一样本量。如果第一样本中发现的不合格品数小于或等于第一接收数，应认为该批是可接收的；如果第一样本中发现的不合格品数大于或等于第一拒收数，应认为该批是不可接收的。如果第一样本中发现的不合格品数介于第一接收数与第一拒收数之间，应检验由方案给出样本量的第二样本，并累计在第一样本和第二样本中发现的不合格品数。如果不合格品累计数小于或等于第二接收数，则判定该批是可接收的；如果不合格品累计数大于或等于第二拒收数，则判定该批是不可接收的。

6.5 需方有权按本标准或合同检验产品，如对产品质量有异议，应在到货后一个月内(或按合同规定)通知供方，由供需双方共同抽样检验。如果检验结果不符合标准或合同规定，则判该批不可接收，由供方负责处理；如果检验结果符合本标准或合同规定，则判该批可接收，由需方负责处理。

7 标志、包装、运输、贮存

7.1 产品正面应有印刷标记或注明正反面。

7.2 产品应用具有防潮性能的纸或其他材料包好、封牢，并放在纸箱内封箱。箱内格式纸为若干本时，每本纸应有明显标志加以区分。

7.3 纸箱外侧应注明产品名称、产品标准编号、商标、型号、规格、数量、联数、生产日期和生产企业名称、地址等，以示识别。每箱(本)内应放一张产品合格证。

7.4 运输时应使用有篷而洁净的运输工具。

7.5 装卸时不应钩吊，不应将纸件从高处扔下。

7.6 产品应在环境温度 10 ℃～30 ℃，相对湿度 30%～70%的室内贮存和使用。

ICS 85-010
Y 30

中华人民共和国国家标准

GB/T 22836—2008

纸浆 纤维帚化率的测定

Pulp—Determination of fiber fibrillation

2008-12-30 发布 2009-09-01 实施

中华人民共和国国家质量监督检验检疫总局
中国国家标准化管理委员会 发布

前　言

本标准在原轻工业标准 QB/T 2598—2003《造纸纤维帚化率的测定》的基础上制定。

本标准的附录 A 为规范性附录。

本标准由中国轻工业联合会提出。

本标准由全国造纸工业标准化技术委员会归口。

本标准起草单位：中国制浆造纸研究院、国家纸张质量监督检验中心、中国造纸协会标准化专业委员会。

本标准主要起草人：王振、邓知明、王菊华。

纸浆　纤维帚化率的测定

1　范围

本标准规定了纸浆纤维帚化率的测定方法。

本标准适用于测定纸或纸浆的纤维帚化程度。

2　规范性引用文件

下列文件中的条款通过本标准的引用而成为本标准的条款。凡是注日期的引用文件，其随后所有的修改单(不包括勘误的内容)或修订版均不适用于本标准，然而，鼓励根据本标准达成协议的各方研究是否可使用这些文件的最新版本。凡是不注日期的引用文件，其最新版本适用于本标准。

GB/T 4688—2002　纸、纸板和纸浆纤维组成的分析

3　术语和定义

下列术语和定义适用于本标准。

3.1

微纤维　microfibres

在细胞壁中，纤维素链聚集在一起形成的细小的丝。

3.2

帚化　fibrillation

经过物理或化学的打浆作用，使纤维壁产生起毛、撕裂、分丝等现象。

3.3

帚化率　fiber fibrillation

纤维帚化的程度与所测纤维端头数之比。

4　原理

使用纤维分析仪将被测纤维放大，然后对照纤维帚化定级标准参考图(见附录 A)，根据纤维壁及纤维端部微纤维的分离程度，将观察到的纤维帚化现象分四个等级并记录下来，然后综合计算纤维帚化率。

5　试剂和材料

5.1　除非另有说明，分析中仅使用确认为分析纯的试剂和蒸馏水或去离子水或相当纯度的水。

5.2　碘氯化锌染色剂(Herzberg 染色剂)的配制

5.2.1　饱和氯化锌溶液

将氯化锌($ZnCl_2$)加入到约 100 mL 的温水中，直至剩余溶质不再溶解，使其冷却至室温，并观察有氯化锌结晶析出。将此溶液贮存于棕色试剂瓶中备用。

5.2.2　碘溶液

混合碘化钾(KI)2.1 g 和碘(I_2)0.1 g，用移液管一滴一滴加入 5 mL 水，边加水边搅拌使其混合。

注：碘在少量水中的溶解是很重要的，碘化钾是为溶解碘而加入的。如果有碘残留而未被溶解，可能是由于水加入得太快，此溶液应废弃。

5.2.3　碘氯化锌染色剂(Herzberg 染色剂)

将饱和氯化锌溶液(5.2.1)15 mL、水 1 mL 和所有的碘溶液(5.2.2)混合，静置 6 h 以上，使任何沉淀物都沉降下去。轻轻倒出上层清液至棕色滴瓶中，并加入一小片碘。不用时将该溶液放在黑暗处保存，每两个月应制备一次新鲜染色剂。

新染色剂在使用之前，应用已知纤维检查。棉纤维应呈酒红色，如果呈浅蓝色，说明碘氯化锌染色剂(5.2)浓度太高，应加入少量的水进行稀释。化学浆纤维应呈蓝色至淡蓝紫色，如呈淡红色，说明氯化锌溶液浓度太低，应加入少量氯化锌结晶片进行调整。

6 仪器和设备

6.1 纤维分析仪，用于观察和计算纤维帚化率。

6.2 载玻片及盖玻片，载玻片为 75 mm×25 mm，盖玻片为 22 mm×22 mm。

6.3 解剖针，材质为不锈钢。

6.4 尖头镊子，材质为不锈钢。

6.5 手动活塞式纤维分散器，在 250 mL 的塑料量筒内装一片活塞板，与活塞手柄相连接，活塞板上有若干小孔。当活塞板上下往复运动时，应对纤维产生分散作用，但不应改变纤维原有的帚化形态。

6.6 实验室常用设备，烧杯、滴瓶等。

7 试样的制备

7.1 如果试样为打过浆的湿浆，则应取少许置于载玻片上。加两滴染色剂(5.2)，用镊子和解剖针分散纤维，使之分布均匀。盖上盖玻片，用滤纸从盖玻片边沿处缓缓吸去多余的染色剂。应以每个试片约有 400 根～600 根纤维为宜。

7.2 如果试样为干的浆样，则应用水煮沸几分钟，然后再用活塞式纤维分散器进行纤维分散。

7.3 如果试样为干的纸样，则其纤维分散的方法应按 GB/T 4688—2002 中第 6 章的规定进行。

8 试验步骤

将制备好的试片置于纤维分析仪的载物台上，调节焦距使图像清晰，然后从试片的一端开始，按顺序观察每个视野中每根纤维表面及反端部的帚化现象，同时对照附录 A 中的纤维帚化定级标准参考图，确定纤维的帚化等级。

帚化程度共分为四个等级。不帚化的纤维为“0”级，其纤维壁光滑，端部的微纤维基本不分离；中等帚化的为“1”级或“2”级，其纤维壁起毛，端部的微纤维呈帚状分离，且“2”级的帚化程度大于“1”级；充分帚化的为“3”级，其纤维壁充分起毛，端部的微纤维呈大扫帚状帚化。

阔叶木和某些草浆，由于细胞壁结构的不同，纤维端部出现扫帚状帚化的现象较少，这类纤维则以细胞壁起毛现象为主，以端部帚化为辅。

观察时纤维分析仪的放大倍数应为 100 倍，测定的端头数应不少于 200 个(即 100 根纤维)。

9 结果计算

纤维帚化率应分别按式(1)～式(5)计算。

未帚化纤维率 f_0，以百分数表示(%)：

$$f_0 = \frac{n_0}{N} \times 100 \qquad \cdots\cdots(1)$$

1 级纤维帚化率 f_1，以百分数表示(%)：

$$f_1 = \frac{n_1}{N} \times 100 \qquad \cdots\cdots(2)$$

2 级纤维帚化率 f_2，以百分数表示(%)：

$$f_2 = \frac{n_2}{N} \times 100 \quad \cdots\cdots(3)$$

3级纤维帚化率 f_3，以百分数表示(%)：

$$f_3 = \frac{n_3}{N} \times 100 \quad \cdots\cdots(4)$$

总纤维帚化率 F，以百分数表示(%)：

$$F = \frac{0 \times n_0 + 1 \times n_1 + 2 \times n_2 + 3 \times n_3}{N \times 3} \times 100 \quad \cdots\cdots(5)$$

式中：

n_0、n_1、n_2、n_3——分别为各帚化级的纤维端头数，单位为个；

N——为所测纤维总端头数，单位为个。

各计算结果应修约至一位小数。

示例：

如某试样，测得0级帚化的纤维端头数为20个，1级帚化的为40个，2级帚化的为60个，3级帚化的为80个，总端头数为200个，则计算结果如下。

$$f_0 = \frac{n_0}{N} \times 100 = \frac{20}{200} \times 100 = 10\%$$

$$f_1 = \frac{n_1}{N} \times 100 = \frac{40}{200} \times 100 = 20\%$$

$$f_2 = \frac{n_2}{N} \times 100 = \frac{60}{200} \times 100 = 30\%$$

$$f_3 = \frac{n_3}{N} \times 100 = \frac{80}{200} \times 100 = 40\%$$

$$F = \frac{0 \times n_0 + 1 \times n_1 + 2 \times n_2 + 3 \times n_3}{N \times 3} \times 100 = \frac{0 \times 20 + 1 \times 40 + 2 \times 60 + 3 \times 80}{200 \times 3} \times 100 = 66.7\%$$

10 试验报告

试样报告应包括以下内容：

a) 本国家标准编号；

b) 样品名称及试验日期；

c) 各级纤维帚化率及总纤维帚化率；

d) 任何偏离本标准的情况。

附 录 A
（规范性附录）
纤维帚化定级标准参考图

下列图片说明了纤维帚化程度，按轻重分为四个等级。在观察纤维端部的帚化状态时，应以距纤维顶端 50 mm 以内的图像（放大 100 倍）形态为依据。

不同品种的纤维，由于细胞壁结构不同，纤维帚化形态也各有差异，各类纤维的帚化等级见图 A.1～图 A.14 所示。

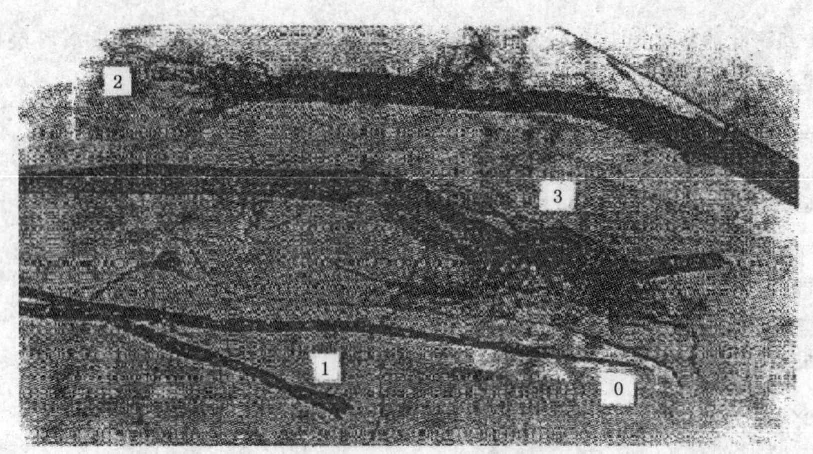

图 A.1 麻纤维帚化等级形态图（×100）（Ⅰ）

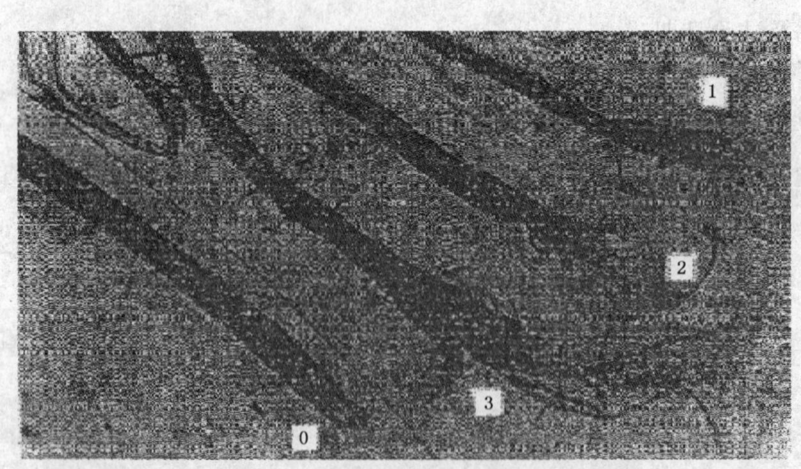

图 A.2 麻纤维帚化等级形态图（×100）（Ⅱ）

图 A.3 棉纤维帚化等级形态图(×100)(Ⅰ)

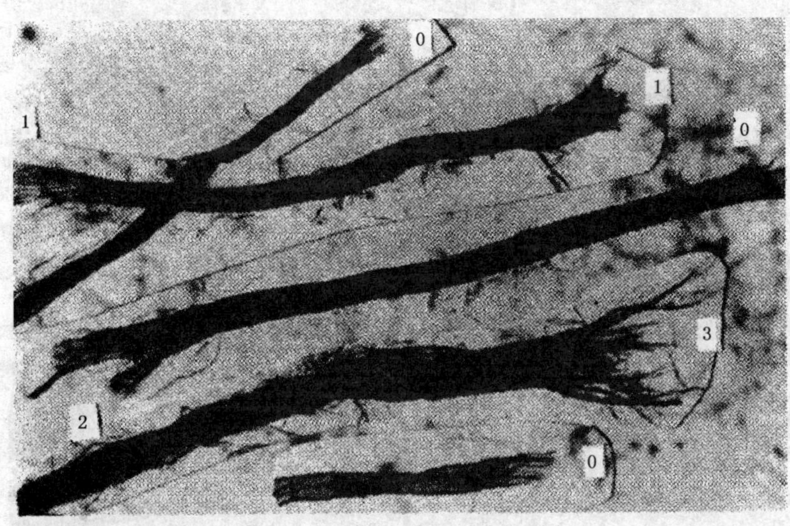

图 A.4 棉纤维帚化等级形态图(×100)(Ⅱ)

图 A.5　针叶木浆纤维帚化等级形态图(×100)(Ⅰ)

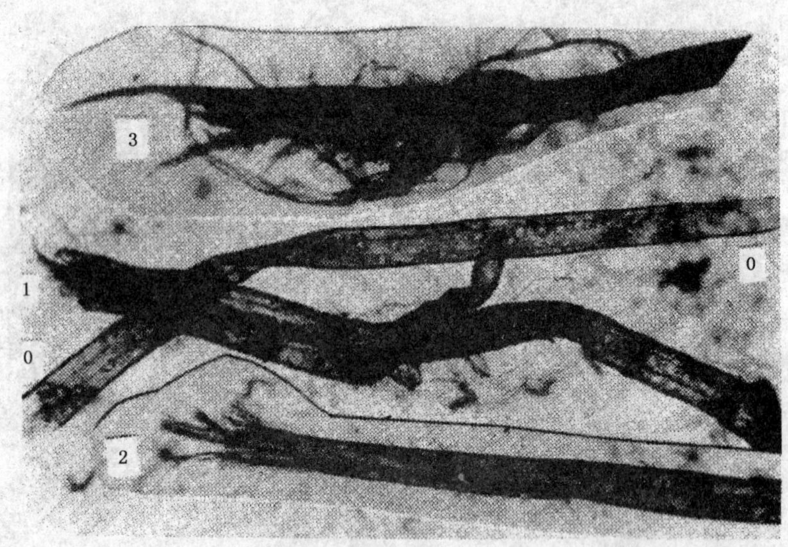

图 A.6　针叶木浆纤维帚化等级形态图(×100)(Ⅱ)

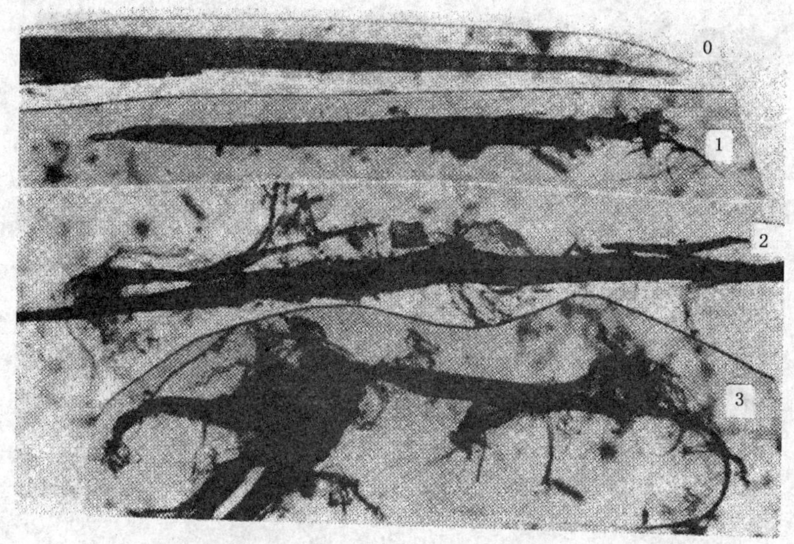

图 A.7 阔叶木浆纤维帚化等级形态图(×100)(Ⅰ)

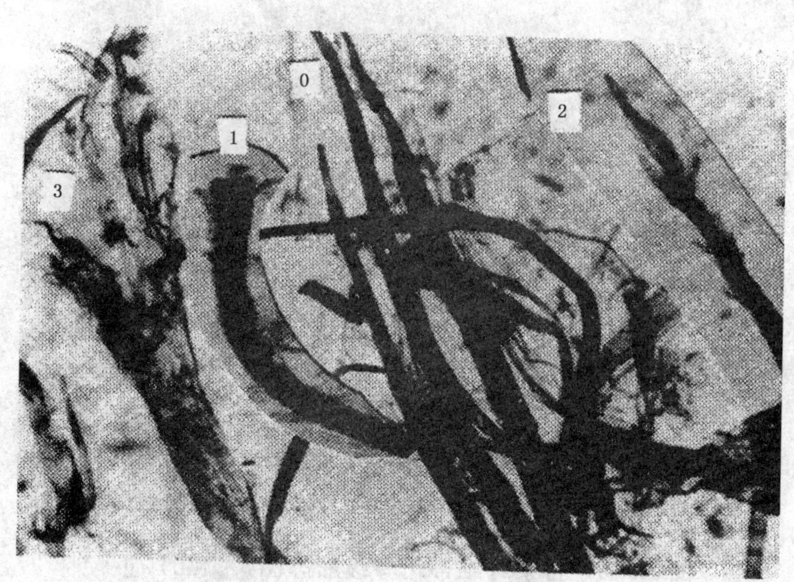

图 A.8 阔叶木浆纤维帚化等级形态图(×100)(Ⅱ)

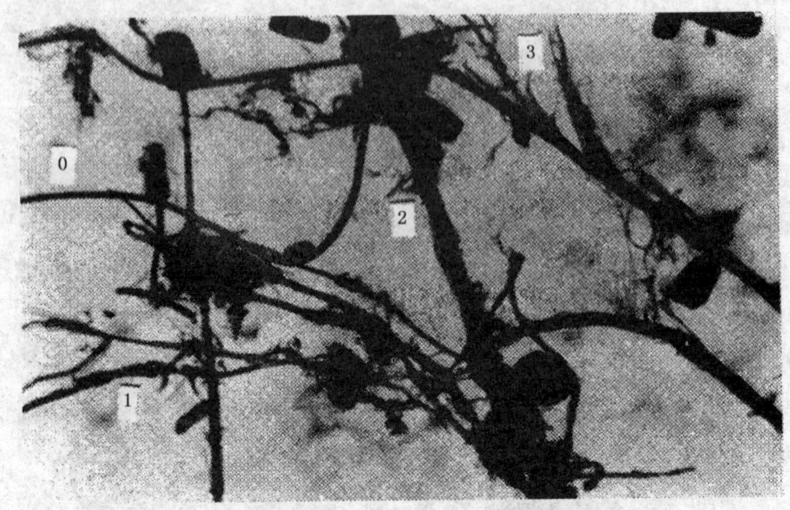

图 A.9　竹浆纤维帚化等级形态图(×100)(Ⅰ)

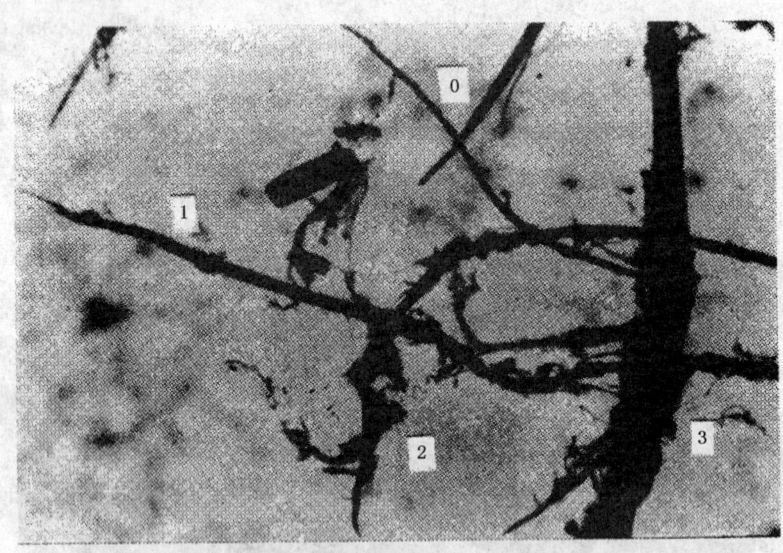

图 A.10　竹浆纤维帚化等级形态图(×100)(Ⅱ)

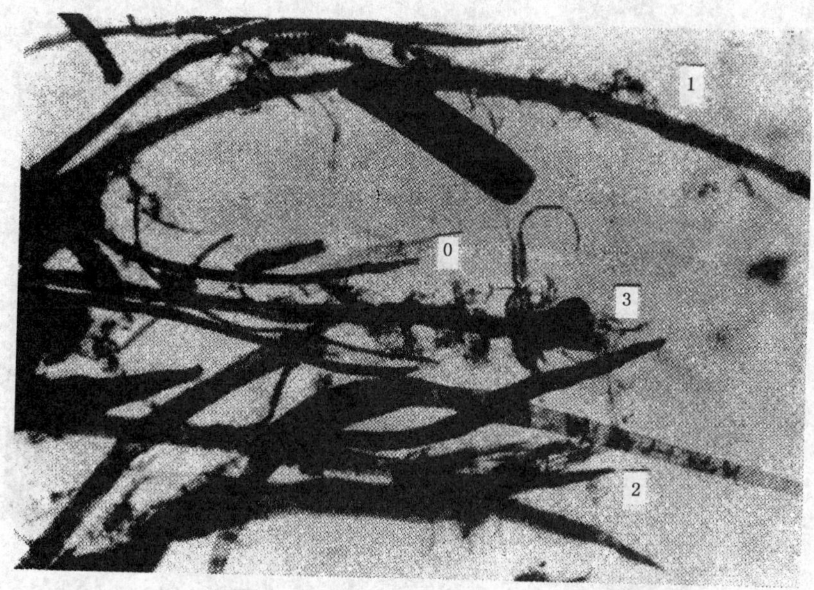

图 A.11 麦草浆纤维帚化等级形态图(×100)(Ⅰ)

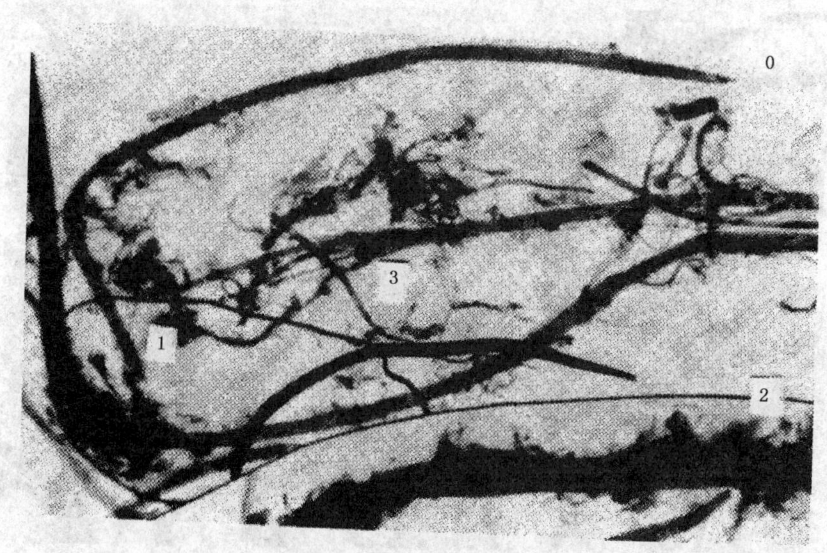

图 A.12 麦草浆纤维帚化等级形态图(×100)(Ⅱ)

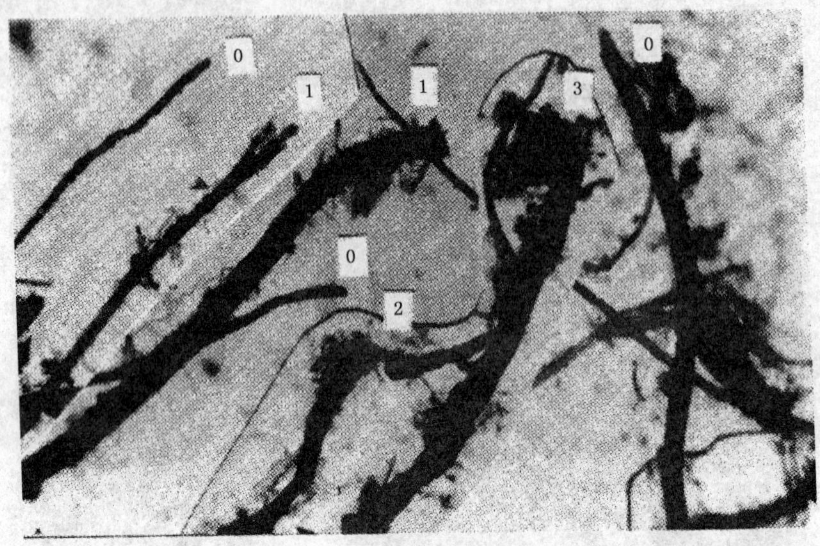

图 A.13 龙须草浆纤维帚化等级形态图(×100)(Ⅰ)

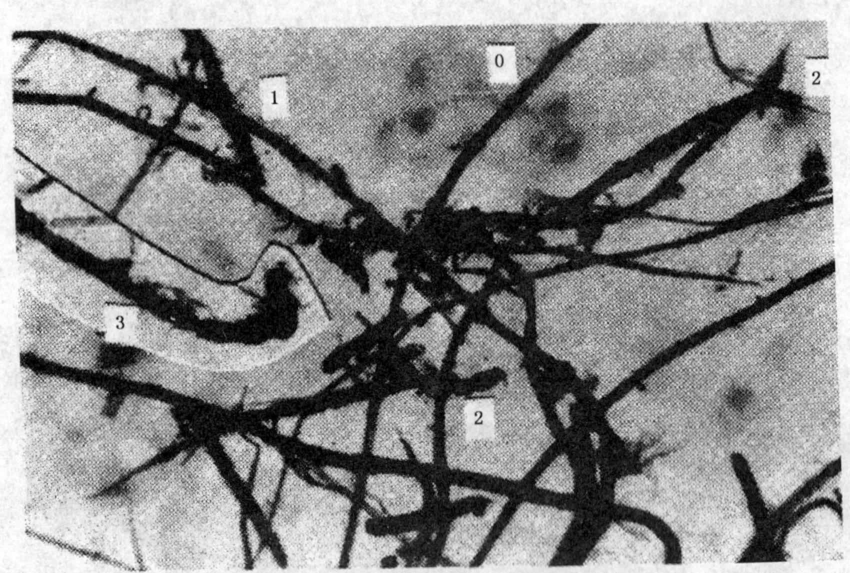

图 A.14 龙须草浆纤维帚化等级形态图(×100)(Ⅱ)

ICS 85-010
Y 30

中华人民共和国国家标准

GB/T 22837—2008

纸和纸板　表面强度的测定（蜡棒法）

Paper and board—Determination of surface strength(wax method)

2008-12-30 发布　　2009-09-01 实施

中华人民共和国国家质量监督检验检疫总局
中国国家标准化管理委员会　发布

前　言

本标准修改采用美国制浆造纸协会标准 TAPPI T459om—2003《纸张的表面强度(蜡棒起毛试验)》。

本标准与 TAPPI T459om—2003 相比,主要技术差异如下:

——增加了原理一章;

——增加了蜡棒部位名称示意图。

本标准在原轻工行业标准 QB/T 2594—2003《纸和纸板表面强度的测定(蜡棒法)》的基础上制定。

本标准由中国轻工业联合会提出。

本标准由全国造纸工业标准化技术委员会归口。

本标准起草单位:中国制浆造纸研究院、国家纸张质量监督检验中心、中国造纸协会标准化专业委员会。

本标准主要起草人:高凤娟。

纸和纸板　表面强度的测定(蜡棒法)

1　范围

本标准规定了采用标准专用蜡棒测定纸和纸板表面强度的试验方法。

本标准适用于涂布和非涂布的纸和纸板。

本标准不适用于高松厚度纸和涂料中含热塑树脂类的涂布纸。

2　规范性引用文件

下列文件中的条款通过本标准的引用而成为本标准的条款。凡是注日期的引用文件,其随后所有的修改单(不包括勘误的内容)或修订版均不适用于本标准,然而,鼓励根据本标准达成协议的各方研究是否可使用这些文件的最新版本。凡是不注日期的引用文件,其最新版本适用于本标准。

GB/T 450　纸和纸板　试样的采取及试样纵横向、正反面的测定(GB/T 450—2008,ISO 186:2002,MOD)

GB/T 10739　纸、纸板和纸浆试样处理和试验的标准大气条件(GB/T 10739—2002,eqv ISO 187:1990)

3　术语和定义

下列术语和定义适用于本标准。

3.1

表面强度(蜡棒法)　surface strength(wax method)

通过蜡棒粘附力对试样表面进行破坏(如:起毛、掉毛、掉粉、破裂等)来测定纸和纸板的表面强度,以临界蜡棒强度级号(A)表示结果。

3.2

临界蜡棒强度级号(A)　critical wax strength grade(A)

蜡棒的粘附力没有对纸面产生破坏的最大顺序级号。

4　原理

将蜡棒加热后与试样试验面相接触,冷却后垂直拔起,依靠粘附力作用使试样表面发生破坏,以临界蜡棒强度级号来表示结果。

5　材料与试验装置

5.1　加热装置

酒精灯。

5.2　木板

木板的长×宽×厚为 90 mm×40 mm×10 mm,木板中间具有一个孔径为 30 mm 的圆孔。

5.3　工作台

工作台面应坚硬、平滑且不导热。台面的材质应为木材,玻璃、金属或石材等易快速冷却的材料不宜作为工作台面。

5.4　蜡棒材料

材料为不含油脂类的硬树脂蜡棒,蜡棒的级号分别为 4A、5A、6A、7A、8A、9A、10A、11A、12A、

13A、14A、16A、18A、20A、23A。级号越高，粘附力越强。蜡棒的横截面为 18 mm×18 mm，蜡棒的有效长度为 100 mm，蜡棒部位名称如图 1 所示。

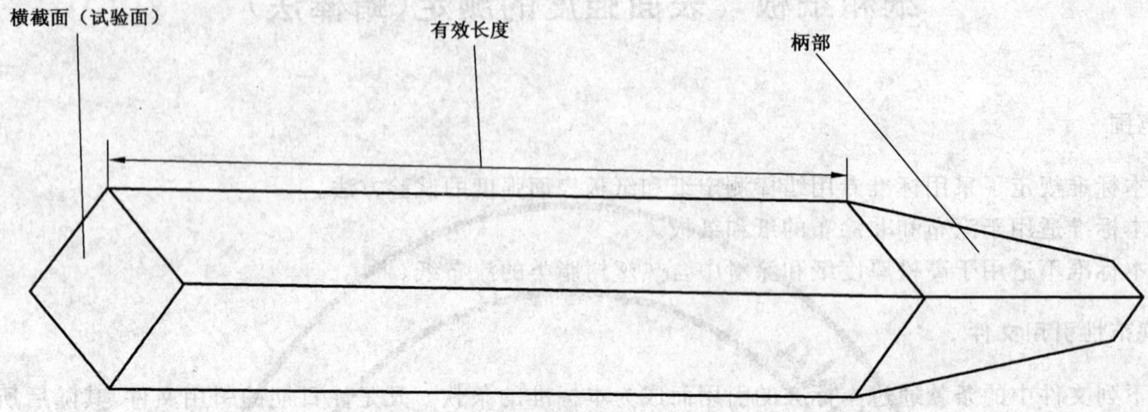

图 1 蜡棒部位名称示意图

6 试样的采取和制备

6.1 按 GB/T 450 的规定进行试样的采取，并按 GB/T 10739 的规定进行温湿处理。

6.2 沿样品横幅均匀切取 5 张试样，要求正、反面测试的样品应取 10 张试样，每张试样的尺寸应至少为 100 mm×100 mm。

试样的试验部位不应有折子、皱纹等肉眼可见损伤或其他缺陷。

7 试验步骤

7.1 将试样平放在规定的工作台(5.3)上，选择级号适当的蜡棒，蜡棒的试验表面应清洁，其试验面的尺寸应保证在 18 mm×18 mm。

注：蜡棒的试验面在反复使用后会变形，因此应在每次使用前用剪刀对蜡棒的试验面进行修剪，确保其 18 mm×18 mm 的尺寸。切忌用化学试剂清洗蜡棒的试验面。

7.2 手持蜡棒柄部，在加热装置上均匀加热蜡棒的试验面一端，使其逐渐熔化，直至有蜡滴落下，但不应使蜡棒燃烧，熔化的蜡滴不应起泡。

7.3 快速将熔化的蜡棒离开热源后垂直地放在试样表面上。要避免向下压蜡棒，蜡棒垂直立在试样表面后将手移开。

7.4 蜡棒冷却 15 min 后，将木板(5.2)的孔从蜡棒手柄部位穿过，向下稳固地压住试样，另一只手将蜡棒从试样面快速地垂直拔起。

7.5 在常规照明条件下观测试样的试验部分，如果试样表面发生破坏，则视其为终点。

7.6 如果首次测定试样的表面未被破坏，可采用高一级号的蜡棒对同一试样进行重复测定，直至试样表面发生破坏为止。如果首次测定试样的表面已被破坏，应采用低一级号的蜡棒对同一试样进行重复测定，直至试样表面未产生破坏为止。

7.7 如果因蜡棒受热不均匀而造成试验痕迹不饱满，应舍弃测试数据，重新进行测定。

8 试验结果的表示

8.1 以未对试样表面产生破坏的蜡棒最大顺序级号，即临界蜡棒强度级号来表示每张试样的测定结果，级号符号为 A。

8.2 每个试样最少测定 5 个有效数据，分别计算正、反面测定结果的平均值，结果取整数。如果有必要，应报告最大值、最小值、临界级号以上蜡棒试验的破坏形式或破坏程度、标准偏差和变异系数。

9 试验报告

试验报告应包括以下项目内容：

a） 本国家标准的编号；

b） 样品的状态；

c） 蜡棒材料的制造商；

d） 温湿度试验条件；

e） 试验结果；

f） 偏离本标准的任何试验条件。

ICS 29.020
J 09

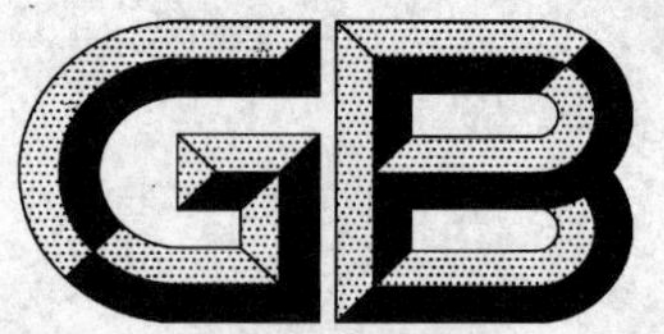

中华人民共和国国家标准

GB/T 22840—2008

工业机械电气设备
浪涌抗扰度试验规范

**Electrical equipment of industrial machines—
Test specifications for surge immunity**

2008-12-30 发布　　2010-02-01 实施

中华人民共和国国家质量监督检验检疫总局
中国国家标准化管理委员会　发布

前　言

本标准的附录A为资料性附录。

本标准由中国机械工业联合会提出。

本标准由全国工业机械电气系统标准化技术委员会(SAC/TC 231)归口。

本标准起草单位:广州数控设备有限公司、北京凯恩帝数控技术有限公司、沈阳高精数控技术有限公司、固高科技(深圳)有限公司。

本标准主要起草人:张玉洁、何敏佳、杨洪丽、李本忍、杨堂勇、邵国安、刘文锋、尹震宇、龚小云。

引　言

本标准的目的是建立一个基本试验规范，以评定工业机械电气设备在遭受来自电力线和互连线上高能量骚扰时的性能。

本标准提出了工业机械的电气、电子设备及控制系统对由开关和雷电瞬变过电压引起的单极性浪涌（冲击）的抗扰度试验的基本要求、试验设备及配置、试验方法及程序和与不同环境及安装状态有关的试验等级。

本标准的制定参照了 GB 5226.1—2002/IEC 60204-1:2000《机械安全　机械电气设备　第1部分：通用技术条件》、GB/T 21067—2007《工业机械电气设备　电磁兼容　通用抗扰度要求》等标准。

工业机械电气设备
浪涌抗扰度试验规范

1 范围

本标准规定了工业机械的电气、电子设备及系统(以下可简称为“设备”)对由开关及雷电瞬变过电压引起的单极性浪涌(冲击)抗扰度的基本试验要求、试验设备及配置、试验方法及程序、试验结果评定及试验报告的编写,也规定了与不同环境及安装状态有关的优先选择的试验等级。

本标准适用于额定电压不超过 AC1 000 V、DC1 500 V,额定频率不超过 200 Hz 的工业机械的电气、电子设备及系统或电气设备及系统的部件的浪涌(冲击)的抗扰度试验。

注:本标准不对绝缘物耐高压的能力进行试验,也不考虑直接雷。

抗扰度试验可适用于设备的:

——研发试验;

——型式试验;

——验收试验;

——生产试验。

2 规范性引用文件

下列文件中的条款通过本标准的引用而成为本标准的条款。凡是注日期的引用文件,其随后所有的修改单(不包括勘误的内容)或修订版均不适用于本标准,然而,鼓励根据本标准达成协议的各方研究是否可使用这些文件的最新版本。凡是不注日期的引用文件,其最新版本适用于本标准。

GB/T 4365—2003 电工术语 电磁兼容(idt IEC 60050(161):1990)

GB/T 21067—2007 工业机械电气设备 电磁兼容 通用抗扰度要求

3 术语和定义

GB/T 4365—2003 确立的及下列术语和定义适用于本标准。

3.1

浪涌(冲击) surge

沿线路或电路传送的电流、电压或功率的瞬态波,其特征是先快速上升后缓慢下降。

[修改 GB/T 17626.5—2008,定义 3.19]

注 1:电压浪涌的时间参数为:a)上升时间是从峰值的 10%至 90%的上升时间(10%/90%上升时间);b)持续时间是波的上升沿和下降沿之间 50%峰值的持续时间(50%/50%持续时间)。

注 2:浪涌(冲击)可简称为浪涌。

3.2

瞬态 transient

在两相邻稳定状态之间变化的的物理量或物理现象,其变化时间小于所关注的时间尺度。

[GB/T 4365—2003,定义 161-02-01]

3.3

抗扰度 immunity

装置、设备或系统面临电磁骚扰不降低运行性能的能力。

[GB/T 4365—2003,定义 161-01-20]

3.4

系统 system

通过执行规定的功能来达到特定目标的、由相互依赖部分组成的集合。

[GB/T 17626.5—2008,定义 3.21]

注:系统被认为用一假想的界面将与环境和其他外部系统分离,该界面切断了他们之间的联系。通过这些联系,系统受到环境和外部系统的影响,或者系统本身对环境和外部系统产生影响。

3.5

受试设备 equipment under test,EUT

用来接受试验的设备。

[修改 GB/T 17626.5—2008,定义 3.10]

3.6

电源线 power lines

从电源(交流或直流电压)引出的线路。

3.7

控制线 control lines

所有用于控制、信号传输及测量的线路。

3.8

平衡线 balanced lines

一对被对称激励的导体,其差模到共模的转换损失小于 20 dB。

3.9

互连线 interconnection lines

包括 I/O 线(输入/输出线路)、通信线、平衡线等连接线。

[修改 GB/T 17626.5—2008,定义 3.15]

3.10

波前时间 front time

T_1

浪涌(冲击)电压的波前时间 T_1 是一个虚拟参数,定义为 30%峰值和 90%峰值两点之间所对应时间间隔 T 的 1.67 倍(见图 1 和表 1)。

浪涌(冲击)电流的波前时间 T_1 是一个虚拟参数,定义为 10%峰值和 90%峰值两点之间所对应时间间隔 T 的 1.25 倍(见图 2 和表 1)。

[GB/T 17626.5—2008,定义 3.11]

表 1 1.2 μs/50 μs~8 μs/20 μs 波形参数

类 型	波前时间 μs	半峰值时间 μs	上升时间 (10%~90%) μs	持续时间 (50%~50%) μs
开路电压	1.2	50	1	50
短路电流	8	20	6.4	16
注:1.2 μs/50 μs 和 8 μs/20 μs 波形是按 GB/T 16927.1—1997 规定确定的。				

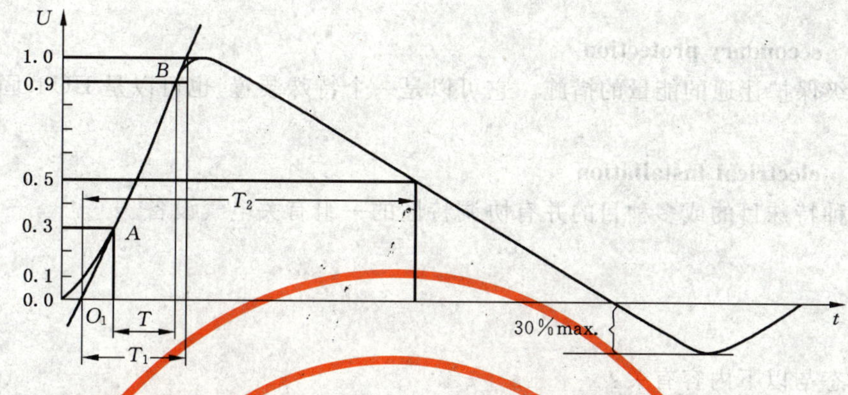

波前时间：$T_1=1.67\times T=1.2(1\pm30\%)\mu s$

半峰值时间：$T_2=50(1\pm20\%)\mu s$

图 1 开路电压波形(1.2 μs /50 μs)

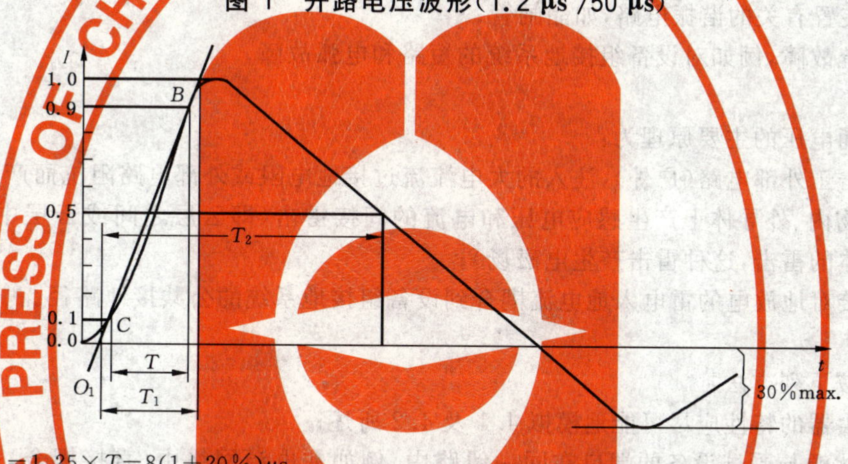

波前时间：$T_1=1.25\times T=8(1\pm20\%)\mu s$

半峰值时间：$T_2=20(1\pm20\%)\mu s$

图 2 短路电流波形(8 μs/20 μs)

3.11

上升时间 rise time

脉冲瞬时值首次从给定下限值上升到给定上限值所经历的时间。

[GB/T 17626.5—2008,定义 3.17]

注：除特别指明外，下限值和上限值分别为脉冲幅值的 10%和 90%。

3.12

半峰值时间 time to half-value

T_2

浪涌的半峰值时间 T_2 是一个虚拟参数，它定义为虚拟起点 O_1(见图 1)和电压(电流)下降到半峰值时的时间间隔。

[修改 GB/T 17626.5—2008,定义 3.22]

3.13

持续时间 duration

规定波形或特征存在或持续的间隔绝对值。

[GB/T 17626.5—2008,定义 3.7]

3.14

第一级保护 primary protection

防止大部分能量超越指定界面传播的措施。

3.15

第二级保护　secondary protection

抑制从第一级保护让通的能量的措施。它可以是一个特殊装置，也可以是 EUT 固有的特性。

3.16

电气设备组　electrical installation

用来实现某种特殊目的或多种目的并有协调特性的一组有关电气设备。

4　基本原则

4.1　开关瞬态

系统开关瞬态与以下内容有关：

a)　主电源系统切换骚扰，例如电容器组的切换；

b)　配电系统内在仪器附近的轻微开关动作或者负荷变化；

c)　与开关装置有关的谐振电路，如晶闸管；

d)　各种系统故障，例如对设备组接地系统的短路和电弧故障。

4.2　雷电瞬态

雷电产生浪涌电压的主要原理为：

a)　直接雷击于外部电路(户外)，注入的大电流流过接地电阻或外部电路阻抗而产生电压；

b)　在建筑物内、外导体上产生感应电压和电流的间接雷击(即云层之间或云层中的雷击或击于附近物体的雷击，这种雷击产生电磁场)；

c)　附近直接对地放电的雷电入地电流耦合到设备组接地系统的公共接地路径。

4.3　瞬态的模拟

瞬态的模拟按下列方法：

a)　信号发生器的特性应尽可能地模拟 4.1 及 4.2 所述；

b)　如果干扰源与受试设备的端口在同一线路中，例如在电源网络中(直接耦合)，那么信号发生器在受试设备的端口能够模拟一个低阻抗源；

c)　如果干扰源与受试设备的端口不在同一线路中(间接耦合)，那么信号发生器能够模拟一个高阻抗源。

4.4　试验等级的选择要求

本标准按 GB/T 21067 对工业机械电气、电子设备及系统的通用抗扰度要求以及有关产品类(或产品)标准的要求，规定了不同试验等级及试验参数(见 5.1)。

5　试验优先选择的等级

5.1　试验优先选用的等级范围

试验优先选择的等级(试验等级)范围如表 2 所示。

表 2　试验等级

等　级	开路试验电压/kV (±10%)
1	0.5
2	1.0
3	2.0
4	4.0
×	待定

注：×为开放等级，可在产品技术条件中具体规定。

具体试验等级可视安装情况来选择(见5.2)。

5.2 按安装情况对试验等级的选择

5.2.1 1类——有部分保护的电气环境

所有引入电缆都有过电压保护(第一级)。各设备由地线网络相互良好连接,并且地线网络系统不会受到电力设备或雷电的影响。

浪涌电压不能超过500 V。

开关操作在室内产生干扰电压。

电子设备有与其他设备完全隔离的电源(见表3)。

表3 按安装情况对试验等级的选择

安装类别	试验等级 kV							
	电源耦合方式		不平衡工作电路/线路 LDB耦合方式		平衡工作电路/线路耦合方式		SDB,DB[a] 耦合方式	
	线—线	线—地	线—线	线—地	线—线	线—地	线—线	线—地
1	—	0.5	—	0.5	—	0.5	—	—
2	0.5	1.0	0.5	1.0	—	1.0	—	0.5
3	1.0	2.0	1.0	2.0[b]	—	2.0[b]	—	—
4	2.0	4.0[b]	2.0	4.0[b]	—	2.0[b]	—	—
×								

注:DB——数据总线(数据线);SDB——短距离总线;LDB——长距离总线。

[a] 距离从10 m到最长30 m,有特别的结构并经过专门的布置。对10 m以下的互连电缆不做试验,仅第2类适用。

[b] 通常带第一级保护进行试验。

5.2.2 2类——电缆隔离良好,甚至短的走线也具有隔离良好的电气环境

设备组通过单独的地线接至电力设备的接地系统上,该接地系统几乎都会遇到由设备组本身或雷电产生的干扰电压。电子设备的电源主要靠专门的变压器来与其他线路隔离。

浪涌电压不能超过1 kV。

本类设备组中存在无保护线路,但这些线路隔离良好,且数量受到限制(见表3)。

5.2.3 3类——电源电缆和信号电缆平行敷设的电气环境

设备组通过电力设备的公共接地系统接地,该接地系统几乎都会遇到由设备组本身或雷电产生的干扰电压。

在电力设施内,由接地故障、开关操作和雷击而引起的电流会在接地系统中产生幅值较高的干扰电压。受保护的电子设备和灵敏度较差的电气设备被接到同一电源网络。互连电缆可以有一部分在户外但紧靠接地网。

浪涌电压不能超过2 kV(见表3)。

设备组中未有被抑制的感性负载,并且通常对不同的现场电缆没有采取隔离。

5.2.4 4类——互连线作为户外电缆沿电源电缆敷设(这些电缆被作为电子和电气线路)的电气环境

设备组接到电力设备的接地系统,该接地系统容易遭受由设备组本身或雷电产生的干扰电压。

在电力设施内,由接地故障、开关操作和雷击产生的几千安级电流在接地系统会产生幅度较高的干扰电压,电子设备和电气设备可能使用同一电源网络。互连电缆象户外电缆一样走线甚至连到高压设备上。

浪涌电压不能超过4 kV。

这种环境下的一种特殊情况是电子设备接到人口稠密区的通信网络上，此时在电子设备以外，没有系统性结构的接地网，接地系统仅由管道、电缆等组成(见表3)。

5.2.5 ×类——在产品技术条件中规定的特殊环境

×类为按产品技术条件规定选择的开放实验等级。

5.3 电子设备在不同地区安装的示例

电子设备在不同地区安装的示例见图3、图4及图5。

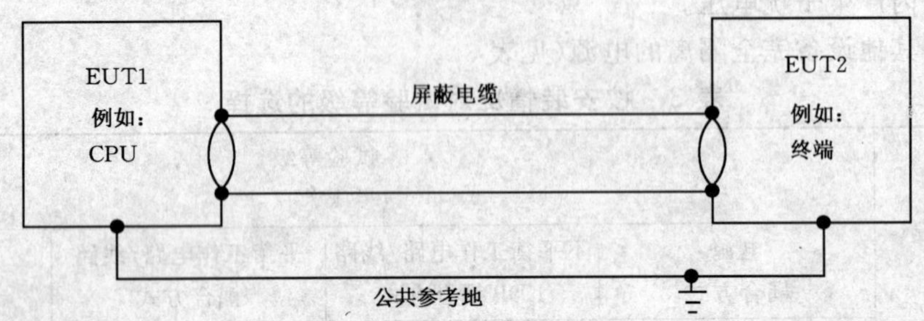

图3 在有公共参考地系统的大楼内用屏蔽实现浪涌保护的示例

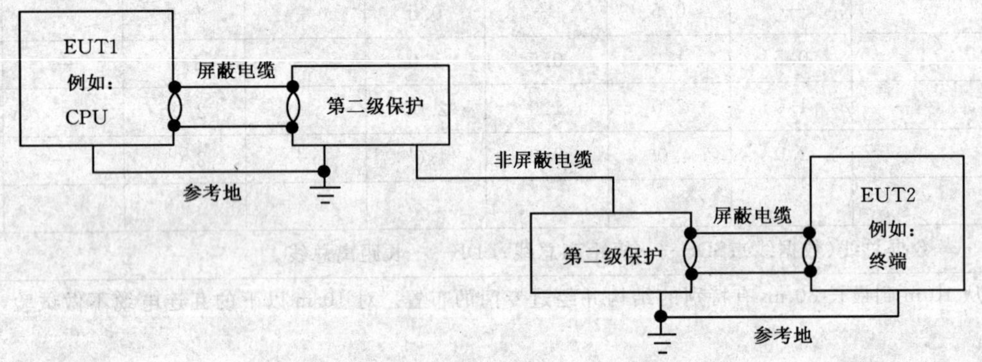

图4 在公共参考地系统分开的大楼内实现第二级浪涌保护的示例

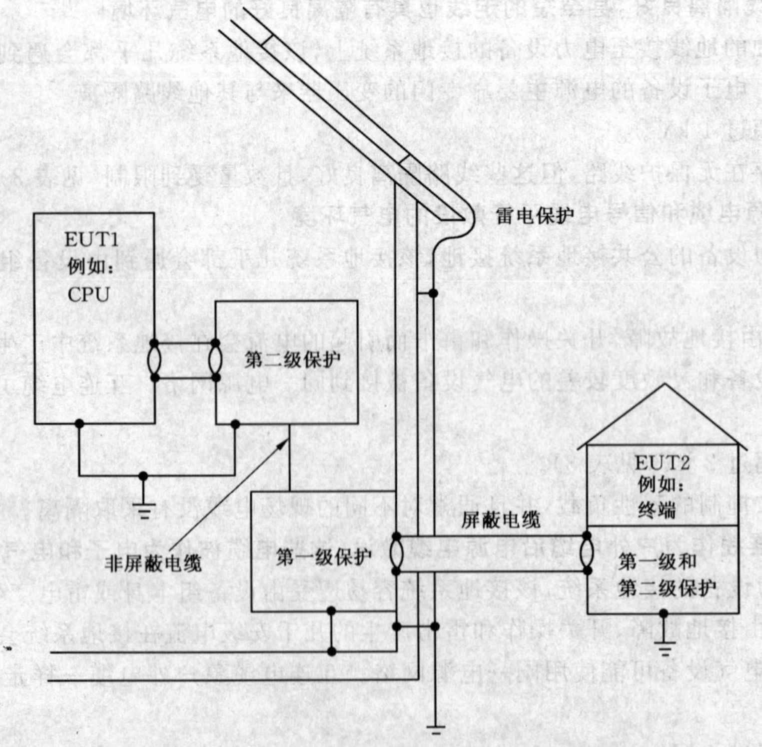

图5 室内-室外设备的第一级和第二级浪涌保护示例

6 试验目的、试验设备及试验配置

6.1 试验目的

该试验的目的是检验EUT对由以下现象所引起的单向瞬态的抗扰度：

——电网中的切换现象(例如：电容器组的切换)；

——电网中的故障；

——雷击(直接或间接雷击)。

根据源与EUT的相对阻抗，感应电压浪涌可产生不同的影响：

——如果受试设备相对源有较高的阻抗，浪涌将在EUT端子上产生一个电压脉冲；

——如果受试设备的阻抗相对较低，浪涌将产生一个电流脉冲。

可通过由过压抑制器所保护的输入电路来具体说明这种特性：只有过压抑制器不击穿，则输入阻抗较高；而当击穿时，则输入阻抗变得非常低。实际试验应同这种特性相对应，试验发生器应不仅能对高阻抗输出电压脉冲，而且能对低阻抗输出电流脉冲(组合波发生器)。

试验适用于：

——工业机械的电气、电子设备及控制系统；

——他们的交流或直流电源线或端子，输入/输出控制和信号线或端子；

——线与线或线与地之间。

注：这种组合试验取代了分别进行的电压或电流试验。

6.2 试验发生器

6.2.1 试验发生器的电路原理

能产生1.2 μs/50 μs开路电压波形、8 μs/20 μs短路电流波形(见表1)的信号发生器被称为组合波浪涌信号发生器(CWC)或混合信号发生器。

图6为组合波信号发生器的电路原理图。选择不同元件 R_{s1}、R_{s2}、R_c、R_m、L_r 和 C_c 的值，以使信号发生器产生1.2 μs/50 μs的电压浪涌(开路状态)和8 μs/20 μs的电流浪涌(短路情况)，此时信号发生器的等效输出阻抗为2 Ω(浪涌信号发生器的等效输出阻抗为开路输出电压峰值与短路输出电流峰值之比)。

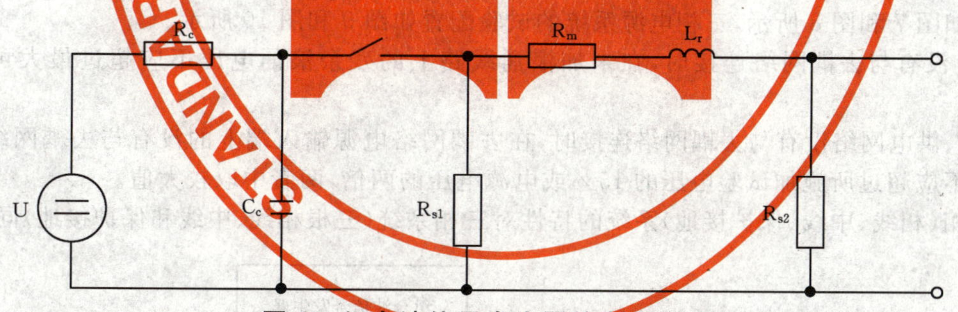

图6 组合波信号发生器的电路原理

6.2.2 试验发生器特征与性能

开路输出电压：在0.5 kV～4.0 kV范围内能输出；

浪涌电压波形：见图1和表1；

开路输出电压容差：±10%；

短路输出电流：在0.25 kA～2.0 kA范围内能输出；

浪涌电流波形：见图2和表1；

短路输出电流容差：±10%；

极性：正/负；

相位偏移：随交流电源相角在0°～180°变化；

重复率：每分钟至少一次；

应使用输出端浮地的信号发生器。

6.2.3 试验发生器的特性校验

应校验信号发生器的特性，应按以下要求测量信号发生器的最基本特性：

信号发生器的输出应与有足够带宽和电压量程的测量系统连接，以监视波形的特性。

信号发生器的特性应在充电电压相同时，在开路状态（负载大于或等于 10 kΩ）和短路状态（负载小于或等于 0.1 Ω）下校验。

注：在开路电压 0.5 kV 时对应的短路电流最小为 0.25 kA，在开路电压 4.0 kV 时对应的短路电流最小为 2.0 kA。

6.3 耦合/去耦网络

6.3.1 概述

耦合/去耦网络不应明显影响信号发生器的参数，例如开路电压、短路电流，他们应在规定的容差范围内。例外：用气体放电管耦合。

注：电感损耗材料会减轻振荡。

耦合/去耦网络应满足 6.3.2 和 6.3.3 的要求。

6.3.2 用于交流/直流电源线的耦合/去耦网络

用于交流/直流电源线的耦合/去耦网络应满足以下条件：

a) 基本要求

电压和电流的波前时间和半峰值时间应分别在开路情况下和短路情况下校验。

信号发生器的输出或其耦合网络应与有足够带宽和电压量程的测量系统连接，以便监视开路电压波形。

用电流互感器测量短路电流波形。将耦合网络输出端子之间的短路连线穿过电流互感器的穿孔即可。

在耦合/去耦网络的输出端上，所有波形参数和信号发生器的其他性能参数应与 6.2.2 规定的相同，就如同在信号发生器本身输出的一样。

注：当信号发生器阻抗根据试验配置要求，从 2 Ω 增加到 12 Ω 或 42 Ω 时，耦合网络输出的试验脉冲持续时间可能会产生明显变化。

b) 用于电源线的电容耦合

在接入电源去耦网络的同时，还可通过电容耦合将试验电压按线—线或线—地方式加入。单相电源系统配置如图 7 和图 8 所示，三相电源系统的试验配置如图 9 和图 10 所示。

当 EUT 没有与去耦网络连接时，在未加浪涌线路上的残余浪涌电压不应超过最大可施加电压的 15%。

当 EUT、供电网络没有与去耦网络连接时，在去耦网络电源输入端上的没有与去耦网络连接的残余浪涌电压不应超过所施加试验电压的 15%或电源电压的两倍，两者中取较大值。

上述单相（相线、中线、保护接地）系统的特性对三相系统（三根相线、中线和保护接地）同样有效。

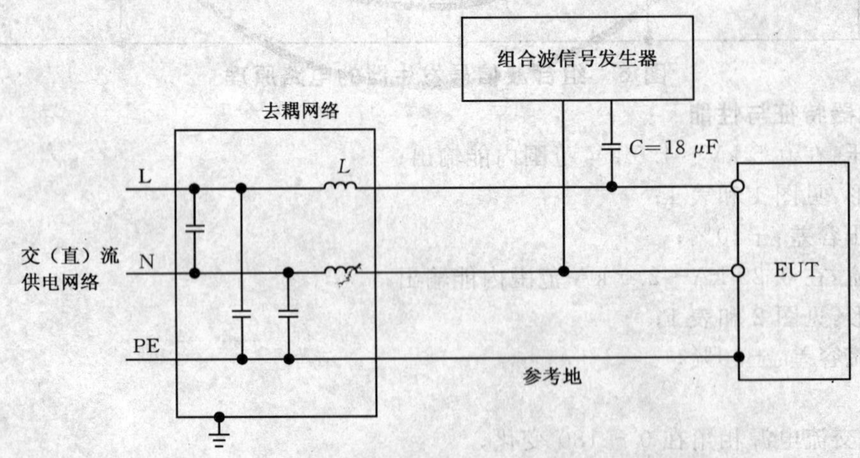

图 7 交流/直流线上电容耦合的试验配置示例，线—线耦合

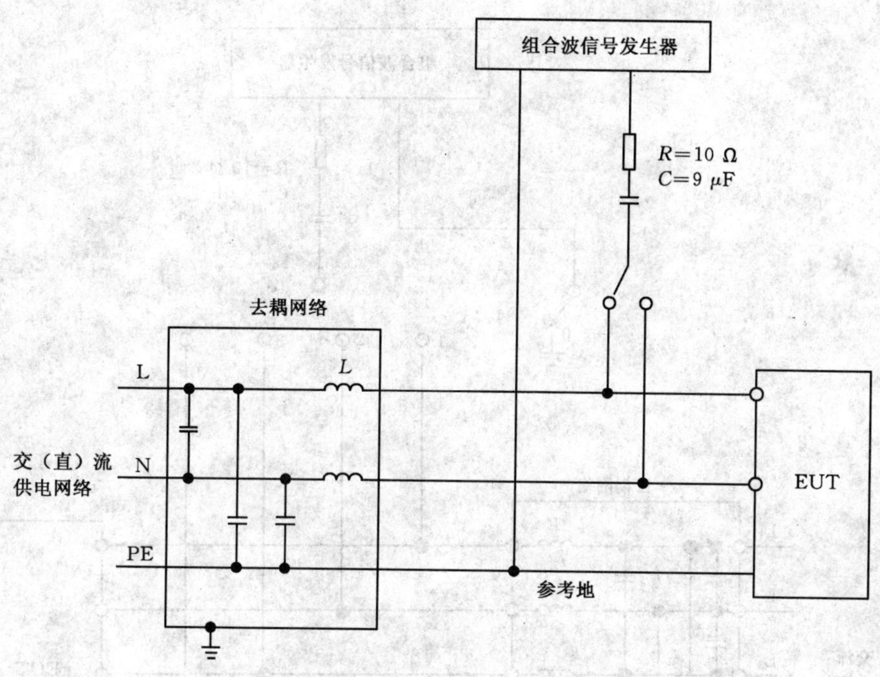

图 8　交流/直流线上电容耦合的试验配置示例，线—地耦合

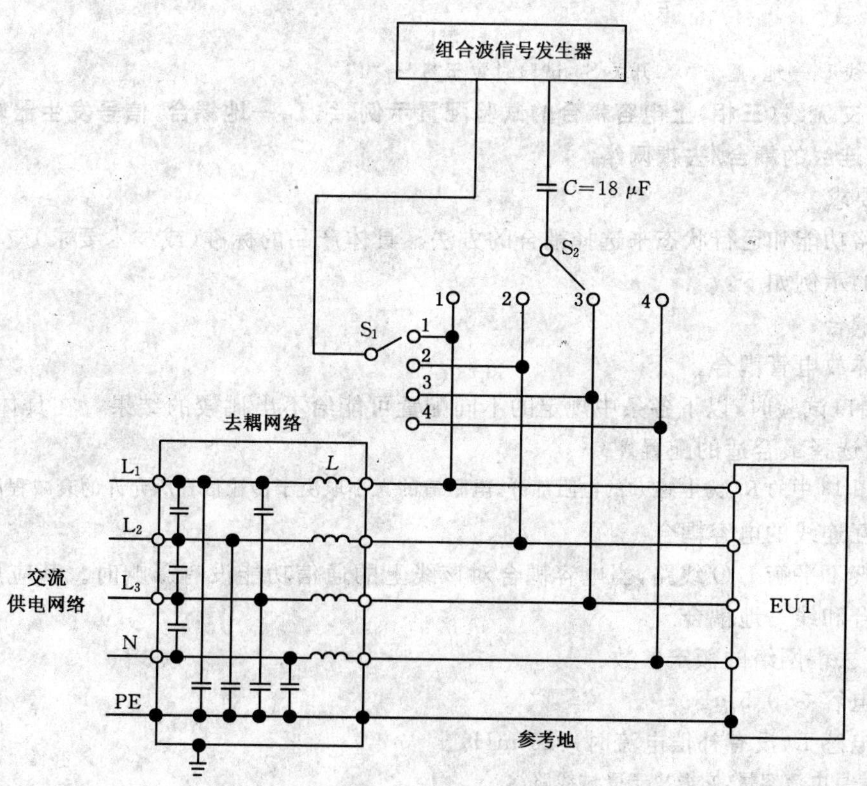

图 9　交流线（三相）上电容耦合的试验配置示例，线 L_3—线 L_1 耦合

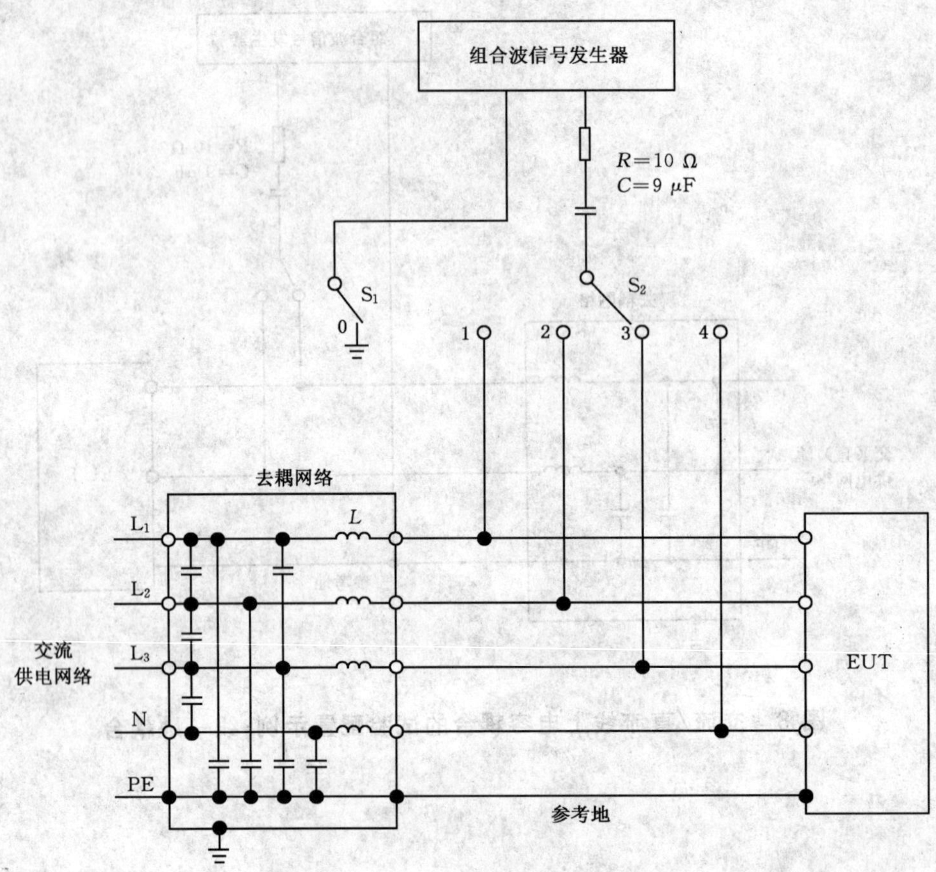

注：开关 S_1：线 L_3—地，置于“0”；开关 S_2：试验时置于“1”～“4”。

图 10　交流线(三相)上电容耦合的试验配置示例，线 L_3—地耦合，信号发生器输出接地

6.3.3　用于互连线的耦合/去耦网络

a)　基本要求

应根据线路功能和运行状态来选择耦合的方法。具体产品的标准(或技术要求)应对此作出规定。

耦合方法的示例如下：

——电容耦合；

——用气体放电管耦合。

对 EUT 端口试验时，以下各条中规定的不同配置可能给不出比较的结果。在具体产品的标准(或技术要求)中应选择最合适的配置。

注：图 11～图 13 中的 R_L 为电感 L 的电阻部分，电阻值的大小取决于传输信号所允许的衰减程度。

b)　用于互连线的电容耦合

对于非屏蔽不平衡 I/O 线路，当电容耦合对该线上的通信功能没有影响时。其应用如图 11 所示，包括线—线耦合和线—地耦合。

电容耦合/去耦网络的额定参数：

——耦合电容 C：0.5 μF；

——去耦电感 L(没有补偿电流时)：20 mH。

注：应考虑信号电流容量，它取决于受试线路。

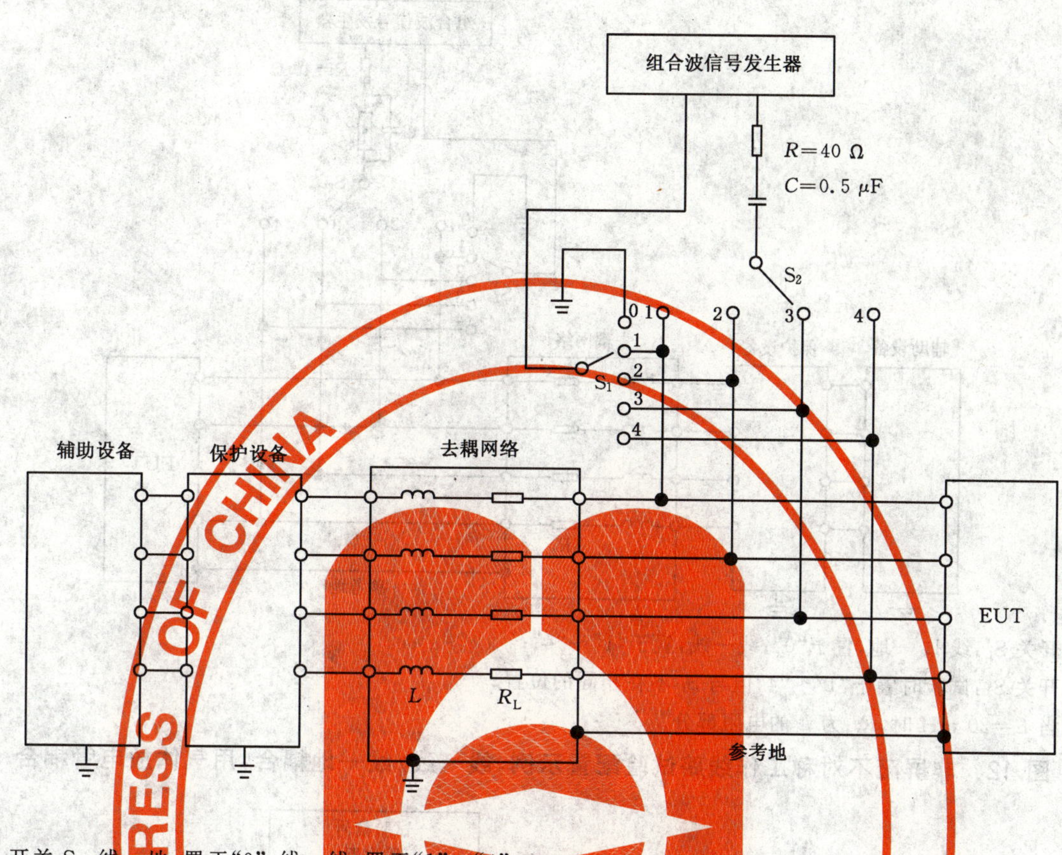

注：开关 S_1：线—地，置于"0"；线—线，置于"1"～"4"；

开关 S_2：试验时置于"1"～"4"但与 S_1 不在相同的位置；

当 L=20 mH 时，R_L 为 L 的电阻部分。

图 11 非屏蔽互连线试验配置示例，线—线/线—地耦合，用电容器耦合

c) 用气体放电管耦合

对于非屏蔽平衡线(通信)，推荐用气体放电管耦合，如图 13 所示。

本方法也可用在因功能问题而不能使用电容耦合的场合。该功能问题是由将电容接至 EUT 而引起(见图 9)的。

就多芯电缆中的感应电压而言，耦合网络还具有调节浪涌电流分布的任务。

因此，耦合网络中的电阻 R_{m2}(对 n 芯电缆)应为 $n\times25$ Ω($n\geqslant2$)。

示例：$n=2$，$R_{m2}=4\times25$ Ω，加上信号发生器的阻抗，总值约为 40 Ω。R_{m2} 不应超过 250 Ω。

用气体放电管进行的耦合可以通过并联电容来改善。

示例：当线路传输信号频率在 5 kHz 以下时，$C\leqslant0.1$ μF。频率较高时不使用电容。

耦合/去耦网络的额定参数：

——耦合电阻 R_{m2}：$n\times25$ Ω($n\geqslant2$)；

——气体放电管：90 V；

——去耦电感 L：20 mH(环形磁芯，电流补偿)。

注 1：在某些情况下，由于功能原因需使用启动电压较高的气体放电管。

注 2：当运行状态不受太大影响时，可使用气体放电管以外的其他元件。

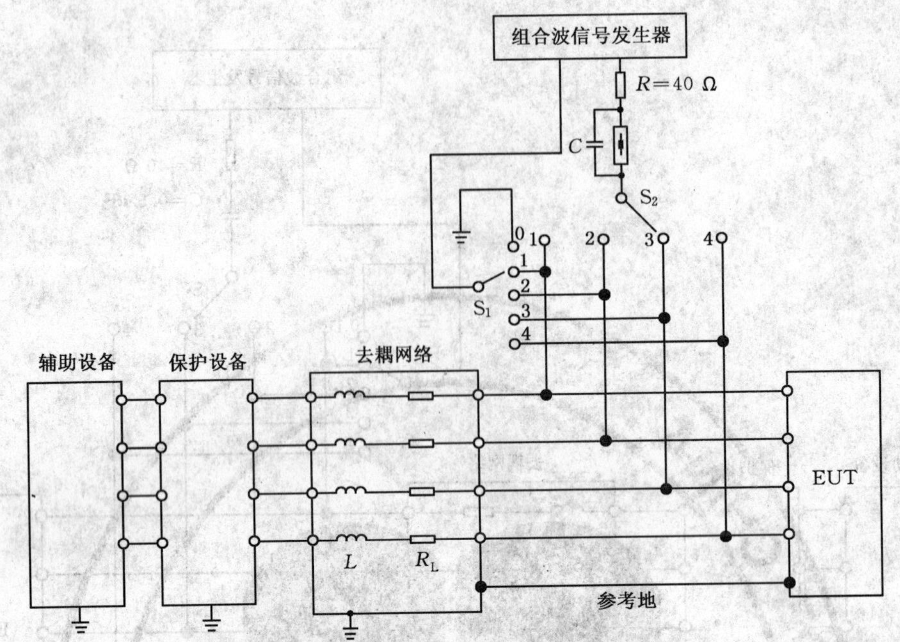

注：开关 S_1：线 L_3—地，置于“0”；线—线，置于“1”～“4”；

开关 S_2：试验时置于“1”～“4”但与 S_1 不在相同的位置；

当 $L=20$ mH 时，R_L 为 L 的电阻部分。

图 12 非屏蔽不对称工作线路试验配置示例，线—线/线—地耦合，用气体放电管耦合

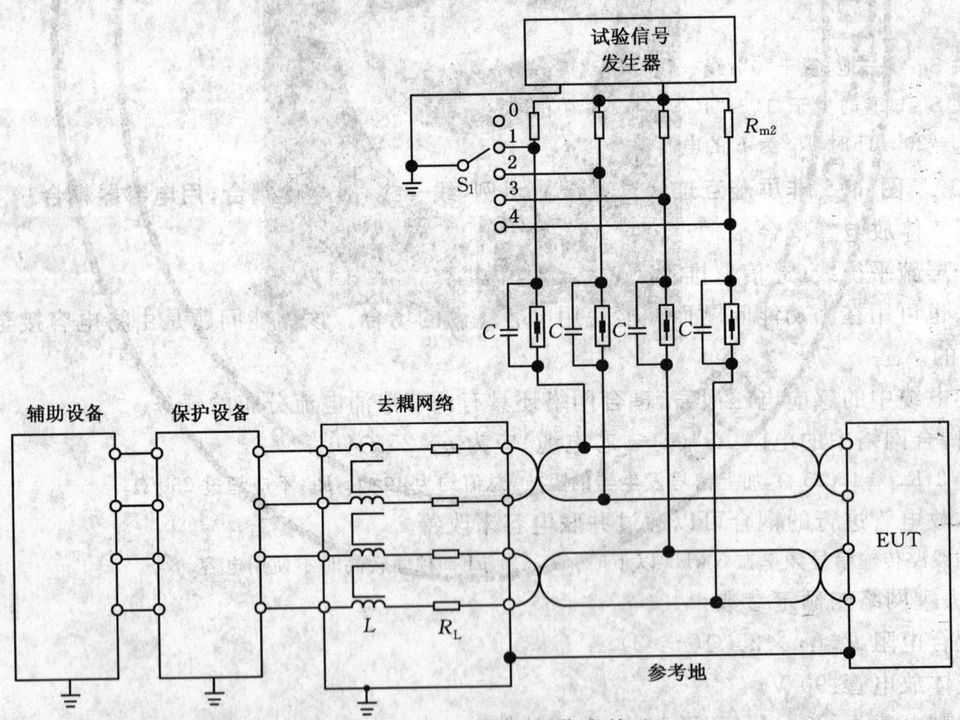

注 1：开关 S_1：线—地，置于“0”；线—线，置于“1”～“4”(每根线依次接地)；

注 2：使用 CWG(1.2 μF/50 μF 信号发生器)时 S_2 的计算：

例如：$n=4$，$R_{m2}=4\times40\ \Omega=160\ \Omega$，最大 250 Ω。

注 3：传输信号频率在 5 kHz 以下时，$C=0.1\ \mu F$，在较高的频率时不用电容器。

注 4：当 $L=20$ mH 时，R_L 取决于传输信号所允许的衰减。

图 13 非屏蔽对称工作线路试验配置示例，线—线/线—地耦合，用气体放电管器耦合

6.4 试验设备的配置

下述设备是试验配置的一部分：

——EUT；

——辅助设备(AE)；

——电缆(规定的类型和长度)；

——耦合装置(电容和气体放电管)；

——信号发生器(组合波发生器)；

——去耦网络/保护装置；

——10 Ω 和 40 Ω 附加电阻。

6.5 EUT 电源试验的配置

浪涌经电容耦合网络加到 EUT 电源端上(见图 7、图 8、图 9 及图 10)。

为了避免对由同一电源供电的非受试设备产生不利影响，需要使用去耦网络，以便为浪涌波提供足够的去耦阻抗，使得能在受试线路上形成规定的波形。

如果没有其他规定，EUT 和耦合/去耦网络之间的电源线长度为 2m(或更短)。

为模拟典型耦合阻抗，在某些情况下，试验时应使用附加的规定电阻(见附录 A 的 A.1)。

6.6 非屏蔽不对称工作互连线试验的配置

一般而言，按图 11 用电容向线路施加浪涌。耦合/去耦网络对受试线路的规定功能状态不应产生影响。

图 12 给出了另一个试验配置(用气体放电管耦合)供具有较高信号传输频率的线路使用，应根据传输频率下的容性负载来选择耦合方法。

如果没有其他规定，EUT 和耦合/去耦网络之间的互连线长度为 2 m(或更短)。

6.7 非屏蔽对称工作互连线/通信线试验的配置

对于平衡互连/通信线，通常不能使用电容耦合方法。按图 13，此时耦合是由气体放电管来完成的。不能对气体放电管触发点(对 90 V 气体放电管约为 300 V)以下的试验等级作规定(第二级保护没有气体放电管的情况除外)。

注：考虑两种试验布置：

——对仅在 EUT 有第二级保护的设备级抗扰度试验配置，用较低的试验等级，如 0.5 kV 或 1 kV；

——对有第一级保护的系统级抗扰度试验配置，用较高的试验等级，如 2 kV 或 4 kV。

如没有其他规定，EUT 和耦合/去耦网络之间的互连线长度为 2 m(或更短)。

6.8 屏蔽线试验的配置

对于屏蔽线，耦合/去耦网络不再适用，应按图 14 将浪涌施加于 EUT(金属外壳)和连线的屏蔽层上。对于屏蔽线一端接地的情况，按图 15 进行。为了对安全地线去耦，应使用安全隔离变压器。正常情况下，应使用规定的最长屏蔽电缆。根据浪涌的频谱特性，应使用 20m 长的规定屏蔽电缆，考虑到电缆长度的原因，将该电缆按非电感性的结构捆扎。

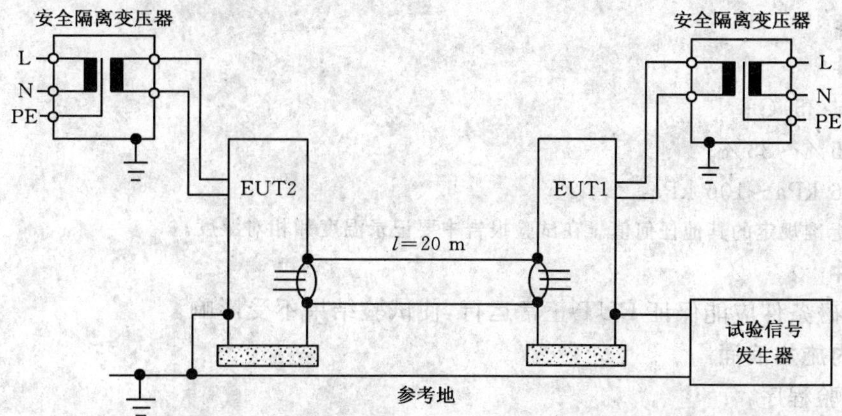

图 14 屏蔽线试验和施加电位差的试验配置示例，传导耦合

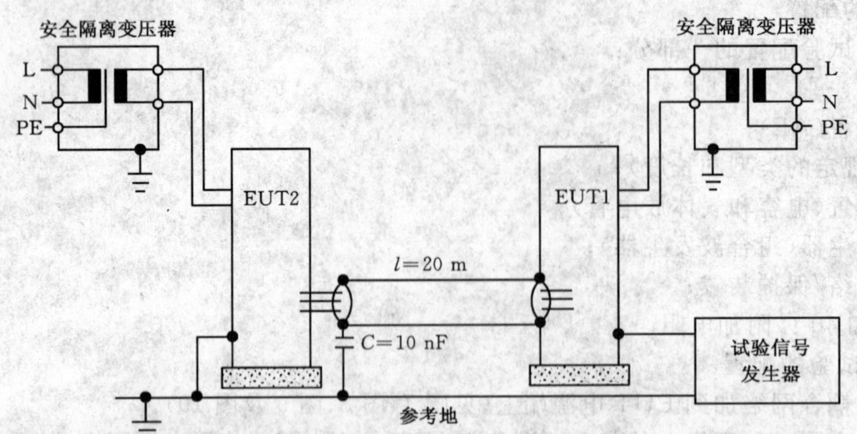

图 15 非屏蔽线试验和仅在一端接地的屏蔽线和施加电位差的试验配置示例，传导耦合

给屏蔽线施加浪涌的规则：

a) 两端接地的屏蔽，按图 14 给屏蔽层施加浪涌；

b) 两端接地的屏蔽，按图 15 进行试验。电容 C 为电缆对地电容，电容量的大小可按 100 pF/m 计算。如没有其他规定，10 nF 为其典型值。

在屏蔽层上施加的试验电平是“线—地值”(2 Ω 阻抗)。

6.9 施加电位差试验的配置

如需施加电位差来模拟在系统中可能出现的电压，则对使用屏蔽线的系统可按图 14 进行试验，对非屏蔽线或屏蔽线仅在一端接地的系统按图 15 进行试验。

6.10 其他试验的配置

如果试验配置中规定的某一种耦合方法由于功能原因不能使用，那么在专门的产品标准中应规定可替代的方法(适合于特殊情况)。

6.11 试验条件

试验时的工作状态和安装情况应与产品技术要求一致，应包括两个方面：

——试验布置(硬件)；

——试验程序(软件)。

7 试验程序

7.1 概述

为了使环境参数对试验结果的影响减至最小，试验应在 7.2 规定的气候和电磁环境基准条件下进行。

7.2 实验室条件

7.2.1 气候条件

温度：15 ℃～35 ℃；

相对湿度：25％～35％；

大气压力：86 kPa～106 kPa。

注：具体产品标准规定的其他任何值。在试验报告中要记录温度和相对湿度。

7.2.2 电磁条件

实验室的电磁条件应能保证 EUT 正常运行，使试验结果不受影响。

7.3 在实验室内施加浪涌

应按以下试验程序：

a) 拟定试验方案

试验应根据拟定的试验方案进行,试验方案应规定以下内容:

——试验发生器和其他使用的设备;

——试验等级(参见表2、表3);

——信号发生器的源阻抗;

——信号发生器的内、外触发;

——试验次数,在选定点上至少加5次正极性和5次负极性;

——重复率,最快为每分钟1次;

注1:大多数常用的保护装置的平均功率容量较低,尽管他们的峰值功率或峰值能量容量能承受较大的电流,因此,最大重复率(两次浪涌之间的时间和恢复时间)取决于EUT内部的保护装置。

——受试的输入端和输出端;

注2:在有几个相同线路的情况下,只选择一定数量的线路进行典型测量。

——EUT的典型工作状态;

——向线路施加浪涌的顺序;

——交流电源时的相角;

——实际的安装状况,交流:中线接地;直流:(+)或(-)接地,以模拟实际接地情况。

b) 校验信号发生器的特性

信号发生器的特性和性能应满足6.2.2的规定,信号发生器的校验应按6.2.3进行。

c) 施加浪涌

如果没有其他规定,则浪涌应在交流电压波(正和负)的零值和峰值的电压相位处同步加入。

应按线—线和线—地方式施加浪涌。进行线—地试验时,如果没有其他规定,试验电压应依次地加到每根线和地之间。

注:使用组合波信号发生器对两根或多根线(通信线路)对地进行试验时,试验脉冲的持续时间可能会减少。

试验程序还应考虑EUT的非线性电流—电压特性。因此,试验电压只能由低等级逐步增加到产品标准(或试验方案)中规定的试验等级。

所有较低等级(包括选择的试验等级)均应满足要求。对于第二级保护试验时,信号发生器的输出电压应增加到第一级保护的最低电压击穿值(让通值)。

如果没有实际工作信号源提供给EUT,则可以对其模拟。试验等级决不应超出产品标准(或产品技术要求)的规定,试验应严格按试验方案进行。

为找到设备工作周期内的所有关键点,应施加足够次数的正、负极性浪涌。

对于验收试验,应使用以前未曾加过浪涌的设备,否则应替换保护装置。

8 试验结果的评定

下面给出试验结果的评价的指导性原则。

由于受试的设备和系统种类多,差异大,使得浪涌对设备和系统影响的确定比较困难。

试验结果一般按EUT的运行条件和性能标准进行如下分类(除非有关的产品标准另有规定除外):

a) 在标准限值内性能正常;

b) 功能或性能暂时降低或丧失,但能自行恢复;

c) 功能或性能暂时降低或丧失,但需操作者干涉或系统复位才能恢复;

d) 因设备(元件)或软件损坏,或数据丢失而造成不能恢复的功能降低或丧失。

EUT不应由于应用本标准的规定的试验而出现危险或不安全的结果。

在进行认可试验的情况下,试验程序和试验结果的说明应在专门的产品标准中阐明。

一般地,如果EUT在整个试验期间显示其抗扰度,并且在试验结束后达到标准(或产品技术要求)

中的功能要求，则表明试验合格。

产品标准中规定的一些对EUT认为是不重要的要求，因而是可接受的效应。对于这些条件，应确认EUT在试验过程中和结束后具有自动恢复其运行功能的能力。应记录EUT失去性能的时间，这些条件的确认与试验结果的评定是有约束力的。

9 试验报告

下面给出有关试验报告编写的指导性原则。

试验报告应包括试验条件和试验结果。

试验报告应包含重现试验所具有的全部信息，特别是下列内容：

a) 试验计划的项目内容；

b) EUT和辅助设备的标识，如商标名称、产品型号、系列号；

c) 所确定的试验等级；

d) 在通用(或产品或产品类)标准中规定的性能要求；

e) 施加骚扰的试验中或试验后观察到EUT的任何影响及持续时间；

f) 试验通过或失败的判定理由(依据标准)；

g) 试验中要求遵守的特殊条件，如EUT的运行条件等；

h) 其他必要信息的描述。

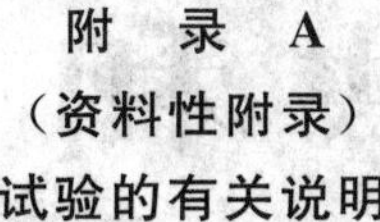

附 录 A
（资料性附录）
试验的有关说明

A.1 不同的源阻抗

信号发生器源阻抗的选择取决于：

——电缆、导体、线路的种类（交流电源、直流电源、互连线等等）；

——电缆、线路的长度；

——户内、户外状况；

——试验电压的施加（线—线或线—地）。

2 Ω阻抗表示低压电网的源阻抗，使用等效输出阻抗为 2 Ω的信号发生器。

12 Ω(10 Ω+2 Ω)阻抗表示低压电网对地的源阻抗，使用串联 10 Ω附加电阻的信号发生器。

42 Ω(40 Ω+2 Ω)阻抗表示其他所有低压电网对地的源阻抗，使用串联 10 Ω附加电阻的信号发生器。

A.2 试验的运用

要区分两种不同的试验，即按设备级和按系统级进行的试验。

A.2.1 设备级抗扰度

应在实验室对单个 EUT 进行试验。对该 EUT 试验得出的抗扰度即定义为设备级抗扰度。

试验电压不应超过规定的绝缘耐高压的能力。

A.2.2 系统级抗扰度

在实验室进行的试验考核的是 EUT。设备级抗扰度不保证系统在所有情况下的抗扰度。因此，建议模拟实际安装的系统级试验。模拟的安装包括保护装置（气体放电管、压敏电阻、屏蔽线路等等）和互连线的实际长度和类型。

试验旨在尽可能地模拟安装情况，预期 EUT 将在此安装情况下进行。就实际安装情况下的抗扰度而言，可以使用较高的电压等级，但是应根据保护装置的限流特性来限制所加入的能量。

试验也用来说明由保护装置产生的副作用（电压或电流的波形、模式、幅值的变化）对 EUT 不会产生不可接受的影响。

A.3 与供电网相连的端口的设备级抗扰度

与公共电源网络相连的最小抗扰度电平如下：

——线—线耦合：0.5 kV（试验配置见图 7 和图 9）；

——线—地耦合：1 kV（试验配置见图 8 和图 10）。

A.4 与互连线相连的端口的设备级抗扰度

在互连电路上的浪涌试验只要求对机柜或机壳外部连接端口进行。

如果能够进行系统级试验（连有互连电缆的 EUT），那么就不必进行设备级试验（例如：过程-控制/信号输入/输出端口），尤其是在互连电缆的屏蔽是保护措施的一部分时。如果全部设备的安装是由其他单位而不是设备制造厂来进行的，那么就应规定 EUT 输入/输出（尤其是过程接口）的容许电压。

设备制造厂应按规定的试验等级对其设备进行试验，以核实设备级抗扰度，例如在设备端口使用第二级保护以达到 0.5kV 等级。设备的使用者或对设备负有安全责任的人应采取必要的措施（如：屏蔽搭接、接地保护），以保证由雷电引起的干扰电压不超过所选择的抗扰度水平。

ICS 29.020
J 09

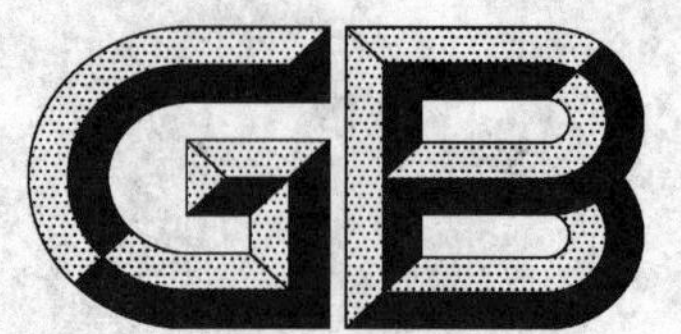

中华人民共和国国家标准

GB/T 22841—2008

工业机械电气设备 电压暂降和短时中断抗扰度试验规范

Electrical equipment of industrial machines—Test specifications for voltage dips, short interruptions immunity

2008-12-30 发布 2010-02-01 实施

中华人民共和国国家质量监督检验检疫总局
中国国家标准化管理委员会 发布

前　言

本标准的附录 A 为资料性附录。

本标准由中国机械工业联合会提出。

本标准由全国工业机械电气系统标准化技术委员会(SAC/TC 231)归口。

本标准起草单位:广州数控设备有限公司、北京凯恩帝数控技术有限公司、沈阳高精数控技术有限公司、固高科技(深圳)有限公司。

本标准主要起草人:张玉洁、何敏佳、杨洪丽、李本忍、邵国安、杨堂勇、郝柳、尹震宇、龚小云。

引　　言

本标准的目的是建立一个基本试验规范，以评定工业机械电气设备在经受电压暂降和短时中断时的性能变化情况。

本标准提出了与低压供电网连接的额定输入电流每相不超过16 A的工业机械的电气、电子设备及系统对电压暂降和短时中断抗扰度的基本试验要求、试验设备及配置、试验方法及程序和与不同环境及安装状态有关的试验等级。

本标准的制定参照了GB 5226.1—2002/IEC 60204-1:2000《机械安全　机械电气设备　第1部分:通用技术条件》、GB/T 21067—2007《工业机械电气设备　电磁兼容　通用抗扰度要求》等标准。

工业机械电气设备　电压暂降和短时中断抗扰度试验规范

1　范围

本标准规定了与低压供电网连接的工业机械的电气、电子设备及系统(以下可简称为“设备”)电压暂降和短时中断抗扰度的基本试验要求、试验设备及配置、试验方法及程序、试验结果评定及试验报告的编写,也规定了与不同环境及安装状态有关的优先选择的试验等级。

本标准适用于额定电压不超过 AC1000V、额定频率不超过 200 Hz 且额定输入电流每相不超过 16 A 的工业机械的电气、电子设备及系统或电气设备及系统的部件的电压暂降和短时中断的抗扰度试验。

抗扰度试验可适用于设备的:

——研发试验;

——型式试验;

——验收试验;

——生产试验。

2　规范性引用文件

下列文件中的条款通过本标准的引用而成为本标准的条款。凡是注日期的引用文件,其随后所有的修改单(不包括勘误的内容)或修订版均不适用于本标准,然而,鼓励根据本标准达成协议的各方研究是否可使用这些文件的最新版本。凡是不注日期的引用文件,其最新版本适用于本标准。

GB/T 4365—2003　电工术语　电磁兼容(idt IEC 60050(161):1990)

GB/T 21067—2007　工业机械电气设备　电磁兼容　通用抗扰度要求

3　术语和定义

GB/T 4365—2003 所确立的及下列术语和定义适用于本标准。

3.1

(性能)降低　degradation (of performance)

装置、设备或系统的工作性能与正常性能的非期望偏离。

[GB/T 4365—2003,定义 161-01-19]

注:“降低”一词可用于暂时失效或永久失效。

3.2

电压暂降　voltage dip

在电气系统某一点上的电压突然减少到低于规定的阈限,随后经历一段短暂的间隔恢复到正常值。

[GB/T 17626.11—2008,定义 3.3]

注:电压暂降是一个二维的电磁干扰,其等级由电压和时间(持续时间)决定。

3.3

短时中断　short interruption

供电系统某一点上所有相位突然下降到规定的中断阈限以下,随后经历一段短暂间隔恢复到正常值。短时中断可以认为是100%幅值的电压暂降。

[修改 GB/T 17626.11—2008,定义3.4]

3.4

故障 malfunction

设备执行预期功能能力终止,或设备执行非预期功能。

[GB/T 17626.11—2008,定义3.6]

3.5

电源线 power lines

从电源(交流或直流电压)引出的线路。

4 基本原则

工业机械的电气、电子设备及系统会受到供电电源电压暂降、短时中断或电压变化的影响,主要为下列情况:

a) 电压暂降、短时中断是由电网、电力设施的故障或负荷突然出现大的变化引起的。
   在某些情况下会出现两次或更多次连续的暂降或中断,而这些现象本质上是随机的,其特征可以用偏离额定电压量及持续时间来表述;

b) 电压暂降和短时中断不总是突发的。
   因为与供电网络相连的旋转电机和保护元件有一定的反作用时间。如果大的电源网络断开(一个工厂的局部或一个地区中的较大的范围),电压将由于有很多旋转电机连接到电网上使之逐步降低,这些旋转电机短期内作为发电机运行,并向电网输送发电;

c) 有些设备对电压的渐变化比对电压的突变更为敏感。
   为了保护和存贮内部存贮器的数据,大多数数据处理设备装有内置式断电检测器,以便在电源恢复后,设备按正确的方式起动。有些断电检测器对电源电压的逐渐降低不能快速反应,因此加在集成电路上的直流电压在断电检测器触发之前会减小到低于最小运行电压的水平,并且数据将会丢失或改变。

所以,本标准结合GB/T 21067—2007对工业机械电气、电子设备及系统的通用抗扰度要求以及有关产品类(或产品)标准的要求,规定了用不同类型的试验来模拟电压突变的效应。

5 试验优先选择的等级

5.1 概述

试验以设备的额定工作电压(U_T)作为规定电压试验等级的基础。

当设备有一个额定电压范围时,应按如下规定:

——如果额定电压的范围不超过其低端的电压值的20%,则在该范围内可规定一个电压作为试验等级的基准(U_T)。

——在其他情况下,应在额定电压范围规定的低端电压和高端电压下试验。

5.2 优先选用的试验等级和持续时间

U_T 和变化后的电压之间的变化是突然发生的。电压阶跃能够在电源电压的任意相位开始和停止。采用以下的电压的试验等级(%U_T):0、40%及70%,对应于从额定电压暂降100%、60%及30%。

优先采用的试验等级和持续时间列于表1。表中较短的持续时间,尤其是半个周期,应进行试验,以确定EUT能否按其预定的性能运行。

图1所示,试验等级和持续时间应由产品标准(或技术要求)中给出试验等级为0,相当于完全电压

中断，实际上额定电压 U_T 从 0 到 20% 的电压试验等级都可以认为是完全中断。

表 1 电压暂降和短时中断试验优先选择的试验等级和持续时间

试验等级 $\%U_T$	电压暂降和短时中断 $\%U_T$	持续时间 (周期)
0	100	0.5[a] 1 5 10 25 50 ×
40	60	
70	30	
注 1：可以选择上述一个或多个试验等级和持续时间。 注 2：如果对 EUT 进行 100% 的电压暂降试验，一般不必在相同的持续时间进行其他等级的试验(保安系统或电动装置除外)。 注 3：“×”表示一个未定的持续时间，这个时间可以由产品技术条件给出，最普通的持续时间是少于 50 个周期。 注 4：任何持续时间可用于任意试验等级。		
a 对于 0.5 个周期，应在正极性和负极性下进行试验，即分别在 0°和 180°开始试验。		

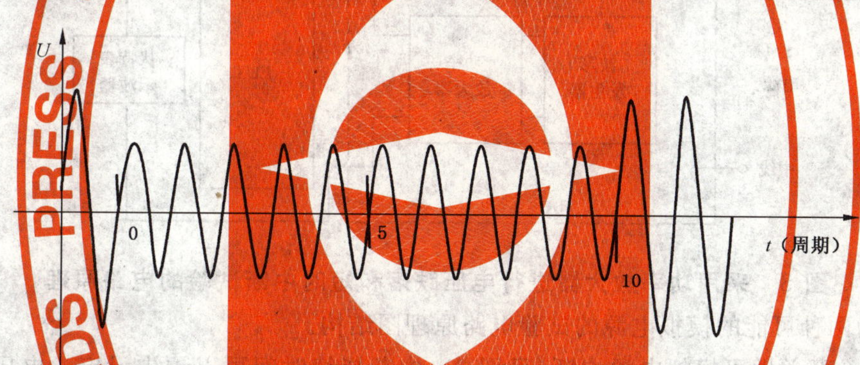

注：电压减小到 70% 后，持续 10 个周期，在过 0 处突变。

图 1 电压暂降

6 试验目的、试验设备及试验配置

6.1 试验目的

电压暂降是降低幅度超过 U_T 的 10%～15%、持续时间较短(0.5 个～50 个周期)的偶然的电压降。短时中断是降低幅度为 U_T 的 100% 的电压暂降。试验目的是检验可能对电压暂降和短时中断具有敏感性的设备的抗扰度。

电压暂降和中断由低压、中压或高压网络中的故障(短路和接地故障)引起。尤其要对能快速自动重合闸的开关故障后持续时间为 0.5 s 的暂降和中断进行研究。电压暂降和中断的影响可以有不同的类型，例如：

——接触器跳闸；

——调节装置的不正常运行；

——变压器的变换故障；

——计算机存储器中的数据丢失，等等。

6.2 试验发生器

6.2.1 电路原理

除专门指出的以外，电压暂降和短时中断试验发生器的特性及电路原理见图 2、图 3。

发生器应有防止强骚扰发射的措施，否则这些骚扰注入供电网络，就可能会影响试验结果。

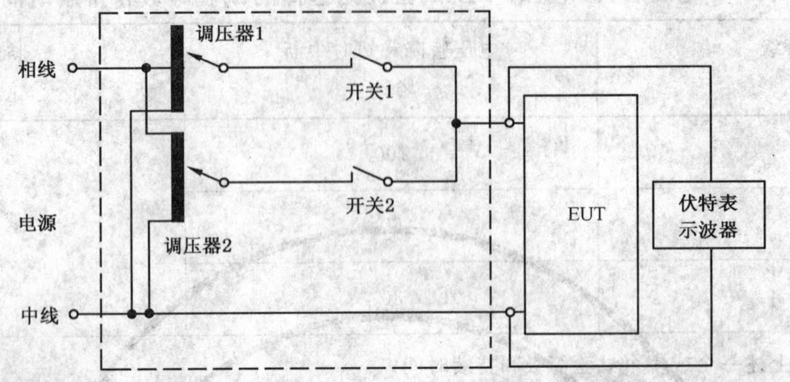

图2 采用调压器和开关进行电压跌落和短时中断试验的电路原理

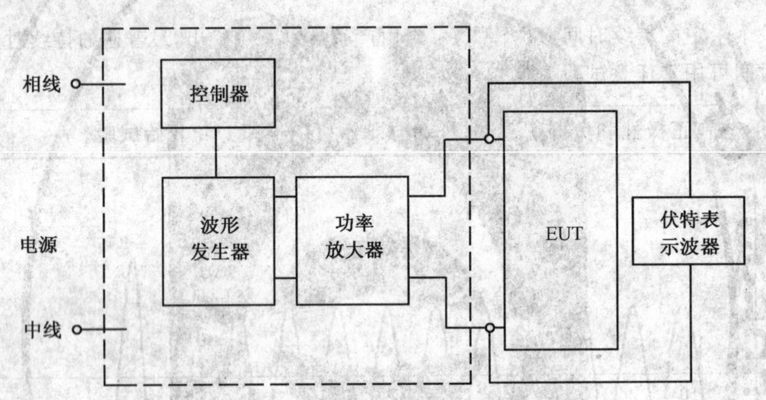

图3 采用功率放大器进行电压跌落和短时中断试验的电路原理

图2、图3为两种可能的模拟电源的试验电路原理图结构。

同时分断两个开关即可模拟电源中断(见图2)，中断持续时间可以预先设定。电压的下落和上升可通过交替闭合开关1和开关2来模拟。这两个开关不能同时闭合，在相位上独立地开断和闭合这两个开关应是可能的。调压器输出电压即可人工调节，也可通过电动机自动调节。

波形发生器和功率放大器可用于替代调压器和开关(见图3)。

6.2.2 特征与性能

输出电压：如表1所示，±5%；

发生器的输出随负荷变化的误差：

100%输出，0 A～16 A：<5%；

70%输出，0 A～23 A：<7%；

40%输出，0 A～40 A：<10%。

输出电流能力：额定电压下每相电流为16 A有效值。发生器应能在70%额定电压下输出23 A，在40%额定电压下输出40 A，持续时间最长为5 s(根据EUT的额定稳态电流情况，这一要求可降低，见附录A中的A.2)。

峰值冲击电流驱动能力：不应受发生器的限制，但发生器的最大峰值驱动能力不应超过500 A(相对220 V～240 V电源)，或250 A(相对220 V～240 V电源)；

发生器带有100 Ω阻性负载时，实际电压的上过冲/下过冲：小于电压变化的<5%；

发生器带有100 Ω阻性负载时，突变过程中电压上升或降落时间：1 μs～5 μs；

相位变化：0°～360°(如有必要)；

电压暂降和短时中断与电源电压的相位关系：<±10°；

输出阻抗应主要呈电阻性，即使在过渡过程中也应呈低阻抗。

6.2.3 试验发生器特性校验

为了比较试验结果，发生器的特性应按下列要求进行特性校验：

——发生器的100%、70%和40%有效值输出电压应符合所选择的运行电压（如230 V、120 V等）的那些百分比；

——三种电压的有效值均应在空载时测量，且保持在标称值的规定百分数内；

——三种输出电压均应校验其负载调整率，在100%输出电压带16 A负载时，不应超过5%；在70%输出电压带23 A负载时，以及在40%输出电压带40 A负载时，都不应超过规定的百分数；

——70%输出和40%输出时的试验，持续时间不应超过5 s。

如果需要校验峰值冲击电流驱动能力，将一个1 700 μF未充电的电容器和一个合适的整流器串联作为负载，发生器从0切换到100%输出，在90°和270°相位时进行试验，见A.1。

当认为EUT可能吸收小于标准发生器规定的峰值冲击电流（例如在220 V～240 V时的电流为500 A)，而采用具有小于该电流的发生器时，应先测量EUT的峰值冲击电流以确认之。当采用发生器供电时，测得的EUT峰值冲击电流应小于发生器峰值驱动能力的70%，按附录A的规定，实际EUT冲击电流应从冷启动和关闭5s后进行测量。

发生器开关特性应通过一个具有合适功耗的100 Ω负载来测量。

在相位90°和270°，对电压切换。从0～100%、100%～70%、100%～40%和100%～0的上升和下降时间，以及过冲和欠冲都应进行校验。

开关的相位准确性，从0～100%和100%～0，把360°按45°等分成九个相角进行校验。从100%～70%和70%～100%以及从100%～40%和40%～100%，在90°和180°进行校验。

注：电压发生器应按规定的时间、公认的质量保证体系重复校准。

6.3 测量峰值冲击电流能力的电视监测器的特性

50 Ω负载的输出电压：≥0.01 V/A；

峰值电流：≥1 000 A；

峰值电流准确度(3 ms持续时间的脉冲)：±10%；

有效电流值：≥50 A；

最大的$I \times T$：≥10 A·s；

上升/下降时间：<500 ns；

低频3 dB点：≤10 Hz；

插入电阻：≤0.001 Ω；

构造：环形；

孔直径：≥5 cm。

6.4 电源

试验用电源的频率在(1±2%)×额定频率以内。

6.5 试验配置

用EUT制造商规定、最短的电源电缆把EUT连接到试验发生器上进行试验。如果无电缆长度规定，则应是适合EUT所用的最短电缆。

图2所示为带有内部开关的发生器，发生器产生电压暂降、短时中断和额定电压逐步过渡到变化后的电压变化。图3所示的是采用一个发生器和一个放大器组合。

7 试验程序

7.1 试验计划

对于一个给定的 EUT,在开始试验之前,应先准备一份试验计划。

试验计划一般应包括:

——EUT 的类型;

——有关连接(插座、端子等)和相应的电缆以及辅助设备的资料;

——EUT 的输入电源端口;

——EUT 的典型运行方式;

——相关标准中采用和定义的性能要求;

——设备的运行方式;

——试验布置的描述。

如果没有 EUT 实际运行用的信号源,则应模拟它们。

对每一项试验,应记录任何性能降低的情况,监视设备应能显示试验中和试验后运行的状态,每组试验试验后,应进行一次全面的性能检查。

7.2 试验室条件

7.2.1 环境条件

温度:15 ℃～35 ℃;

相对湿度:25%～35%;

大气压力:86 kPa～106 kPa。

注:具体产品标准规定的其他任何值,在试验报告中要记录温度和相对湿度。

7.2.2 电磁条件

实验室的电磁条件应能保证 EUT 正常运行,使试验结果不受影响。

7.3 试验

试验时,监测试验的电源电压使其在 2%准确度之内,发生器的过零控制应有±10%的准确度。

EUT 应按每一种选定的试验等级和持续时间组合,顺序进行三次跌落或中断试验,最小间隔 10 s(两次试验之间的间隔)。

电源电压的突变发生在电压过零处,是由有关标准或产品标准认为是关键的相位处,每相优先选择 45°、90°、135°、180°、225°、270°和 315°。

对于三相系统,优先选择逐相试验,在某些情况下,如三相电表和三相电源设备,三相都应同时试验。对于三相同时采用跌落和中断的情况,如 6.2 所示给出的电压的过零条件,将只在一相试验。

8 试验结果的评定

下面给出的试验结果的评定的指导性原则。

由于受试的设备和系统种类多,差异大,使得电压暂降和短时中断,对设备和系统的影响的确定有困难。

试验结果一般按 EUT 的运行条件和性能标准进行如下分类(除非有关的产品标准另有规定除外):

a) 在标准限值内性能正常;

b) 功能或性能暂时降低或丧失,但能自行恢复;

c) 功能或性能暂时降低或丧失,但需操作者干涉或系统复位才能恢复;

d) 因设备(元件)或软件损坏,或数据丢失而造成不能自行恢复正常状态的功能降低或丧失。

EUT 不应由于应用本标准的规定的试验而出现危险或不安全的结果。

在进行认可试验的情况下，试验程序和试验结果的说明应在专门的产品标准中阐明。

一般地，如果EUT在整个试验期间显示其抗扰度，并且在试验结束后达到标准中的功能要求，则表明试验合格。

产品标准中的规定一些对EUT认为是不重要的要求，因而是可接受的效应。对于这些条件，应确认EUT在试验过程中和结束后具有自动恢复其运行功能的能力。应记录EUT失去性能的时间，这些条件的确认与试验结果的评定密不可分。

9 试验报告

下面给出有关试验报告编写的指导性原则。

试验报告应包括试验条件和试验结果。

试验报告应包含重现试验所具有的全部信息，特别是下列内容：

a) 试验计划的项目内容；

b) EUT和辅助设备的标识，如商标名称、产品型号、系列号；

c) 所确定的试验等级；

d) 在通用(或产品或产品类)标准中规定的性能要求；

e) 施加骚扰的试验中或试验后观察到EUT的任何影响及持续时间；

f) 试验通过或失败的判定理由(依据标准)；

g) 试验中要求遵守的特殊条件，如EUT的运行条件等；

h) 其他必要信息的描述。

附 录 A
(资料性附录)
试验的有关说明

A.1 试验发生器峰值冲击电流驱动能力

测量发生器峰值冲击电流驱动能力的电路如图 A.1 所示,桥式整流可以在 90°与 270°时试验而不必变化整流器极性。整流器半周电源电流额定值至少应为发生器冲击电流驱动能力的两倍,以提供适当的运行安全系数。

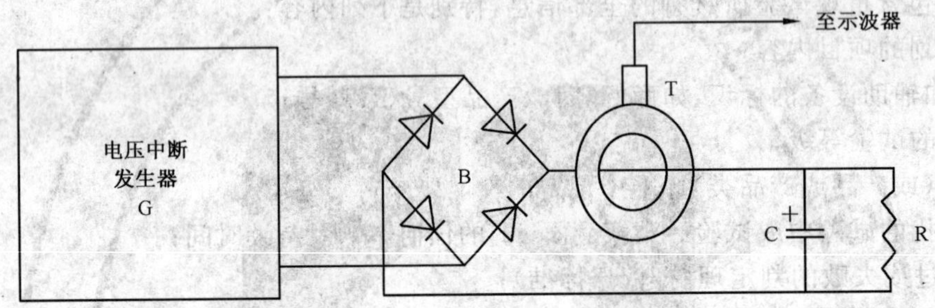

G——电压中断发生器,在 90°与 270°上转换;

T——电流探头,可输出给示波器来监视;

B——整流桥;

R——分流电阻器,100 Ω R≤10 kΩ;

C——1 700(1±20%)μF 的电解电容器。

图 A.1 确定短时中断发生器冲击电流驱动能力的电路

1 700 μF 的电解电容器容许±20%的误差,它的电压额定值最好超过电源的正常峰值电压的 15%~20%。例如对 220 V~240 V 电源其电压为 400 V,它至少能吸收发生器冲击电流驱动能力两倍的峰值冲击电流,以提供一个充分的运行安全系数。电容器的等效阻抗(ESR)在 100 Hz 和 20 kHz 时应尽可能小,不应超过 0.1 Ω。

由于试验时 1 700 μF 的电容器要放电,所以应并联一个电阻,在两次试验之间应有几个 RC 时间常数。当采用 10 kΩ 电阻时,则 RC 时间常数为 17 s,故在两次冲击驱动能力之间应等待 1.5 min~2 min。当要求等待时间较短时,如 100 Ω 的低值电阻也可用。

电流探头应能在四分之一周期中吸收全部发生器峰值冲击电流而不饱和。

在电源相位 90°和 270°时试验的操作,通过发生器输出从 0 到 100%转换来进行,以保证在两个极性下有足够的峰值冲击电流驱动能力。

A.2 EUT 峰值冲击电流要求

当发生器峰值冲击电流驱动能力满足规定的要求时(例如,220 V~240 V 电源,至少有 500 A),就不必去测量 EUT 峰值冲击电流。

然而,如果 EUT 的冲击要求小于发生器冲击电流驱动能力,那么小于这个电流驱动能力的发生器也可用于试验。图 A.2 所示的电路为测量一个 EUT 峰值冲击电流的例子,用以确定其是否小于低冲击驱动能力发生器的冲击驱动能力。

图 A.2 电路采用了与图 A.1 电路相同的电流互感器,进行以下四项峰值冲击电流试验:

a) 至少停电 5 min,在 90°相角重新开机测量峰值冲击电流;

b) 在270°重复a);

c) 至少停电1 min或停电5 min,然后在相角90°重新开机,测量峰值冲击电流;

d) 在270°重复c)。

为了能够用低冲击电流驱动能力的发生器试验特定的EUT,测得的EUT冲击电流应小于发生器的冲击电流驱动能力的70%。

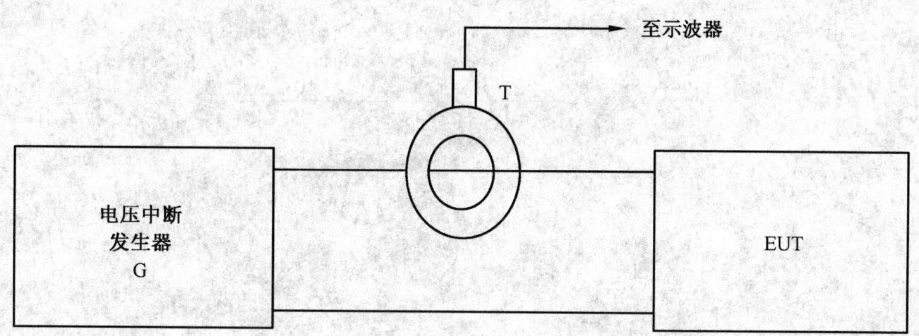

图A.2 确定EUT的峰值冲击电流要求的电路

ICS 85.060
Y 32

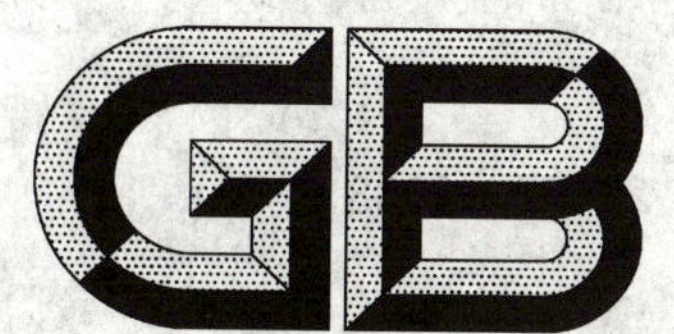

中华人民共和国国家标准

GB/T 22865—2008

牛皮纸

Kraft

2008-12-30 发布　　　　2009-09-01 实施

中华人民共和国国家质量监督检验检疫总局
中国国家标准化管理委员会　发布

前　言

本标准在原轻工行业标准 QB/T 3516—1999《牛皮纸》的基础上制定。

本标准由中国轻工业联合会提出。

本标准由全国造纸工业标准化技术委员会归口。

本标准起草单位:昌乐世纪阳光纸业有限公司、中国制浆造纸研究院。

本标准主要起草人:盛永忠、王东兴、张增国、陈效隽。

牛　皮　纸

1　范围

本标准规定了牛皮纸的分类、要求、试验方法、检验规则和标志、包装、运输、贮存等。

本标准适用于以硫酸盐浆或其他类似的化学浆为主要原料生产的,用于包装各种商品的牛皮纸。

2　规范性引用文件

下列文件中的条款通过本标准的引用而成为本标准的条款。凡是注日期的引用文件,其随后所有的修改单(不包括勘误的内容)或修订版均不适用于本标准,然而,鼓励根据本标准达成协议的各方研究是否可使用这些文件的最新版本。凡是不注日期的引用文件,其最新版本适用于本标准。

GB/T 450　纸和纸板　试样的采取及试样纵横向、正反面的测定

GB/T 451.1　纸和纸板尺寸及偏斜度的测定

GB/T 451.2　纸和纸板定量的测定

GB/T 454　纸耐破度的测定

GB/T 455　纸和纸板撕裂度的测定

GB/T 462　纸、纸板和纸浆　分析试样水分的测定

GB/T 1540　纸和纸板吸水性的测定　可勃法

GB/T 2828.1　计数抽样检验程序　第1部分:按接收质量限(AQL)检索的逐批检验抽样计划

GB/T 10342　纸张的包装和标志

GB/T 10739　纸、纸板和纸浆试样处理和试验的标准大气条件

3　分类

3.1　牛皮纸按质量分为优等品、一等品、合格品。

3.2　牛皮纸分压光和不压光两种。

3.3　牛皮纸颜色按订货合同规定。

3.4　牛皮纸分为平板纸和卷筒纸。

4　要求

4.1　技术指标

牛皮纸的技术指标应符合表1或订货合同的规定。

表 1

指标名称		单位	规定		
			优等品	一等品	合格品
定量[a]		g/m²	40.0±2.0 50.0±2.5 60.0±3.0 70.0±3.5 80.0±4.0 90.0±4.5 100±5.0 120±5.0		
耐破度 ≥	40.0 g/m²	kPa	135	120	80
	50.0 g/m²		175	155	110
	60.0 g/m²		215	190	145
	70.0 g/m²		255	225	185

表 1（续）

指标名称		单位	规定		
			优等品	一等品	合格品
耐破度 ≥	80.0 g/m²	kPa	305	265	225
	90.0 g/m²		345	305	260
	100 g/m²		390	345	295
	120 g/m²		470	420	360
纵向撕裂度 ≥	40.0 g/m²	mN	290	245	135
	50.0 g/m²		435	380	225
	60.0 g/m²		580	495	335
	70.0 g/m²		725	610	450
	80.0 g/m²		900	705	545
	90.0 g/m²		1 080	815	650
	100 g/m²		1 220	910	740
	120 g/m²		1 480	1 130	950
吸水性(cobb,60 s)≤		g/m²	30		
交货水分		%	8.0±2.0		
[a] 本表规定外的定量，其指标可就近按插入法考核。					

4.2 尺寸

4.2.1 平板牛皮纸的尺寸为 787 mm×1 092 mm、889 mm×1 194 mm，也可按订货合同生产，其尺寸偏差应不超过±3 mm，偏斜度应不超过 3 mm。

4.2.2 卷筒牛皮纸的幅宽按订货合同规定，其偏差应不超过±3 mm。

4.2.3 卷筒牛皮纸的卷筒直径为 800 mm、1 000 mm、1 100 mm、1 200 mm，其直径偏差应不超过±50 mm。

4.3 外观质量

4.3.1 牛皮纸的纤维均匀性及色泽应符合订货合同的规定，彩色牛皮纸的每批颜色不应有显著的差别。

4.3.2 牛皮纸的纸面应平整，不应有折子、皱纹、残缺、斑点、裂口、孔眼、条痕、硬质块等外观纸病。

4.3.3 卷筒牛皮纸纸芯不应有扭结或压扁现象。每卷纸的接头优等品应不超过 2 个，一等品、合格品应不超过 3 个，接头处应用胶带粘牢，并作出明显标记。

4.3.4 牛皮纸的切边应整齐洁净。卷筒牛皮纸的端面应平整，形成的锯齿或凹凸面应不超过 5 mm。

5 试验方法

5.1 试样的采取按 GB/T 450 进行。

5.2 试样的处理和测定按 GB/T 10739 进行。

5.3 尺寸、偏斜度按 GB/T 451.1 进行测定。

5.4 定量按 GB/T 451.2 进行测定。

5.5 耐破度按 GB/T 454 进行测定。

5.6 纵向撕裂度按 GB/T 455 进行测定。

5.7 吸水性按 GB/T 1540 进行测定。

5.8 交货水分按 GB/T 462 进行测定。

5.9 外观质量采用目测法检测。

6 检验规则

6.1 以一次交货同一规格产品为一批,但每批应不多于 100 t。

6.2 生产厂应保证所生产的牛皮纸符合本标准的规定,每件纸交货时应附有一份产品质量合格证。

6.3 计数抽样检验程序按 GB/T 2828.1 规定进行,样本单位为件(卷)。接收质量限(AQL):耐破度、纵向撕裂度为 4.0;定量、吸水性、交货水分、尺寸、外观质量为 6.5。采用正常检验二次抽样,检验水平为特殊检验水平 S-2,其抽样方案见表 2。

表 2

批量/件或卷	正常检验二次抽样方案,特殊检验水平 S-2				
	样本量	AQL 值为 4.0		AQL 值为 6.5	
		Ac	Re	Ac	Re
2～150	2	—	—	0	1
	3	0	1	—	—
151～1 200	3	0	1	—	—
	5	—	—	0	2
	5(10)	—	—	1	2

6.4 可接收性的确定:第一次检验的样品数量应等于该方案给出的第一样本量。如果第一样本中发现的不合格品数小于或等于第一接收数,应认为该批是可接收的;如果第一样本中发现的不合格品数大于或等于第一拒收数,应认为该批是不可接收的。如果第一样本中发现的不合格品数介于第一接收数与第一拒收数之间,应检验由方案给出样本量的第二样本并累计在第一样本和第二样本中发现的不合格品数。如果不合格品累计数小于或等于第二接收数,则判定该批是可接收的;如果不合格品累计数大于或等于第二拒收数,则判定该批是不可接收的。

6.5 需方有权按本标准的规定或订货合同进行验收检验,检验时应先检查外部包装,然后从中取样进行检验。如果检验结果与标准或合同不符,需方应在到货后一个月内(或按订货合同规定)通知供方共同取样进行复验,如仍不合格,则判为批不合格,由供方负责处理;如合格,则判为批合格,由需方负责处理。

7 标志、包装、运输、贮存

7.1 牛皮纸成品应用三层牛皮纸作为外包装,亦可根据需方要求加裹防潮塑料薄膜。平板纸按照 GB/T 10342 中条形木夹板包装的规定进行标志和包装;卷筒纸按照 GB/T 10342 中卷筒纸包装的规定进行标志和包装。也可按订货合同的规定进行标志和包装。

7.2 运输过程中,应使用有篷而洁净的运输工具。

7.3 装卸时不应钩吊,不应将纸卷(件)从高处扔下。

7.4 牛皮纸应妥善保管,严防受潮。

ICS 59.140.10;59.140.35
Y 45

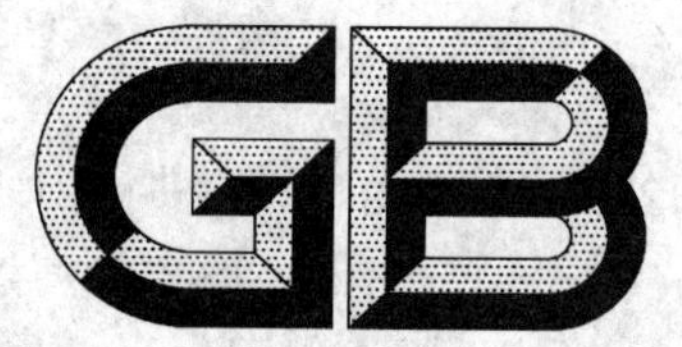

中华人民共和国国家标准

GB/T 22866—2008

皮革五金配件　镍释放量的测定

Leather hardware accessory—Determination of release of nickel

2008-12-30 发布　　2009-09-01 实施

中华人民共和国国家质量监督检验检疫总局
中国国家标准化管理委员会　发布

前　言

本标准修改采用 EN 1811:1998《对直接插入并长期接触皮肤的制品中镍的释放量参考测试方法》(英文版)。

本标准与 EN 1811:1998 相比,差异如下:

a) 试剂中增加镍标准溶液;

b) 仪器和装置中增加原子吸收分光光度计(具有石墨炉原子化装置)和电感耦合等离子发射光谱仪的仪器工作参考条件;

c) 镍的测定中细化了绘制工作曲线和试样溶液中镍的测定两个步骤;

d) 删除原资料性附录 D、附录 E。

为便于使用,本标准还做了下列编辑性修改:

a) 删除欧洲标准的前言和序言。

b) "本欧洲标准"一词改为"本标准"。

c) 用小数点"."代替作为小数点的逗号","。

本标准的附录 A 为规范性附录,附录 B、附录 C 为资料性附录。

本标准由中国轻工业联合会提出。

本标准由全国皮革工业标准化技术委员会(SAC/TC 252)归口。

本标准起草单位:中华人民共和国嘉兴出入境检验检疫局。

本标准主要起草人:沈兵、来燕芳、王练、朱洪敏、张萌萌。

皮革五金配件　镍释放量的测定

1　范围

本标准规定了皮革五金配件中镍释放量的测定方法。

本标准适用于各类皮革五金配件。

2　原理

将试样浸入人工汗液一星期。溶入人工汗液的镍离子浓度用原子吸收光谱法、电感耦合等离子体光谱法或其他适当的分析方法测定。镍释放量的单位为微克每平方厘米周[$\mu g/(cm^2 \cdot 周)$]。

3　试剂

除非另有说明，在分析中仅使用确认为分析纯的试剂。

3.1　去离子水，电导率不大于 1 μS/cm。

3.2　氯化钠。

3.3　DL-乳酸，质量分数大于 0.88，ρ=1.21 g/mL。

3.4　尿素。

3.5　氨水，质量分数为 0.25，ρ=0.91 g/mL。

3.6　稀氨水，质量分数为 0.01。将氨水(3.5)10 mL 置于预先装有 100 mL 水的 250 mL 烧杯内，搅拌并冷却至室温，将溶液移入 250 mL 容量瓶，用水稀释至刻度，混匀。

3.7　硝酸，质量分数为 0.65，ρ=1.40 g/mL。

3.8　稀硝酸，质量分数约为 0.05。将硝酸(3.7)30 mL 置于预先装有 350 mL 水的 500 mL 烧杯内，搅拌并冷却至室温，将溶液移入 500 mL 容量瓶，用水稀释至刻度，混匀。

3.9　阴离子型表面活性剂，十二烷基苯磺酸钠或烷芳基磺酸钠。

3.10　除脂溶液，将阴离子型表面活性剂(3.9)5 g 溶入 1 000 mL 水中，也可使用中性除油剂。

3.11　蜡或漆(适用于电镀业)，蜡或漆都应能在试样表面涂上一层或多层，目的是进行镍释放量的试验时防止镍从非测试表面逸出。

3.12　镍标准溶液，1 000 μg/mL。

4　仪器和装置

4.1　pH 计，精度为 0.02 pH 单位。

4.2　分析光谱仪，仪器经最优化后，能满足 4.2.1 和 4.2.2 的要求。推荐使用原子吸收分光光度计(具有石墨炉原子化装置)或电感耦合等离子体发射光谱仪。

4.2.1　最低精度：对含镍量为 0.05 mg/L 的全基体校正溶液，10 次测量的标准偏差不超过 10%。

4.2.2　检测限：对一个含镍量选定为其吸光度刚超过零浓度校正溶液吸光度的全基体溶液，进行 10 次测量的标准偏差的两倍作为检测限。在类似于最终测试溶液的基体中镍的检测限应不大于0.01 mg/L。

4.2.3　原子吸收分光光度计(具有石墨炉原子化装置)，仪器工作参考条件为：波长 232.0 nm，光谱带宽 0.2 nm，灯电流 10 mA，积分时间 4.0 s。

4.2.4　电感耦合等离子发射光谱仪，仪器工作参考条件为：辅助气流量 0.5 L/min；泵速 100r/min；积分时间，长波(>260 nm)5 s，短波(<260 nm)10 s。参考分析波长：Ni 231.604 nm。

4.3 温控的水浴或烘箱，温控能力为(30±2)℃。

4.4 带盖的容器，容器和盖均以不含镍且耐酸的非金属材料（如玻璃、聚丙烯、聚四氟乙烯、聚苯乙烯等）制成，样品用适当的方法（如上述同样材料制成的支架、玻璃珠或线）悬浮于人工汗液中，以免试样测试面积(5.1.1)接触容器的底部或壁。选择容器和支架的大小及形状以利用最少量的汗液完全覆盖住被测试的物体。为了消除容器和支架中镍的干扰，容器和支架浸入稀硝酸(3.8)贮存 4 h 以上进行预处理。预处理以后，以水冲洗并干燥。

5 试样

5.1 测试面积

5.1.1 试样测试面积

本标准中将五金配件接触皮肤部分的表面称为“试样测试面积”。

5.1.2 试样测试面积的确定

试样测试面积的单位为平方厘米(cm^2)，按已磨损或使用过的轮廓作标记确定。为达到必要的分析灵敏度，被测试样测试面积至少 0.2 cm^2。必要时完全相同的配件可以一起测试以达到该最小面积。

试样测试面积的识别和测量参见附录 B。

5.1.3 试样测试面积以外的面积

为避免从试样非测试表面上释放镍，这类表面应除去或加以保护，使其不接触人工汗液。按 5.2 去除油脂后，涂上一层或多层能防止镍释放的蜡或漆(3.11)。非测试面积的涂敷参见附录 B。

对于不能去除也无法覆盖的非测试面积，则这类表面积应视为试样测试面积。

5.2 样品准备

在室温下，将样品置于除脂溶液(3.10)中轻轻搅动 2 min，以去离子水冲洗并干燥。接触除油脂后的样品时，应用塑料镊子或带洁净的防护手套。

注：这一清洗步骤的目的是去除外来的油脂和受伤处的释放物，不是去除任何保护层。当然也去除制品表面可能存在的镍污染。若需要测试这类镍污染，则不能进行清理程序，但应知道，免除了清洗程序，可能影响制品的镍释放。

5.3 参考试片

按附录 A 制作参考试片，用测定参考试片的镍释放量进行质量监控。

参考试片可使用多次，重要的是每次测试前应对参考试片的两面都进行打磨。每一面都先用 600 号砂纸，再用 1200 号水砂纸打磨，至少打磨掉 0.05 mm 后，再按 5.2 去除油脂。

按本标准进行测试时，参考试片（未乘以调整系数 0.1）镍释放量为：(0.4±0.2)$\mu g/(cm^2 \cdot 周)$。

6 试验步骤

6.1 准备测试溶液

6.1.1 去离子充气水的制备

在一个 2 L 高型烧杯内注满水，将充气管置于烧杯底部，以 150 mL/min 的充气速度给水充气 30 min，使水中空气达到饱和。

6.1.2 人工汗液的制备

人工汗液为含有下列成分的去离子充气水溶液：

a) 氯化钠(3.2)，质量分数为 0.005；

b) DL-乳酸(3.3)，质量分数为 0.001；

c) 尿素(3.4)，质量分数为 0.001；

d) 稀氨水(3.6)。

将尿素(3.4)(1.00±0.01)g，氯化钠(3.2)(5.00±0.01)g 和 DL-乳酸(3.3)(940±20)μL 置于

1 000 mL 烧杯中，加入新配制的去离子充气水（6.1.1）900 mL，搅拌至所有试剂完全溶解。将经过校准的 pH 计（4.1）电极浸入人工汗液，轻轻搅拌并逐滴加入稀氨水（3.6），直到 pH 值稳定在（6.50±0.10）。将人工汗液转移至 1 000 mL 容量瓶，并以去离子充气水（6.1.1）定容到刻度。使用前，保证人工汗液的 pH 值为 6.40～6.60，人工汗液配制后应在 3 h 内使用。

6.2 释放过程

将试样置于带盖的容器内（4.4）。加入适量的人工汗液，人工汗液的加入量按照试样测试面积，约 1 mL/cm²。试样应全部浸入人工汗液，但用蜡或漆保护的非测试表面不必浸入。不管试样测试面积大小，人工汗液至少为 0.5 mL，记下试样测试面积和使用的人工汗液量。用密闭的盖子封盖容器，以免汗液挥发。将容器静置在温度稳定控制的水浴中或烘箱内（4.3），于（30±2）℃下静置 168 h。

如果测试参考试片，悬挂于 3 mL 人工汗液中，其余步骤按照试样测试。

7 d 后，从人工汗液中取出试样并用少量去离子水冲洗，冲洗液并入溶液中。将溶液定量移入一个经过酸洗的大小适当的容量瓶中，容量瓶大小的选定应考虑测定镍时所用的仪器的检测限。为防止释放出的镍再沉淀，向溶液内加入适量稀硝酸（3.8），以去离子水稀释至刻度，混匀。容量瓶定容后，应使溶液中硝酸浓度约为 1%，试样溶液的最后体积至少为 2 mL。

6.3 空白试验

与试样同时进行空白试验，使用的容器和试验过程完全相同，只是容器内不加试样。使用等量的人工汗液和等量的水冲洗。

6.4 镍的测定

6.4.1 绘制工作曲线

用镍标准溶液（3.12）配制一系列不同浓度的标准工作溶液。以去离子水调零，用原子吸收分光光度计或电感耦合等离子体光谱仪测量各标准工作溶液的吸光度。以吸光度或发射强度为纵坐标，各标准工作溶液浓度为横坐标，绘制工作曲线。

6.4.2 试样溶液中镍的测定

以去离子水调零，用原子吸收分光光度计或电感耦合等离子体光谱仪分别测量试样溶液和空白溶液的吸光度或发射强度，对照工作曲线计算镍的含量。

6.4.3 测定数量

用两个相同的样品进行平行测定。

7 结果的表述

7.1 试样的镍释放量计算

试样的镍释放量，按式（1）计算：

$$w = \frac{(c - c_0) \times V}{1\,000\,A} \qquad \cdots\cdots(1)$$

式中：

w——试样的镍释放量，单位为微克每平方厘米周[μg/(cm² · 周)]；

c——工作曲线上查得的试样溶液中镍的浓度，单位为微克每升（μg/L）；

c_0——工作曲线上查得的空白溶液中镍的浓度，单位为微克每升（μg/L）；

V——试样溶液的体积，单位为毫升（mL）；

A——试样测试面积，单位为平方厘米（cm²）。

7.2 结果表示

试样的镍释放量用 μg/(cm² · 周）表示，以两次平行试验结果的算术平均值作为结果，修约至 0.01 μg/(cm² · 周）。以上结果乘以 0.1 得到调整后的数据。

试验结果的统计不确定度和结果的解释参见附录 C。

8 试验报告

试验报告应包含以下内容：

a) 本标准编号；

b) 样品的描述，如名称、种类、接样日期等；

c) 取样程序；

d) 样品测试面积；

e) 人工汗液使用量；

f) 每次样品镍释放量的结果及调整后的数据；

g) 实测方法与本标准的不同之处；

h) 测试过程中出现异常情况的记录；

i) 试验人员、日期。

附 录 A
（规范性附录）
参考试片的制作

A.1 参考试片的组分

至少配制 1 kg 合金来制作参考试片。将金(纯度不低于 99.99%)、铜(纯度不低于 99.9%)、镍(纯度不低于 99.9%)和锌(纯度不低于 99.9%)的称量精确到±0.1g,以符合表 A.1 的规定。

表 A.1 参考试片的组分

元素	质量分数/%
Au	76.0
Cu	16.0
Ni	6.0
Zn	2.0

或者,为制作表 A.1 组分的参考试片,可以称取 24%中间合金和 76%金。该中间合金组分见表 A.2。

表 A.2 中间合金的组分

元素	质量分数/%
Cu	66.7
Ni	25.0
Zn	8.3

A.2 参考试片的熔炼

将称取的金属试样放在瓷坩埚中,搅拌均匀。将瓷坩埚放在感应加热炉中,在真空或保护气体下熔炼,均匀熔融。合金倒入铸铁模,推荐厚度为 8 mm。在空气中冷却至室温,以碱性去油脂溶液刷洗清理铸件,在 800 ℃保护气体下退火 15 min,使合金均匀。铸件冷却至室温后冷轧,加工率尽可能低于 50%,从铸件的两端对角取两个样品分析其均匀度。最后组分的精确度应为:金不超过±0.1%,铜、镍、锌分别不超过±0.2%。在 800 ℃保护气体下退火 15 min。每次退火后,在保护气体下以约每分钟 50 ℃的冷却速率缓慢冷却至 550 ℃,然后在水中淬火。冷轧,以 70%的加工率轧到最后厚度为 0.5 mm。最后在 800 ℃下退火 15 min。加工后的薄板,维氏硬度应为(190±5)HV。

薄板表面经 1200 号水砂纸打磨,按下列形状和尺寸(见图 A.1)冲压成型并倒圆角:

——直径为(12.0±1.0)mm;

——厚度为(0.5±0.1)mm;

——中间孔径为(1.0±0.2)mm。

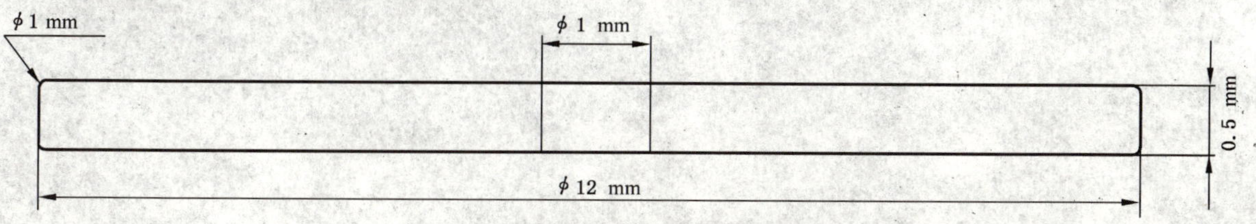

图 A.1 参考试片的形状和尺寸

当按本标准进行测试时，精加工的(未经调整)镍释放量为：(0.4±0.2)μg/(cm^2·周)。

注意：整个操作过程应避免材料表面沾染镍。参考试片可使用多次，每次进行镍释放试验前，应先用 600 号水砂纸随后用 1200 号水砂纸打磨(见 5.3)。

附 录 B
（资料性附录）
试样测试面积的识别和测量及非测试面积的涂敷

B.1 试样测试面积的识别和测量

在识别试样测试面积时，应考虑皮肤的弹性和皮革五金配件的哪些部位接触皮肤。

当皮革五金配件采用同一材料制成时，由于“涂保护层”这一过程可能导致误差，因此应对整个五金配件表面进行测试（不管是否插入和长期与皮肤接触）。

对于用圆线材（直径小于 3 mm）连接而成的皮革五金配件，如链子，测试面积应按全部有效面积的投影面积计算；当线材穿过皮肤时，测试面积为穿过皮肤的实际面积。

对于截面为方形、长方形、椭圆的皮革五金配件，或圆线材（直径大于等于 3 mm）制成的皮革五金配件，可以假定压入配件周围的皮肤达 2 mm 深，以此来计算皮革五金配件的测试面积。同样，如果皮革五金配件接触皮肤部分的表面形成的压痕深度小于等于 2 mm，其投影面积应包括在皮革五金配件的测试面积内。

由板材制成的皮革五金配件，如装饰片、空心盒状装饰物，测试面积按照接触皮肤部分的表面2 mm以内的投影面积计算。

皮革五金配件的设计者，特别是使用计算机辅助设计的情况下，可以对测试面积的计算提出建议。

可以采用自身催化涂敷技术测量皮革五金配件的测试面积。

B.2 非测试面积的涂敷

在测试中推荐适用电镀业使用的保护漆，在使用时应注意如下要点：

——采用单层防护时，应有效防止人工汗液接触非测试表面；

——用刷子涂敷，随后空气干燥；

——使用颜色鲜艳的保护漆，使得测试部分与非测试部分的界限能明显看到，若有破损能及时发现；

——不污染人工汗液，不干扰镍的释放和测定；

——使用安全且未失效的保护漆；

——使用前去油脂。

附 录 C
（资料性附录）
试验过程的统计不确定度和结果的解释

化学分析方法通常测定的是材料中某一物质的总量。因为物质的总量有一个绝对或确切的数值，所以各实验室通常可以获得统计性接近一致的精确结果。本标准的方法是测定皮革五金配件释放镍的可溶解的比例。这类化学实验的分析结果取决于特定的试验条件，而且没有绝对的或确切的数值，因此，对于这类移动的（或释放的）实验，实验室之间很难取得统计学接近一致的结果。

1993年，根据ISO 5725，欧洲各实验室按照直接插入并长期接触皮肤的制品中镍的释放量测试方法的较早版本进行了实验室间的比对试验。七个实验室对两个表面积已知的均匀材料进行测定，镍释放量大约为0.5 μg/(cm^2·周)和1.5 μg/(cm^2·周)。同一实验室内的差别高达22%，而实验室间的差别则高达45%。此外，如果以95%的置信度进行调整[在镍释放量为0.5 μg/(cm^2·周)时，重复性限r=0.33 μg/(cm^2·周)，再现性限R=0.68 μg/(cm^2·周)]，这一数据可以高出3倍。

当分析结果接近0.5 μg/(cm^2·周)时，这样大的不确定度使得生产厂商和权威机构难以判定一个皮革五金配件是否合格。

在规定的实验条件下，皮革五金配件的含镍量与其释放镍的可溶解的比例之间没有关系。因此，测定皮革五金配件含镍量，然后折算成镍释放量是不合适的。

影响镍释放测试结果的主要参数包括：表面面积的测定、去油脂剂的影响、所涂的保护层、温度的变化和人工汗液的组成，尤其是整个测试过程中人工汗液的氧含量，对测试物体的搅拌或振动，测试面的表面积和人工汗液体积之比以及试样在测试溶液中的悬挂方法等。表面缺陷对测试结果也有影响。

用一个合格的参考试片（见附录A）将改善实验室间分析结果的统计学一致性。当分析结果接近0.5 μg/(cm^2·周)时，它的应用又会使得判定皮革五金配件是否合格复杂化。参考试片仅用于质量控制。

在本标准所描述的测试过程中，对一个均匀而形状简单的样品的分析结果，实验室之间的差异可达120%（CVR=45%），这样的测试方法在技术上通常认为是不稳定的。但是，实际上大部分皮革五金配件只会被判定是否合格，只有在极少数的情况下，分析结果才进入不确定的区域。出现这种情况时，各实验室以同样的方法解释分析结果就十分重要。

为了用同样的方法解释分析结果，在本标准中，对分析结果进行了调整。不管镍的测定采用什么仪器技术，对所有分析结果都进行调整。上述统计数据表明，对测试面积已知的均匀测试试样，当实际镍释放量大于0.5 μg/(cm^2·周)时，对分析结果用系数0.4进行调整，被确认具有95%的置信度，并为其他专业实验室认同。但是，各实验室对分析商业测试件缺乏经验，难以准确测量表面积和所涂保护层的面积等，在测试结果解释中使用系数0.1是合理的。

ICS 59.140.30
Y 46

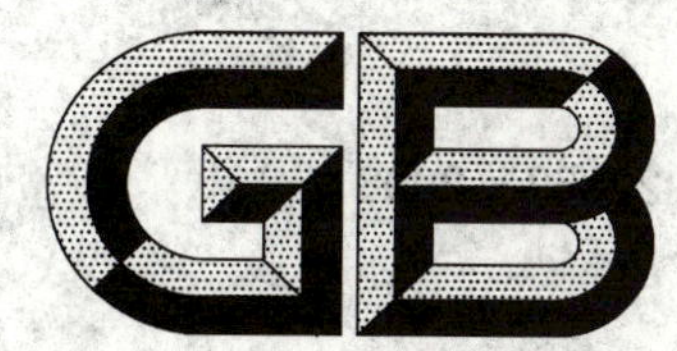

中华人民共和国国家标准

GB/T 22867—2008

皮革 维护性的评估

Leather—Assessment of maintainability

2008-12-30 发布　　　　2009-09-01 实施

中华人民共和国国家质量监督检验检疫总局
中国国家标准化管理委员会　发布

前言

本标准修改采用英国 BLC 方法 M12《装饰用皮革的维护性评估》。

本标准与英国 BLC 方法 M12 的技术性差异如下：

a) 扩大了标准的使用范围，增加汽车装饰用皮革；

b) 增加了规范性引用文件；

c) 将混合油配方中的“可可油”替换成了在我国更常使用、更易获得的“山茶油”；

d) 对污布、皮革清洁剂、皮革上光剂和白棉布在一定程度上作了规定，便于我国使用；

e) 增加取样方法、试样空气调节和试验条件规定，提高试验结果复现性；

f) 添加了施加污染物的示意图，并详细规定了施加污染物的方法，使操作要领扼要、明了，便于统一操作；

g) “试验报告”中增加“本标准编号”、“试验人员、日期”。

本标准由中国轻工业联合会提出。

本标准由全国皮革工业标准化技术委员会(SAC/TC 252)归口。

本标准起草单位：国家皮革质量监督检验中心(浙江)、海宁蒙努集团有限公司、浙江卡森实业股份有限公司、浙江通天星集团股份有限公司。

本标准主要起草人：黄新霞、徐寿春、祝妙凤、宋汝强、朱广忠。

皮革　维护性的评估

1　范围

本标准规定了测试皮革维护性的原理和方法。

本标准适用于所有类型的家具用皮革、汽车装饰用皮革。

2　规范性引用文件

下列文件中的条款通过本标准的引用而成为本标准的条款。凡是注日期的引用文件，其随后所有的修改单(不包括勘误的内容)或修订版均不适用于本标准，然而，鼓励根据本标准达成协议的各方研究是否可使用这些文件的最新版本。凡是不注日期的引用文件，其最新版本适用于本标准。

GB/T 250　纺织品　色牢度试验　评定变色用灰色样卡(GB/T 250—2008,ISO 105-A02:1993,IDT)

QB/T 2706　皮革　化学、物理、机械和色牢度试验　取样部位(QB/T 2706—2005,ISO 2418:2002,MOD)

QB/T 2707　皮革　物理和机械试验　试样的准备和调节(QB/T 2707—2005,ISO 2419:2002,MOD)

3　原理

将指定的污染物施加于皮革上，让其在标准空气条件下放置一定时间。用适当的清洁剂除去污物，使皮革清洁并在清洁区重新上光。分别评估清洁后和重新上光后皮革的污染物去除程度、变色程度及皮革表面的其他变化。

4　试剂和材料

4.1　番茄酱。

4.2　混合油：动物油 5%、大豆油 22%、菜油 40%、山茶油 21%、橄榄油 12%。

注：混合油在温度小于等于 20 ℃时呈固态且颜色发生变化，为便于使用，宜缓慢加热至大于等于 25 ℃，使其变成透明的液体。

4.3　咖啡：将 5 g 速溶咖啡溶解于 100 mL 沸腾的蒸馏水中，冷却至室温。

4.4　污布：全棉标准污布。

4.5　皮革清洁剂：非离子型表面活性剂。

4.6　皮革上光剂：聚氨酯光亮剂，亚光型。

4.7　软毛刷：宽度为 10 mm～15 mm。

4.8　白棉布：不含增白剂。

4.9　变色用灰色样卡：符合 GB/T 250 的规定。

5　取样

5.1　按 QB/T 2706 规定取两片 300 mm×210 mm 的试样。在其中一片上画两条平行于长边的直线(图 1 中 EF、GH)，将试样平均分成三个长条区域(图 1 中 1 区、2 区、3 区)。保留另一片作为对比样。

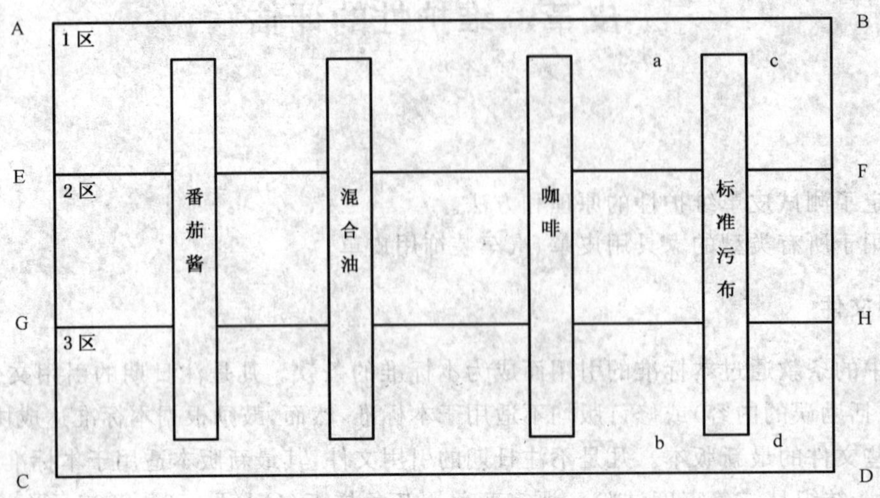

AB——试样长,300 mm;

AC——试样宽,210 mm;

ab——污物长,150 mm;

ac——污物宽,20 mm。

图 1 污物在试样上的分布示意图

5.2 按 QB/T 2707 规定对试样和对比样进行空气调节。

6 操作步骤

所有操作均在标准空气条件下进行。

6.1 施加污染物(图 1)

6.1.1 用软毛刷(4.7)分别将番茄酱(4.1)、混合油(4.2)、咖啡(4.3)往一个方向涂在试样表面,涂刷方向平行于短边(图 1 中 AC、BD),污染区大小约为 150 mm×20 mm,确保污染区被污染物有效污染。

6.1.2 用手指压住污布(4.4)(约 10 N 的力)在试样表面上往一个方向涂擦,涂擦的方向平行于短边(图 1 中 AC、BD),污染区大小约为 150 mm×20 mm,确保污染区被污染物有效污染。

6.1.3 放置污染后的试样 24 h。

注:某些污染物可能不能沾湿皮革表面,这是自然现象,不宜试图用力使之沾湿。

6.2 污染物的去除

用一片潮湿的干净白棉布(4.8)沾适量皮革清洁剂(4.5),轻轻地擦拭(避免用力过度造成试样表面的损伤)被污染试样的中间区域(图 1 中 2 区)和靠下边的区域(图 1 中 3 区),直至无可擦去的污染物为止。为防止重复污染,应及时更换新的白棉布(4.8)。观察并记录由于清洁而造成的颜色的变化。让试样晾干重复清洁程序。

6.3 皮革的上光

用一片干净的白棉布(4.8)沾适量皮革上光剂(4.6),轻轻地将上光剂涂擦在 6.2 中清洁过的被污染试样的靠下边的区域(图 1 中 3 区)上。再用一片干净的白棉布(4.8)进行打光处理。

注:汽车装饰用皮革和纳帕革不需要这样的处理。

6.4 皮革的评估

仔细检查皮革并记录污染是否已被除去。用变色用灰色样卡(4.9)比对已重新上光的区域(6.3)与对比样,记录试样表面的所有变化。

7 试验报告

试验报告应包含以下内容：

a) 本标准编号；

b) 样品的详细说明；

c) 试验条件；

d) 对污染清洁后的所有影响和变化；

e) 清洁后的变色程度；

f) 上光后的变色程度；

g) 试验人员、日期。

ICS 59.140.35
Y 56

中华人民共和国国家标准

GB/T 22868—2008

篮　　球

Basketball

2008-12-30 发布　　2009-09-01 实施

中华人民共和国国家质量监督检验检疫总局
中国国家标准化管理委员会　发布

前　言

本标准参照国际篮联《篮球竞赛规则》进行制定。

本标准由中国轻工业联合会提出。

本标准由全国皮革工业标准化技术委员会(SAC/TC 252)归口。

本标准起草单位:广州海乐斯球业制造有限公司、国家体育总局器材装备中心、中国皮革和制鞋工业研究院、烟台万华超纤股份有限公司、裕晟(昆山)体育用品有限公司、高铁检测仪器(东莞)有限公司。

本标准主要起草人:韩国春、李革、钟耀强、陈景长。

篮　　球

1　范围

本标准规定了篮球的产品分类、要求、试验方法、检验规则、标志、标签、包装、运输和贮存。

本标准适用于各种材料制成的竞赛用篮球、日常活动用篮球。

2　规范性引用文件

下列文件中的条款通过本标准的引用而成为本标准的条款。凡是注日期的引用文件，其随后所有的修改单(不包括勘误的内容)或修订版均不适用于本标准，然而，鼓励根据本标准达成协议的各方研究是否可使用这些文件的最新版本。凡是不注日期的引用文件，其最新版本适用于本标准。

GB/T 2828.1—2003　计数抽样检验程序　第1部分：按接收质量限(AQL)检索的逐批检验抽样计划

GB/T 14625.1　篮球、足球、排球、手球试验方法　第1部分：圆度测定方法

GB/T 14625.2　篮球、足球、排球、手球试验方法　第2部分：反弹高度测定方法

GB/T 14625.3　篮球、足球、排球、手球试验方法　第3部分：动态耐冲击试验方法

GB/T 14625.4—2008　篮球、足球、排球、手球试验方法　第4部分：试验条件与试样准备

GB/T 14625.5　篮球、足球、排球、手球试验方法　第5部分：圆周长、圆周差的测量

GB 20400　皮革和毛皮　有害物质限量

GB 21550　聚氯乙烯人造革有害物质限量

QB/T 1646—2007　聚氨酯合成革

3　产品分类

3.1　按面层材料分

3.1.1　A类：皮革球。

3.1.2　B类：人造革、合成革、再生革球。

3.1.3　C类：橡胶球。

3.2　按用途分

3.2.1　竞赛用篮球(一级)。

3.2.2　竞赛用篮球(二级)。

3.2.3　日常活动用篮球。

3.3　按使用人群和球的圆周长分

3.3.1　男子成年篮球(7号)，女子成年篮球(6号)。

3.3.2　少年篮球(5号)。

3.3.3　儿童篮球(3号)。

4　装置

4.1　天平，精度1 g。

4.2　金属或纤维软尺、钢直尺，最小刻度0.5 mm。

4.3　游标卡尺，精度0.01 mm。

4.4　气压表，量程为0～0.16 MPa，精度为1.5级，最小刻度0.002 5 MPa。

5 要求

5.1 原料

按有关产品标准选用，皮革、再生革类表面材料有害物质限量值应符合 GB 20400 和表 1 的规定，聚氯乙烯人造革类表面材料有害物质限量应符合 GB 21550 和表 2 的规定，以单组分纤维、海岛型藕状纤维和超细纤维基无纺布与聚氨酯通过湿法、干法复合制造的聚氨酯合成革应符合表 3 的规定。

表 1 皮革、再生革有害物质限量

项　　目	限 量 值
可分解有害芳香胺染料/(mg/kg)	≤30
游离甲醛/(mg/kg)	≤75
注：被禁芳香胺名称见 GB 20400。如果 4-氨基联苯和(或)2-萘胺的含量超过 30 mg/kg，且没有其他的证据，以现有的科学知识，尚不能断定使用了禁用偶氮染料。	

表 2 聚氯乙烯人造革有害物质限量

项　　目	限 量 值
氯乙烯单体/(mg/kg)	≤5
可溶性铅/(mg/kg)	≤90
可溶性镉/(mg/kg)	≤75
其他挥发物/(g/m^2)	≤20

表 3 球用聚氨酯合成革要求

项　　目		指　　标
厚度/mm		≥0.8
表观密度/(g/cm^3)		≤0.6
拉伸负荷/N		≥50
断裂伸长率/%		≥20
撕裂负荷/N		≥30
剥离负荷/(N/2 cm)		≥30
表面颜色牢度/级	干摩擦	≥4
	湿摩擦	≥3
	汗液摩擦	≥3

5.2 外观质量

应符合表 4 规定。

表4　外观质量

类别	外　观　质　量
竞赛用篮球(一级)	a) 皮革皮质坚实、丰满、柔软,皮纹细腻,纹络接近,表面无裂纹,每只球可允许有面积≤6 mm^2的轻微缺陷2处; b) 人造革、合成革、再生革表面花纹清晰、深浅一致,不允许有杂质、针孔、气泡、脱层等缺陷; c) 橡胶球面不允许有杂质、摺痕,允许累计球面缺陷≤3 cm^2; d) 球面接缝或槽的宽度:皮革球≤6.35 mm,其他球≤7.50 mm; e) 胶梗平直,无欠硫过硫现象;球片粘贴平整,离梗≤1 mm; f) 图案、字体清晰端正。
竞赛用篮球(二级)	a) 皮革皮质坚实,皮纹稍松,纹络接近,表面无裂纹,每只球可允许有面积≤10 mm^2 的轻微缺陷3处; b) 人造革、合成革、再生革表面花纹清晰、深浅一致,不允许有杂质、针孔、气泡、脱层等缺陷,允许有轻微的摺痕,允许有面积≤5 mm^2 的轻微缺陷3处; c) 橡胶球面不允许有气泡、杂质;允许有轻微的摺痕,允许累计球面缺陷≤5 cm^2; d) 球片粘贴平整,球面接缝或槽的宽度:皮革球≤6.35 mm,其他球≤7.50 mm; e) 胶梗平直,允许有深不大于革厚30%、长≤3 mm的缺陷2处; f) 图案、字体清晰端正。
日常活动用篮球	a) 皮革皮质松软,皮纹较粗,允许有不影响使用的轻微缺陷; b) 人造革、合成革、再生革表面花纹基本清晰,不允许有气泡、脱层等缺陷,允许有轻微的摺痕,允许有面积≤5 mm^2 的轻微缺陷5处; c) 橡胶球面气泡、杂质可修补完整;摺痕深度可≤0.5 mm,允许累计球面缺陷≤7 cm^2; d) 球片粘贴平整,球面接缝或槽的宽度≤7.5 mm; e) 胶梗平直,不允许缺梗; f) 图案、字体基本清晰端正。

5.3　质量

应符合表5的规定。

表5　质量

单位为克

品　名	球号	质　　量			
		竞赛用篮球		日常活动用篮球	
		A类、B类	C类	A类、B类	C类
男子成年篮球	7	567～650	560～650	567～665	560～665
女子成年篮球	6	510～567	510～567	510～580	510～615
少年篮球	5	480～500	465～535	465～535	460～535
儿童篮球	3	—	—	280～360	280～360

5.4　圆周长、圆周差

应符合表6的规定。

表 6 圆周长、圆周差

单位为毫米

品 名	球号	圆周长	圆周差		
			竞赛用篮球(一级)	竞赛用篮球(二级)	日常活动用篮球
男子成年篮球	7	749~780	≤3	≤4	≤5
女子成年篮球	6	724~737			
少年篮球	5	680~700			
儿童篮球	3	555~580	—	—	

5.5 圆度

日常活动用篮球不测试此项,竞赛用篮球(7 号、6 号、5 号)圆度应符合表 7 的规定。

表 7 圆度

项 目		圆 度	
		竞赛用篮球	日常活动用篮球
最大半径差/%	≤	1.5	—

5.6 气密性

球充气静置 24 h 后气压下降应符合表 8 规定。

表 8 气密性

项 目		气密性		
		竞赛用篮球(一级)	竞赛用篮球(二级)	日常活动用篮球
气压下降允差/%	≤	4	6	15

5.7 反弹高度

应符合表 9 的规定。

表 9 反弹高度

单位为毫米

品 名	球号	反弹高度		
		竞赛用篮球	日常活动用篮球	
		A 类、B 类、C 类	A 类、B 类	C 类
成年男子篮球	7	1 200~1 400	1 150~1 450	≥1 000
成年女子篮球	6	1 200~1 400	1 150~1 450	
少年篮球	5	1 000~1 400	1 000~1 400	
儿童篮球	3	—	1 000~1 400	

5.8 耐冲击性能

5 号、3 号篮球不测试此项,成年篮球(7 号、6 号)耐冲击性能应符合表 10 的规定。

表 10 耐冲击性能

项 目		耐冲击性能		
		竞赛用篮球(一级)	竞赛用篮球(二级)	日常活动用篮球
冲击次数/次		8 000	5 000	1 000
冲击后膨胀率	≤	1.03	1.03	1.03
冲击后变形值/mm	≤	3	3	3
冲击后球内压下降率/%	≤	6	8	12
冲击后球体外观		无破裂、内爆、脱皮、脱胶、断线和变形等现象		

5.9 耐热性能

经耐热试验后，球的外观无破裂、内爆、脱皮、脱胶、断线和变形等现象。

注：用户有耐热性能要求时，检验此项。

6 试验方法

6.1 原料

在加工生产以前，按GB 20400、GB 21550、QB/T 1646—2007等标准规定进行检验。

6.2 试验条件和试样的准备

应符合GB/T 14625.4—2008的规定。

6.3 外观质量

用目测、感官和钢直尺、游标卡尺在光线充足环境下，视距为300 mm进行测量。

6.4 质量

使用天平称量试样的质量。

6.5 圆周长、圆周差

按GB/T 14625.5进行检验。

6.6 圆度

按GB/T 14625.1进行检验。

6.7 气密性

将球充气至GB/T 14625.4—2008表1规定后，在23 ℃±2 ℃环境下静置24 h，测量球的气压下降百分率。

6.8 反弹高度

按GB/T 14625.2进行检验。

6.9 耐冲击性能

按GB/T 14625.3进行检验。

6.10 耐热性能

将球放置于老化箱中，升温至70 ℃，恒温48 h，取出后停放4 h，检查外观，应符合5.9规定。

7 检验规则

7.1 组批

以同品种原料投产，按同一生产工艺生产出来的同一品种、同一规格的产品组成一个检验批。

7.2 出厂检验

产品出厂前应进行检验，经检验合格并附有合格标识（或检验标识）方可出厂。

7.3 型式检验

7.3.1 检验周期

有下列情况之一者，应进行型式检验。

a) 产品结构、工艺、材料有重大改变时；

b) 产品长期停产（六个月）后恢复生产时；

c) 国家质量技术监督机构提出进行型式检验时；

d) 正常生产时，每半年至少进行一次型式检验。

7.3.2 抽样数量

从出厂检验合格的产品中随机抽取三只进行检验（如测试耐热性能，应另抽取三只进行测试）。

7.3.3 **合格判定**

7.3.3.1 **单只判定规则**

7.3.3.1.1 竞赛用篮球(一级):各项指标全部合格,则判该产品合格。

7.3.3.1.2 竞赛用篮球(二级):质量、圆周长、圆周差、圆度、气密性、反弹高度、耐冲击性能全部合格,外观允许有不影响使用的轻微缺陷,则判该产品合格。

7.3.3.1.3 日常活动用篮球:圆周长、圆周差、气密性、反弹高度全部合格,其他各项允许有两项不合格,则判该产品合格。

7.3.3.2 **批量判定规则**

三只被测样品全部合格,则判该批产品为合格。如有一只(及以上)不合格,加倍抽样六只复验不合格项。复验规则如下:

——竞赛用篮球(一级):六只复验样品全部合格,则判该批产品合格;如有一只样品不合格,可判该批产品为竞赛用篮球(二级);

——竞赛用篮球(二级)、日常活动用篮球:六只复验样品中允许有一只不合格,则判该批产品合格。

7.4 **仲裁检验**

抽样按 GB/T 2828.1—2003 正常检验一次抽样方案执行,判定外观项目 AQL 值为 6.5,其余项目 AQL 值为 2.5。

8 标志、标签、包装、运输和贮存

8.1 **标志**

8.1.1 经检验合格的产品应有以下标志:

生产单位(经销单位)名称、生产单位地址、商标、产品合格证(或检验标识)、联系电话、产品使用(维护保养)说明。

8.1.2 必要时,产品外包装应包括产品名称、货号、颜色、数量、贮运(防护)标识等标志。

8.2 **标签**

产品标签应包括以下内容:产品名称、产品标准号、规格(球号)、货号、材质(面层材质)、合格(检验)标识。

8.3 **包装**

产品的内外包装应采用适宜的包装材料,防止产品受损。

8.4 **运输和贮存**

8.4.1 防止曝晒、雨雪淋。

8.4.2 保持通风干燥,不得重压,避免高温环境。

8.4.3 远离化学物质。

ICS 85.060
Y 32

中华人民共和国国家标准

GB/T 22869—2008

金属板带衬纸

Metal sheet and strip interleaving paper

2008-12-30 发布 2009-09-01 实施

中华人民共和国国家质量监督检验检疫总局
中国国家标准化管理委员会 发布

前　言

本标准的附录 A 为规范性附录。

本标准由中国轻工业联合会提出。

本标准由全国造纸工业标准化技术委员会归口。

本标准起草单位：沈阳防锈包装材料有限责任公司、沈阳思特雷斯纸业有限责任公司、中国制浆造纸研究院。

本标准主要起草人：刘洪文、丁国祯、韩彪、傅亚民、白芳、安成强、徐丰、李旭初。

金属板带衬纸

1 范围

本标准规定了金属板带衬纸的产品分类、技术要求、试验方法、检验规则和标志、包装、运输、贮存等要求。

本标准适用于不锈钢板及其他金属(铜、铝等金属或合金)薄板制造过程和成品防止板面间相互摩擦产生缺陷所用的金属板带衬纸。

2 规范性引用文件

下列文件中的条款通过本标准的引用而成为本标准的条款。凡是注日期的引用文件,其随后所有的修改单(不包括勘误的内容)或修订版均不适用于本标准,然而,鼓励根据本标准达成协议的各方研究是否可使用这些文件的最新版本。凡是不注日期的引用文件,其最新版本适用于本标准。

GB/T 450 纸和纸板 试样的采取及试样纵横向、正反面的测定(GB/T 450—2008,ISO 186:2002,MOD)

GB/T 451.1 纸和纸板尺寸及偏斜度的测定

GB/T 451.2 纸和纸板定量的测定(GB/T 451.2—2002,eqv ISO 536:1995)

GB/T 455 纸和纸板撕裂度的测定(GB/T 455—2002,eqv ISO 1974:1990)

GB/T 456 纸和纸板平滑度的测定(别克法)(GB/T 456—2002,idt ISO 5627:1995)

GB/T 462 纸、纸板和纸浆 分析试样水分的测定(GB/T 462—2008;ISO 287:1985,MOD;ISO 638:1978,MOD)

GB/T 1541 纸和纸板 尘埃度的测定

GB/T 1545 纸、纸板和纸浆 水抽提液酸度或碱度的测定(GB/T 1545—2008,ISO 6588:1981,MOD)

GB/T 2678.2—2008 纸、纸板和纸浆 水溶性氯化物的测定

GB/T 2678.6 纸、纸板和纸浆水溶性硫酸盐的测定(电导滴定法)(GB/T 2678.6—1996,eqv ISO 9198:1989)

GB/T 2828.1 计数抽样检验程序 第1部分:按接收质量限(AQL)检索的逐批检验抽样计划(GB/T 2828.1—2003,ISO 2859-1:1999,IDT)

GB/T 10342 纸张的包装和标志

GB/T 10739 纸、纸板和纸浆试样处理和试验的标准大气条件(GB/T 10739—2002,eqv ISO 187:1990)

GB/T 12914 纸和纸板 抗张强度的测定(GB/T 12914—2008;ISO 1924-1:1992,MOD;ISO 1924-2:1994,MOD)

GB/T 22837 纸和纸板 表面强度的测定(蜡棒法)

3 术语和定义

下列术语和定义适用于本标准。

3.1

夹杂物 inclusion

金属板带衬纸中有使金属表面造成损伤的异物。

4 产品分类

4.1 产品分本色和白色两种。

4.2 成品纸为卷筒纸。

5 要求

5.1 金属板带衬纸的技术指标应符合表1或订货合同规定。

表 1

指标名称		单位	规定		
定量		g/m^2	42.0±2.5	35.0±2.0	32.0±2.0
横幅定量差 ≤		%	2.5		
抗张强度	纵向 ≥	kN/m	3.5	2.8	2.5
	横向 ≥		1.5	1.2	1.1
伸长率	纵向 ≥	%	2.2	2.0	2.0
撕裂度	纵向 ≥	mN	330	210	200
	横向 ≥		360	230	220
表面强度	正面 ≥	A	14		
平滑度	正面 ≥	s	40		
	反面 ≥		20		
热压后撕裂度保留率 ≥		%	65	60	
水抽出物 pH		—	7.0±1.0		
水溶性氯化物 ≤		mg/kg	100		
水溶性硫酸盐 ≤		mg/kg	150		
交货水分		%	3.0～9.0		
夹杂物	0.04 mm^2～0.14 mm^2	个/m^2	≤20		
	0.15 mm^2～0.39 mm^2		≤10		
	0.40 mm^2～0.99 mm^2		≤5		
	1.0 mm^2 以上		不应有		

5.2 纸面应平整，纤维组织均匀，不应有死折、活折、硬浆块、砂粒、油污、裂口、孔洞、残缺破损以及影响使用的外观纸病。

5.3 纸页间不应混入纸片、纸条、纸屑、粉尘及其他异物。

5.4 复卷后的纸卷接头应不多于2个，且2个接头间距应在1 000 m以上，接头处应用水溶性胶接牢，不应粘连上下层纸张，同时应有明显标识；接头宽度应不超过25 mm。

5.5 纸卷端面应整齐洁净(偏差应不超过±1 mm)。纸卷应松紧一致，纸芯不应有变形，与纸卷端面的偏差应不超过±3 mm。

5.6 根据双方协商，卷筒纸可规定宽度、卷径、长度或辊重，宽度误差范围为0～+3 mm，卷径误差范围为±10 mm，长度误差范围为±300 m。

5.7 金属板带衬纸的适用性应满足用户各工序要求，保证不断纸、不偏斜。过程用纸在退出收卷时应整齐，并保证重复使用3次以上(包括3次)不出现断纸、掉粉掉毛现象。

6 试验方法

6.1 试样的采取及检验前试样的处理按 GB/T 450 和 GB/T 10739 规定进行。

6.2 尺寸及偏斜度按 GB/T 451.1 规定进行。

6.3 定量和横幅定量差按 GB/T 451.2 规定进行，其中测定横幅定量差时，以 1 000 mm 宽度为基准。

6.4 抗张强度按 GB/T 12914 规定进行，仲裁时按恒速拉伸法测定。

6.5 伸长率测定按 GB/T 12914 规定进行，仲裁时按恒速拉伸法测定。

6.6 撕裂度按 GB/T 455 规定进行。

6.7 表面强度按 GB/T 22837 规定进行。

6.8 平滑度按 GB/T 456 规定进行。

6.9 水抽出物 pH 按 GB/T 1545 规定进行。

6.10 水溶性氯化物按 GB/T 2678.2—2008 中的硝酸汞法规定进行。

6.11 水溶性硫酸盐按 GB/T 2678.6 规定进行。

6.12 交货水分按 GB/T 462 规定进行。

6.13 夹杂物按 GB/T 1541 规定进行。

6.14 热压后撕裂度保留率按照附录 A 和 GB/T 455 的规定进行。

6.15 外观采用目测。

7 检验规则

7.1 以一次交货数量为一批，每批产品应不超过 50 t，每筒纸应附一份产品质量合格证。

7.2 金属板带衬纸交收检验应按 GB/T 2828.1 规定进行，抽样单位为卷(筒)。接收质量限(AQL)：水溶性硫酸盐、水溶性氯化物、水抽出物 pH、表面强度为 4.0；定量、横幅定量差、抗张强度、撕裂度、伸长率、平滑度、交货水分、热压后撕裂度保留率、夹杂物、外观为 6.5。采用正常检验二次抽样，检验水平为特殊检验水平 S-4。其抽样方案见表 2。

表 2

批量/卷(筒)	正常检验二次抽样方案，检查水平 S-4				
	样本量	AQL 值为 4.0		AQL 值为 6.5	
		Ac	Re	Ac	Re
2～25	2	—	—	0	1
	3	0	1	—	—
26～90	3	0	1	—	—
	5 5(10)	—	—	0 1	2 2
91～150	8 8(16)	0 1	2 2	—	—
	5 5(10)	—	—	0 1	2 2

7.3 可接收性的确定：第一次检验的样品数量应等于该方案给出的第一样本量。如果第一样本中发现的不合格品数小于或等于第一接收数，应认为该批是可接收的；如果第一样本中发现的不合格品数介于第一接收数与第一拒收数之间，应检验由方案给出样本量的第二样本并累计在第一样本和第二样本中发现的不合格品数。如果不合格品累计数小于或等于第二接收数，则判定该批是可以接收的；如果不合

格品累计数大于或等于第二拒收数，则判定该批是不可接收的。

7.4 需方有权检查该批产品的质量是否符合本标准或订货合同的规定，若对产品质量有异议，应在到货后一个月内通知供方，由供需双方共同取样进行复检，如不符合本标准或订货合同的规定，则判为批不可接收，由供方负责处理；若符合本标准的规定，则判为批可接收，由需方负责处理。

8 标志、包装、运输、贮存

8.1 产品按 GB/T 10342 的规定进行包装和标志，或按订货合同的规定进行。

8.2 运输时应使用有篷而清洁的运输工具，在搬运时不应损坏产品的包装，不应将纸卷从高处扔下。

8.3 纸件(卷)应妥善保管，以防受雨、雪、酸、碱、氯气、氯化物、硫酸盐化合物等化学物质及气体和地面湿气的污染。

附　录　A
（规范性附录）
热压后撕裂度保留率的测定方法

A.1　仪器

耐热压试验机。

A.2　试验条件

在室内常温下模拟金属板带(冷轧不锈钢薄板)加工过程中实际工艺条件进行。

A.3　试验步骤

A.3.1　按 GB/T 450 的规定采取试样 4 张，每张试样面积 0.1 m^2。其中 2 张试样用于耐热压试验，2 张试样用于正常测试。

A.3.2　接通耐热压试验机(第 A.1 章)电源，将温度设置在 170 ℃，压力设置在 8.0 MPa。

A.3.3　将 3 张不锈钢板(厚度规格为 0.5 mm)夹在下压板上的 6 张铝板(厚度规格为 4 mm)之间。

A.3.4　扭开上、下压板升温控制钮，将上、下压板预热。

A.3.5　再按下压板的上升按钮，将下压板与上压板压在一起。待压力达到 8.0 MPa 时，下压板自动停止。

A.3.6　待上下压板温度升到 170 ℃时，温度进行自动控制。红绿灯(指示灯)交替闪烁，控制恒温状态。

A.3.7　温度恒定后，按下压板下降按钮，将下压板下降至 100 mm～200 mm，然后按停止按钮。

A.3.8　取出 3 张不锈钢板，将预先准备好的 2 张试样分别平整地夹在 3 张不锈钢板之间，再次放在下压板的铝板之间。

A.3.9　按下压板上升按钮，使上、下压板压在一起，待压力达到 8.0 MPa 时，下压板自动停止上升，此时记时器开始自动记时。

A.3.10　记时器显示 3:00 h 时，下压板开始自动下降，待下降到底部时，按下压板停止按钮。

A.3.11　用钳子取出不锈钢板，将两张试样取出。放置约 1 h，待热压后试样的温湿度与室温平衡时开始测定。

A.3.12　按照 GB/T 455 同时测定正常试样与热压后试样的撕裂度。

A.4　结果计算

撕裂度保留率按式(A.1)计算，以%表示，结果准确至 0.1%。

$$R = \frac{A_2}{A_1} \times 100 \qquad \cdots\cdots(A.1)$$

式中：

R——热压后撕裂度保留率，%；

A_1——正常试样撕裂度测定结果的算术平均值，单位为毫牛(mN)；

A_2——热压后试样撕裂度测定结果的算术平均值，单位为毫牛(mN)。

ICS 85.060
Y 31

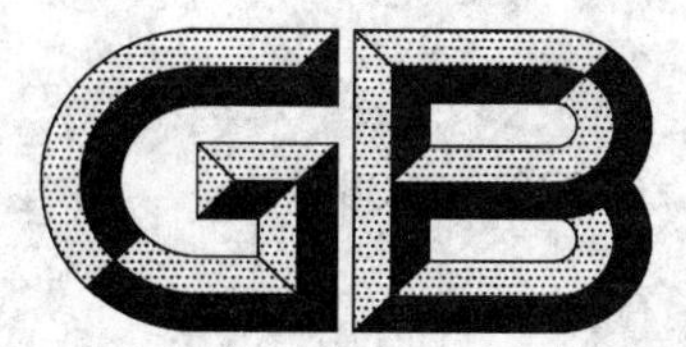

中华人民共和国国家标准

GB/T 22870—2008

漂白浆挂面箱纸板

White top linerboard

2008-12-30 发布　　　　2009-09-01 实施

中华人民共和国国家质量监督检验检疫总局
中国国家标准化管理委员会
发布

前　言

本标准由中国轻工业联合会提出。

本标准由全国造纸工业标准化技术委员会归口。

本标准起草单位：昌乐世纪阳光纸业有限公司、中国制浆造纸研究院。

本标准主要起草人：盛永忠、王东兴、张增国、陈效隽。

漂白浆挂面箱纸板

1 范围

本标准规定了漂白浆挂面箱纸板的分类、要求、试验方法、检验规则和标志、包装、运输、贮存等。

本标准适用于面层为漂白纸浆，底层为未漂白纸浆，未经涂布制成的漂白浆挂面箱纸板。该产品主要用于瓦楞纸板、硬质纤维板等产品的表面材料。

2 规范性引用文件

下列文件中的条款通过本标准的引用而成为本标准的条款。凡是注日期的引用文件，其随后所有的修改单(不包括勘误的内容)或修订版均不适用于本标准，然而，鼓励根据本标准达成协议的各方研究是否可使用这些文件的最新版本。凡是不注日期的引用文件，其最新版本适用于本标准。

GB/T 450 纸和纸板 试样的采取及试样纵横向、正反面的测定(GB/T 450—2008,ISO 186:2002,MOD)

GB/T 451.1 纸和纸板尺寸及偏斜度的测定

GB/T 451.2 纸和纸板定量的测定(GB/T 451.2—2002,eqv ISO 536:1995)

GB/T 451.3 纸和纸板厚度的测定(GB/T 451.3—2002,idt ISO 534:1988)

GB/T 456 纸和纸板平滑度的测定(别克法)(GB/T 456—2002,idt ISO 5627:1995)

GB/T 457—2008 纸和纸板 耐折度的测定(ISO 5626:1993,MOD)

GB/T 462 纸、纸板和纸浆 分析试样水分的测定(GB/T 462—2008;ISO 287:1985,MOD;ISO 638:1978,MOD)

GB/T 1539 纸板 耐破度的测定(GB/T 1539—2007,ISO 2759:2001,IDT)

GB/T 1540 纸和纸板吸水性的测定 可勃法

GB/T 1541 纸和纸板 尘埃度的测定

GB/T 2679.8 纸和纸板环压强度的测定

GB/T 2828.1 计数抽样检验程序 第1部分:按接收质量限(AQL)检索的逐批检验抽样计划

GB/T 7974 纸、纸板和纸浆亮度(白度)的测定 漫射/垂直法(GB/T 7974—2002,neq ISO 2470:1999)

GB/T 10342 纸张的包装和标志

GB/T 10739 纸、纸板和纸浆试样处理和试验的标准大气条件(GB/T 10739—2002,eqv ISO 187:1990)

3 分类

3.1 漂白浆挂面箱纸板按质量分为优等品、一等品和合格品三个等级。

3.2 漂白浆挂面箱纸板为卷筒纸，按合同可生产平板纸。

4 要求

4.1 技术指标

漂白浆挂面箱纸板的技术指标应符合表1的规定或符合订货合同的规定。

表 1

指标名称		单位	规定		
			优等品	一等品	合格品
定量[a]		g/m²	125±6.0 140±7.0	150±7.0 175±8.0	200±10.0 220±10.0
紧度 ≥		g/cm³	0.70		
耐破指数 ≥	≤150 g/m²	kPa·m²/g	3.00	2.30	1.80
	175 g/m²		2.80	2.20	1.75
	≥200 g/m²		2.50	2.10	1.60
横向环压指数 ≥	≤150 g/m²	N·m/g	8.0	7.0	6.0
	175 g/m²		8.5	7.5	6.5
	≥200 g/m²		9.0	8.0	7.0
横向耐折度 ≥	≤150 g/m²	次	50	30	10
	175 g/m²		55	40	10
	≥200 g/m²		60	50	15
亮度(正面) ≥		%	70.0		
平滑度(正面) ≥		s	10	7	4
吸水性(cobb,60 s) ≤	正面	g/m²	50		
	反面		100	150	
尘埃度(正面) ≤	0.3 mm²～1.5 mm²	个/m²	40	60	100
	>1.5 mm²		不应有	2	4
交货水分		%	8.0±2.0		

a 本表规定外的定量,其指标可就近按插入法考核。

4.2 尺寸

4.2.1 平板漂白浆挂面箱纸板的尺寸为787 mm×1 092 mm、960 mm×1 060 mm、960 mm×880 mm、889 mm×1 194 mm、889 mm×1 294 mm,也可按订货合同生产,其尺寸偏差应不超过±5 mm,偏斜度应不超过5 mm。

4.2.2 卷筒漂白浆挂面箱纸板的幅宽为750 mm～2 500 mm,其偏差应不超过$^{+8}_{0}$ mm。卷筒直径为1 000 mm、1 100 mm、1 200 mm,其直径偏差应不超过±50 mm。可按订货合同规定生产其他尺寸的产品。

4.3 外观质量

4.3.1 漂白浆挂面箱纸板的纸面应平整,厚薄应一致,不应有明显的翘曲、条痕、折子、破损、斑点、硬质块等外观缺陷,在不经外力作用时,不应有分层现象。

4.3.2 同批纸的白面色泽应基本相近,不应有明显的色差。

4.3.3 卷筒漂白浆挂面箱纸板的纸芯不应有扭结或压扁现象。每卷纸的接头优等品不超过1个,一等品不超过2个,合格品不超过3个。接头处应用胶带粘牢,并作出明显标记。

4.3.4 平板漂白浆挂面箱纸板的切边应整齐光洁,不应有缺边、缺角、薄边等现象。卷筒漂白浆挂面箱纸板的端面应平整,形成的锯齿或凹凸面应不超过5 mm。

5 试验方法

5.1 试样的采取按GB/T 450进行。

5.2 试样的处理和测定按GB/T 10739进行。

5.3 尺寸、偏斜度按 GB/T 451.1 进行测定。

5.4 定量按 GB/T 451.2 进行测定。

5.5 紧度按 GB/T 451.2 和 GB/T 451.3 进行测定。

5.6 耐破指数按 GB/T 1539 进行测定。

5.7 横向环压指数按 GB/T 2679.8 进行测定。

5.8 横向耐折度按 GB/T 457—2008 进行测定,采用 MIT 耐折度仪测定法,初始张力为 9.8 N。

5.9 亮度按 GB/T 7974 进行测定。

5.10 平滑度按 GB/T 456 进行测定。

5.11 吸水性按 GB/T 1540 进行测定。

5.12 尘埃度按 GB/T 1541 进行测定。

5.13 交货水分按 GB/T 462 进行测定。

5.14 外观质量采用目测。

6 检验规则

6.1 以一次交货同一规格产品为一批,但每批应不多于 100 t。

6.2 生产厂应保证所生产的漂白浆挂面箱纸板符合本标准或合同的规定,每件纸交货时应附有一份产品质量合格证。

6.3 计数抽样检验程序按 GB/T 2828.1 规定进行,样本单位为件(卷)。接收质量限(AQL):耐破指数、横向环压指数为 4.0;定量、紧度、横向耐折度、亮度、平滑度、吸水性、尘埃度、交货水分、尺寸、外观质量为 6.5。采用正常检验二次抽样,检查水平为特殊检查水平 S-2。其抽样方案见表 2。

表 2

批量/件或卷	正常检验二次抽样方案　特殊检验水平 S-2				
	样本量	AQL=4.0		AQL=6.5	
		Ac	Re	Ac	Re
2～150	3	0	1	—	—
	2	—	—	0	1
151～1 200	3	0	1	—	—
	5	—	—	0	2
	5(10)	—	—	1	2

6.4 可接收性的确定:第一次检验的样品数量应等于该方案给出的第一样本量。如果第一样本中发现的不合格品数小于或等于第一接收数,应认为该批是可接收的;如果第一样本中发现的不合格品数大于或等于第一拒收数,应认为该批是不可接收的。如果第一样本中发现的不合格品数介于第一接收数与第一拒收数之间,应检验由方案给出样本量的第二样本并累计在第一样本和第二样本中发现的不合格品数。如果不合格品累计数小于或等于第二接收数,则判定该批是可接收的;如果不合格品累计数大于或等于第二拒收数,则判定该批是不可接收的。

6.5 需方有权按本标准或合同的规定进行验收检验,检验时应先检查外部包装,然后从中取样进行检验。如果检验结果与标准或合同不符,需方应在到货后一个月内(或按订货合同规定)通知供方共同取样进行复验,如仍不合格,则判为批不合格,由供方负责处理;如合格,则判为批合格,由需方负责处理。

7 标志、包装、运输、贮存

7.1 漂白浆挂面箱纸板成品应用三层箱纸板作为外包装,亦可根据需方要求加裹防潮塑料薄膜。平板纸按照 GB/T 10342 中条形木夹板包装的规定进行包装和标志；卷筒纸按照 GB/T 10342 中卷筒纸包装的规定进行包装和标志。也可按订货合同的规定进行包装和标志。

7.2 运输过程中，应使用有篷而洁净的运输工具。

7.3 装卸时不应钩吊，不应将纸卷(件)从高处扔下。

7.4 漂白浆挂面箱纸板应妥善保管，严防受潮。

ICS 85.060
Y 32

中华人民共和国国家标准

GB/T 22871—2008

普通玻璃纸

Plain transparent cellophane

2008-12-30 发布

2009-09-01 实施

中华人民共和国国家质量监督检验检疫总局
中国国家标准化管理委员会
发布

前言

本标准的附录A、附录B为规范性附录。

本标准由中国轻工业联合会提出。

本标准由全国造纸工业标准化技术委员会(SAC/TC 141)归口。

本标准起草单位:潍坊恒联玻璃纸有限公司、中国制浆造纸研究院。

本标准主要起草人:陈汉爱、李瑞丰、高玉刚、许丽丽。

普 通 玻 璃 纸

1 范围

本标准规定了普通玻璃纸的分类、要求、试验方法、检验规则和标志、包装、运输、贮存。

本标准适用于普通商品透明包装玻璃纸，本标准不适用于医药、食品包装用玻璃纸。

2 规范性引用文件

下列文件中的条款通过本标准的引用而成为本标准的条款。凡是注日期的引用文件，其随后所有的修改单（不包括勘误的内容）或修订版均不适用于本标准，然而，鼓励根据本标准达成协议的各方研究是否可使用这些文件的最新版本。凡是不注日期的引用文件，其最新版本适用于本标准。

GB/T 450 纸和纸板 试样的采取及试样纵横向、正反面的测定（GB/T 450—2008，ISO 186：2002，MOD）

GB/T 451.1 纸和纸板尺寸偏斜度的测定

GB/T 451.2 纸和纸板定量的测定（GB/T 451.2—2002，eqv ISO 536：1995）

GB/T 451.3 纸和纸板厚度的测定（GB/T 451.3—2002，idt ISO 534：1988）

GB/T 462 纸、纸板和纸浆 分析试样水分的测定（GB/T 462—2008；ISO 287：1985；ISO 638：1978，MOD）

GB/T 2828.1 计数抽样检验程序 第1部分：按接收质量限（AQL）检索的逐批检验抽样计划（GB/T 2828.1—2003，ISO 2859-1：1999，IDT）

GB/T 2679.2—1995 纸和纸板透湿度与折痕透湿度的测定（盘式法）（eqv ISO 2528：1974）

GB/T 10342 纸张的包装和标志

GB/T 10739 纸、纸板和纸浆试样处理和试验的标准大气条件（GB/T 10739—2002，eqv ISO 187：1990）

GB/T 12914 纸和纸板 抗张强度的测定（GB/T 12914—2008；ISO 1924-1：1992，MOD；ISO 1924-2：1994，MOD）

3 产品分类

3.1 普通玻璃纸分为无色和彩色。

3.2 普通玻璃纸分为卷筒和平板。

3.3 普通玻璃纸分为一等品和合格品。

3.4 普通玻璃纸分为防潮和非防潮。

4 要求

4.1 非防潮普通玻璃纸的技术指标应符合表1或合同规定，防潮普通玻璃纸的技术指标应符合表2或合同规定。

表 1　非防潮普通玻璃纸技术要求

指 标 名 称		单 位	规 定			
			一等品	合格品	一等品	合格品
			≤40		>40	
定量偏差		g/m²	±2	±3	±2	±3
厚度横幅差　≤	平板	μm	4	5	4	5
	卷筒		3	4	3	4
抗张强度　≥	纵	N/15 mm	20	15	25	20
	横		10	8	15	10
伸长率　≥	纵	%	7	7	10	8
	横		15	12	20	15
交货水分		%	8.0±2.0			
抗粘性　≥		%	70			

表 2　防潮普通玻璃纸技术要求

指 标 名 称		单 位	规 定			
			一等品	合格品	一等品	合格品
			≤40		>40	
定量偏差		g/m²	±2	±3	±3	±4
厚度横幅差　≤	平板	μm	3	4	4	5
	卷筒		2	3	3	4
抗张强度　≥	纵	N/15 mm	35	30	40	35
	横		15	10	20	15
伸长率　≥	纵	%	10		10	
	横		20		20	
交货水分		%	8.0±2.0			
透湿度　≤		g/(m² · 24 h)	60			
热封强度　≥		N/37 mm	1.764		1.5	
抗粘性　≥		%	70			

4.2　普通玻璃纸的切边应整齐、纸面应平整，不应有裂口、缺角、实道。

4.3　彩色普通玻璃纸应使用耐酸性染料。每批纸的颜色不应有显著差别，不应有宽度大于 1 mm 的色道子或符合合同规定。

4.4　平板纸规格为 1 000 mm×1 150 mm，1 000 mm×1 200 mm，900 mm×1 100 mm，900 mm×500 mm 或符合合同规定，尺寸偏差应不大于 $^{+5}_{-3}$ mm，偏斜度应不超过 5 mm。

4.5　卷筒普通玻璃纸宽度和直径应符合合同规定，宽度偏差应不大于 $^{+5}_{-3}$ mm。

4.6　卷筒普通玻璃纸每卷断头应不多于 2 个，机外复卷（或分切）的卷筒普通玻璃纸接头处应用胶带粘接，并在卷筒端部作明显标志或符合合同规定。

4.7　卷筒普通玻璃纸松紧应一致，切边应整齐，不应有裂口、损伤等。卷筒端面锯齿形应不超过±5 mm，机外复卷(或分切)普通玻璃纸应不超过±2 mm。

5 试验方法

5.1 试样的采取按 GB/T 450 进行。

5.2 试样的处理和试验的标准大气条件按 GB/T 10739 进行。

5.3 尺寸按 GB/T 451.1 进行测定。

5.4 定量按 GB/T 451.2 进行测定。

5.5 厚度横幅差按 GB/T 451.3 进行测定,沿纸幅横向均匀测定 5 个点,以最大值与最小值之差表示结果。

5.6 抗张强度、伸长率按 GB/T 12914 进行测定,仲裁时按恒速拉伸法进行测定。

5.7 抗粘性按附录 A 进行测定。

5.8 水分按 GB/T 462 进行测定。

5.9 透湿度按 GB/T 2679.2—1995 进行测定。

5.10 热封强度按附录 B 进行测定。

5.11 外观质量采用目测检验。

6 检验规则

6.1 以一次交货数量为一批,每批应不多于 30 t。

6.2 生产厂应保证产品质量符合本标准或合同规定,每件(卷)纸交货时应附一份合格标识。

6.3 计数抽样检验程序按 GB/T 2828.1 规定进行,样本单位为件(卷)。接收质量限(AQL):抗粘性为 4.0;定量、厚度横幅差、纵向伸长率、纵向抗张强度、透湿度、热封强度、尺寸偏差、交货水分、外观为 6.5。采用正常检验二次抽样,检验水平为特殊检验水平 S-2。其抽样方案见表 3。

表 3 抽样方案

批量/件或卷	正常检验二次抽样方案 特殊检验水平 S-2				
	样本量	AQL 值为 4.0		AQL 值为 6.5	
		Ac	Re	Ac	Re
2～150	3	0	1	—	—
	2	—	—	0	1
151～1 200	3	0	1	—	—
	5	—	—	0	2
	5(10)	—	—	1	2

6.4 可接收性的确定:第一次检验的样品数量应等于该方案给出的第一样本量。如果第一样本中发现的不合格品数小于或等于第一接收数,应认为该批是可接收的;如果第一样本中发现的不合格品数大于或等于第一拒收数,应认为该批是不可接收的。如果第一样本中发现的不合格品数介于第一接收数与第一拒收数之间,应检验由方案给出样本量的第二样本并累计在第一样本和第二样本中发现的不合格品数。如果不合格品累计数小于或等于第二接收数,则判定该批是可接收的;如果不合格品累计数大于或等于第二拒收数,则判定该批是不可接收的。

6.5 需方有权按本标准或合同进行验收。如对此产品质量提出异议,应在收到货后三个月内通知供方共同取样进行复检。如符合本标准或合同规定,应判为批合格,由需方负责处理;如不符合本标准或合同规定,应判为批不合格,由供方负责处理。

7 标志、包装、运输、贮存

7.1 普通玻璃纸的标志和包装应按 GB/T 10342 进行。

7.1.1 每件(卷)纸应注明产品名称、尺寸、定量、等级、净重、毛重、箱(筒)号、生产厂名和生产日期。

7.1.2 平板纸每 500 张为一包,每包附合格证,并有纵向标志。每 10 包为一件装入箱内,上下均需衬纸板和防潮纸或符合合同规定。

7.1.3 卷筒普通玻璃纸每卷外包塑料套,两端加堵塞等系列防潮封闭包装。

7.1.4 卷筒普通玻璃纸也可用纸箱或筒包装,长度超过 700 mm 的筒装卷筒普通玻璃纸,卷重应不超过 90 kg 或符合合同规定。

7.2 运输时应使用有篷而洁净的运输工具,搬运时不应将纸件从高处扔下,以免损坏包装或玻璃纸。

7.3 产品应妥善保管,贮存和运输时应防止雨、雪和地面潮气的影响。

附　录　A
（规范性附录）
抗粘性的测定

A.1　原理

在一定试验条件下，以试样不发生粘合的最大相对湿度(%)表示其抗粘合的能力。

A.2　取样

试样按 GB/T 450 采取。

A.3　仪器

A.3.1　恒温恒湿箱，温度(40±1)℃，相对湿度(70±2)%。

A.3.2　压砣，底面积 50 mm×100 mm，质量 3 kg，底面应平直。

A.3.3　玻璃板，表面平直，尺寸为 70 mm×120 mm。

A.4　试验步骤

A.4.1　切取 70 mm×120 mm 试样约 20 层，试样的长边为纵向，各层试样正反面的叠放顺序应一致。

A.4.2　对于水分高于测定条件下平衡水分的试样，应将试样放在干燥器内或温度不超过 40 ℃的烘箱内，使其水分低于平衡水分后再进行测试。

A.4.3　调节恒温恒湿箱(A.3.1)至温度(40±1)℃，相对湿度(70±2)%，将试样放入恒温恒湿箱中，并用夹子夹持试样一角悬挂处理 2 h，使试样的水分达到平衡，同时将玻璃板和压砣放入恒温恒湿箱内。

A.4.4　当试样的水分达到平衡后，立即将试样重叠在一起平放于箱内的玻璃板上，用压砣轻轻压好，继续在恒温恒湿箱内平压 30 min。

A.4.5　30 min 后取出试样，观察试样层间的粘合情况。如果试样未发生粘合现象，应继续升高相对湿度(相对湿度每次升高 5%)，重复 A.4.3 和 A.4.4 的步骤，直至试样开始粘合为止，并以试样不发生粘合的最大相对湿度(%)表示抗粘性结果。

注：如果测定之前不知道试样抗粘性的大小，可酌情选择从较低湿度条件开始测定。

附　录　B
（规范性附录）
热封强度的测定

B.1　取样

裁切 300 mm（纵向）×37 mm（横向）的试样 6 张，3 张沿纵向对折成 150 mm 长，在平行于折痕 40 mm 处进行粘合。另 3 张朝相反的方向沿纵向对折成 150 mm 长，用同样的方法进行热粘合。

B.2　原理

试样在 140 ℃±5 ℃、200 kPa～300 kPa 的条件下粘合 3 s，冷却后测定其热封强度。

B.3　操作步骤

将热粘合处理后的试样放置到冷却，用弹簧秤下端的夹子夹住试样一端，用手指捏住试样的另一端，拉动至完全剥离，读取剥离时的弹簧秤读数，取 6 个数的平均值，乘以 0.009 8 N/g 后即为热封强度值。

ICS 85-010
Y 30

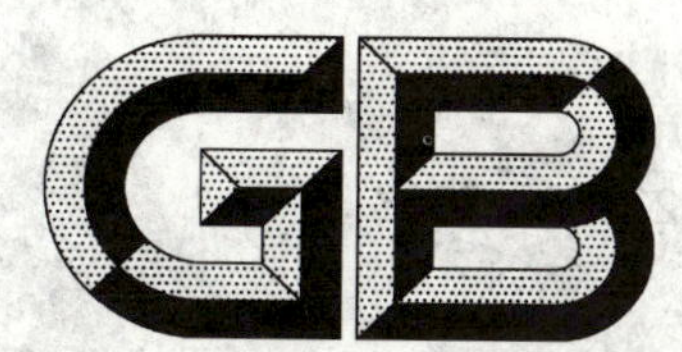

中华人民共和国国家标准

GB/T 22872—2008

强韧纸板　分层定量的测定

Solid fibreboard—Determination of grammage of single layers

（ISO 5638:1978,MOD）

2008-12-30 发布　　2009-09-01 实施

中华人民共和国国家质量监督检验检疫总局
中国国家标准化管理委员会　发布

前言

本标准修改采用ISO 5638:1978《强韧纸板　分层定量的测定》。

本标准与ISO 5638:1978的结构对比在附录A中列出。

本标准与ISO 5638:1978的技术性差异在附录B中列出。

本标准的附录A、附录B均为资料性附录。

本标准由中国轻工联合会提出。

本标准由全国造纸工业标准化技术委员会归口。

本标准起草单位:中华人民共和国山东出入境检验检疫局、中国制浆造纸研究院。

本标准主要起草人:玄龙德、黄杰、王涛、于浩、刘晓、阎萍萍、徐颖。

强韧纸板　分层定量的测定

1　范围

本标准规定了强韧纸板分层后各层定量的测定方法。

本标准适用于强韧纸板。

2　规范性引用文件

下列文件中的条款通过本标准的引用而成为本标准的条款。凡是注日期的引用文件，其随后所有的修改单（不包括勘误的内容）或修订版均不适用于本标准，然而，鼓励根据本标准达成协议的各方研究是否可使用这些文件的最新版本。凡是不注日期的引用文件，其最新版本适用于本标准。

GB/T 450　纸和纸板　试样的采取及试样纵横向、正反面的测定（GB/T 450—2008，ISO 186：2002，MOD）

GB/T 10739　纸、纸板和纸浆试样处理和试验的标准大气条件（GB/T 10739—2002，eqv ISO 187：1990）

3　术语和定义

下列术语和定义适用于本标准。

3.1

强韧纸板　solid fibreboard

一种用牛皮浆或其他强韧纸料挂面的、粘合或不粘合的纸板用于制造纸箱（或桶）。强韧纸板的定量一般在 600 g/m² 以上。

4　原理

将经过恒温恒湿平衡处理过的样品切成规定尺寸的试样，浸泡于蒸馏水或去离子水中，直到各层能彼此分开而纤维不被撕裂为止。将粘在各层表面未被纸层吸收的胶粘剂去除，然后将试样放在（105±2）℃条件下干燥至恒重。将干燥后的试样放在恒温恒湿条件下进行处理直至平衡，并分别测定各层的定量。对于防水纸板或不易分层的纸板，可以将浸泡用水加热到 80 ℃左右。如果经加热处理后仍不能分层，则不测定分层定量。

5　仪器设备、器具和试剂

5.1　切纸刀或取样器

在规定面积的±1%误差范围内，裁切出规定试样面积的重复性能达到95%。如裁切试样的精确度不能达到时，应分别测试每个试样面积，再计算定量。

5.2　天平

在所使用的全部称量范围内，测量误差应在实际值的±0.5%以内，并能测出称量质量±0.2%的变化。

5.3　浸水槽

足够容纳 10 片规格为 100 mm×100 mm 或 250 mm×250 mm 的试样，并将试样垂直地放在格架上，且完全浸入水中。

5.4 干燥箱

鼓风干燥箱,能够均匀地维持箱内空气温度在(105±2)℃范围内。

5.5 水

蒸馏水或去离子水。

6 试样的采取

按照 GB/T 450 的规定进行取样。

7 试验步骤

7.1 样品的处理

将样品放在 GB/T 10739 的规定条件下进行处理直至平衡。

7.2 试样的制备

从经过温湿处理的样品中,至少切取 10 个大小为 100 mm×100 mm 的试样。如有必要,也可以切取大的试样,如 250 mm×250 mm。如要测定纸板的定量,应在试样浸泡前称量。

7.3 分层

将试样浸泡于水中,直到各层能彼此分开而纤维不被撕裂为止。对于防水纸板或不易分层的纸板,可以将水加热到 80 ℃左右。如果经加热处理后仍不能分层,则不测定分层定量。

7.4 胶粘剂的去除

用蒸馏水或去离子水将粘在各层表面未被纸层吸收的胶粘剂小心地去除,但完全去除已被吸收的胶粘剂是不可能的,应避免从纸层中把纤维除掉。

7.5 分层试样的干燥

将已经分层的试样放在(105±2)℃的干燥箱中干燥至恒重,即相隔至少 2 h 的两次称量之差不大于 0.5%。

7.6 分层试样的平衡处理

将干燥后的分层试样放在 GB/T 10739 的规定条件下进行处理直至平衡。

7.7 分层试样的称量

将经过平衡处理过的分层试样以层为单位进行称量,以便得到各层的质量。

8 试验结果

用式(1)计算强韧纸板的分层定量:

$$G = m/S \qquad \cdots\cdots(1)$$

式中:

G——某层定量,单位为克每平方米(g/m^2);

m——经过平衡处理后,某层试样的平均质量,单位为克(g);

S——某层试样的平均面积,单位为平方米(m^2)。

用算术平均值表示结果,并修约至三位有效数字。

9 试验报告

试验报告应包括如下内容:

a) 本标准编号;

b) 强韧纸板的种类;

c） 试样数量；

d） 测试的温湿处理条件；

e） 分层情况的说明，包括是否加热等；

f） 测试结果；

g） 测定日期和地点；

h） 任何不符合本标准规定的操作，以及可能影响试验结果的任何其他情况。

附 录 A
（资料性附录）
本标准与 ISO 5638:1978 章条编号对照表

表 A.1 给出了本标准与 ISO 5638:1978 章条编号对照的一览表。

表 A.1 本标准与 ISO 5638:1978 章条编号对照

本标准章条编号	对应的国际标准 ISO 章条编号
前言	前言
1	1、2
2	3
3	—
4	—
5	4
5.1	4.1
5.2	4.2
5.3	4.3
5.4	4.4
—	4.5
5.5	5
6	6
7	7
7.1	7.1
7.2	7.2
7.3	7.3
7.4	7.4
7.5	7.5
7.6	7.6
7.7	7.7
8	8
—	9
9	10
附录 A	—
附录 B	—

附 录 B
（资料性附录）
本标准与 ISO 5638:1978 技术性差异及原因

表 B.1 给出了本标准与 ISO 5638:1978 技术性差异及其原因。

表 B.1 本标准与 ISO 5638:1978 技术性差异及其原因

本标准章条编号	技术性差异	原 因
前言	“前言”内容不同。在 ISO 5638:1978 的“前言”中，主要介绍了 ISO 的组织性质，标准审定过程，标准制定机构，以及经表决后认可该标准的国家一览表等内容；而本国家标准的“前言”中主要包括采标情况、制修订情况、归口单位、起草单位、起草人等相关信息	ISO 14487:1997“前言”中的相关信息对本国家标准意义不大。因此按照国家标准的常规模式，在“前言”中将相关信息列出来
2	引用了采用国际标准的我国标准，而非国际标准	以适合我国国情
3	增加了“术语和定义”条款	对强韧纸板进行了定义
4	增加了“原理”条款	对纸板的分层操作和测定过程进行概括和描述，便于对标准的理解和掌握
5	将 ISO 标准中“仪器”和“试剂”的内容合二为一	ISO 标准中“试剂”的条款只有“水”一项内容。为了简便，直接把它与“仪器”合并成“仪器设备、器具和试剂”条款
5.1	去掉有关仪器校准的内容	考虑到仪器、器具的校准内容属于常规操作和年度计量校准的范畴，不需要在本标准体现，因此去掉 ISO 标准中有关仪器校准的内容
7.2	样品尺寸更改为 100 mm×100 mm，但同时也保留了大的样品尺寸	主要是根据相关国家标准的样品尺寸，同时也参照国内大多数企业、研究所、检测机构的制样设备的情况，确定了现在的样品尺寸。鉴于部分单位仍使用大尺寸裁样机，同时也考虑到本标准与 ISO 标准的兼容性，仍然保留了大的样品尺寸
—	去掉了 ISO 标准中的“精确度”条款	由于试验过程中分层和除去胶粘剂的操作，以及胶粘剂的类型对试验结果的影响不好确定，因而无法给出试验的“精确度”，ISO 标准的“精确度”条款中也没有给出具体的结果，因此在本标准中将“精确度”条款去掉

ICS 85.010
Y 30

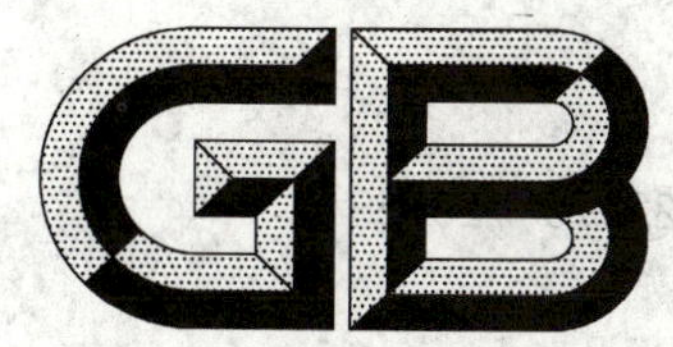

中华人民共和国国家标准

GB/T 22873—2008

瓦楞纸板
胶粘抗水性的测定(浸水法)

Corrugated fibreboard—
Determination of the water resistance of the glue bond (immersion)

(ISO 3038:1975,MOD)

2008-12-30 发布　　2009-09-01 实施

中华人民共和国国家质量监督检验检疫总局
中国国家标准化管理委员会 发布

前　言

本标准修改采用ISO 3038:1975《瓦楞纸板　胶粘抗水性的测定(浸水法)》。

本标准与ISO 3038:1975相比,主要差异如下:

——将国际标准的第1章"范围"和第2章"应用领域"合并为本标准的第1章"范围",其后各章编号顺次提前;

——规范性引用文件中将ISO 3038引用的国际标准转化为与之相对应的国家标准,同时增加引用标准GB/T 10739纸、纸板和纸浆试样处理和试验的标准大气条件(GB/T 10739—2002,eqv ISO 187:1990)(本标准的第2章);

——修改了鉴定试样的仪器(本标准的4.3);

——增加铜块作为重砣的说明(本标准的4.9);

——按取样步骤将ISO 3038的第6章分成本标准的5.1~5.3,增加老化的标准大气条件(本标准的5.3);

——按制样步骤将ISO 3038的第7章分成本标准的6.1~6.3;

——增加胶粘线确定的有关说明(本标准的7.1);

——按浸水步骤将ISO 3038的8.2分成本标准的7.2.1~7.2.5,修改了各步骤的说明。

本标准由中国轻工业联合会提出。

本标准由全国造纸工业标准化技术委员会归口。

本标准起草单位:广东出入境检验检疫局技术中心、中国制浆造纸研究院。

本标准主要起草人:周颖红、郭仁宏。

瓦楞纸板
胶粘抗水性的测定(浸水法)

1 范围

本标准规定了瓦楞纸板胶粘抗水性的测定方法(浸水法)。

本标准适用于各种瓦楞纸板,特别适用于具高度抗湿性的瓦楞纸板。

2 规范性引用文件

下列文件中的条款通过本标准的引用而成为本标准的条款。凡是注日期的引用文件,其随后所有的修改单(不包括勘误的内容)或修订版均不适用于本标准,然而,鼓励根据本标准达成协议的各方研究是否可使用这些文件的最新版本。凡是不注明日期的引用文件,其最新版本适用于本标准。

GB/T 450 纸和纸板 试样的采取及试样纵横向、正反面的测定(GB/T 450—2008,ISO 186:2002,MOD)

GB/T 10739 纸、纸板和纸浆试样处理和试验的标准大气条件(GB/T 10739—2002,eqv ISO 187:1990)

3 原理

将带有胶粘线的瓦楞纸板浸于水中,在纸板上悬挂重砣,使重砣施力方向与胶粘线垂直,测量胶粘线抵抗重砣牵引所需的时间。

4 设备

4.1 水槽:为便于观察,最好使用玻璃材质。水槽应足够大,可自由悬挂需要数量的试样,其深度应不小于 250 mm。可在水槽底部铺放橡胶片,以防损坏玻璃。

4.2 杆或棒:带有吊钩,横放在槽上以悬挂试样。

4.3 计时器或自动指示装置(试样在剥离降落瞬间提供指示的自动系统)。

4.4 橡皮图章:用着墨图样在瓦楞纸板样品上标示出裁切试样用的轮廓及其他细节。压印在瓦楞纸板上的图样如图 1 所示。

单位为毫米

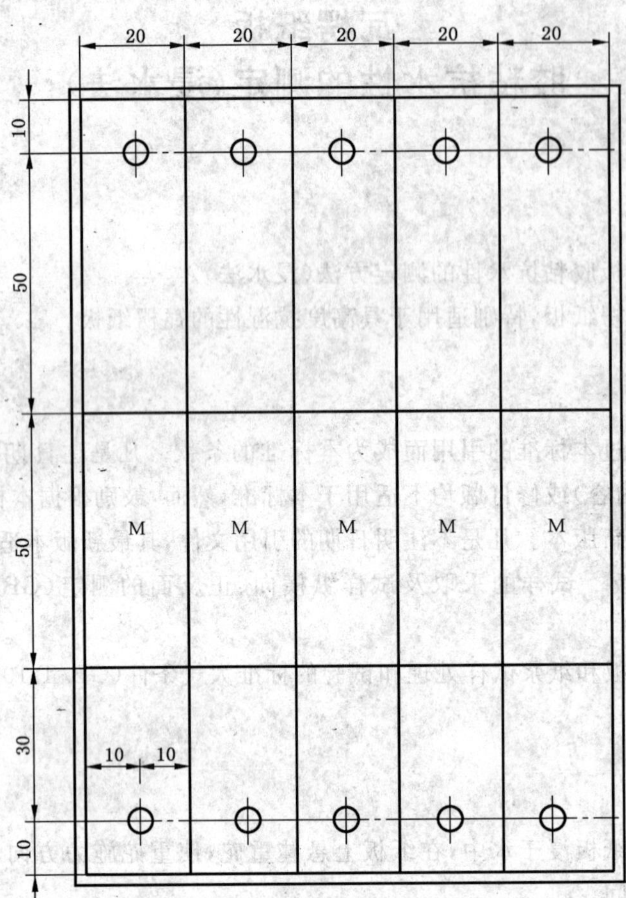

图 1 用于印出 5 个试样的橡皮图章

4.5 刀：锋利、刃薄。

4.6 直尺。

4.7 打孔钳子。

4.8 夹子和金属钩。

4.9 重砣(铜块)：装有吊钩或夹子，使每个试样承受(250±1) g 的总质量。如果按照静压质量校正，也可以使用其他金属块。

4.10 胶粘带：压敏，宽 20 mm～30 mm，在本试验条件下抗水。

5 取样

5.1 取样按 GB/T 450 进行。

5.2 单个样品应大到足以裁切 5 个(20±1) mm×150 mm 的试样(即至少为 100 mm×150 mm)。瓦楞与试样的长边相垂直。

5.3 试验用的瓦楞纸板应在符合 GB/T 10739 规定的标准大气条件下老化 3 d，以稳定其抗水性。

6 试样的制备

6.1 用橡皮图章(4.4)至少压印 5 张瓦楞纸板样品，然后从每张样品中裁切出 5 个试样，注意不应损伤胶粘处。除非有其他规定，试样应平整，不应被损伤，尤其不应被水损伤。

6.2 用胶粘带(4.10)缠绕每个试样的下端,以增强试样。

6.3 每个试样都在橡皮图章(4.4)标出的位置上打两个孔,将金属钩(4.8)插入孔中放稳,用于悬挂试样和重砣(4.9),或是用合适的夹子(4.8)将试样悬挂在棒上。在试样下端用夹子悬挂重砣(4.9),夹子和重砣的总质量为(250±1) g。

7 试验步骤

7.1 胶粘线的确定

将剪切应力集中在试验区M(见图1和图2)内的五条胶粘线上。为此,应在此五条胶粘线上下方向的正反面沿平行瓦楞方向各切开面纸或面纸和中纸(见图2和图3切口示例),以隔离出这些胶粘线。

图2 单瓦楞纸板的选挂配置和典型切口示意图

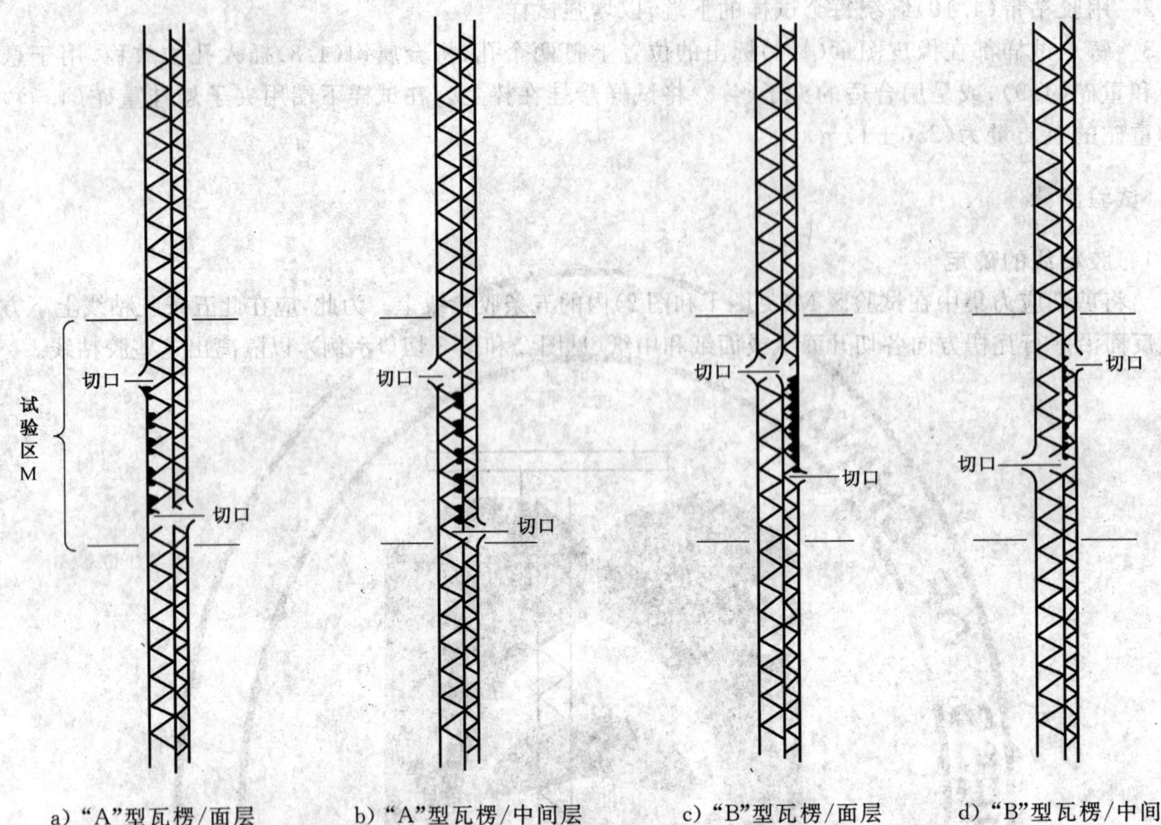

a）"A"型瓦楞/面层　　b）"A"型瓦楞/中间层　　c）"B"型瓦楞/面层　　d）"B"型瓦楞/中间层

图3　双瓦楞纸板中隔离出的五条胶粘线的典型切口图

7.2　浸水

7.2.1　最少悬挂五个含有待测胶粘线的相同试样，在试样的增强端上加上重砣(4.9)。将(20±3)℃的蒸馏水倒进水槽(4.1)中，直至所有试样的M区(见7.1)均低于水面25 mm，并在整个试验期内保持不变。小心操作，以避免瓦楞中进入空气泡。

7.2.2　即时开启计时器或自动指示装置。

7.2.3　在24 h内或适当的较短时间间隔内，检查浸水试样的损坏情况。记录五条胶粘线完全剥离并使重砣落下的时间，或在规定的时间内试样损坏的数量。

7.2.4　用其他试样重复上述试验步骤。

7.2.5　单个试样在所选择的面纸及其瓦楞之间只能做一组包含五条胶粘线的试验。

8　结果的表示

从挂上重砣开始，直至胶粘线完全剥离，以该时间间隔(h)来表示试样胶粘的抗水性。

9　试验报告

试验报告应包括以下项目：

a)　本国家标准编号；

b)　试验日期和地点；

c)　试验产品的描述和鉴定；

d)　每个样品和用于试验的每组五条胶粘线的鉴定；

e)　试样的数量；

f)　在所选择的试验时间间隔内损坏的数量，如果使用自动计时装置，应叙述每个试样的破裂时间；

g) 记录试样破裂后的现象：
——是否有纤维粘附在胶粘线上；
——纤维表面留着的主要胶粘剂；
h) 偏离本国家标准的任何情况；
i) 有助于解释试验结果的其他信息。

ICS 85-010
Y 30

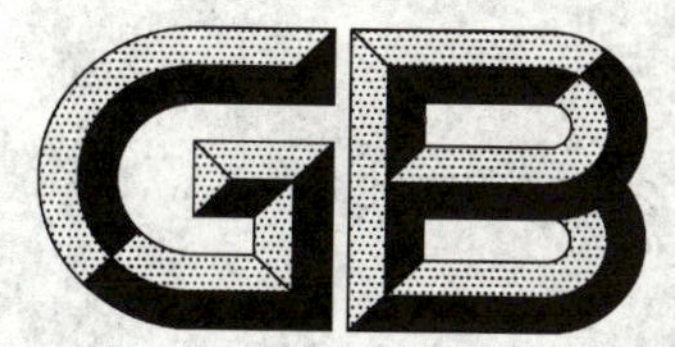

中华人民共和国国家标准

GB/T 22874—2008

单面和单瓦楞纸板 平压强度的测定

Single-faced and single-wall corrugated fibreboard—Determination of flat crush resistance

(ISO 3035:1982,MOD)

2008-12-30 发布 2009-09-01 实施

中华人民共和国国家质量监督检验检疫总局
中国国家标准化管理委员会 发布

前　言

本标准修改采用 ISO 3035:1982《单面和单瓦楞纸板　平压强度的测定》。

本标准与 ISO 3035:1982 相比，主要差异如下：

——将国际标准的第 1 章“范围”和第 2 章“应用领域”合并为本标准的第 1 章“范围”；

——用规范性引用文件取代国际标准中的参考资料，并将 ISO 3035 中引用的国际标准转化为与之相对应的国家标准（本标准的第 2 章）；

——将平压试验仪的平行度偏差不大于“1∶1 000”改为“1∶2 000”（本标准的 4.1）；

——增加了附录 A 单面和单瓦楞纸板的结构图。

本标准的附录 A 为规范性附录。

本标准由中国轻工业联合会提出。

本标准由全国造纸工业标准化技术委员会归口。

本标准起草单位：广东出入境检验检疫局技术中心、中国制浆造纸研究院、国家纸张质量监督检验中心。

本标准主要起草人：周颖红、郭仁宏。

单面和单瓦楞纸板 平压强度的测定

1 范围

本标准规定了制造包装箱用瓦楞纸板平压强度的测定方法。

本标准适用于单面和单瓦楞纸板,不适用于双瓦楞纸板。

2 规范性引用文件

下列文件中的条款通过本标准的引用而成为本标准的条款。凡是注日期的引用文件,其随后所有的修改单(不包括勘误的内容)或修订版均不适用于本标准,然而,鼓励根据本标准达成协议的各方研究是否可使用这些文件的最新版本。凡是不注明日期的引用文件,其最新版本适用于本标准。

GB/T 450 纸和纸板 试样的采取及试样纵横向、正反面的测定(GB/T 450—2008,ISO 186:2002,MOD)

GB/T 10739 纸、纸板和纸浆试样处理和试验的标准大气条件(GB/T 10739—2002,eqv ISO 187:1990)

3 原理

取一块具有代表性的瓦楞纸板试样,用由两块平行平板组成的压缩试验仪,对试样表面进行垂直加压,直至瓦楞被压溃为止,测定单位面积试样受到的最大压力,以千帕(kPa)表示。

4 仪器

4.1 平压试验仪

4.1.1 由电机传动的压板式压缩试验仪,其压板尺寸应大于试样尺寸(4.2),以保证试样不会超出压板之外,并应满足以下规定:

——平行度偏差应不大于 1∶2 000;

——横向移动应不超过 0.05 mm。

注:可以使用很细的砂纸包裹压板,并应在包裹时保持表面的平整度和平行度。

4.1.2 如果试验仪的一块压板已固定,另一块压板在垂直方向上做相对运动,则可动压板的升降速度应为(12.5±2.5)mm/min。

4.1.3 如果试验仪根据梁弯曲的工作原理,则只有当试验结果落在仪器量程的 20%~80%范围内,才能用该类仪器进行测定。当可动压板开始接触试样时,所施压力的速度应为(110±23)N/s(优先使用)或(67±23)N/s。

4.2 裁样装置

可裁出试样面积不小于 50 cm^2 的圆形裁样刀,试样应切边整齐,并与瓦楞纸板面垂直。

注:一般使用面积为 64.5 cm^2(直径 90.6 mm±0.5 mm)和 100 cm^2(直径 112.8 mm±0.5 mm)。当平压强度超过仪器的量程时,可使用面积较小的试样(一般是 32.2 cm^2)。

5 取样

取样按 GB/T 450 进行。

6 温湿处理

试样按 GB/T 10739 进行温湿处理。

7 试验步骤

7.1 至少测定10个试样，试样上不应有机加工、印刷或损坏的痕迹。

7.2 在第6章规定的标准大气条件下进行试验。

7.3 测定每个试样的面积。

7.4 将试样置于下压板的中心处(见图1)，开动试验仪，直至瓦楞被压溃为止(见图2)。记录瓦楞被压溃前试样承受的最大压力，准确至1 N。

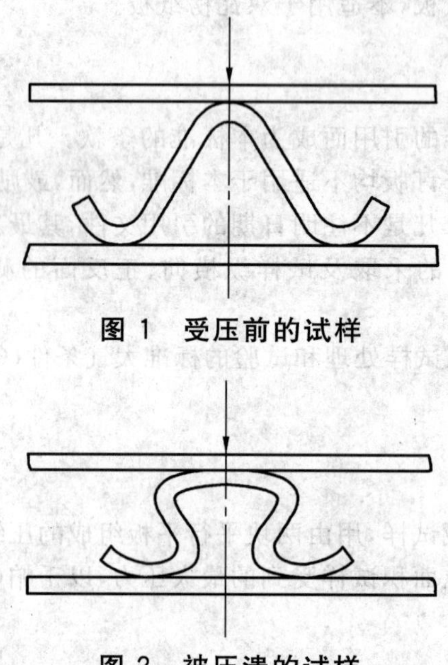

图1 受压前的试样

图2 被压溃的试样

7.5 试验中如发生瓦楞倾斜位移(见图3)，则结果作废，另取试样继续试验。

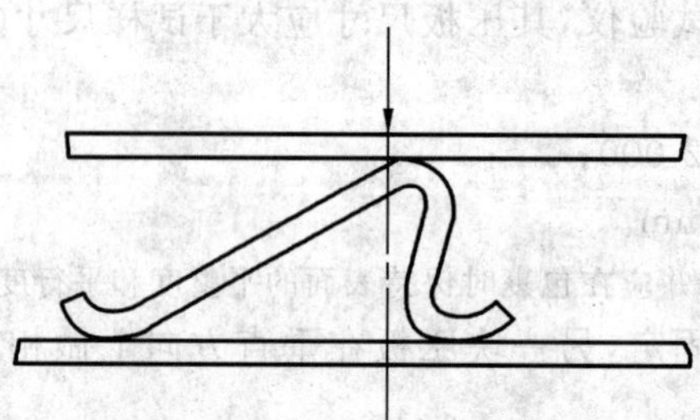

图3 试样或压板横移时导致瓦楞开始倾斜

注1：如果压板发生相对移动，或裁切时对试样造成损坏，或由于瓦楞纸板内在的缺陷，都有可能导致瓦楞倾斜位移。将试样旋转90°，继续试验，以确定是否是前两个原因，但前提是裁切试样时应异常小心。如果仍发生瓦楞倾斜的现象，则可能是由于瓦楞纸板的缺陷。应在试验报告中说明这些情况。

注2：如有可能，可使用试样夹持装置防止瓦楞倾斜。但是，夹持装置在使用过程中不应接触压板，也不应在垂直方向上给试样施压。

8 结果的表示

用式(1)计算试样的平压强度：

$$X = \frac{F}{S} \qquad \cdots\cdots(1)$$

式中：

X——平压强度，单位为千帕(kPa)；

F——最大压力,单位为千牛顿(kN);

S——试样面积,单位为平方米(m^2)。

9 试验报告

试验报告应包括以下项目:

a) 本国家标准编号;

b) 试验日期和地点;

c) 使用仪器的型式和加载速度(4.1.2);

d) 产品的说明和评定;

e) 采用的温湿处理条件;

f) 试样的面积;

g) 试验结果的算术平均值和标准偏差,准确至千帕;

h) 因瓦楞倾斜作废的试样数目(如作废试样数超过2个,则应记下试验结果,见第7章中注1);

i) 偏离本方法的任何操作,并说明是否使用了试样夹持装置;

j) 有助于解释试验结果的其他信息。

附 录 A
（规范性附录）
单面和单瓦楞纸板结构示意图

A.1 单面瓦楞纸板结构

示意图见图 A.1。

图 A.1 单面瓦楞纸板结构示意图

A.2 单瓦楞纸板结构

示意图见图 A.2。

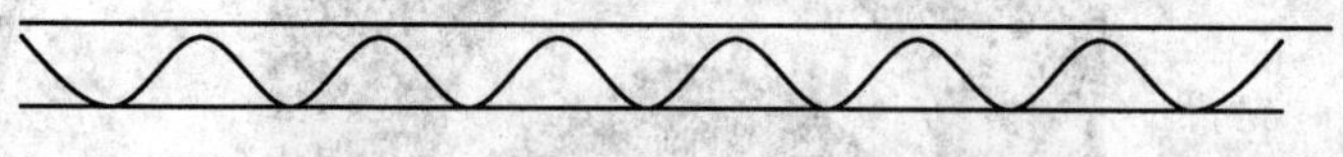

图 A.2 单瓦楞纸板结构示意图

ICS 85.080
Y 39

中华人民共和国国家标准

GB/T 22875—2008

卫生巾高吸收性树脂

Superabsorbent polymer for sanitary towel

2008-12-30 发布　　2009-09-01 实施

中华人民共和国国家质量监督检验检疫总局
中国国家标准化管理委员会　发布

前　言

本标准的附录 A、附录 B、附录 C、附录 D、附录 E、附录 F、附录 G 均为规范性附录。

本标准由中国轻工业联合会提出。

本标准由全国造纸工业标准化技术委员会归口。

本标准负责起草单位：中国制浆造纸研究院、济南昊月吸水材料有限公司。

本标准参加起草单位：三大雅精细化学品（南通）有限公司、巴斯夫（中国）投资有限公司、台塑吸水树脂（宁波）有限公司、金佰利（中国）有限公司、广州宝洁有限公司、福建恒安集团有限公司、花王（中国）投资有限公司、日触化工（张家港）有限公司、泉州邦丽达科技实业有限公司、尤妮佳生活用品（中国）有限公司。

本标准主要起草人：高君、杨志亮、周军锋。

卫生巾高吸收性树脂

1 范围

本标准规定了卫生巾(含卫生护垫)聚丙烯酸盐类高吸收性树脂的要求、试验方法、检验规则及标志、包装、运输和贮存。

本标准适用于各类妇女卫生巾(含卫生护垫)用聚丙烯酸盐类高吸收性树脂。

2 要求

2.1 卫生巾高吸收性树脂的技术指标应符合表1或合同的规定。

表1

指标名称			单位	要求
残留单体(丙烯酸)		≤	mg/kg	1 800
挥发物含量		≤	%	10.0
pH			—	4.0～8.0
粒度分布	≤106 μm	≤	%	10.0
	≤45 μm	≤		1.0
密度			g/cm³	0.3～0.9
吸收速度		≤	s	200
吸收量		≥	g/g	20.0

2.2 产品外观应色泽均一。

3 试验方法

3.1 残留单体(丙烯酸)按附录A测定。

3.2 挥发物含量按附录B测定。

3.3 pH按附录C测定。

3.4 粒度分布按附录D测定。

3.5 密度按附录E测定。

3.6 外观:将试样置于正常光线下目测检验。

3.7 吸收速度:用电子天平称取1.0 g待测试样,准确至0.001 g,然后倒入100 mL的烧杯中。晃动烧杯使试样均匀分散在烧杯底部。用量筒量取23 ℃的标准合成试液(按附录G配制)5 mL,倒入盛有试样的烧杯中,同时开始计时。待稍微倾斜烧杯时杯内液体流动性消失,记录所用时间。吸收速度用秒表示,同时进行两次测定。用两次测定的算术平均值,并修约至整数报告结果。

3.8 吸收量按附录F测定。

4 检验规则

4.1 以一次生产批为一批。

4.2 从同一批且不少于3个包装袋中均匀取样,取样量应为1 kg。

4.3 产品出厂前应按本标准或合同规定进行项目检验,若经检验有不合格项,则应加倍抽样对不合格项进行复检,复检结果作为最终检验结果。

4.4 供货单位(以下简称供方)应保证产品质量符合本标准或合同规定,交货时应附产品质量合格证。

4.5 购货单位(以下简称需方)有权按本标准或合同规定检验产品,如对产品质量有异议,应在到货一个月内(或按合同规定)通知供方,供方应及时处理,必要时可由供需双方共同抽样复检。如果复检结果不符合本标准或合同规定,则判为批不合格,由供方负责处理;如果复检结果符合本标准或合同规定,则判为批合格,由需方负责处理。双方对复检结果如仍有争议,应提请双方认可的上一级检测机构进行仲裁,仲裁结果作为最后裁决依据。

5 标志、包装、运输、贮存

5.1 产品的标志、包装应按5.2或合同规定进行。

5.2 产品应使用带有内衬塑料薄膜的包装袋进行包装,包装袋应具有足够的强度,保证使用时不会发生断裂、脱落等现象。每批产品应附一份质量合格证,合格证上应注明生产单位名称、产品名称、商标、生产日期、包装量、检验结果和采用标准编号。

5.3 产品运输时应使用防雨、防潮、洁净的运输工具,不应与有污染的物品共同运输。

5.4 产品在搬运过程中不应从高处扔下或就地翻滚移动。

5.5 产品应贮存于阴凉、通风、干燥的仓库内,严防雨、雪和地面湿气的影响。

附 录 A
（规范性附录）
残留单体（丙烯酸）的测定

A.1 仪器和试剂

A.1.1 烧杯（带盖），容量 300 mL 左右。

A.1.2 磁力搅拌器及搅拌磁子。

A.1.3 漏斗及滤纸。

A.1.4 高效液相色谱。

A.1.5 UV 检出器。

A.1.6 色谱柱，应选用程序升温时间在 5.5 min 以上的色谱柱。

A.1.7 100 μL 微量注射器。

A.1.8 滤膜过滤器，孔径规格 0.45 μm，水系用。

A.1.9 电子天平，感量为 0.001 g。

A.1.10 生理盐水，浓度 0.9%。

A.1.11 丙烯酸，优级纯。

A.1.12 磷酸（H_3PO_4），优级纯。

A.2 测定步骤

A.2.1 残存单体（丙烯酸）的抽出

称取 1 g 试样，准确至 0.001 g，倒入烧杯中。然后加入 200 mL 浓度 0.9% 的生理盐水（A.1.10），放入回转子（A.1.2）后加盖，用磁力搅拌器（A.1.2）搅拌 1 h。用滤纸（A.1.3）过滤，将滤液作为测试溶液。

A.2.2 标准曲线

测定已知浓度的丙烯酸溶液的峰面积，以丙烯酸浓度为横坐标，以峰面积为纵坐标，绘制标准曲线。

A.2.3 试样的测定

将测试溶液用微量注射器（A.1.7）通过滤膜过滤器（A.1.8）注入到高效液相色谱（A.1.4）中，按以下条件进行测定，并计算出峰面积。

测定条件：

a) 流动相：0.1% H_3PO_4 水溶液；

b) 流量：1.0 mL/min～2.0 mL/min；

c) 注入量：20 μL～100 μL；

d) UV 检出器（A.1.5）：检测波长 210 nm。

A.3 结果的表示

根据测试溶液的峰面积及标准曲线，按式（A.1）计算试样中残留单体（丙烯酸）的含量，并准确至小数点后第一位。

$$c = \frac{A}{m} \times 200 \qquad \cdots\cdots\cdots\cdots (A.1)$$

式中：

c——残留单体(丙烯酸)的含量，单位为毫克每千克(mg/kg)；

A——由标准曲线得出的丙烯酸浓度，单位为毫克每升(mg/L)；

m——称取试样的质量，单位为克(g)；

200——加入生理盐水的体积，单位为毫升(mL)。

附 录 B
（规范性附录）
挥发物含量的测定

B.1 仪器和试剂

B.1.1 烘箱，能使温度保持在 105 ℃±2 ℃。

B.1.2 干燥器。

B.1.3 电子天平，感量为 0.001 g。

B.1.4 试样容器，用于试样的转移和称量。该容器由能防水蒸气，且在试验条件下不易发生变化的轻质材料制成。

B.2 测定步骤

B.2.1 称取 5 g 试样，准确至 0.001 g，装入已恒重的容器(B.1.4)中。将装有试样的容器放入温度为(105±2)℃的烘箱(B.1.1)，烘干 4 h。并将称量容器的盖子打开一起烘干。当烘干结束时，应在烘箱内盖上容器的盖子，然后移入干燥器(B.1.2)内冷却，30 min 后称取容器及试样的质量。

B.2.2 将该称量容器再次移入烘箱中重复上述步骤，两次连续称量间的干燥时间应不少于 1 h。当两次连续称量间的差值不大于试样原质量的 0.2%时，即可确定试样达到恒重。

B.3 结果的表示

B.3.1 挥发物含量的计算

挥发物的含量可按式(B.1)计算：

$$w=\frac{m_1-m_2}{m_1}\times 100\% \qquad \text{(B.1)}$$

式中：

w——挥发物的含量，%；

m_1——烘干前试样的质量，单位为克(g)；

m_2——烘干后试样的质量，单位为克(g)。

B.3.2 结果的表示

同时进行两次测定，取其算术平均值作为测定结果，并修约至整数位。两次测定结果间的误差，应不超过 0.2%(绝对值)。

附　录　C
（规范性附录）
pH 的测定

C.1　仪器和试剂

C.1.1　电子天平，0.001 g。

C.1.2　量筒，感量为 100 mL。

C.1.3　磁力搅拌器。

C.1.4　pH 计。

C.1.5　生理盐水，浓度 0.9%。

C.2　测定步骤

C.2.1　用量筒（C.1.2）准确量取生理盐水（C.1.5）100 mL，倒入 150 mL 烧杯中。并置于磁力搅拌器（C.1.3）上适度搅拌，在搅拌过程中应避免溶液中产生气泡。

C.2.2　用电子天平（C.1.1）称取 0.5 g 试样，准确至 0.001 g，将称好的试样缓缓加入烧杯中。适度搅拌 10 min 后，将烧杯从磁力搅拌器上移开并停止搅拌，静置 8 min 以使悬浮的树脂沉淀。

C.2.3　根据仪器说明，使用缓冲溶液调整 pH 计（C.1.4）。然后将 pH 复合电极慢慢插入沉淀的试样上方的溶液中，2 min 后读取 pH 计的数值。为了防止污染电极，电极不应接触到试样。读取示值后，将电极移开并用去离子水彻底清洗，然后浸入电极保护缓冲溶液中。

C.3　测定结果的表示

测定结果直接从 pH 计上读出，同时进行两次测定，取两次测定的平均值作为测定结果。结果修约至小数点后一位。

附　录　D
（规范性附录）
粒度分布的测定

D.1　仪器和试剂

D.1.1　电子天平，感量为 0.01 g。

D.1.2　筛网振动器，振幅 1 mm，频率 1 400 r/min。

D.1.3　筛网，使用网孔为 45 μm 和 106 μm 的标准筛。

D.1.4　接收底盘及盖子。

D.1.5　刷子。

D.2　测定步骤

D.2.1　每次使用前应先清洁筛网(D.1.3)，在光源下检查筛网的整个表面，检查每个筛网的损坏情况。如果发现任何破裂或破洞，则丢弃该破损筛网并用新筛网代替。如果筛网不干净，则需清洗。

D.2.2　将筛网叠放在筛网振动器(D.1.2)上，底部放置接收底盘(D.1.4)，将筛子按 106 μm 至 45 μm 的顺序自上而下叠放。用 250 mL 的玻璃烧杯称取 100 g 试样，准确至 0.01 g。将试样轻轻倒入顶部的筛子，加盖(D.1.4)并开动筛网振动器振动 10 min。然后将筛网小心地取出，分别称量 45 μm 筛网及接收底盘上试样的质量。测定过程中应避免通风气流。用刷子(D.1.5)将筛下部分收集到废物皿中，并清洁筛网。

D.3　测定结果的表示

粒度分布可按式(D.1)和式(D.2)计算：

$$w_1 = \frac{m_2 + m_3}{m_1} \times 100\% \qquad \cdots\cdots (\text{D.1})$$

$$w_2 = \frac{m_3}{m_1} \times 100\% \qquad \cdots\cdots (\text{D.2})$$

式中：

w_1——粒度为 106 μm 以下的含量，%；

w_2——粒度为 45 μm 以下的含量，%；

m_1——试样的总质量，单位为克(g)；

m_2——残留在 45 μm 筛网上试样的质量，单位为克(g)；

m_3——残留在接收底盘上试样的质量，单位为克(g)。

同时进行两次测定，取其算术平均值作为测定结果，结果修约至小数点后一位。

附 录 E
（规范性附录）
密度的测定

E.1 仪器和试剂

E.1.1 密度仪。

E.1.2 漏斗，容量大于 120 mL，且带有孔式节流阻尼或挡板，孔口内径 10.00 mm±0.01 mm。

E.1.3 密度杯，杯筒容量 100 cm^3±0.5 cm^3。

E.1.4 电子天平，感量为 0.01 g。

E.2 测定步骤

E.2.1 将密度仪(E.1.1)放在平台上，调节三个脚上的螺钉，使其保持水平状。将洗净烘干的漏斗(E.1.2)垂直放在密度杯(E.1.3)中心上方 40 mm±1 mm 高度处，确保漏斗水平。称取空密度杯的质量 m_1，准确至 0.01 g。然后将已称量的空密度杯放在漏斗的正下方。

E.2.2 称取约 120 g 的试样轻轻加入漏斗中，漏斗下方的孔式节流阻尼或挡板处于关闭状态。快速打开漏斗下方的孔式节流阻尼或挡板，让漏斗内的试样自然落下。用玻璃棒刮掉密度杯顶部多余的试样，不应拍打或震动密度杯。称取装有试样的密度杯的质量 m_2，准确至 0.01 g。

E.3 测定结果的表示

试样的密度可按式(E.1)计算：

$$\rho = \frac{m_2 - m_1}{V} \qquad \cdots\cdots(E.1)$$

式中：

ρ——试样的密度，单位为克每立方厘米(g/cm^3)；

m_1——空密度杯的质量，单位为克(g)；

m_2——装有试样的密度杯质量，单位为克(g)；

V——密度杯的体积，单位为立方厘米(cm^3)。

同时进行两次测定，并取其算术平均值作为测定结果，结果修约至小数点后一位。

附 录 F
（规范性附录）
吸收量的测定

F.1 仪器和试剂

F.1.1 电子天平，感量为 0.001 g 。

F.1.2 纸质茶袋，尺寸为 60 mm×85 mm，透气性(230±50)L/(min·100 cm^2)(压差 124 Pa)。

F.1.3 夹子，固定茶袋用。

F.1.4 标准合成试液(见附录 G)。

F.2 测定步骤

F.2.1 称取 0.2 g 试样，准确至 0.001 g，并将该质量记作 m。将试样全部倒入茶袋(F.1.2)底部，附着在茶袋内侧的试样也应全部倒入茶袋底部。

F.2.2 将茶袋封口，浸泡至装有足够量的标准合成试液(F.1.4)的烧杯中，浸泡时间为 30 min。

F.2.3 轻轻地将装有试样的茶袋拎出，用夹子(F.1.3)悬挂起来，静止状态下滴液 10 min。多个茶袋同时悬挂时，注意茶袋之间应不互相接触。

F.2.4 10 min 后，称量装有试样茶袋的质量 m_1。

F.2.5 使用没有试样的茶袋同时进行空白值测定，称取空白试验茶袋的质量，并将该质量记作 m_2。

F.3 测定结果的表示

试样的吸收量可按式(F.1)计算：

$$w = \frac{m_1 - m_2}{m} \qquad \cdots\cdots\cdots\cdots(\text{F.1})$$

式中：

w——试样的吸收量，单位为克每克(g/g)；

m_1——装有试样茶袋的质量，单位为克(g)；

m_2——空白试验茶袋的质量，单位为克(g)；

m——称取试样的质量，单位为克(g)。

同时进行两次测定，并取其算术平均值作为测定结果，结果修约至小数点后一位。

附 录 G
（规范性附录）
标准合成试液

G.1 原理

该标准合成试液系根据动物血(猪血)的主要物理性能配制,具有与其相似的流动及吸收特性,可以很好地模拟人体经血性能。

G.2 配方

以下试剂均为化学纯。

a) 蒸馏水或去离子水:860 mL;
b) 氯化钠:10.00 g;
c) 碳酸钠:40.00 g;
d) 丙三醇(甘油):140 mL;
e) 苯甲酸钠:1.00 g;
f) 食用色素:适量;
g) 羧甲基纤维素钠:5.00 g;
h) 标准媒剂:1%(体积分数)。

G.3 标准合成试液的物理性能

在(23±1)℃时,标准合成试液的物理性能如下:

a) 密度:(1.05±0.05)g/cm^3;
b) 粘度:(11.9±0.7)s(用4号涂料杯测);
c) 表面张力:(36±4)mN/m。

ICS 85-010
Y 30

中华人民共和国国家标准

GB/T 22876—2008

纸、纸板和瓦楞纸板压缩试验仪的描述和校准

Paper, board and corrugated fiberboard—Description and calibration of compression testing equipment

(ISO 13820:1996, MOD)

2008-12-30 发布　　　　2009-09-01 实施

中华人民共和国国家质量监督检验检疫总局
中 国 国 家 标 准 化 管 理 委 员 会　发布

前言

本标准修改采用 ISO 13820:1996《纸、纸板和瓦楞纸板　压缩试验仪的描述和校准》。

附录 A 给出了本国家标准与国际标准条款的对照一览表。

附录 B 给出了本国家标准与国际标准技术性差异及其原因的一览表。

本标准的附录 A、附录 B 均为资料性附录。

本标准由中国轻工业联合会提出。

本标准由全国造纸工业标准化技术委员会归口。

本标准起草单位:四川长江造纸仪器有限责任公司、中国制浆造纸研究院、中国造纸协会标准化专业委员会。

本标准主要起草人:殷报春。

纸、纸板和瓦楞纸板
压缩试验仪的描述和校准

1 范围

本标准规定了纸、纸板和瓦楞纸板压缩试验仪(以下简称压缩试验仪)的基本特性和校准原理。

本标准适用于纸板环压试验(RCT)、瓦楞芯纸平压试验(CCT)、瓦楞纸板边压试验(ECT)、瓦楞纸板平压试验(FCT)和瓦楞纸板粘合试验(PAT)所使用的固定压板式压缩试验仪。

2 规范性引用文件

下列文件中的条款通过本标准的引用而成为本标准的条款。凡是注日期的引用文件,其随后所有的修改单(不包括勘误的内容)或修订版均不适用于本标准,然而,鼓励根据本标准达成协议的各方研究是否可使用这些文件的最新版本。凡是不注日期的引用文件,其最新版本适用于本标准。

GB/T 10739 纸、纸板和纸浆试样处理和试验的标准大气条件(GB/T 10739—2002,eqv ISO 187:1990)

3 术语和定义

下列术语和定义适用于本标准。

3.1

压缩试验 compression test

纸、纸板和瓦楞纸板在规定条件下进行的抗压强度试验。

3.2

固定压板式压缩试验仪 fixed-platen compression testing machine

试样放在固定压板和可移动压板之间,以恒定速度施压,用压力传感器测取最大抗压力的压缩试验仪。

注:本标准规定了另一种类型的压缩试验仪,即梁弯曲式压缩试验仪。这种类型的压缩试验仪以弹性板梁受力产生应变,并根据应力-应变关系确定最大抗压力。梁弯曲式压缩试验仪现在已被我国淘汰。

4 原理

压缩试验仪根据压力传感器的测力原理进行工作,并使用标准质量或其他可溯源标准进行校准。

5 仪器

5.1 压缩试验仪

压缩试验仪在恒定速度下运行,按应力应变原理工作,并具有以下特征。

5.1.1 上压板和下压板

5.1.1.1 压缩试验仪设置上、下两块压板,每块压板的尺寸应足够大,以完全适应试样的要求。并且具有足够的刚度,以抵抗压缩力引起的明显变形。

5.1.1.2 压板应固定牢固,可移动压板在行程中的横向移动量应不超过0.05 mm。两压板的表面应相互平行,每100 mm的平行度误差应在0.05 mm以内。压板表面的平面度误差应在0.05 mm以内。

5.1.1.3　为防止试验过程中试样滑移，在满足平行度要求的前提下，允许对压板表面进行粗糙处理或在压板表面胶粘砂布。使用砂布时，砂布的粗细度应不低于P240级。

注：有些试验方法规定在压板表面使用砂布，而有些试验方法并没有规定。在目前使用本压缩试验仪的相关试验方法的国家标准中，均未明确规定使用或不使用砂布进行试验。如果砂布等级不粗于P240级，在所有试验中均可以使用砂布，由此对试验结果带来误差的可能性是极低的。

5.1.2　压板驱动装置

在动力驱动下，可移动压板以(12.5±2.5)mm/min的恒定速度向固定压板做相对移动。

5.1.3　最大压力测定装置

将试样置于在两块压板之间，移动可移动压板对试样施加压力。与固定压板连接的压力传感器会感受到压力，并记录试样所能承受的最大压力。最大压力的测定误差应为±1 N或±1%，取较大者。

5.2　标准测力仪

标准测力仪为压缩试验仪的校准提供力值比对标准，依据量值传递基本法则工作，且具备下述特征：

a)　标准测力仪由高精度传感器和与之相匹配的高精度数字表组成，其高精度传感器的结构应适于安置在压缩试验仪的两压板间。如果准确度和结构满足量值传递基本法则，以及校准时的安置规定，也可使用其他结构型式的校准标准，如标准质量或测力环。

b)　标准测力仪数字表的显示精度(分辨力)应不大于0.1 N，示值相对误差应不低于±0.1%。

c)　标准测力仪作为量值传递的标准应在检定周期内使用。

6　检验与校准

6.1　总则

检验和校准时包括两个系统，压缩试验仪称为被检系统，标准测力仪称为检测系统。

检验和校准前，被检系统和检测系统应在GB/T 10739规定的标准大气环境下放置不少于4 h。

6.2　校准前检验

6.2.1　被检系统和检测系统分别通电预热30 min。

6.2.2　检验压缩试验仪的一般技术状态，检验项目包括：

a)　检查压板的板面状况，应平整且无粘着物；

b)　按5.1.1规定检验可移动压板的横向移动量及两压板的表面的平行度；

c)　按5.1.1规定检验可移动压板的移动速度。

6.2.3　检查被检系统和检测系统的基准零位状态。

6.3　校准

6.3.1　校准规则

在压缩试验仪的整个测量范围内，选取至少5个大致分布均匀的检测点。每个检测点重复测定3次，以3次读数的算术平均值作为测定结果。5个检测点的测定结果均应在允许范围内。

6.3.2　标准测力仪的安置

将标准测力仪的传感器放置在下压板的中心位置，开机使可移动压板运动。当可移动压板的板面距传感器的压头约2 mm～3 mm时，应停机。

某些型号压缩试验仪的固定压板在下，可移动压板在上。对于这类仪器，在开始施压之前，应先去除因传感器自身质量产生的重力的影响(通常称为“去皮”)，以确保起始零位的准确可靠。

6.3.3　校准操作

6.3.3.1　对压缩试验仪进行适应性施压，方法为：缓慢加载至压缩试验仪的测量上限值，然后立即卸载至零。反复3次，每次间隔时间应至少为30 s。

6.3.3.2　进行检测点的力值校准，步骤为：

——检查所有外部设备是否处于工作状态；

——准备好手动施压工具（如手动摇把），安装就位；

——按进程（递增试验力）方向手动加压至选定的检测点。以标准测力仪为依据，在压缩试验仪上读数。每个检测点重复测定 3 次，每次间隔时间应至少为 30 s。以各检测点 3 次读数的算术平均值作为该点的检测结果。

7 校准报告

校准报告应包括以下项目：

a） 本国家标准编号；

b） 校准日期和地点；

c） 试验仪状态调整的环境条件；

d） 压缩试验仪的型式、型号；

e） 压缩试验仪每一校准点的读数平均值和最大偏差；

f） 对规定程序的任何偏离或其他任何有助于分析试验结果的信息。

附 录 A
（资料性附录）
本标准章条编号与ISO 13820：1996章条编号对照

表A.1给出了本标准章条编号与ISO 13820：1996章条编号对照一览表。

表A.1 本标准章条编号与ISO 13820：1996章条编号对照

本标准章条编号	对应的国际标准章条编号
1	1
2	2
3	—
4	3
5.1	4.1
5.1.1～5.1.3	4.1.1～4.1.3
5.2	—
5.2a)、5.2b)	5.1第4段
5.2c)	—
6	5
6.2.1	—
6.2.2、6.2.3	5.1第1段～第3段
6.3.1	5.1第5段的第一句
6.3.2	—
6.3.3	5.1第5段
—	5.2.1、5.2.2
7	6
附录A	—
附录B	—
—	附录A

附 录 B
（资料性附录）
本标准与 ISO 13820:1996 技术性差异及其原因

表 B.1 给出了本标准与 ISO 13820:1996 的技术性差异及其原因的一览表。

表 B.1 本标准与 ISO 13820:1996 技术性差异及其原因

本标准的章条编号	技术性差异	原 因
1	修改并增加了范围内容。明确规定本标准的适用仪器是固定压板式压缩试验仪	梁弯曲式压缩试验仪在我国已被淘汰
2	引用了采用国际标准的我国标准，而非国际标准	以适合我国国情
3	增加了术语和定义“压缩试验”和“固定压板式压缩试验仪”	统一理解术语，明确名称含义，有利标准应用
4	修改并增加了原理内容的阐述	更明确原理内容，更便于理解原理
5.1	修改了对压缩试验仪基本特性的描述	原文条理不够清晰
5.2	增加了标准测力仪的内容	使标准技术内容更完善
6	增加了 6.2 校准前检验、6.3 校准等条款	以使校准过程更具程序化，操作指导性更强
附录 A、附录 B	增加了附录 A、附录 B	便于查阅
—	删除了国际标准中的附录 A	仪器更换，该附录不适用于本标准

ICS 85-010
Y 30

中华人民共和国国家标准

GB/T 22877—2008

纸、纸板和纸浆
灼烧残余物(灰分)的测定(525 ℃)

Paper, board and pulps—Determination of residue (ash) on ignition at 525 ℃

(ISO 1762:2001,MOD)

2008-12-30 发布　　2009-09-01 实施

中华人民共和国国家质量监督检验检疫总局
中国国家标准化管理委员会　发布

前言

本标准修改采用ISO 1762:2001《纸、纸板和纸浆　灼烧残余物(灰分)的测定(525 ℃)》。

本标准与ISO 1762:2001相比,主要差异如下:

——在规范性引用文件中将ISO标准引用的国际标准转化为与之相应的国家标准(本标准的第2章);

——修改了ISO标准第7章中坩埚灼烧后的冷却步骤(本标准的第7章)。

本标准由中国轻工业联合会提出。

本标准由全国造纸工业标准化技术委员会(SAC/TC 141)归口。

本标准起草单位:广东出入境检验检疫局技术中心、中国制浆造纸研究院、国家纸张质量监督检验中心。

本标准主要起草人:郭仁宏、周颖红。

纸、纸板和纸浆
灼烧残余物(灰分)的测定(525 ℃)

1 范围

本标准规定了纸、纸板和纸浆在 525 ℃下的灼烧残余物(灰分)的测定方法。

本标准适用于各种纸、纸板和纸浆。

2 规范性引用文件

下列文件中的条款通过本标准的引用而成为本标准的条款。凡是注日期的引用文件,其随后所有的修改单(不包括勘误的内容)或修订版均不适用于本标准,然而,鼓励根据本标准达成协议的各方研究是否可使用这些文件的最新版本。凡是不注日期的引用文件,其最新版本适用于本标准。

GB/T 450 纸和纸板 试样的采取及试样纵横向、正反面的测定(GB/T 450—2008,ISO 186:2002,MOD)

GB/T 462 纸、纸板和纸浆 分析试样水分的测定(GB/T 462—2008;ISO 287:1985,MOD;ISO 638:1978,MOD)

GB/T 740 纸浆 试样的采取(GB/T 740—2003,ISO 7213:1981, IDT)

3 术语和定义

下列术语和定义适用于本标准。

3.1

灼烧残余物 residues on ignition

纸、纸板或纸浆在加热温度为 525 ℃±25 ℃下,灼烧后的剩余物质的质量与原绝干试样的质量之比,用百分数表示。

4 原理

将盛有试样的耐热坩埚在温度为 525 ℃±25 ℃的高温炉中灼烧,灼烧后残余物的净质量(已减去坩埚的质量),即为残余物的质量。残余物的质量与原绝干试样的质量之比,即为灼烧残余物的含量。

5 设备和仪器

5.1 耐热坩埚:由铂、陶瓷或二氧化硅制成,容积为 50 mL 或 100 mL,在加热情况下质量不变且不与试样或残余物发生化学反应。

5.2 电炉。

5.3 高温炉(马弗炉):能保持温度在 525 ℃±25 ℃。

5.4 电子天平:感量为 0.1 mg。

6 取样及处理

6.1 纸和纸板试样的采取按 GB/T 450 的规定进行。

6.2 纸浆试样的采取按 GB/T 740 的规定进行。

6.3 灼烧残余物试样的制备:将样品撕成一定数量的小片,每小片面积应不大于 1 cm^2。

7 试验步骤

7.1 纸和纸板试样的水分

按 GB/T 462 的规定进行测定。

7.2 纸浆试样的水分

按 GB/T 462 的规定进行测定。

7.3 灼烧残余物的测定

7.3.1 将空坩埚放入高温炉内，在 525 ℃±25 ℃条件下灼烧 30 min～60 min。从高温炉中将坩埚取出，在空气中自然降温约 10 min，然后移入干燥器中冷却至室温。称量空坩埚的质量 m_1，准确至0.1 mg。

7.3.2 将试样置于预先灼烧并已称量的坩埚中，再称取装有试样的坩埚质量，准确至 0.1 mg。试样的绝干质量应不少于 1 g，且该试样的残余物应大于 10 mg。并按 7.1 或 7.2 测定的试样水分计算出试样的绝干质量 m。

注：若试样的残余物含量非常低(例如所谓的无灰纸)，则可以从样品的不同部位采取足够多的试样量，以获得不低于 10 mg 的残余物。

7.3.3 将装有试样的坩埚放在电炉上将试样炭化后，移入高温炉中，慢慢升温至 525 ℃，在此温度下至少灼烧 3 h，至完全灰化，炭化和灼烧过程中试样应不被火焰燃着。

7.3.4 灼烧完成后，从高温炉中将坩埚取出，在空气中自然降温 10 min，然后移入干燥器中冷却至室温，称取坩埚和残余物的总质量 m_2，准确至 0.1 mg。

8 结果计算

按式(1)计算燃烧后的残余物含量：

$$X = \frac{m_2 - m_1}{m} \times 100 \qquad \cdots\cdots(1)$$

式中：

X——灼烧残余物含量，%；

m_1——灼烧后的坩埚质量，单位为克(g)；

m_2——灼烧后盛有残余物的坩埚质量，单位为克(g)；

m——试样的绝干质量，单位为克(g)。

以两次测定的算术平均值报告结果，每次测定的误差应不大于平均值的 5%。残余物含量应报告至三位有效数字，而对于无灰纸应报告至两位有效数字。

9 精确度

9.1 重复性

按照本标准在同一实验室测定灼烧残余物(灰分)含量，选择残余物(灰分)含量差别较大的样品，包括纸浆、新闻纸、未涂布纸、涂布纸和纸板。表 1 给出了结果的平均值和变异系数。

表 1

样品名称	测定次数[a]	平均值/%	变异系数/%
化学浆和机械浆	6	0.71	1.4
新闻纸	3	3.50	0.29
未涂布印刷纸	5	29.4	0.10
涂布印刷纸	13	37.3	0.24
纸板	3	3.06	2.6

[a] 从每种材料中抽取不同样品进行试验。

9.2 再现性

按照本标准的规定，在15个实验室对5种样品测定灼烧残余物（灰分）含量，每种样品分别代表不同类型的纸和纸板。实验室间的平均值和变异系数见表2。

表2

样品名称	平均值/%	实验室间变异系数/%
复印纸[a]	9.33	1.95
涂布纸1[a]	32.0	2.41
涂布纸2[a]	25.6	1.99
纸板1	1.43	1.96
纸板2[a]	0.55	4.02

[a] 对于这四种样品，测定结果来自于另外14个实验室。

10 试验报告

试验报告应包括以下项目：

a) 完整鉴定试样所必要的全部资料；

b) 本国家标准编号；

c) 试验日期和地点；

d) 结果的表示；

e) 本标准或规范性引用文件中未规定的但可能影响结果的任何操作。

ICS 85-010
Y 30

中华人民共和国国家标准

GB/T 22878—2008

纸和纸板　杂质的估算

Paper and board—Estimation of contraries

(ISO 15755:1999,MOD)

2008-12-30 发布　　2009-09-01 实施

中华人民共和国国家质量监督检验检疫总局
中国国家标准化管理委员会　发布

前　言

本标准修改采用 ISO 15755:1999《纸和纸板　杂质的估算》。

本标准与 ISO 15755:1999 相比，主要差异如下：

——删除了 ISO 15755:1999 的附录 B；

——在规范性引用文件中将 ISO 标准引用的国际标准转化为与之相应的国家标准，即 GB/T 450　纸和纸板　试样的采取及试样纵横向、正反面的测定(GB/T 450—2008，ISO 186:2002，MOD)；

——因仪器进行校准经验不足，本标准不能提供重复性和再现性的准确数据。

本标准的附录 A 为规范性附录。

本标准由中国轻工业联合会提出。

本标准由全国造纸工业标准化技术委员会(SAC/TC 141)归口。

本标准起草单位：中国制浆造纸研究院、中国造纸协会标准化专业委员会、国家纸张质量监督检验中心。

本标准主要起草人：邓知明。

纸和纸板　杂质的估算

1　范围

本标准规定了用反射光估算纸页中可见杂质的测定方法。

本标准适用于大多数纸和纸板。

2　规范性引用文件

下列文件中的条款通过本标准的引用而成为本标准的条款。凡是注日期的引用文件，其随后所有的修改单(不包括勘误的内容)或修订版均不适用于本标准，然而，鼓励根据本标准达成协议的各方研究是否可使用这些文件的最新版本。凡是不注日期的引用文件，其最新版本适用于本标准。

GB/T 450　纸和纸板　试样的采取及试样纵横向、正反面的测定(GB/T 450—2008，ISO 186：2002，MOD)

3　术语和定义

下列术语和定义适用于本标准。

3.1

纸页　sheet

从一包、一捆或一卷纸中抽取的一张纸或纸板。

3.2

试片　test piece

用于测试的区域。

3.3

(纸或纸板中)杂质　contrary (in paper and board)

如附录A中的对比图(见图A.1)所示，任何不希望有的颗粒或斑点，其大小超出规定的最小尺寸，并与周围纸面相对比具有明显不同的光反射。

注：杂质包括纸页表面的任何斑点。

4　原理

试片在反射光下测试。根据附录A中的对比图，估算每个大于规定面积并与周围纸面相比呈现出不同的反射光对比度的杂质的面积。将杂质面积求和，以每平方米纸页上所占有的平方毫米(mm^2/m^2)表示杂质的总面积。

如果需要，还应分别报告不同组别杂质的面积。

5　装置

5.1　照明装置

在反射光下观察纸页的合适光源。光源应有足够的强度，以保证所有大于规定的最小面积(见7.2)的杂质均能被观察到。避免日光或其他外部光源的直接照射。

5.2　标准尘埃对比图

在一透明胶片上印制一系列黑的、灰的、不同形状、不同大小、不同对比度的斑点。此图表用于目测法以及仪器的校准。此图表见附录A。

在测试中,不得使用附录A中的例图或者任何复印版本,因为复制品可能会改变斑点的大小和对比度。

6 试样的制备

6.1 取样

如果统计出来的杂质数量用于代表大量纸页中的杂质数量,则应按GB/T 450的规定确定测试用试样的数量和取样方法。

最小的取样面积见6.2中所示。

6.2 测试区域的选择

在纸页的不同部位随机划分一些测试区域,并保证这些区域在纸页的两面均具有代表性。从这些区域中统计出的杂质数目应至少有300个。但是,若纸面很洁净,只能观察到非常少量的杂质,则测试面积应不大于3 m^2。

但是,测试大量的纸或纸板时,尘埃总数应不少于1 000个,或者纸(纸板)面积不少于10 m^2。

注1:上述杂质数量的相对误差10%置信度90%时是可以接受的。

注2:杂质在纸页中的分布可能并不均匀,而测试结果也会因为选择测试区域的方式不同而有较大的差别。试样面积大于上述规定的最小尺寸时,测试区域应随机选择并遍布整个试样。

注3:在有些情况下,只需测试试样的一面,但应在试验报告中注明。

7 试验步骤

7.1 测试

目测试片(6.2),使用附录A中的对比图确定杂质的面积。一般情况下,只需统计面积大于等于0.04 mm^2 的杂质。

按照杂质面积的大小将其分组(见表1)。

表1 杂质面积分组(推荐)

单位为平方毫米

组别	面积	对数平均面积
1	大于5	—
2	1.00~4.99	2.234
3	0.40~0.99	0.629
4	0.15~0.39	0.242
5	0.04~0.14	0.075
6	0.01~0.03	0.017
注:组别的选择可以根据试验用纸或纸板的质量以及相关协议作适当的调整。		

忽略那些非典型的斑点,例如一只被压瘪的虫子或者一大块尘埃,但应在试验报告中注明。不需统计荧光斑点。

注:如果需要,可以分别记录各类杂质的大小,例如:塑料颗粒、尘埃、纤维束等。

7.2 杂质的分组

一般情况下,只需报告杂质的总面积,但是,若有需要,则应分别报告各组杂质的面积。在这种情况下,可以使用表1中的分组。第6组只应用在特殊要求下,并应在试验报告中注明。

8 结果的表示

8.1 计算

按式(1)计算所有杂质的总面积,或者分别计算每组杂质(见表1)的面积。

$$X = \sum \frac{c_i n_i}{b} \qquad \cdots\cdots (1)$$

式中：

X——杂质的总面积(或者单位面积纸页上每组杂质的面积)，单位为平方毫米每平方米(mm^2/m^2)；

c_i——每组杂质(见表1)的对数平均面积，单位为平方毫米(mm^2)；

n_i——每组杂质的数量；

b——测试试样的面积，单位为平方米(m^2)。

面积大于5 mm^2 的杂质，其 $c_i n_i$ 值应用杂质的实际面积代替，并应单独统计这些杂质，同时在试验报告中注明。

注：每组杂质的对数平均面积须经调整，因为在统计较小尘埃时，有富集的趋势。

例如：

若组别在0.15～0.39的杂质有8个，则其面积 $c_i n_i$ 按下式计算：

$$8 \times 0.242(mm^2) \approx 1.9(mm^2)(见表1)$$

8.2 结果

计算单位面积纸页上杂质的总面积，修约至最接近的整数；结果小于5 mm^2/m^2 时，修约至一位小数。

注：如果需要，可以按照杂质的组别来分组表示测试结果。但是，含有少量杂质的组别将产生更高的取样不确定性。

8.3 精度

本试验方法存在主观性，因此很难获得可见杂质的精确数目。由于检验员之间存在差异，本试验的数据重复性和再现性并不能令人满意。

5个实验室用目测法测定了16种纸样。实验室间的变异系数为62%～99%，平均值为82%。

9 试验报告

试验报告应包括以下内容：

a) 鉴定试样的所有资料；

b) 测试结果以每平方米纸或纸板上的平方毫米表示。如果需要，可以根据杂质的大小或类型分别报告；

c) 测试用纸张的面积，以平方米表示；

d) 测试结果是否基于目测法或者仪器测试法；

e) 测试过程中所观察到的任何斑点；

f) 任何偏离本标准的步骤或任何可能影响结果的试验条件。

附 录 A
（规范性附录）
标准尘埃对比图

使用图 A.1 所示的图表。

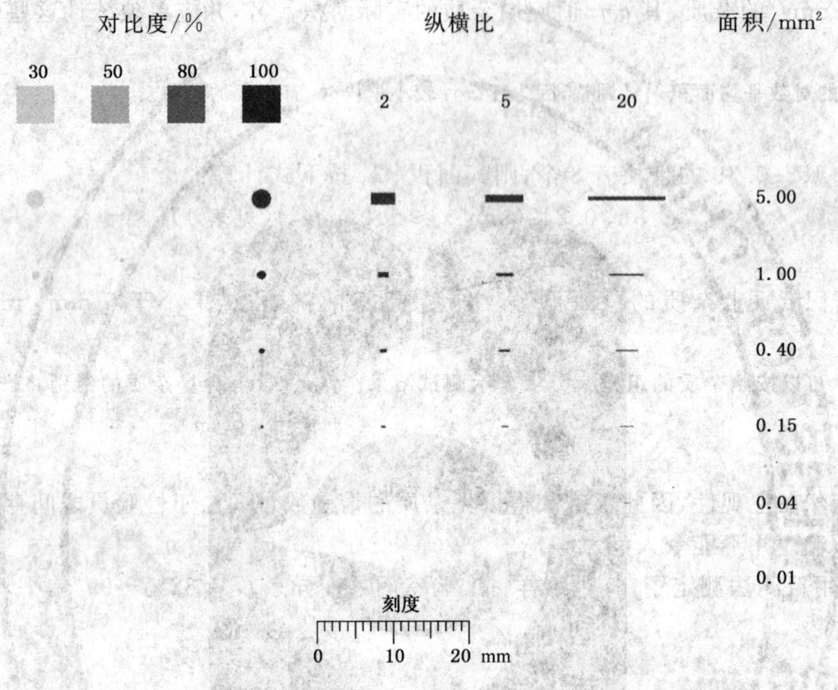

图 A.1 纸和纸板标准尘埃对比图

图中左侧部分用于校准仪器，也可作为目测法的辅助工具。本图表标示出每一组中最小对比度的斑点，即：对于不小于 0.40 mm²、不小于 0.15 mm² 和不小于 0.04 mm² 的杂质，其对应的最小对比度分别为 30%、50%和 80%。

图中右侧部分标示出不同纵横比的杂质，其对比度均为 100%。该部分用于杂质大小的分级。

ICS 85-010
Y 30

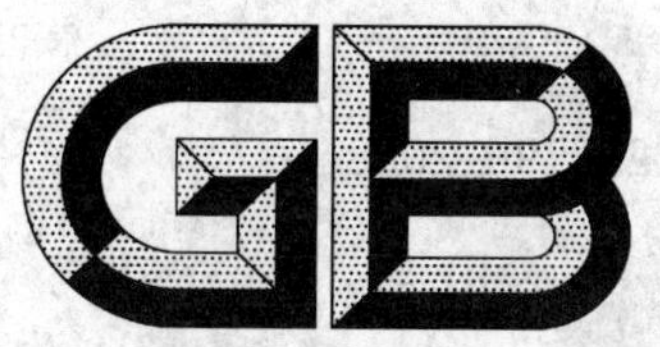

中华人民共和国国家标准

GB/T 22879—2008

纸和纸板　CIE白度的测定，C/2°（室内照明条件）

Paper and board—Determination of CIE whiteness, C/2° (indoor illumination conditions)

(ISO 11476:2000, MOD)

2008-12-30 发布　　2009-09-01 实施

中华人民共和国国家质量监督检验检疫总局
中国国家标准化管理委员会　发布

前 言

本标准修改采用ISO 11476:2000《纸和纸板　CIE白度的测定,C/2°(室内照明条件)》。

本标准与ISO 11476:2000相比,主要差异:

——规范性引用文件中增加了GB/T 8940.2和ASTM E 308-95;

——修改了附录B中UV的校准。

本标准的附录A、附录B为规范性附录。

本标准由中国轻工业联合会提出。

本标准由全国造纸工业标准化技术委员会归口。

本标准起草单位:中国制浆造纸研究院、国家纸张质量监督检验中心、中国造纸协会标准化专业委员会。

本标准主要起草人:张清文。

纸和纸板　CIE 白度的测定，C/2°
（室内照明条件）

1　范围

本标准规定了纸和纸板白度的测定方法。

本标准适用于含或不含荧光增白剂的白色纸和纸板，不适用于含有荧光染料的彩色纸张。

2　规范性引用文件

下列文件中的条款通过本标准的引用而成为本标准的条款。凡是注日期的引用文件，其随后所有的修改单（不包括勘误的内容）或修订版均不适用于本标准，然而，鼓励根据本标准达成协议的各方研究是否可使用这些文件的最新版本。凡是不注日期的引用文件，其最新版本适用于本标准。

GB/T 450　纸和纸板　试样的采取及试样纵横向、正反面的测定（GB/T 450—2008，ISO 186：2002，MOD）

GB/T 7973—2003　纸、纸板及纸浆　漫反射因数的测定（漫射/垂直法）（ISO 2469：1994，NEQ）

GB/T 8940.2　纸浆亮度（白度）试样的制备（GB/T 8940.2—2002，eqv ISO 3688：1999）

ISO 2470　纸、纸板和纸浆　蓝光漫反射因数的测定（ISO 亮度）

ASTM E 308-95　用 CIE 体系估计物体颜色的测量方法

3　术语和定义、代号

下列术语和定义、代号适用于本标准。

3.1

反射因数　reflectance factor

R

由一物体反射的辐通量与相同条件下完全反射漫射体反射的辐通量之比。

注：比值以百分数表示。

3.2

内反射因数　intrinsic reflectance factor reflectivity

R_∞

试样层数达到不透光，即测定结果不再随试样层数加倍而发生变化时的反射因数。

3.3

辐亮度因数　radiance factor

β

由一物体的辐亮度与相同光源和观察条件下完全反射漫射体的辐亮度之比。

注：对荧光（发光）材料，总辐亮度因数 β 是反射的辐亮度因数 β_S 和发光辐亮度因数 β_L 两部分的总和，即：$\beta=\beta_S+\beta_L$。对于不含荧光材料，反射的辐亮度因数 β_S 是简单的反射因数 R。

3.4

内辐亮度因数　intrinsic radiance factor

β_∞

试样叠足够厚达到不透明时的内辐亮度因数，即测定结果不再随试样层数加倍而发生变化时的辐亮度因数。

$\beta_{\infty}=\beta_{\infty,S}+\beta_{\infty,L}$

对于不含荧光材料，反射的辐亮度因数 $\beta_{\infty,S}$ 是简单的反射因数 R_{∞}。

3.5

CIE 白度值　CIE whiteness value

W

在标准规定的条件下，通过测量 CIE 三刺激值得到的白度。

注：CIE 白度无量纲，以白度单位表示。

3.6

绿/红淡色调值　green/red tint value

T_{w}

测量试样的白度偏绿或红的程度。

注 1：淡色值无量纲，以淡色值单位表示。

注 2：T_{w} 正值表示呈绿色调，负值表示呈红色调。

3.7

荧光值　fluorescence component

W_{F}

在本标准规定的条件下，测量试样中荧光增白剂的激发对白度影响的程度。

4　原理

调整仪器使照明的 UV-含量与 CIE 照明体 C 一致，在标准条件下测量试样的漫辐亮度因数，就可计算出 CIE 白度值和淡色调值。白度的荧光值是试样的白度值与在照明光束中插入具有尖锐的 UV 吸收截止滤光片从而消除试样中荧光激发测得的白度值之差。

5　仪器

5.1　反射光度计或光谱光度计

5.1.1　仪器性能

几何条件、光谱和光学特性符合 GB/T 7973—2003 的规定，按照 GB/T 7973—2003 附录 B 的规定进行校准，光源含有适量的 UV-含量，并能调整相对 UV-含量，使按照 ISO 2470 测量的 ISO 亮度与荧光参比标准标定值相同，并与照明体 C 一致。如果仪器采用滤光片（UV 调整滤光片）进行调整，它应能截止 395 nm 波长光的值，并吸收 UV 辐射，同时不吸收积分球内的任何可见光。

注：为了保证 ISO 亮度和 CIE 白度（C/2°）测量条件一致，最好用标有 ISO 亮度的参比标准调整仪器。

由于需测量消除荧光影响的反射因数，仪器应配有尖锐的 UV 吸收截止滤光片，滤光片在 410 nm 波长以下透光率不超过 5.0%，在波长 420 nm 不超过 50%。截止滤光片应具备这些特性，保证在 420 nm 测得可靠的反射值。由于测量荧光纸样，在荧光发射的波长范围，光度计的线性范围最少要到读数的 200%。

5.1.2　反射光度计

对于滤光式反射光度计，反射光度计成对的滤光片给出的光电检测器响应等效于在 CIE 标准照明体 C 和 CIE1931（2°）观察者条件下的 CIE 三刺激值 X、Y、Z。

5.1.3　光谱光度计

对于简易式光谱光度计，根据 CIE 标准照明体 C 和 CIE1931（2°）观察者的要求使用附录 A 给出的权重功能计算加权平均。

5.2　用于校准仪器和工作板的参比标准

5.2.1　用于校准的非荧光标准，满足 GB/T 7973—2003 中描述的三级参比标准要求。

5.2.2 用于调整辐射的UV-含量的荧光参比标准，标有白度值和附录B中相关数据，满足ISO三级参比标准的要求。

经常使用新的参比标准对仪器进行校准和UV调整。

5.3 工作标准

5.3.1 两块乳白玻璃或陶瓷板，按GB/T 7973—2003规定清洁。

5.3.2 一块稳定的塑料或其他材料的荧光板。

5.4 黑筒

对所有波长的反射因数与名义值之差不超过0.2%。黑筒应倒扣放置在无尘的环境或附有防护盖。

注：黑筒的状况根据仪器制造商要求进行检查。

6 校准

6.1 移去照明光束中UV截止滤光片，用非荧光参比标准(5.2.1)的标定值校准仪器。在这一步UV调整滤光片的调整并不重要。

6.2 按照适当的测量方法，按照GB/T 7973—2003测定荧光参比标准(5.2.2)的ISO亮度，并与参比标准的标定值比较。

测量的白度值比标定值高，说明照明的相对UV-含量太高，比标定值低说明相对UV-含量太低。

6.3 用UV调整滤光片或其他的调整装置，调整光源的UV-含量，直到测得正确的ISO亮度值。

6.4 保持UV调整滤光片给出正确ISO亮度值的位置不变，用非荧光参比标准(5.2.1)按6.1重复校准。按6.2测量荧光参比标准(5.2.2)的ISO亮度。如果ISO亮度值与标定值不符，按6.3调整UV调整滤光片位置直到测得正确的ISO亮度值。

6.5 重复6.4，直到用非荧光参比标准校准仪器后测量荧光参比标准得到正确值。这时UV-含量才被调准，测量ISO亮度的相对UV-含量等效于照明体C。记录UV调整的位置。

注1：以上调整是使仪器ISO亮度的照明条件等效于照明体C，并且使CIE白度(C/2°)也符合规定。绿/红淡色调值的差异仍会出现，不能保证三刺激值及其他参数会与照明体C完全一致。

注2：一些仪器，6.2～6.5规定的步骤可以自动完成。

6.6 测量荧光工作白板(5.3.2)，并标定ISO亮度值。

工作白板仅能用于被校准时使用的仪器，并仅用于监测灯泡的变化。如果更换灯泡，应用三级荧光参比标准(5.2.2)重新校准白板。

6.7 按GB/T 7973—2003规定校准乳白玻璃或陶瓷板作为工作板。

6.8 完成6.1～6.5的UV-含量调整后，保持UV调整位置不变，插入UV截止滤光片，并用非荧光参比标准(5.2.1)校准仪器。

7 试样采取

如果评价一批样品，应按GB/T 450进行试样采取。如果评价不同类型的样品，应保证所取样品具有代表性。

8 试样制备

避开水印、尘埃和明显的纸病，将试样切成约75 mm×150 mm矩形试样。至少10张试样正面朝上，组成试样叠。试样的数量应保证试样层数加倍后，反射因数不会变化。在试样叠的上下各附一纸页以保护试样。避免污染及不必要地曝露在光或热中。

在试样的一角作上标记，以区分试样及其正面。

如能从试样的网面来区分正面，正面应朝上。如果不能区分正面，如夹网纸纸机生产或两面涂布的纸张，应保证纸样的同一面朝上，以保证纸和纸板的每面能分开测定。

按 GB/T 8940.2 准备的浆料的纸页可按同样的方法测量，但白度一般不作为纸浆的性能。

9 步骤

9.1 移去照明光束中的 UV 截止滤光片。按照 GB/T 7973—2003 规定操作反射光度计或光谱光度计。

9.2 取下试样叠的保护纸页，测量试样正面的内总辐亮度因数。

9.3 取下测过的试样放在试样叠的下面，重复 9.2 步骤，直到 10 个试样全部测完。重复测量纸或纸板的另一面。

9.4 如果要求评价荧光值，在照明光束中插入 UV 截止滤光片。按 GB/T 7973—2003 规定操作反射光度计或光谱光度计，在没有 UV 激发的条件下测量正面的内辐亮度因数即内反射辐亮度因数。

9.5 取下测过的试样放在试样叠的下面，重复 9.4 步骤，直到 10 个试样全部测完。重复测量纸或纸板的另一面。

注：一般在测量试样的同时，CIE 白度和淡色调值会自动地计算。另外一些仪器测量更方便，可同时测量每个试样有和无荧光激发时的白度，而不必进行后面的 10 次测量。

10 计算和结果的表示

10.1 按式(1)和式(2)分别计算试样两面的白度 W 和淡色调 T：

$$W = Y + 800(x_n - x) + 1\,700(y_n - y) \quad \cdots\cdots(1)$$

$$T = 900(x_n - x) - 650(y_n - y) \quad \cdots\cdots(2)$$

式中：

x 和 y 是试样的色品坐标，按式(3)和式(4)计算：

$$x = \frac{X}{X + Y + Z} \quad \cdots\cdots(3)$$

$$y = \frac{Y}{X + Y + Z} \quad \cdots\cdots(4)$$

式中：

X、Y、Z——C/2°条件下试样的三刺激值；

x_n 和 y_n——规定的照明体和观察者条件下完全反射漫射体的色品坐标(在 C/2°条件下 $x_n = 0.310\,06$，$y_n = 0.316\,15$)。

10.2 试样在以下限值内可认为是白色的。

$$40 < W < 5Y - 280$$

$$-3 < T_W < 3$$

10.3 相应地计算在没有 UV 激发即在照明光束中插入 UV 截止滤光片(见 5.1)时的白度 W_0，按式(5)计算 CIE 白度 C/2°荧光值 W_F，它是测量有和无 UV 激发时的两个白度值之差。

$$W_F = W - W_0 \quad \cdots\cdots(5)$$

式中：

W——是照明的 UV 含量与照明体 C 一致时测定的白度；

W_0——是荧光激发被尖锐的 UV 吸收截止滤片消除时测定的白度。

注：仅消除 400 nm 以下 UV 含量的截止滤光片不能消除所有的荧光激发的影响。

10.4 计算平均值，分别报告两面的 CIE 白度(C/2°)，结果保留整数，淡色调平均值保留一位小数。如果 W 或 T_W 任何一个值超出 10.2 给定的限值，根据 CIE 规定应报告样品不是白色的。如果 W_0 超出 10.2 给定的限值，则没必要报告。如需要，报告荧光值，结果保留整数。

11 精密度

初步试验表明实验室间按次序进行测量的标准偏差是±1 白度单位。

12 试验报告

试验报告应包括以下内容：

a) 试验的时间；

b) 样品的准确识别；

c) 采用本标准；

d) CIE 白度值和淡色调值，如需要，分别报告两面白度的荧光值；

e) 使用的仪器型号；

f) 使用的照明体类型；

g) 与本标准的任何偏离或其他任何影响结果的因素。

附 录 A
（规范性附录）
测定三刺激值的反射光度计光谱特性

A.1 滤光式反射光度计

反射光度计的光谱特性由灯、积分球、光学玻璃、滤光片和光电池共同组合而得到。滤光片与仪器的光学特性给出的综合响应等效于试样在 CIE 标准照明体 C 条件下的 CIE1932 (2°)标准色度系统的 X、Y、Z。

A.2 简易式光谱光度计

所测量的三刺激值通过光反射因数与在 ASTM E 308-95 中规定的 CIE1932 (2°)观察者和 CIE 照明体 C 条件下的权重系数(见表 A.1 和表 A.2)的乘积求得。

表 A.1 和表 A.2 用于计算三刺激值时对光谱带宽的修正，带宽的数据近似等于测量的间隔，本附录中给出的表格应正确地使用。

表 A.1 和表 A.2 在每列的底部给出了核对总和及白点的数据。核对总和的数据是每列数据的代数和。核对值是在需要复制该表时保证表中的数据正确地复制。由于四舍五入，核对总和的数据可能与下面的白点的数据不一致。每列中的数值均四舍五入到三位小数。当用表中的数据和三刺激值计算 CIELAB 或 CIELUV 坐标或其他目的要使用三刺激值时，白点的数据应为 X_n、Y_n、Z_n 值。

下列规定在 ASTM 308-95 的 7.3.2.2 中给出，用于当波长范围超出 360 nm～780 nm 时，加权系数数据的获得。

当得不到全波长范围的 $R(\lambda)$ 相应的加权系数时，就把未得到权重的波长的权重加到能够得到权重数据的最短或最长波长的权重上。也就是：

a) 把不能得到权重的所有的测量波长(360 nm……)的权重加到另一个较高的可得到数据的权重上；

b) 把不能得到权重的所有的测量波长(……780 nm)的权重加到另一个较低的可得到数据的权重上。

表 A.1 仪器在 10 nm 间隔测量的加权系数(源于 ASTM E308-95)

波长/nm	W_X	W_Y	W_Z
360	0.000	0.000	0.000
370	0.001	0.000	0.003
380	0.004	0.000	0.017
390	0.015	0.000	0.069
400	0.074	0.002	0.350
410	0.261	0.007	1.241
420	1.170	0.032	5.605
430	3.074	0.118	14.967
440	4.066	0.259	20.346
450	3.951	0.437	20.769

表 A.1（续）

波长/nm	W_X	W_Y	W_Z
460	3.421	0.684	19.624
470	2.292	1.042	15.153
480	1.066	1.600	9.294
490	0.325	2.332	5.115
500	0.025	3.375	2.788
510	0.052	4.823	1.481
520	0.535	6.468	0.669
530	1.496	7.951	0.381
540	2.766	9.193	0.187
550	4.274	9.889	0.081
560	5.891	9.898	0.036
570	7.353	9.186	0.019
580	8.459	8.008	0.015
590	9.036	6.621	0.010
600	9.005	5.302	0.007
610	8.380	4.168	0.003
620	7.111	3.147	0.001
630	5.300	2.174	0.000
640	3.669	1.427	0.000
650	2.320	0.873	0.000
660	1.333	0.492	0.000
670	0.683	0.250	0.000
680	0.356	0.129	0.000
690	0.162	0.059	0.000
700	0.077	0.028	0.000
710	0.038	0.014	0.000
720	0.018	0.006	0.000
730	0.008	0.003	0.000
740	0.004	0.001	0.000
750	0.002	0.001	0.000
760	0.001	0.000	0.000
770	0.000	0.000	0.000
780	0.000	0.000	0.000
总计核对	98.074	99.999	118.231
白点	98.074	100.000	118.232

表 A.2　仪器在 20 nm 间隔测量的加权系数

波长/nm	W_X	W_Y	W_Z
360	0.000	0.000	0.000
380	0.066	0.000	0.311
400	−0.164	0.001	−0.777
420	2.373	0.044	11.296
440	8.595	0.491	42.561
460	6.939	1.308	39.899
480	2.045	3.062	18.451
500	−0.217	6.596	4.728
520	0.881	12.925	1.341
540	5.406	18.650	0.319
560	11.842	20.143	0.059
580	17.169	16.095	0.028
600	18.383	10.537	0.013
620	14.348	6.211	0.002
640	7.148	2.743	0.000
660	2.484	0.911	0.000
680	0.600	0.218	0.000
700	0.136	0.049	0.000
720	0.031	0.011	0.000
740	0.006	0.002	0.000
760	0.002	0.001	0.000
780	0.000	0.000	0.000
总计核对	98.073	99.998	118.231
白点	98.074	100.000	118.232

附 录 B
（规范性附录）
UV 的校准

B.1 由国家纸张质量监督检验中心作为授权实验室，每季度向各工作实验室发放三级参比标准，用于各个实验室调整仪器照射到样品上的相对 UV-含量，使之与照明体 C 一致。三级参比标准由非荧光参比标准和荧光参比标准组成，应按本标准中的第 6 章对仪器的 UV-含量进行调整。

B.2 荧光参比标准满足以下条件：

B.2.1 荧光参比标准由辐亮度因数均匀的白纸组成，纸张经过足够时间的老化，光学稳定性在 4 个月～6 个月时间 ISO 亮度值的变化不超过 0.2 单位。

B.2.2 参比标准应制成不透光的纸叠，纸张表面平滑而没有光泽。纸叠表面应有合适的保护封面。

注：荧光塑料和陶瓷板适合于作为仪器本身的工作板，不适于作为传递标准，本方法规定采用白纸作为传递标准。

B.2.3 由于荧光发射到积分球产生相互影响，使亮度标尺轻微非线性。IR2 和 IR3 标准 ISO 亮度值至少为(95±5)%，且亮度的荧光值至少为(10±2)%。

B.3 国家纸张质量监督检验中心通过定用标准化实验室发放的二级参比标准和与其他授权实验室互相交换三级参比标准，校准其标准仪器，使之与 ISO 量值一致。

B.4 本方法规定的白纸中含有荧光增白剂激发的荧光为可见光的蓝光部分 400 nm～500 nm。本方法不能用于其他光谱范围的荧光有效调整。

ICS 85-010
Y 30

中华人民共和国国家标准

GB/T 22880—2008

纸和纸板　CIE 白度的测定，D65/10°（室外日光）

Paper and board—Determination of CIE whiteness，D65/10°（outdoor daylight）

（ISO 11475：2004，MOD）

2008-12-30 发布　　　　2009-09-01 实施

中华人民共和国国家质量监督检验检疫总局
中国国家标准化管理委员会　发布

前　言

本标准修改采用ISO 11475:2004《纸和纸板　CIE白度的测定，D65/10°（室外日光）》。

本标准与ISO 11475:2004相比，主要差异如下：

——修改了用于校准UV含量的荧光参比标准的获取方式。

本标准的附录A、附录B为规范性附录。

本标准由中国轻工业联合会提出。

本标准由全国造纸工业标准化技术委员会归口。

本标准起草单位：中国制浆造纸研究院、国家纸张质量监督检验中心、中国造纸协会标准化专业委员会。

本标准主要起草人：张清文。

纸和纸板　CIE 白度的测定，D65/10°（室外日光）

1　范围

本标准规定了纸和纸板白度的测定方法。

本标准适用于含或不含荧光增白剂的白色纸和纸板，本标准不适用于含有荧光染料的彩色纸张。

2　规范性引用文件

下列文件中的条款通过本标准的引用而成为本标准的条款。凡是注日期的引用文件，其随后所有的修改单(不包括勘误的内容)或修订版均不适用于本标准，然而，鼓励根据本标准达成协议的各方研究是否可使用这些文件的最新版本。凡是不注日期的引用文件，其最新版本适用于本标准。

GB/T 450　纸和纸板　试样的采取及试样纵横向、正反面的测定(GB/T 450—2008，ISO 186:2002，MOD)

GB/T 7973—2003　纸、纸板和纸浆　漫反射因数的测定(漫射/垂直法)(ISO 2469:1994，NEQ)

ASTM E 308—95　用 CIE 体系估计物体颜色的测量方法

3　术语和定义、代号

下列术语和定义、代号适用于本标准。

3.1

反射因数　reflectance factor

R

由一物体反射的辐通量与相同条件下完全反射漫射体反射的辐通量之比。

注：比值以百分数表示。

3.2

内反射因数　intrinsic reflectance factor reflectivity

R_{∞}

试样层数达到不透光，即测定结果不再随试样层数加倍而发生变化时的反射因数。

3.3

辐亮度因数　radiance factor

β

由一物体的辐亮度与相同光源和观察条件下完全反射漫射体的辐亮度之比。

注：对荧光(发光)材料，总辐亮度因数 β 是反射的辐亮度因数 β_s 和发光辐亮度因数 β_L 两部分的总和，即：$\beta=\beta_s+\beta_L$。对于不含荧光材料，反射的辐亮度因数 β_s 是简单的反射因数 R。

3.4

CIE 白度值　CIE whiteness value

W_{10}

在标准规定的条件下，通过测量 CIE 三刺激值得到的白度。

注：CIE 白度无量纲，以白度单位表示。

3.5

绿/红淡色调值　green/red tint value

$T_{w,10}$

测量试样的白度偏绿或红的程度。

注 1：淡色值无量纲，以淡色值单位表示。

注 2：$T_{w,10}$正值表示呈绿色调，负值表示呈红色调。

3.6

荧光值　fluorescence component

F_{10}

在本标准规定的条件下，测量试样中荧光增白剂的激发对白度影响的程度。

注：下标 10 用来表示该值采用 CIE 1964(10°)观察者。

4　原理

调整仪器使其测量参比标准得到的 CIE 白度值与在 CIE 标准照明体 D65 条件下测得的结果一致，在标准条件下测量试样的漫辐亮度因数，就可计算出 CIE 白度值和淡色调值。白度的荧光值是试样的白度值与在照明光束中插入具有尖锐的 UV 吸收截止滤光片从而消除试样中荧光激发测得的白度值之差。

5　仪器

5.1　反射光度计或光谱光度计

5.1.1　仪器性能

几何条件、光谱和光学特性符合 GB/T 7973—2003 中附录 A 的规定，按照 GB/T 7973—2003 附录 B 的规定进行校准，光源含有适量的 UV-含量，并能调整相对 UV-含量，使用测量的 CIE 白度值与照明体 D65 条件下的测量结果一致。

由于需测量消除荧光影响的反射因数，仪器应配有尖锐的 UV 吸收截止滤光片，滤光片在 410 nm 波长以下透光率不超过 5%，在波长 420 nm 不超过 50%。截止滤光片的这些特性保证仪器在 420 nm 测得可靠的反射值。

由于测量荧光纸样，在荧光发射的波长范围，光度计的线性范围最少要到读数的 200%。

5.1.2　反射光度计

对于滤光式反射光度计，反射光度计成对的滤光片给出的光电检测器响应等效于在 CIE 标准照明体 D65 和 CIE 1964(10°)观察者条件下的 CIE 三刺激值 X、Y、Z。

5.1.3　光谱光度计

对于简易式光谱光度计，根据 CIE 标准照明体 D65 和 CIE 1964(10°)观察者的要求使用附录 A 给出的权重功能计算加权平均。

5.2　工作标准

5.2.1　两块乳白玻璃或陶瓷板，按 GB/T 7973—2003 规定清洁。

5.2.2　一块稳定的塑料或其他材料的荧光板。

5.3　用于校准仪器和工作板的参比标准

5.3.1　用于校准的非荧光标准，满足 GB/T 7973—2003 中描述的三级参比标准要求。

5.3.2　用于调整辐射的 UV-含量的荧光参比标准，标有白度值和附录 B 中相关数据，满足三级参比标准的要求。

经常使用新的参比标准对仪器进行校准和 UV 调整。

5.4 黑筒

对所有波长的反射因数与名义值之差不超过 0.2%。黑筒应倒扣放置在无尘的环境或附有防护盖。

注：黑筒的状况根据仪器制造商要求进行检查。

6 校准

6.1 移去照明光束中 UV 截止滤光片，用非荧光参比标准(5.3.1)的标定值校准仪器。在这一步 UV 调整滤光片的调整并不重要。

6.2 按照适当的测量方法，测量荧光参比标准(5.3.2)的辐亮度因数；计算白度值(10.1)，并与参比标准的标定值比较。

测量的白度值比标定值高，说明 UV-含量太高。反之亦如此。

6.3 用 UV 调整滤光片或其他的调整装置，调整光源的 UV-含量，直到测得正确的白度值。

注：如果 UV-含量太低，须更换 UV 调整滤光片，来提高 UV-含量。

6.4 保持 UV 调整滤光片给出正确白度值的位置不变，用非荧光参比标准(5.3.1)按 6.1 重复校准。按 6.2 测量荧光参比标准(5.3.2)的白度。如果白度值与标定值不符，按 6.3 调整 UV 调整滤光片位置直到测得正确的白度值。

6.5 重复 6.4，直到用非荧光参比标准校准仪器后测量荧光参比标准得到正确值。这时 UV-含量才被调准，测量的白度的相对 UV-含量等效于照明体 D65。记录 UV 调整的位置。

注 1：以上调整是使白度等效于照明体 D65 和 CIE 1964(10°)观察者。绿/红淡色调值的差异仍会出现，不能保证三刺激值及其他参数会与 D65 照明体完全一致。

注 2：一些仪器，6.2～6.5 规定的步骤可以自动完成。

6.6 校准荧光工作白板(5.2.2) 作为工作板。

工作白板仅能用于被校准时使用的仪器，并仅用于监测灯泡的变化。如果更换灯泡，应用三级荧光参比标准(5.3.2)重新校准白板。

6.7 按 GB/T 7973—2003 规定校准乳白玻璃或陶瓷板作为工作板。

6.8 完成 6.1～6.5 的 UV-含量调整后，保持 UV 调整位置不变，插入 UV 截止滤光片，并校准仪器。

7 试样采取

如果评价一批样品，应按 GB/T 450 进行试样采取。如果评价不同类型的样品，应保证所取样品具有代表性。

8 试样制备

避开水印、尘埃和明显的纸病，将试样切成约 75 mm×150 mm 矩形试样。至少 10 张试样正面朝上，组成试样叠。试样的数量应保证试样层数加倍后，反射因数不会变化。在试样叠的上下各附一纸页以保护试样。避免污染及不必要地曝露在光或热中。

在试样的一角作上标记，以区分试样及其正面。

如能从试样的网面来区分正面，正面应朝上。如果不能区分正面，如夹网纸纸机生产或两面涂布的纸张，应保证纸样的同一面朝上，以保证纸和纸板的每面能分开测定。

9 步骤

9.1 移去照明光束中的 UV 截止滤光片。按照 GB/T 7973—2003 规定操作反射光度计或光谱光度计。

9.2　取下试样叠的保护纸页，测量试样正面的内总辐亮度因数。

9.3　取下测过的试样放在试样叠的下面，重复9.2步骤，直到10个试样全部测完。重复测量纸或纸板的另一面。

9.4　如果要求评价荧光值，在照明光束中插入UV截止滤光片。按GB/T 7973—2003规定操作反射光度计或光谱光度计，在没有UV激发的条件下测量正面的内反射因数。

9.5　取下测过的试样放在试样叠的下面，重复9.4步骤，直到10个试样全部测完。重复测量纸或纸板的另一面。

注：一般在测量试样的同时，CIE白度和淡色调值会自动地计算。另外一些仪器测量更方便，可同时测量每个试样有和无荧光激发时的白度，而不必进行后面的10次测量。

10　计算和结果的表示

10.1　按式(1)和式(2)分别计算试样两面的白度 W_{10} 和淡色调 T_{10}：

$$W_{10}=Y_{10}+800(x_{n,10}-x_{10})+1\,700(y_{n,10}-y_{10}) \quad\cdots\cdots(1)$$

$$T_{w,10}=900(x_{n,10}-x_{10})-650(y_{n,10}-y_{10}) \quad\cdots\cdots(2)$$

式中：

x_{10} 和 y_{10}——试样的色品坐标，按式(3)和式(4)计算如下：

$$x_{10}=\frac{X_{10}}{X_{10}+Y_{10}+Z_{10}} \quad\cdots\cdots(3)$$

$$y_{10}=\frac{Y_{10}}{X_{10}+Y_{10}+Z_{10}} \quad\cdots\cdots(4)$$

式中：

X_{10}、Y_{10}、Z_{10}——D65/10°条件下试样的三刺激值；

$x_{n,10}$ 和 $y_{n,10}$——规定的照明体和观察者条件下完全反射漫射体的色品坐标(在D65条件下 $x_{n,10}=0.313\,82$，$y_{n,10}=0.331\,00$)。

10.2　试样在式以下限值内可认为是白色的。

$$40<W_{10}<5Y_{10}-280$$

$$-3<T_{w,10}<3$$

10.3　相应地计算没有UV激发的白度 $W_{0,10}$。按式(5)计算CIE白度D65/10°荧光值 F_{10}，它是测量有和无UV激发时的两个白度值之差。

$$F_{10}=W_{10}-W_{0,10} \quad\cdots\cdots(5)$$

式中：

W_{10}——照明的UV-含量与D65照明体一致时测定的白度；

$W_{0,10}$——荧光激发被尖锐的UV吸收截止滤片消除时测定的白度。

注：仅消除400 nm以下UV-含量的截止滤光片，不能消除所有的荧光激发的影响。

10.4　计算平均值，分别报告两面的CIE白度(D65/10°)，结果保留整数，淡色调平均值保留一位小数。如果 W_{10} 或 $T_{w,10}$ 任何一个值超出10.2给定的限值，根据CIE规定应报告样品不是白色的。如果 $W_{0,10}$ 超出10.2给定的限值，则没必要报告。如需要，报告荧光值，结果保留整数。

11　精密度

采用24台不同的仪器进行比较试验，白度值的标准偏差是0.7白度单位。

12　试验报告

试验报告应包括以下内容：

a) 试验的时间；

b) 样品的准确识别；

c) 本国家标准编号；

d) CIE 白度值和淡色调值，如需要，分别报告两面白度的荧光值；

e) 使用的仪器型号；

f) 使用的照明体类型；

g) 与本标准的任何偏离或其他任何影响结果的因素。

附 录 A
（规范性附录）
测定三刺激值的反射光度计光谱特性

A.1 滤光式反射光度计

反射光度计的光谱特性由灯、积分球、光学玻璃、滤光片和光电池共同组合而得到。滤光片与仪器的光学特性给出的综合响应等效于试样在 CIE 标准照明体 D65 条件下的 CIE 1964(10°)标准色度系统的 X_{10}、Y_{10}、Z_{10}。

A.2 简易式光谱光度计

所测量的三刺激值通过光反射因数与在 ASTM E 308-95 中规定的 CIE 1964 (10°)观察者和 CIE 照明体 D65 条件下的权重系数(见表 A.1 和表 A.2)的乘积求得。

表 A.1 仪器在 10 nm 间隔测量的加权系数(源于 ASTM E 308-95)

波长/nm	W_X	W_Y	W_Z
360	0.000	0.000	0.000
370	0.000	0.000	−0.001
380	0.001	0.000	0.004
390	0.005	0.000	0.020
400	0.097	0.010	0.436
410	0.616	0.064	2.808
420	1.660	0.171	7.868
430	2.377	0.283	11.703
440	3.512	0.549	17.958
450	3.789	0.888	20.358
460	3.103	1.277	17.861
470	1.937	1.817	13.085
480	0.747	2.545	7.510
490	0.110	3.164	3.743
500	0.007	4.309	2.003
510	0.314	5.631	1.004
520	1.027	6.896	0.529
530	2.174	8.136	0.271
540	3.380	8.684	0.116
550	4.735	8.903	0.030
560	6.081	8.614	−0.003
570	7.310	7.950	0.001
580	8.393	7.164	0.000

表 A.1（续）

波长/nm	W_X	W_Y	W_Z
590	8.603	5.945	0.000
600	8.771	5.110	0.000
610	7.996	4.067	0.000
620	6.476	2.990	0.000
630	4.635	2.020	0.000
640	3.074	1.275	0.000
650	1.814	0.724	0.000
660	1.031	0.407	0.000
670	0.557	0.218	0.000
680	0.261	0.102	0.000
690	0.114	0.044	0.000
700	0.057	0.022	0.000
710	0.028	0.011	0.000
720	0.011	0.004	0.000
730	0.006	0.002	0.000
740	0.003	0.001	0.000
750	0.001	0.000	0.000
760	0.000	0.000	0.000
770	0.000	0.000	0.000
780	0.000	0.000	0.000
总计核对	94.813	99.997	107.304
白点	94.811	100.000	107.304

表 A.2 仪器在 20 nm 间隔测量的加权系数

波长/nm	W_X	W_Y	W_Z
360	0.000	0.000	0.000
380	0.003	−0.001	0.025
400	0.056	0.013	0.199
420	2.951	0.280	13.768
440	7.227	1.042	36.808
460	6.578	2.534	37.827
480	1.278	4.872	14.226
500	−0.259	8.438	3.254
520	1.951	14.030	1.025
540	7.751	17.715	0.184
560	12.223	17.407	−0.013

表 A.2（续）

波长/nm	W_X	W_Y	W_Z
580	16.779	14.210	0.004
600	17.793	10.121	−0.001
620	13.135	5.971	0.000
640	5.859	2.399	0.000
660	1.901	0.741	0.000
680	0.469	0.184	0.000
700	0.088	0.034	0.000
720	0.023	0.009	0.000
740	0.005	0.002	0.000
760	0.001	0.000	0.000
780	0.000	0.000	0.000
总计核对	94.812	100.001	107.306
白点	94.811	100.000	107.304

表 A.1 和表 A.2 用于计算三刺激值时对光谱带宽的修正，带宽的数据近似等于测量的间隔，本附录中给出的表格应正确地使用。

表 A.1 和表 A.2 在每列的底部给出了核对总和及白点的数据。核对总和的数据是每列数据的代数和。核对值是在需要复制该表时保证表中的数据正确地复制。由于四舍五入，核对总和的数据可能与下面的白点的数据不一致。每列中的数值均四舍五入到三位小数。当用表中的数据和三刺激值计算 CIELAB 或 CIELUV 坐标、或其他目的要使用三刺激值时，白点的数据应为 X_n、Y_n、Z_n 值。

下列规定在 ASTM 308-95 的 7.3.2.2 中给出，用于当波长范围超出 360 nm～780 nm 时，加权系数数据的获得。

当得不到全波长范围的 $R(\lambda)$ 相应的加权系数时，就把未得到权重的波长的权重加到能够得到权重数据的最短或最长波长的权重上。也就是：

a) 把不能得到权重的所有的测量波长（360 nm……）的权重加到另一个较高的可得到数据的权重上；

b) 把不能得到权重的所有的测量波长（……780 nm）的权重加到另一个较低的可得到数据的权重上。

附 录 B
（规范性附录）
UV 的校准

B.1 由国家纸张质量监督检验中心作为授权实验室，每季度向各工作实验室发放三级参比标准，用于各个实验室调整仪器照射到样品上的相对 UV-含量，使之与照明体 D65 一致。三级参比标准由非荧光参比标准和荧光参比标准组成，应按本标准中的第 6 章对仪器的 UV 含量进行调整。

B.2 荧光参比标准满足以下条件：

B.2.1 荧光参比标准由辐亮度因数均匀的白纸组成，纸张经过足够时间的老化，光学稳定性在 4 个月～6 个月时间白度值的变化不超过 0.2 单位。

B.2.2 参比标准应制成不透光的纸叠，纸张表面平滑而没有光泽。纸叠表面应有合适的保护封面。

注：荧光塑料和陶瓷板适合于作为仪器本身的工作板，不适于作为传递标准，本方法规定采用白纸作为传递标准。

B.2.3 由于荧光发射到积分球产生相互影响，使亮度标尺轻微非线性。三级参比标准的 CIE 白度值至少为 130，且荧光值至少为 50。

B.3 国家纸张质量监督检验中心通过定用标准化实验室发放的二级参比标准和与其他授权实验室互相交换三级参比标准，校准其标准仪器，使之与 ISO 量值一致。

B.4 本方法规定的白纸中含有荧光增白剂激发的荧光为可见光的蓝光部分(400 nm～500 nm)。本方法不能用于其他光谱范围的荧光有效调整。

ICS 85-010
Y 30

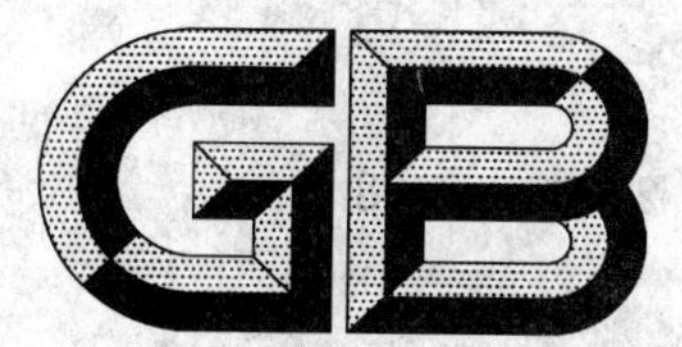

中华人民共和国国家标准

GB/T 22881—2008

纸和纸板 粗糙度(平滑度)的测定(空气泄漏法) 通用方法

Paper and board—Determination of roughness/smoothness (air leak methods)—General method

[ISO 8791-1:1986, Paper and board—Determination of roughness/smoothness (air leak methods)—Part 1: General method, MOD]

2008-12-30 发布

2009-09-01 实施

中华人民共和国国家质量监督检验检疫总局
中国国家标准化管理委员会
发布

前言

本标准修改采用ISO 8791-1:1986《纸和纸板　粗糙度/平滑度的测定(空气泄漏法)　第1部分:通用方法》。

本标准与ISO 8791-1:1986相比,主要差异如下:

——在规范性引用文件中将ISO标准引用的国际标准转化为与之相应的国家标准,即GB/T 450　纸和纸板　试样的采取及试样纵横向、正反面的测定(GB/T 450—2008,ISO 186:2002,MOD);

——在规范性引用文件中将ISO标准引用的国际标准转化为与之相应的国家标准,即GB/T 10739　纸、纸板和纸浆试样处理和试验的标准大气条件(GB/T 10739—2002,eqv ISO 187:1990)。

本标准由中国轻工业联合会提出。

本标准由全国造纸工业标准化技术委员会归口。

本标准主要起草单位:四川长江造纸仪器有限责任公司、中国制浆造纸研究院、国家纸张质量监督检验中心。

本标准主要起草人:殷报春。

纸和纸板　粗糙度(平滑度)的测定 (空气泄漏法)　通用方法

1　范围

本标准规定了用空气泄漏法测定纸和纸板粗糙度(平滑度)的基本要求和操作步骤。

本标准适用于大多数纸和纸板,但不适用于压花纸、皱纹纸或在试验条件下不能铺平的纸,以及能使大量气流透过纸页的高透气度的纸。

注:葛尔莱仪测定的是试样相邻表面间泄漏的空气,故不纳入本标准。

2　规范性引用文件

下列文件中的条款通过本标准的引用而成为本标准的条款。凡是注日期的引用文件,其随后所有的修改单(不包括勘误的内容)或修订版均不适用于本标准,然而,鼓励根据本标准达成协议的各方研究是否可使用这些文件的最新版本。凡是不注日期的引用文件,其最新版本适用于本标准。

GB/T 450　纸和纸板　试样的采取及试样纵横向、正反面的测定(GB/T 450—2008,ISO 186:2002,MOD)

GB/T 10739　纸、纸板和纸浆试样处理和试验的标准大气条件(GB/T 10739—2002,eqv ISO 187:1990)

3　术语和定义

下列术语和定义适用于本标准。

3.1

粗糙度(平滑度)　roughness(smoothness)

在规定的试验条件下,空气从指定平面与试样间透过时泄漏速度的函数。

如数值增大显示出粗糙程度增加,则该性能称为粗糙度。本特生、帕克和谢菲尔德试验都是粗糙度的例子。

如数值增大显示出平滑程度增加,则该性能称为平滑度。别克试验就是平滑度的例子。

表示试验结果的单位取决于所用的仪器,但大多数粗糙度试验的单位为毫升每分钟,平滑度试验的单位为秒。帕克印刷表面仪例外,其粗糙度以微米表示。

4　原理

将试样置于一块光滑平板和一个光滑的圆环形测量头之间。测量头一侧的压力通常为大气压力,另一侧压力可调,以达到规定的压力差。在规定的试验条件下,用空气透过测量头与试样表面间的速度来衡量试样的粗糙度(平滑度)。

5　仪器

仪器应符合相应试验方法标准的详细规定,并应满足以下基本条件:

a)　空气泄漏速度的测定准确度应达到测定值的±5%;或

b)　体积的测定准确度应达到测定值的±2%,和(或)时间的测定准确度应达到测定值的±1%。

测量头两端的初始压差应在标称值的2%以内，并且当仪器在恒定压力下操作时，测定过程中压差变化应不超过5%。对于可以改变测量头两端压力差的仪器，仪器规定的每一压差点的压力均应在标称压力的2%以内。

在试验条件下，当放置试样的平面与测量头表面直接接触(也就是进行无试样试验)时，空气流量应低于最低量程流量计和试验所用流量计全刻度读数的0.5%。

6 取样

按GB/T 450规定采取试样。

7 温湿处理

按GB/T 10739规定对纸和纸板试样进行温湿处理。

8 试样制备

在与试样温湿处理相同的大气条件下制备试样。在试样制备和试验过程中，不应用手接触试样的测试区域。测试区域应平整，不应有折痕、皱纹、孔眼、水印或其他缺陷。

9 试验步骤

9.1 试验的大气条件

试验应在与试样温湿处理相同的大气条件下进行(见第7章)。

9.2 试验步骤

每一测试面应不少于10个试样，试样的两个表面(即正面和网面)应区别开。每一试样的每一面只能测定一次，并且应确保测试区不重叠。试样的最小尺寸应超出测量头至少20 mm。

试验步骤在相应的试验方法标准中具体叙述，但下列所有情况是应基本做到的：

a) 准确校准测量头两端的压差；

b) 校准流量的测定装置或体积的测定装置；

c) 确保空气流量控制装置在测定前和测定过程中稳定运行；

d) 避免可能影响仪器运行的振动；

e) 确保仪器水平；

f) 确保测量头轻轻下降接触试样。

10 试验结果的表示

按相应试验方法标准的规定，对试样每一表面，分别计算所有重复测定值的算术平均值。

按相应试验方法标准的规定，对试样每一表面，分别计算试验结果的标准差或变异系数。

注：测量区域的宽度对试验结果有较大的非线性的影响，其影响程度取决于试样表面的性质，因此对不同仪器试验结果的表示不能提出相同的要求。相应的试验方法标准规定的单位是最适合于该特定仪器的(见第3章)。

11 试验报告

试验报告应包括以下项目：

a) 参考相应的试验方法标准；

b) 试验的日期和地点；

c) 准确鉴别试样所需的全部信息；

d) 所用试验仪器的类型；

e) 温湿处理和试验时的温度和相对湿度；
f) 重复试验的次数；
g) 如需要，以千帕为单位报告压差；
h) 所用流量计的量程或计时体积量；
i) 试样每一面测定结果的算术平均值；
j) 试样每一面测定结果的标准差或变异系数；
k) 对规定程序的任何偏离。

ICS 59.140.35
Y 56

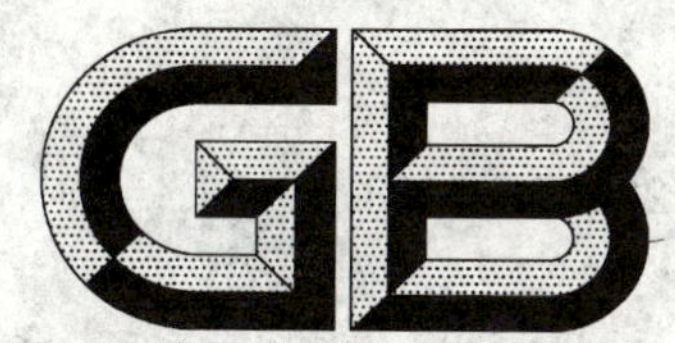

中华人民共和国国家标准

GB/T 22882—2008

2008-12-30 发布 2009-09-01 实施

中华人民共和国国家质量监督检验检疫总局
中国国家标准化管理委员会 发布

前言

本标准参照国际排联《排球竞赛规则》进行制定。

本标准由中国轻工业联合会提出。

本标准由全国皮革工业标准化技术委员会(SAC/TC 252)归口。

本标准起草单位:广州海乐斯球业制造有限公司、国家体育总局器材装备中心、中国皮革和制鞋工业研究院、烟台万华超纤股份有限公司、裕晟(昆山)体育用品有限公司、高铁检测仪器(东莞)有限公司。

本标准主要起草人:韩国春、李革、钟耀强、陈景长。

排　　球

1　范围

本标准规定了排球的产品分类、要求、试验方法、检验规则、标志、标签、包装、运输和贮存。

本标准适用于各种材料制成的竞赛用排球、日常活动用排球。

2　规范性引用文件

下列文件中的条款通过本标准的引用而成为本标准的条款。凡是注日期的引用文件，其随后所有的修改单(不包括勘误的内容)或修订版均不适用于本标准，然而，鼓励根据本标准达成协议的各方研究是否可使用这些文件的最新版本。凡是不注日期的引用文件，其最新版本适用于本标准。

GB/T 2828.1—2003　计数抽样检验程序　第1部分：按接收质量限(AQL)检索的逐批检验抽样计划

GB/T 14625.1　篮球、足球、排球、手球试验方法　第1部分：圆度测定方法

GB/T 14625.2　篮球、足球、排球、手球试验方法　第2部分：反弹高度测定方法

GB/T 14625.3　篮球、足球、排球、手球试验方法　第3部分：动态耐冲击试验方法

GB/T 14625.4—2008　篮球、足球、排球、手球试验方法　第4部分：试验条件与试样准备

GB/T 14625.5　篮球、足球、排球、手球试验方法　第5部分：圆周长、圆周差的测量

GB 20400　皮革和毛皮　有害物质限量

GB 21550　聚氯乙烯人造革有害物质限量

QB/T 1646—2007　聚氨酯合成革

3　产品分类

3.1　按面层材料分

3.1.1　A类：皮革球。

3.1.2　B类：人造革、合成革、再生革球。

3.1.3　C类：橡胶球。

3.2　按用途分

3.2.1　竞赛用排球(一级)。

3.2.2　竞赛用排球(二级)。

3.2.3　日常活动用排球。

3.3　按使用人群和球的圆周长分

3.3.1　成年排球(5号)。

3.3.2　少年排球(4号)。

3.3.3　儿童排球(3号)。

4　装置

4.1　天平，精度1 g。

4.2　金属或纤维软尺、钢直尺，最小刻度0.5 mm。

4.3　气压表，量程为0～0.16 MPa，精度为1.5级，最小刻度0.002 5 MPa。

5 要求

5.1 原料

按有关产品标准选用,皮革、再生革类表面材料有害物质限量值应符合 GB 20400 和表 1 的规定,聚氯乙烯人造革类表面材料有害物质限量应符合 GB 21550 和表 2 的规定,以单组分纤维、海岛型藕状纤维和超细纤维基无纺布与聚氨酯通过湿法、干法复合制造的聚氨酯合成革应符合表 3 的规定。

表 1 皮革、再生革有害物质限量

项目	限量值
可分解有害芳香胺染料/(mg/kg)	≤30
游离甲醛/(mg/kg)	≤75
注:被禁芳香胺名称见 GB 20400。如果 4-氨基联苯和(或)2-萘胺的含量超过 30 mg/kg,且没有其他的证据,以现有的科学知识,尚不能断定使用了禁用偶氮染料。	

表 2 聚氯乙烯人造革有害物质限量

项目	限量值
氯乙烯单体/(mg/kg)	≤5
可溶性铅/(mg/kg)	≤90
可溶性镉/(mg/kg)	≤75
其他挥发物/(g/m²)	≤20

表 3 球用聚氨酯合成革要求

项目		指标
厚度/mm		≥0.8
表观密度/(g/cm³)		≤0.6
拉伸负荷/N		≥50
断裂伸长率/%		≥20
撕裂负荷/N		≥30
剥离负荷/(N/2 cm)		≥30
表面颜色牢度/级	干摩擦	≥4
	湿摩擦	≥3
	汗液摩擦	≥3

5.2 外观质量

应符合表 4 规定。

表 4 外观质量

类别	外观质量
竞赛用排球(一级)	a) 皮革皮质坚实、丰满、柔软,皮纹细腻,纹络接近,表面无裂纹,每只球可允许有面积≤6 mm² 轻微缺陷 2 处; b) 人造革、合成革表面花纹清晰、深浅一致,不允许有杂质、针孔、气泡、脱层等缺陷; c) 球片粘贴平整; d) 图案、字体清晰端正。

表 4（续）

类　别	外　观　质　量
竞赛用排球（二级）	a)　皮革皮质坚实，皮纹稍松，纹络接近，表面无裂纹，允许有不影响强度的露底，每只球可允许有面积≤10 mm^2 的轻微缺陷 3 处； b)　人造革、合成革表面花纹清晰、深浅一致，不允许有杂质、针孔、气泡、脱层等缺陷，允许有轻微的褶痕，允许有面积≤5 mm^2 的轻微缺陷 3 处； c)　球片粘贴平整； d)　图案、字体清晰端正。
日常活动用排球	a)　皮革皮质松软，皮纹较粗，允许有不影响使用的龟裂和轻微缺陷； b)　人造革、合成革、再生革表面花纹基本清晰，不允许有气泡、脱层等缺陷，允许有轻微的褶痕，允许有面积≤5 mm^2 的轻微缺陷 5 处； c)　橡胶球面气泡、杂质可修补完整；褶痕深度可≤0.5 mm，允许累计球面缺陷≤7 cm^2； d)　球片粘贴平整； e)　图案、字体基本清晰端正。

5.3　质量

应符合表 5 的规定。

表 5　质量

单位为克

品　名	球　号	质　量		
		竞赛用排球	日常活动用排球	
		A 类、B 类	A 类、B 类	C 类
成年排球	5	260～280	235～300	245～300
少年排球	4	220～250	205～270	230～270
儿童排球	3	—	170～230	200～245

5.4　圆周长、圆周差

应符合表 6 的规定。

表 6　圆周长、圆周差

单位为毫米

品　名	球号	圆周长	圆周差		
			竞赛用排球（一级）	竞赛用排球（二级）	日常活动用排球
成年排球	5	650～670	≤3	≤4	≤5
少年排球	4	610～640			
儿童排球	3	560～600	—	—	

5.5　圆度

日常活动用排球不测试此项，竞赛用排球只测试竞赛用排球（5 号），圆度应符合表 7 规定。

表 7　圆度

项　目	圆　度	
	竞赛用排球	日常活动用排球
最大半径差/%　≤	1.5	—

5.6 气密性

球充气静置 24 h 后气压下降应符合表 8 规定。

表 8 气密性

项目		气密性		
		竞赛用排球(一级)	竞赛用排球(二级)	日常活动用排球
气压下降允差/%	≤	4	6	15

5.7 反弹高度

应符合表 9 的规定。

表 9 反弹高度

单位为毫米

品名	球号	反弹高度		
		竞赛用排球	日常活动用排球	
		A类、B类	A类、B类	C类
成年排球	5	1 100～1 400	1 100～1 400	≥1 000
少年排球	4	1 100～1 400	1 100～1 400	
儿童排球	3	—	1 000～1 450	

5.8 耐冲击性能

4 号、3 号排球不测试此项，成年排球(5 号)耐冲击性能应符合表 10 的规定。

表 10 耐冲击性能

项目		耐冲击性能		
		竞赛用排球(一级)	竞赛用排球(二级)	日常活动用排球
冲击次数/次		15 000	8 000	3 000
冲击后膨胀率	≤	1.03	1.03	1.03
冲击后变形性/mm	≤	3	3	3
冲击后球内压下降率/%	≤	6	8	15
冲击后球体外观		无破裂、内爆、脱皮、脱胶、断线和变形等现象		

6 试验方法

6.1 原料

在加工生产以前，按 GB 20400、GB 21550、QB/T 1646—2007 等标准规定进行检验。

6.2 试验条件和试样的准备

符合 GB/T 14625.4—2008 的规定。

6.3 外观质量

用目测、感官和钢直尺在光线充足环境下，视距为 300 mm 进行测量。

6.4 质量

使用天平称量试样的质量。

6.5 圆周长、圆周差

按 GB/T 14625.5 进行检验。

6.6 圆度

按 GB/T 14625.1 进行检验。

6.7 气密性

将球充气至 GB/T 14625.4—2008 表 3 规定后，在 23 ℃±2 ℃环境下静置 24 h，测量球的气压下降百分率。

6.8 反弹高度

按 GB/T 14625.2 进行检验。

6.9 耐冲击性能

按 GB/T 14625.3 进行检验。

7 检验规则

7.1 组批

以同品种原料投产，按同一生产工艺生产出来的同一品种、同一规格的产品组成一个检验批。

7.2 出厂检验

产品出厂前应进行检验，经检验合格并附有合格标识(或检验标识)方可出厂。

7.3 型式检验

7.3.1 检验周期

有下列情况之一者，应进行型式检验。

a) 产品结构、工艺、材料有重大改变时；

b) 产品长期停产(六个月)后恢复生产时；

c) 国家质量技术监督机构提出进行型式检验时；

d) 正常生产时，每半年至少进行一次型式检验。

7.3.2 抽样数量

从出厂检验合格的产品中随机抽取三只进行检验。

7.3.3 合格判定

7.3.3.1 单只判定规则

7.3.3.1.1 竞赛用排球(一级)：各项指标全部合格，则判该产品合格。

7.3.3.1.2 竞赛用排球(二级)：质量、圆周长、圆周差、圆度、气密性、反弹高度、耐冲击性能全部合格，外观允许有不影响使用的轻微缺陷，则判该产品合格。

7.3.3.1.3 日常活动用排球：圆周长、圆周差、气密性、反弹高度全部合格，其他各项允许有二项不合格，则判该产品合格。

7.3.3.2 批量判定规则

三只被测样品全部合格，则判该批产品为合格。如有一只(及以上)不合格，加倍抽样六只复验不合格项。复验规则如下：

——竞赛用排球(一级)：六只复验样品全部合格，则判该批样品合格；如有一只样品不合格，可判该批产品为竞赛用排球(二级)；

——竞赛用排球(二级)、日常活动用排球：六只复验样品中允许有一只不合格，则判该批产品合格。

7.4 仲裁检验

抽样按 GB/T 2828.1—2003 正常检验一次抽样方案执行，判定外观项目 AQL 值为 6.5，其余项目 AQL 值为 2.5。

8 标志、标签、包装、运输和贮存

8.1 标志

8.1.1 经检验合格的产品应有以下标志：

生产单位(经销单位)名称、生产单位地址、商标、产品合格证(或检验标识)、联系电话、产品使用(维护保养)说明。

8.1.2 必要时,产品外包装应包括产品名称、货号、颜色、数量、贮运(防护)标识等标志。

8.2 标签

产品标签应包括以下内容:产品名称、产品标准号、规格(球号)、货号、材质(面层材质)、合格(检验)标识。

8.3 包装

产品的内外包装应采用适宜的包装材料,防止产品受损。

8.4 运输和贮存

8.4.1 防止曝晒、雨雪淋。

8.4.2 保持通风干燥,不得重压,避免高温环境。

8.4.3 远离化学物质。

ICS 59.140.30
Y 46

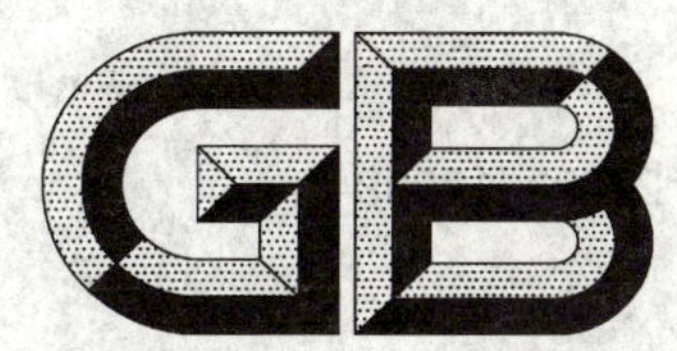

中华人民共和国国家标准

GB/T 22883—2008

皮革 绵羊蓝湿革 规范

Leather—Wet blue sheep skins—Specification

(ISO 5432:1999,MOD)

2008-12-30 发布 2009-09-01 实施

中华人民共和国国家质量监督检验检疫总局
中国国家标准化管理委员会 发布

前言

本标准修改采用ISO 5432:1999《皮革　绵羊蓝湿革　规范》(英文版)。

为了方便比较,在附录A中列出了本标准条款和国际标准条款的对照一览表。

在附录B中给出了技术性差异及其原因的一览表以供参考。

根据我国的实际情况,本标准在采用ISO 5432:1999时进行了修改。这些技术性差异用垂直单线标识在它们所涉及的条款的页边空白处。

为便于使用,本标准还做了下列编辑性修改:

a)　删除国际标准的前言。

b)　将"本国际标准"一词改为"本标准"。

c)　用小数点"."代替作为小数点的逗号","。

本标准的附录A、附录B为资料性附录。

本标准由中国轻工业联合会提出。

本标准由全国皮革工业标准化技术委员会(SAC/TC 252)归口。

本标准负责起草单位:国家皮革质量监督检验中心(浙江)、海宁上元皮革有限责任公司、嘉兴祥隆皮革有限公司、桐乡市恒源皮革有限公司、中国皮革和制鞋工业研究院。

本标准主要起草人:黄新霞、潘鸿、杨锦松、崔亚平。

皮革　绵羊蓝湿革　规范

1　范围

本标准规定了绵羊蓝湿革的要求、取样和试样的准备、试验方法、检验规则、包装和标识。

本标准适用于以铬鞣为主加工得到的绵羊蓝湿革。

2　规范性引用文件

下列文件中的条款通过本标准的引用而成为本标准的条款。凡是注日期的引用文件，其随后所有的修改单(不包括勘误的内容)或修订版均不适用于本标准，然而，鼓励根据本标准达成协议的各方研究是否可使用这些文件的最新版本。凡是不注日期的引用文件，其最新版本适用于本标准。

GB/T 22808　皮革和毛皮　化学试验　五氯苯酚含量的测定

QB/T 2707　皮革　物理和机械试验　试样的准备和调节(QB/T 2707—2005，ISO 2419:2002，MOD)

QB/T 2713　皮革　物理和机械试验　收缩温度的测定(QB/T 2713—2005，ISO 3380:2002，MOD)

QB/T 2717　皮革　化学试验　挥发物的测定

QB/T 2724　皮革　化学试验　pH 的测定(QB/T 2724—2005，ISO 4045:1977，MOD)

3　要求

应符合表 1 的规定。

表 1　要求

项　目	要　求
收缩温度/℃	≥85
pH	≥3.5
五氯苯酚(以绝干计)/%	≤0.5
感官要求	表面颜色均匀，粒面紧实，无残留毛，无铬斑，无折痕，无铁斑；皮里洁净，无肉渣；切口颜色均匀一致；皮板手感自然柔软，无风干

4　取样

4.1　取样

除边肷部位外的其余部位，取样的大小应满足试验要求。

4.2　样品的准备

使用锋利的切割刀将化学试验用样品切割成边长小于 5 mm 的块状，按 QB/T 2707 的规定进行空气调节 48 h。

5　测试方法

5.1　收缩温度

按 QB/T 2713 的规定进行。

5.2 pH

按 QB/T 2724 的规定进行。

5.3 五氯苯酚

按 GB/T 22808 的规定进行，水分的测量应符合 QB/T 2717 的规定。

5.4 感官要求

在适宜光线下，进行感官检验。

6 检验规则

表 1 要求中如有一项不合格，则判定该产品不合格。

7 包装与标识

7.1 包装

采用适宜的包装材料、方式进行包装（粒面对粒面存放）并确保蓝湿革内的水分含量及革身状态，防止产品受损。

7.2 标识

包装上应注明如下标识：

a) 产品名称（绵羊皮蓝湿革）；

b) 生产商的名称及地址；

c) 鞣制日期；

d) 皮张的数量或质量。

附 录 A
（资料性附录）
本标准章条编号与 ISO 5432:1999 章条编号对照

表 A.1 给出了本标准章条编号与 ISO 5432:1999 章条编号对照一览表。

表 A.1 本标准章条编号与 ISO 5432:1999 章条编号对照一览表

本标准章条编号	ISO 5432:1999 章条编号
—	3（3.1～3.2）
3	4 的部分内容
—	4.1、4.2、4.3
3 表 1	4.4、4.5、4.6 的部分内容
4.1	5.1 的部分内容
—	5.2
4.2	5.3
5.1	6.2
5.2	6.4
5.3	6.3 的部分内容
5.4	6.1
—	6.5
6	—
附录 A	—
附录 B	—
—	附录 A
—	附录 B
注：表中的章条以外的本标准其他章条编号与 ISO 5432:1999 其他章条编号均相同且内容相对应。	

附 录 B
（资料性附录）
本标准与 ISO 5432：1999 技术性差异及其原因的一览表

表 B.1 给出了本标准与 ISO 5432：1999 的技术性差异及其原因的一览表。

表 B.1 本标准与 ISO 5432：1999 的技术性差异及其原因

本标准的章条编号	技术性差异	原　因
1	增加了标准范围的内容	符合 GB/T 1.1 的编写规定，以适合我国需要
2	将国际标准引用的 ISO 标准，改写为引用我国的相关标准（修改采用 ISO 标准），并增加了相关标准的引用	便于我国使用
—	将国际标准中 3“术语和定义”删除，其后的条款号顺次前排	我国已有 QB/T 2262—1996《皮革工业术语》行业标准
3	删除国际标准的 4.1“原料皮”、4.2“鞣制”、4.3“杀菌剂”	4.1、4.2、4.3 属生产过程要求，不符合我国标准编写规定
	删除国际标准 4.4“外观”中合同要求	4.4 中的合同要求，不符合我国标准编写规定
	将 4.5“收缩温度”由 95 ℃修改为 85 ℃	不同鞣剂、工艺的使用，使收缩温度不同，更符合实际情况
	删除国际标准 4.6 中“水分”规定	属贸易合同要求，不符合我国标准编写规定
	增加“五氯苯酚”要求	与国际环保要求保持一致
4.2	将试样准备的条件明确，增加空气调节要求	保证样品测试结果的一致性，减少因水分的差异导致的检测数据误差
5.3	增加“五氯苯酚”试验方法	与“要求”相对应
6	增加“检验规则”	适应我国需要，便于各方使用
—	删除国际标准的规范性附录 A“水分含量的测定”	与删除的“水分”要求相对应
—	删除国际标准的资料性附录 B“杀菌效力的测定”	对我国皮革行业不适用

ICS 59.140.30
Y 46

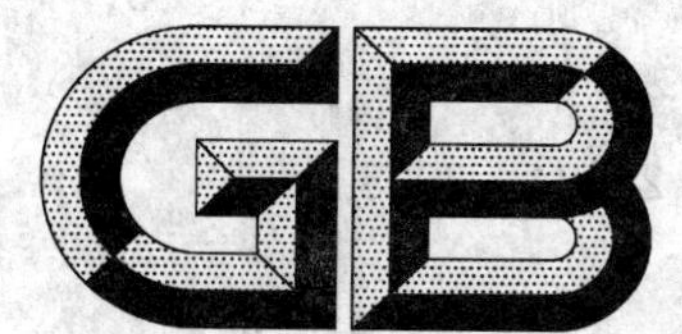

中华人民共和国国家标准

GB/T 22884—2008

皮革 牛蓝湿革 规范

Leather—Bovine wet blue—Specification

(ISO 5433:1999,MOD)

2008-12-30 发布 2009-09-01 实施

中华人民共和国国家质量监督检验检疫总局
中国国家标准化管理委员会 发布

前言

本标准修改采用ISO 5433:1999《皮革　牛蓝湿革　规范》(英文版)。

为了方便比较,在附录A中列出了本标准条款和国际标准条款的对照一览表。

在附录B中给出了技术性差异及其原因的一览表以供参考。

根据我国的实际情况,本标准在采用ISO 5433:1999时进行了修改。这些技术性差异用垂直单线标识在它们所涉及的条款的页边空白处。

为便于使用,本标准还做了下列编辑性修改:

a) 删除国际标准的前言。

b) 将"本国际标准"一词改为"本标准"。

c) 用小数点"."代替作为小数点的逗号","。

本标准的附录A、附录B为资料性附录。

本标准由中国轻工业联合会提出。

本标准由全国皮革工业标准化技术委员会(SAC/TC 252)归口。

本标准起草单位:峰安皮业股份有限公司、中国皮革和制鞋工业研究院。

本标准主要起草人:陈荣辉、陈荣升。

皮革　牛蓝湿革　规范

1　范围

本标准规定了牛蓝湿革的要求、取样和试样的准备、试验方法、检验规则、标识、包装、运输和贮存。

本标准适用于以铬鞣为主加工得到的头层牛蓝湿革。

2　规范性引用文件

下列文件中的条款通过本标准的引用而成为本标准的条款。凡是注日期的引用文件，其随后所有的修改单(不包括勘误的内容)或修订版均不适用于本标准，然而，鼓励根据本标准达成协议的各方研究是否可使用这些文件的最新版本。凡是不注日期的引用文件，其最新版本适用于本标准。

GB/T 22808　皮革和毛皮　化学试验　五氯苯酚含量的测定

QB/T 2707　皮革　物理和机械试验　试样的准备和调节(QB/T 2707—2005，ISO 2419：2002，MOD)

QB/T 2713　皮革　物理和机械试验　收缩温度的测定(QB/T 2713—2005，ISO 3380：2002，MOD)

QB/T 2717　皮革　化学试验　挥发物的测定

QB/T 2724　皮革　化学试验　pH 的测定(QB/T 2724—2005，ISO 4045：1977，MOD)

3　要求

应符合表 1 的规定。

表 1　要求

项　　目	要　　求
收缩温度/℃	≥85
pH	≥3.5
五氯苯酚(以绝干计)/%	≤0.5
感官要求	表面颜色均匀，粒面紧实，无残留毛，无铬斑，无折痕，无铁斑，无红热菌斑；皮里洁净，无肉渣；切口颜色均匀一致；皮板手感自然柔软，无风干

4　取样和试样的准备

4.1　取样

在边肷部位外的任意部位取样(或符合合同的规定)，取样的大小应满足试验要求。

4.2　试样的准备

使用锋利的切割刀将化学试验用样品切割成边长小于 5 mm 的块状，按 QB/T 2707 的规定进行空气调节 48 h。

5　试验方法

5.1　收缩温度

按 QB/T 2713 的规定进行。

5.2 pH

按 QB/T 2724 的规定进行。

5.3 五氯苯酚

按 GB/T 22808 的规定进行，水分的测量应符合 QB/T 2717 的规定。

5.4 感官要求

在适宜光线下，进行感官检验。

6 检验规则

6.1 检验数量

感官要求逐张进行检验(切口颜色检验除外)，切口颜色、收缩温度、pH、五氯苯酚从每批产品中随机抽取有代表性的样品进行检验，抽样数量应符合表 2 规定。

表 2 抽样数量

单位为张

每批产品总数量	抽样数量
≤100	3
101～300	4
301～500	5
501～700	6
≥701	7

6.2 合格判定

6.2.1 单张判定规则

感官要求中允许有不影响使用的轻微缺陷，聚集型铬斑的面积不大于总面积的 1%，切口颜色、收缩温度、pH、五氯苯酚全部合格，即判定为合格。

6.2.2 整批判定规则

同一批产品中出现铬斑(聚集型铬斑的面积不大于总面积的 1%)的量(张数)小于总量的 5%，抽检样品检验全部合格，则判该批产品合格。

7 标识、包装、运输和贮存

7.1 标识

经检验合格的产品其外包装上应标注如下内容：

a) 产品名称；

b) 产品标准号；

c) 生产单位名称、地址；

d) 鞣制日期；

e) 皮张的数量或质量。

7.2 包装

采用适宜的包装材料、方式进行包装，确保蓝湿革内的水分含量及革身状态，防止产品受损。

7.3 运输和贮存

7.3.1 防止曝晒、雨雪淋，避免高温环境。

7.3.2 避免化学物质侵蚀。

7.3.3 在常规的运输和贮存条件下，存放 4 个月内无霉变、无腐烂。

附　录　A
（资料性附录）
本标准章条编号与 ISO 5433:1999 章条编号对照

表 A.1 给出了本标准章条编号与 ISO 5433:1999 章条编号对照一览表。

表 A.1　本标准章条编号与 ISO 5433:1999 章条编号对照一览表

本标准章条编号	ISO 5433:1999 章条编号
—	3 (3.1～3.9)
3	4 的部分内容
—	4.1、4.2、4.3、4.4
3 表 1	4.5、4.6、4.7 的部分内容
4.1	5.1 的部分内容
4.2	5.3
5.1	6.2
5.2	6.4
5.3	6.3 的部分内容
5.4	6.1
—	6.5
6.1	5.1 的部分内容，5.2
6.2.1、6.2.2	4.5 注的部分内容
7.1	7.2
7.2	7.1
7.3	4.4 注 2 的部分内容
附录 A	—
附录 B	—
—	附录 A
—	附录 B
注：表中的章条以外的本标准其他章条编号与 ISO 5433:1999 其他章条编号均相同且内容相对应。	

附 录 B
（资料性附录）
本标准与 ISO 5433:1999 技术性差异及其原因的一览表

表 B.1 给出了本标准与 ISO 5433:1999 的技术性差异及其原因的一览表。

表 B.1 本标准与 ISO 5433:1999 的技术性差异及其原因

本标准的章条编号	技术性差异	原 因
1	增加了标准范围的内容，明确了适用范围	符合 GB/T 1.1 的编写规定，以适合我国需要
2	将国际标准引用的 ISO 标准，改写为引用我国的相关标准（修改采用 ISO 标准），并增加了相关标准的引用	便于我国使用
—	将国际标准中 3“术语和定义”删除，其后的条款号顺次前排	我国已有 QB/T 2262—1996《皮革工业术语》行业标准
3	删除国际标准的 4.1“原料皮”、4.2“产品外形和修边”、4.3“鞣制”、4.4“杀菌剂”	4.1、4.3、4.4 属生产过程要求，4.2 属贸易合同要求，不符合我国标准编写规定
	删除国际标准 4.5“外观”中合同要求，将“注”的判定内容调整到“检验规则”	符合我国标准编写规定和使用习惯
	删除国际标准 4.6 中“全铬鞣革收缩温度”要求	检验时难以准确界定
	删除国际标准 4.7 中“水分”规定	属贸易合同要求，不符合我国标准编写规定
	增加“五氯苯酚”要求	与国际环保要求保持一致
	增加“无红热菌斑”、“无风干”要求	保证产品质量
4.2	将试样准备的条件明确，增加空气调节要求	保证样品测试结果的一致性，减少因水分的差异导致的检测数据误差
5.3	增加“五氯苯酚”试验方法	与“要求”相对应
6.2	增加“合格判定”	适应我国需要，便于各方使用
7.3	增加“运输和贮存”	便于各方使用
—	删除国际标准的规范性附录 A“水分含量的测定”	与删除的“水分”要求相对应
—	删除国际标准的资料性附录 B“杀菌效力的测定”	对我国皮革行业不适用

ICS 59.140.30
Y 46

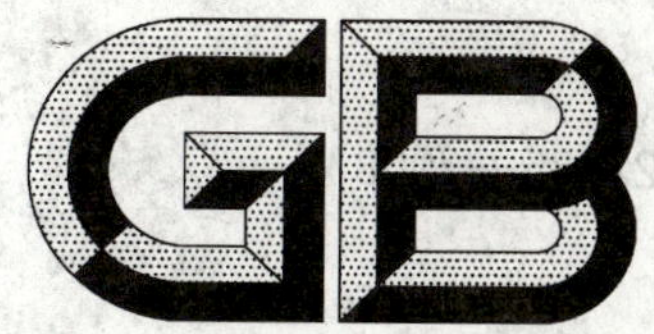

中华人民共和国国家标准

GB/T 22885—2008

皮革 色牢度试验 耐水色牢度

Leather—Tests for colour fastness—Colour fastness to water

(ISO 11642:1993,MOD)

2008-12-30 发布　　　　2009-09-01 实施

中华人民共和国国家质量监督检验检疫总局
中国国家标准化管理委员会　发布

前　言

本标准修改采用 ISO 11642:1993《皮革　色牢度试验　耐水色牢度》(英文版)。

本标准与 ISO 11642:1993 的技术性差异主要表现在:

a) 删除“范围”中的“注 1”;

b) 规范性引用文件中将国际标准引用的 ISO 标准,改写为引用我国的相关标准,便于我国使用;

c) 将第 4 章“仪器和材料”分为第 4 章“试剂和材料”、第 5 章“装置”;

d) 贴衬织物用符合 GB/T 7568.7 的 SW 型或 SV 型多纤维布代替相对应的 ISO 105-F10:1989 的 DW 型多纤维布;

e) 将符合三级水要求的“去矿物质水”改为“蒸馏水”;

f) “试验报告”中增加了“贴衬织物的型号”、“试验人员、日期”。

本标准还进行了以下编辑性修改:

a) 删除了国际标准的前言;

b) 将“本国际标准”一词改为“本标准”;

c) 用小数点“.”代替作为小数点的逗号“,”。

本标准由中国轻工业联合会提出。

本标准由全国皮革工业标准化技术委员会(SAC/TC 252)归口。

本标准起草单位:国家皮革质量监督检验中心(浙江)、海宁市三星皮业有限公司、浙江明新皮业有限公司、中国皮革和制鞋工业研究院。

本标准主要起草人:张丹云、俞立峰、庄君新、张亚红、程伟。

皮革　色牢度试验　耐水色牢度

1　范围

本标准规定了皮革耐水色牢度的测定方法。

本标准适用于各种皮革。

2　规范性引用文件

下列文件中的条款通过本标准的引用而成为本标准的条款。凡是注日期的引用文件，其随后所有的修改单(不包括勘误的内容)或修订版均不适用于本标准，然而，鼓励根据本标准达成协议的各方研究是否可使用这些文件的最新版本。凡是不注日期的引用文件，其最新版本适用于本标准。

GB/T 250　纺织品　色牢度试验　评定变色用灰色样卡(GB/T 250—2008，ISO 105-A02:1993，IDT)

GB/T 251　纺织品　色牢度试验　评定沾色用灰色样卡(GB/T 251—2008，ISO 105-A03:1993，IDT)

GB/T 7568.7　纺织品　色牢度试验　标准贴衬织物　第7部分:多纤维(GB/T 7568.7—2008，ISO 105-F10:1989，MOD)

QB/T 2707　皮革　物理和机械试验　试样的准备和调节(QB/T 2707—2005，ISO 2419:2002，MOD)

3　原理

两片分别被浸透在蒸馏水中的被测试样和贴衬织物，浸透取出后，将贴衬织物沿被测试样的每一边平放。将组合试样放入合适的装置中，在一定温度、一定压力下保持一定的时间，试样和贴衬织物随后被干燥，试样的变色和贴衬织物的沾色用灰色样卡评级。

有涂层的皮革可以涂层完好测试，也可以涂层破坏后测试。

4　试剂和材料

4.1　贴衬织物，符合GB/T 7568.7的SW型或SV型多纤维布。

4.2　蒸馏水。

4.3　碳化硅砂纸，180目(P180)。

4.4　灰色样卡，符合GB/T 250的评定变色用灰色样卡和符合GB/T 251的评定沾色用灰色样卡。

5　装置

5.1　试验装置，可给试样一个均匀的1.23 N/cm^2 的压力。

5.2　烘箱，可保持37 ℃±2 ℃。

5.3　真空干燥器或其他适合抽真空的玻璃容器。

5.4　真空泵，可在4 min内把真空干燥器抽到5 kPa。

6　程序

6.1　如果皮革有涂层且需要涂层被破坏后测试，按以下准备试样：

切割一片约120 mm×50 mm的皮革，涂层朝下平放在放有一片150 mm×200 mm砂纸的平台上，均匀地在皮革上施加 1 kg 的力并使其在砂纸上往复摩擦运动 10 次(往、返记作 1 次),直线行程为 100 mm。

用毛刷清理皮革毛糙部位,从皮革的毛糙部位切割下一片 100 mm×36 mm 的试样。

涂层被破坏的情况应在报告中注明。

注:熟练后,用手持砂纸磨皮革能达到同样的毛糙效果。

6.2 如果皮革没有涂层或者皮革有涂层但是需要涂层完好情况下试验,只需简单地切割下一片 100 mm×36 mm的试样。

6.3 切割一片或两片贴衬织物,尺寸 100 mm×36 mm。

6.4 把试样和贴衬织物分别浸入盛有蒸馏水的容器中(如果同时试验超过一片试样,几片贴衬织物可以浸在同一个容器中,但是每片试样应浸在不同的容器中)。把容器放入真空干燥器,4 min 内抽真空到 5 kPa,保持 2 min 后恢复正常压力。再继续重复此过程两次。把一片贴衬织物平摊在一片玻璃板上,再将皮革试样测试面朝下覆盖在贴衬织物上,如果皮革的两面都要被测试,那么在皮革试样上再覆盖一片贴衬织物,再用一片玻璃板盖上组合试样。

6.5 将 4.5 kg 的重锤放入烘箱中,在 37 ℃±2 ℃条件下预热至少 1 h。把夹在两片玻璃板之间的组合试样装入试验装置,压上 4.5 kg 重锤并向每边倾斜试验装置约 30°几秒钟,去除多余的蒸馏水(当同时试验几组组合试样时,应确保每组试样均放在两片玻璃板的中心,使试样受力均匀)。将受力的试验装置放入烘箱中,在 37 ℃±2 ℃条件下保持 3 h。

6.6 3 h 到后,取下重锤,将组合试样从试验装置中取出,在一个角上用钉书钉钉住。除了钉书钉处外,试样和贴衬织物在其他部位不应接触,挂在 QB/T 2707 规定的标准空气(温度为 20 ℃,相对湿度为 65%)中干燥。

6.7 用符合 GB/T 251 的灰色样卡评定贴衬织物的每种纤维上的沾色牢度,用符合 GB/T 250 的灰色样卡评定试样的变色牢度。

7 试验报告

试验报告应包含以下内容:

a) 本标准编号;

b) 对试验皮革类型的描述;

c) 指明测试皮革的哪一面;

d) 是否有涂层,如果有,涂层是否被破坏;

e) 贴衬织物的型号、贴衬织物的沾色牢度,分别给出每种不同纤维的沾色牢度;

f) 试样的变色牢度;

g) 与本标准规定的方法的任何偏离;

h) 试验人员、日期。

ICS 59.140.30
Y 46

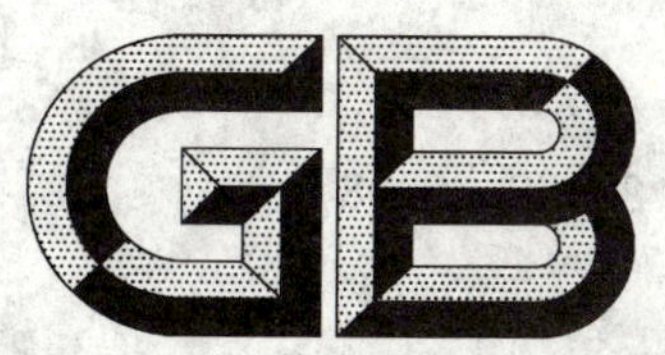

中华人民共和国国家标准

GB/T 22886—2008

皮革 色牢度试验 耐水渍色牢度

Leather—Tests for colour fastness—Colour fastness to water spotting

(ISO 15700:1998,MOD)

2008-12-30 发布　　　　2009-09-01 实施

中华人民共和国国家质量监督检验检疫总局
中国国家标准化管理委员会　发布

前言

本标准修改采用ISO 15700:1998《皮革　色牢度试验　耐水渍色牢度》(英文版)。

ISO 15700:1998所使用的方法基于国际皮革工艺师和化学师联合会(IULTCS)的方法标准IUF 420。

本标准与ISO 15700:1998的技术性差异主要表现在:

a) 规范性引用文件中将国际标准引用的ISO标准,改写为引用我国的相关标准并增加了对相关行业标准的引用,便于我国使用;

b) 删除规范性引用文件和原理中的说明性引用文件ISO 105-A01:1994《纺织品　色牢度试验　第1部分:试验通则》;

c) 增加了对试样空气调节和试验条件的规定,便于统一操作;

d) "试验报告"中增加"试验人员"。

本标准还进行了以下编辑性修改:

a) 删除了ISO标准的前言;

b) 将"本国际标准"一词改为"本标准";

c) 用小数点"."代替作为小数点的逗号","。

本标准由中国轻工业联合会提出。

本标准由全国皮革工业标准化技术委员会(SAC/TC 252)归口。

本标准起草单位:国家皮革质量监督检验中心(浙江)、浙江卡森实业股份有限公司、海宁市三星皮业有限公司。

本标准主要起草人:朱广忠、周晓松、俞立峰、祝妙凤、程伟。

皮革　色牢度试验　耐水渍色牢度

1　范围

本标准规定了一种对由水滴引起皮革表面物理变化的评估方法。

本标准适用于各种皮革。

2　规范性引用文件

下列文件中的条款通过本标准的引用而成为本标准的条款。凡是注日期的引用文件，其随后所有的修改单(不包括勘误的内容)或修订版均不适用于本标准，然而，鼓励根据本标准达成协议的各方研究是否可使用这些文件的最新版本。凡是不注日期的引用文件，其最新版本适用于本标准。

GB/T 250　纺织品　色牢度试验　评定变色用灰色样卡(GB/T 250—2008，ISO 105-A02：1993，IDT)

GB/T 6682　分析实验室用水规格和试验方法(GB/T 6682—2008，ISO 3696：1987，MOD)

FZ/T 01024　试样变色程度的仪器评级方法(FZ/T 01024—1993，neq ISO 105-A05：1996)

QB/T 2706　皮革　化学、物理、机械和色牢度试验　取样部位(QB/T 2706—2005，ISO 2418：2002，MOD)

QB/T 2707　皮革　物理和机械试验　试样的准备和调节(QB/T 2707—2005，ISO 2419：2002，MOD)

3　原理

两滴蒸馏水被分开滴在皮革上，30 min 后，用滤纸吸去其中一滴剩余的水分并观察是否有任何物理变化。另一滴水滴自然蒸发，用变色用灰色样卡评定皮革表面的颜色变化。

由于漆革和其他具类似涂层的皮革不透水，水滴应滴在皮革的反面进行测试。

4　装置和材料

4.1　刻度移液管，0.5 mL。

4.2　水，符合 GB/T 6682 的三级水。

4.3　变色用灰色样卡，符合 GB/T 250 的规定。

注：如果有符合 FZ/T 01024 的评定变色的合适的仪器，可以用来代替肉眼评定。

5　试样和试验条件

5.1　按 QB/T 2706 的规定，取大小至少为 100 mm×50 mm 的试样。

5.2　按 QB/T 2707 的规定进行空气调节，所有操作均应在标准空气条件下进行。

6　程序

6.1　将试样的测试面朝上放在平台上。

6.2　用刻度移液管(4.1)在试样表面滴两滴相距约 50 mm 的水滴(每滴约 0.15 mL)。

6.3　30 min 后，用滤纸轻轻吸去其中一滴水滴的残余水分(若有的话)，观察滴过水滴的皮革部位的任何物理变化。

用以下术语来描述物理变化的程度：轻微、中等、严重。

注：可能观测到的物理变化，包括膨胀和失去光泽。为检测这些变化，可以从不同的方向来观察皮革表面。

6.4 让试样放置16 h后，可按GB/T 250用肉眼，也可按FZ/T 01024用仪器，来评定皮革被滴过第二滴水滴的部位的变色程度。

为了评估皮革表面的永久变色程度，对皮革表面进行轻微的人工处理，再用变色用灰色样卡来评定其变色程度。（人工处理通常根据这类皮革的最终用途，例如：用一种透明的鞋用油蜡轻擦鞋面革，轻微地拉软家具革、手套革和服装革，轻微地刷绒面革）

7 漆革和其他具类似涂层的皮革

漆革和其他具类似涂层的皮革的耐水渍色牢度的测试靠弄湿该试样的内表面进行。用蒸馏水小面积地弄湿，必要时靠在水中擦拭来帮助弄湿，例如用一把刮勺。继续加水直到水透至涂层或产生明显膨胀为止。当产生这种情况时，等待30 min，再按6.3来评估皮革表面产生的物理变化。

注：这类皮革在使用时从背面弄湿后会在涂层下产生环形记痕或斑点，但是按照本标准，在皮革的涂层面施加水滴不可能产生这样的影响，因为漆革的涂层面是不透水的。

8 穿着（磨损）的影响

在特殊情况下，在经受模拟穿着的处理后再测试可能会更有意义。例如：皮革样品在做耐水渍色牢度测试前，可以先在一台合适的机器上经受反复的曲折处理。

9 试验报告

试验报告应包含以下内容：

a) 本标准编号；
b) 对试验皮革类型的描述；
c) 指明测试皮革的哪一面；
d) 在滴过水的皮革上产生的物理影响以及每种影响的严重程度；
e) 人工处理前和处理后试样的变色牢度级数以及评定方法（见6.4，肉眼法或仪器法）；
f) 如果适用，在模拟穿着前和穿着后试样的变色牢度级数；
g) 与本标准规定的方法的任何偏离；
h) 试验人员、日期。

ICS 59.140.30
Y 46

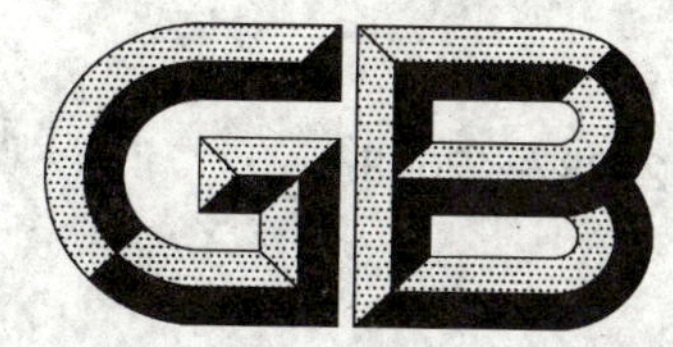

中华人民共和国国家标准

GB/T 22887—2008

皮革 山羊蓝湿革 规范

Leather—Wet blue goat skins—Specification

(ISO 5431:1999,MOD)

2008-12-30 发布 2009-09-01 实施

中华人民共和国国家质量监督检验检疫总局
中国国家标准化管理委员会 发布

前　言

本标准修改采用 ISO 5431:1999《皮革　山羊蓝湿革　规范》(英文版)。

为了方便比较,在附录 A 中列出了本标准条款和国际标准条款的对照一览表。

在附录 B 中给出了技术性差异及其原因的一览表以供参考。

根据我国的实际情况,本标准在采用 ISO 5431:1999 时进行了修改。这些技术性差异用垂直单线标识在它们所涉及的条款的页边空白处。

为便于使用,本标准还做了下列编辑性修改:

a)　删除国际标准的前言。

b)　将"本国际标准"一词改为"本标准"。

c)　用小数点"."代替作为小数点的逗号","。

本标准的附录 A、附录 B 为资料性附录。

本标准由中国轻工业联合会提出。

本标准由全国皮革工业标准化技术委员会(SAC/TC 252)归口。

本标准负责起草单位:国家皮革质量监督检验中心(浙江)、海宁上元皮革有限责任公司、嘉兴祥隆皮革有限公司、桐乡市恒源皮革有限公司、中国皮革和制鞋工业研究院。

本标准主要起草人:黄新霞、潘鸿、杨锦松、崔亚平。

皮革　山羊蓝湿革　规范

1　范围

本标准规定了山羊蓝湿革的要求、取样和试样的准备、试验方法、检验规则、包装和标识。

本标准适用于以铬鞣为主加工得到的山羊蓝湿革。

2　规范性引用文件

下列文件中的条款通过本标准的引用而成为本标准的条款。凡是注日期的引用文件，其随后所有的修改单(不包括勘误的内容)或修订版均不适用于本标准，然而，鼓励根据本标准达成协议的各方研究是否可使用这些文件的最新版本。凡是不注日期的引用文件，其最新版本适用于本标准。

GB/T 22808　皮革和毛皮　化学试验　五氯苯酚含量的测定

QB/T 2707　皮革　物理和机械试验　试样的准备和调节(QB/T 2707—2005，ISO 2419:2002，MOD)

QB/T 2713　皮革　物理和机械试验　收缩温度的测定(QB/T 2713—2005，ISO 3380:2002，MOD)

QB/T 2717　皮革　化学试验　挥发物的测定

QB/T 2724　皮革　化学试验　pH 的测定(QB/T 2724—2005，ISO 4045:1977，MOD)

3　要求

应符合表1的规定。

表1　要求

项　　目	要　　求
收缩温度/℃	≥85
pH	≥3.5
五氯苯酚(以绝干计)/%	≤0.5
感官要求	表面颜色均匀，粒面紧实，无残留毛，无铬斑，无折痕，无铁斑；皮里洁净，无肉渣；切口颜色均匀一致；皮板手感自然柔软，无风干

4　取样

4.1　取样

除边肷部位外的其余部位，取样的大小应满足试验要求。

4.2　样品的准备

使用锋利的切割刀将化学试验用样品切割成边长小于 5 mm 的块状，按 QB/T 2707 的规定进行空气调节 48 h。

5　测试方法

5.1　收缩温度

按 QB/T 2713 的规定进行。

5.2 pH

按 QB/T 2724 的规定进行。

5.3 五氯苯酚

按 GB/T 22808 的规定进行，水分的测量应符合 QB/T 2717 的规定。

5.4 感官要求

在适宜光线下，进行感官检验。

6 检验规则

表 1 要求中如有一项不合格，则判定该产品不合格。

7 包装与标识

7.1 包装

采用适宜的包装材料、方式进行包装（粒面对粒面存放）并确保蓝湿革内的水分含量及革身状态，防止产品受损。

7.2 标识

包装上应注明如下标识：

a) 产品名称（山羊皮蓝湿革）；

b) 生产商的名称及地址；

c) 鞣制日期；

d) 皮张的数量或质量。

附 录 A
（资料性附录）
本标准章条编号与 ISO 5431:1999 章条编号对照

表 A.1 给出了本标准章条编号与 ISO 5431:1999 章条编号对照一览表。

表 A.1 本标准章条编号与 ISO 5431:1999 章条编号对照一览表

本标准章条编号	ISO 5431:1999 章条编号
—	3 (3.1～3.2)
3	4 的部分内容
—	4.1、4.2、4.3
3 表 1	4.4、4.5、4.6 的部分内容
4.1	5.1 的部分内容
—	5.2
4.2	5.3
5.1	6.2
5.2	6.4
5.3	6.3 的部分内容
5.4	6.1
—	6.5
6	—
附录 A	—
附录 B	—
—	附录 A
—	附录 B
注：表中的章条以外的本标准其他章条编号与 ISO 5431:1999 其他章条编号均相同且内容相对应。	

附　录　B
（资料性附录）
本标准与 ISO 5431：1999 技术性差异及其原因的一览表

表 B.1 给出了本标准与 ISO 5431：1999 的技术性差异及其原因的一览表。

表 B.1　本标准与 ISO 5431：1999 的技术性差异及其原因

本标准的章条编号	技术性差异	原　　因
1	增加了标准范围的内容	符合 GB/T 1.1 的编写规定，以适合我国需要
2	将国际标准引用的 ISO 标准，改写为引用我国的相关标准（修改采用 ISO 标准），并增加了相关标准的引用	便于我国使用
—	将国际标准中 3“术语和定义”删除，其后的条款号顺次前排	我国已有 QB/T 2262—1996《皮革工业术语》行业标准
3	删除国际标准的 4.1“原料皮”、4.2“鞣制”、4.3“杀菌剂”	4.1、4.2、4.3 属生产过程要求，不符合我国标准编写规定
	删除国际标准 4.4“外观”中合同要求	4.4 中的合同要求，不符合我国标准编写规定
	将 4.5“收缩温度”由 95 ℃修改为 85 ℃	不同鞣剂、工艺的使用，使收缩温度不同，更符合实际情况
	删除国际标准 4.6 中“水分”规定	属贸易合同要求，不符合我国标准编写规定
	增加“五氯苯酚”要求	与国际环保要求保持一致
4.2	将试样准备的条件明确，增加空气调节要求	保证样品测试结果的一致性，减少因水分的差异导致的检测数据误差
5.3	增加“五氯苯酚”试验方法	与“要求”相对应
6	增加“检验规则”	适应我国需要，便于各方使用
—	删除国际标准的规范性附录 A“水分含量的测定”	与删除的“水分”要求相对应
—	删除国际标准的资料性附录 B“杀菌效力的测定”	对我国皮革行业不适用

ICS 59.140.30
Y 46

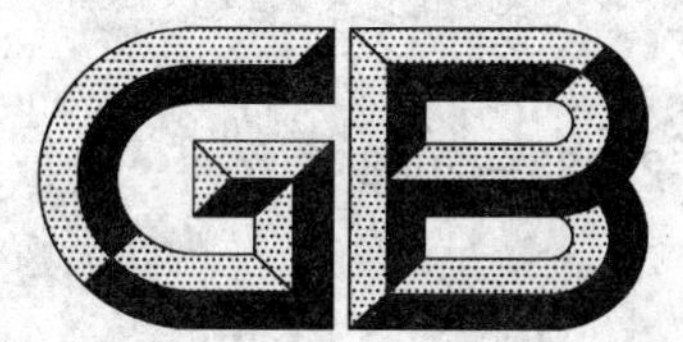

中华人民共和国国家标准

GB/T 22888—2008

皮革 物理和机械试验 表面涂层低温脆裂温度的测定

Leather—Physical and mechanical tests—Determination of cold crack temperature of surface coatings

(ISO 17233:2002,MOD)

2008-12-30 发布　　　　2009-09-01 实施

中华人民共和国国家质量监督检验检疫总局
中国国家标准化管理委员会　发布

前 言

本标准修改采用 ISO 17233:2002《皮革 物理和机械试验 表面涂层低温脆裂温度的测定》(英文版)。

ISO 17233:2002 所使用的方法基于国际皮革工艺师和化学师联合会(IULTCS)的方法标准 IUP 29。

本标准根据我国的实际情况,对 ISO 17233:2002 进行了修改。

本标准与 ISO 17233:2002 的技术性差异主要表现在:

a) 规范性引用文件中将原引用的 ISO 标准,改写为引用我国的相关标准,便于我国使用;

b) 取样数量由 8 片改为 16 片(8 片平行于背脊线、8 片垂直于背脊线);

c) 一个样品一次安装 1 片试样改为一个样品一次安装 2 片试样(1 片平行于背脊线、1 片垂直于背脊线),使检测结果更合理、更科学;

d) 增加了"只要两片试样中有一片产生裂纹,则认为试样出现裂纹或试样受损。"的规定。

本标准还进行了以下编辑性修改:

a) 删除了 ISO 标准的前言;

b) 将"本国际标准"一词改为"本标准";

c) 用小数点"."代替作为小数点的逗号","。

本标准由中国轻工业联合会提出。

本标准由全国皮革工业标准化技术委员会(SAC/TC 252)归口。

本标准负责起草单位:国家皮革质量监督检验中心(浙江)、浙江卡森实业股份有限公司、浙江通天星集团股份有限公司。

本标准主要起草人:黄新霞、朱广忠、祝妙凤、宋汝强、兰莉。

皮革 物理和机械试验 表面涂层低温脆裂温度的测定

1 范围

本标准规定了皮革表面涂层冷裂温度的测定方法。

本标准适用于所有具有表面涂层并且易曲折的皮革。

2 规范性引用文件

下列文件中的条款通过本标准的引用而成为本标准的条款。凡是注日期的引用文件，其随后所有的修改单(不包括勘误的内容)或修订版均不适用于本标准，然而，鼓励根据本标准达成协议的各方研究是否可使用这些文件的最新版本。凡是不注日期的引用文件，其最新版本适用于本标准。

QB/T 2706 皮革 化学、物理、机械和色牢度试验 取样部位(QB/T 2706—2005，ISO 2418：2002，MOD)

QB/T 2707 皮革 物理和机械试验 试样的准备和调节(QB/T 2707—2005，ISO 2419：2002，MOD)

3 原理

两条安装在带铰链的折叠式试样夹持工具上的皮革，与夹持工具一起放入一定温度的冷却箱中。达到规定时间后，将夹持工具迅速合上，使皮革表面涂层朝外对折。检查皮革表面涂层是否有裂纹。

4 装置

4.1 冷却箱，至少高 500 mm，宽和深 300 mm。装有搁板，能保持空气循环，使试样和折叠工具周围空气流通。控温范围能达到＋5 ℃～－30 ℃，控温精度能达到±2 ℃。

4.2 温度测量装置，至少能读到－30 ℃，精确至 1 ℃。

4.3 带铰链的折叠式试样夹持工具，外观尺寸如图 1 所示。所有内部的安装点都应与面板平齐，确保试样夹持器合上时不会有任何障碍。

单位为毫米

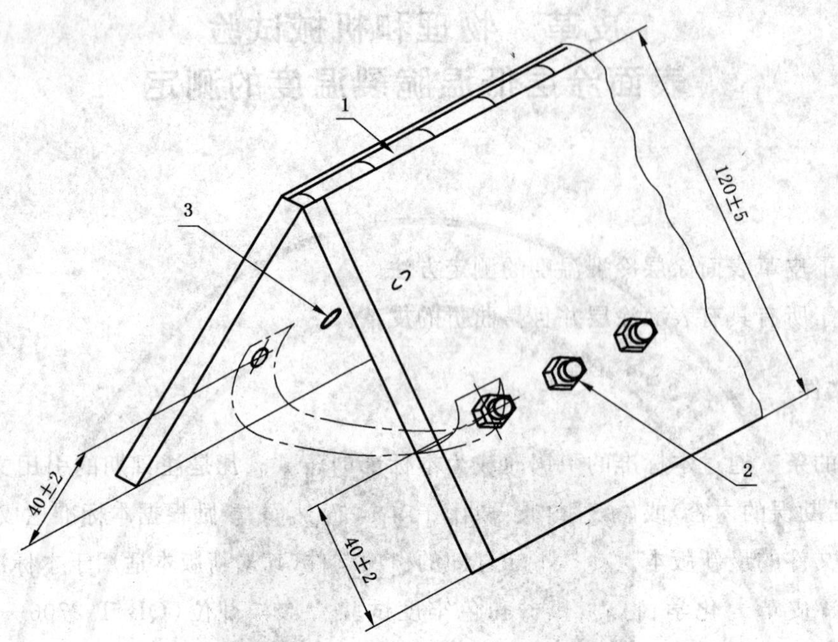

1——铰链；
2——螺母；
3——沉头螺栓孔。

图 1 铰链样品夹持器示意图

4.4 模刀，符合 QB/T 2707 规定，一次能冲下一片(90±1)mm×(10±1)mm 的矩形试样。距矩形试样两端 6.0 mm±0.5 mm 处各有一个直径 5.0 mm±0.5 mm 的小孔。

4.5 放大镜，4 倍～6 倍放大倍率。

5 取样与试样准备

5.1 按 QB/T 2706 取样。

5.2 将样品的粒面向上，用模刀(4.4)从每个样品上取 16 片试样，其中 8 片试样的长边平行于背脊线，8 片试样的长边垂直于背脊线。如果在每一批试验中所测试的皮样超过 2 张，则在每张样品每个方向上至少取一片试样，只要保证每批样品每个方向上试样的总数不少于 8 片。

6 程序

6.1 将同一样品的两片试样(一片长边平行于背脊线，一片长边垂直于背脊线)装于铰链样品夹持器，试样表面涂层朝向样品夹持器开口处。尽可能确保两个同时试验的试样具有相似的厚度，因为薄试样与厚试样一起试验时得不到充分的曲折。

6.2 将铰链样品夹持器放入冷冻箱，调节温度至 5 ℃，至少平衡 10 min，然后打开冷冻箱门，在冷冻箱内尽可能快地啪的一声快速地合拢样品夹持器。将样品夹持器从冷冻箱中取出，用放大镜检查试样的曲折部位是否有裂纹。只要两片试样中有一片产生裂纹，则认为试样出现裂纹或试样受损。

注：裂纹通常是直线形的，但是具有薄涂层的试样裂纹可能会沿着粒面图纹。

6.3 如果试样表面涂层没有受损，更换两片新的试样(一片长边平行于背脊线，一片长边垂直于背脊线)，于 0 ℃±2 ℃重复 6.2 所述步骤。

6.4 如果试样表面涂层还是没有受损，重复 6.3 于－5 ℃、－10 ℃、－15 ℃、－20 ℃、－25 ℃、－30 ℃进行试验，直到至少一片试样表面涂层产生裂纹，记下试样表面涂层产生裂纹的实际温度。如果于

－30 ℃进行试验时试样表面涂层仍未出现裂纹，记录结果“产生裂纹的温度<－30 ℃”。

注：如果表面涂层在试验前就有细的裂纹（比如由于干磨产生的细裂纹），则很难区分裂纹是在试验中产生的还是早已存在的。

7 试验报告

试验报告应包含以下内容：

a) 本标准编号；

b) 产生裂纹的最高温度；

c) 与本标准说明的方法产生的任何偏离；

d) 样品识别的所有详情以及与按 QB/T 2706 取样产生的任何偏离；

e) 试验人员、日期。

ICS 59.140.30
Y 46

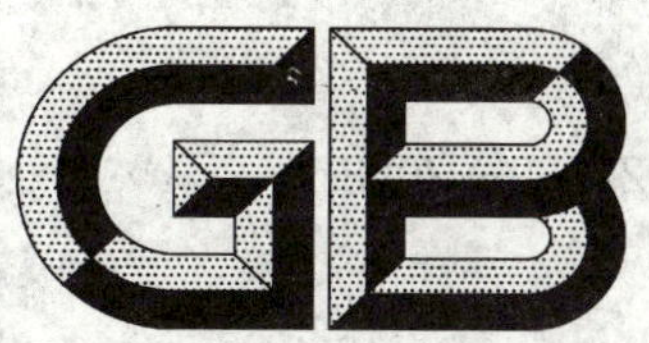

中华人民共和国国家标准

GB/T 22889—2008

皮革　物理和机械试验　表面涂层厚度的测定

Leather—Physical and mechanical tests—Determination of surface coating thickness

(ISO 17186:2002,MOD)

2008-12-30 发布　　2009-09-01 实施

中华人民共和国国家质量监督检验检疫总局
中国国家标准化管理委员会　发布

前　言

本标准修改采用ISO 17186:2002《皮革　物理和机械试验　表面涂层厚度的测定》(英文版)。

ISO 17186:2002所使用的方法基于国际皮革工艺师和化学师联合会(IULTCS)的方法标准IUP 41。

为了方便比较,在附录A中列出了本标准条款和国际标准条款的对照一览表。

在附录B中给出了技术性差异及其原因的一览表以供参考。

根据我国的实际情况,本标准在采用ISO 17186:2002时进行了修改。这些技术性差异用垂直单线标识在它们所涉及的条款的页边空白处。

为便于使用,本标准还做了下列编辑性修改:

a) 删除国际标准的前言;

b) 将“本国际标准”一词改为“本标准”;

c) 用小数点“.”代替作为小数点的逗号“,”。

本标准的附录A、附录B为资料性附录。

本标准由中国轻工业联合会提出。

本标准由全国皮革工业标准化技术委员会(SAC/TC 252)归口。

本标准负责起草单位:国家皮革质量监督检验中心(浙江)、海宁蒙努集团有限公司、浙江通天星集团股份有限公司。

本标准主要起草人:黄新霞、宋汝强、徐寿春、朱广忠。

皮革　物理和机械试验
表面涂层厚度的测定

1　范围

本标准规定了皮革表面涂层厚度的测定方法。

本标准适用于各种具有涂层的皮革。

2　规范性引用文件

下列文件中的条款通过本标准的引用而成为本标准的条款。凡是注日期的引用文件，其随后所有的修改单(不包括勘误的内容)或修订版均不适用于本标准，然而，鼓励根据本标准达成协议的各方研究是否可使用这些文件的最新版本。凡是不注日期的引用文件，其最新版本适用于本标准。

QB/T 2706　皮革　化学、物理、机械和色牢度试验　取样部位(QB/T 2706—2005，ISO 2418：2002，MOD)

QB/T 2707　皮革　物理和机械试验　试样的准备和调节(QB/T 2707—2005，ISO 2419：2002，MOD)

3　原理

垂直于皮革涂层表面切割皮革，用显微镜观察并测量切口处皮革表面涂层的厚度。结果可以表示为涂层厚度，也可以表示为涂层厚度占总厚度的百分比。

4　仪器设备

4.1　光学显微镜或电子扫描显微镜，至少 20 倍的放大倍率。

4.2　手术刀，显微镜采用上光源或使用电子扫描显微镜时适用。

4.3　组织切片机，显微镜采用下光源时适用。

4.4　显微测微尺，精确到 0.001 mm。

5　取样和试样准备

5.1　按 QB/T 2706 取样，按 QB/T 2707 进行预处理。

5.2　切取 3 片约 10 mm×10 mm 的试样，每片试样按 5.3 或 5.4 制作纵切面切片。

注：如果被测试的一批样品超过 2 张，则只要每张皮取 1 片试样，保证试样总数不少于 3 片。

5.3　用手术刀(4.2)切穿皮革，确保在切割过程中手术刀的切边垂直于涂层表面。

注：按 5.3 制作的纵切面切片适用于使用上光源的光学显微镜或电子扫描显微镜测试。

5.4　用组织切片机切取适用于下光源光学显微器测试的试样纵切面切片。

6　操作步骤

6.1　使用带有显微测微尺的光学显微镜测试

6.1.1　把按 5.3 或 5.4 制作的剖面切片放在显微镜下。调整切片位置，使显微测微尺的十字线或一个主刻度与涂层和皮革的分界面(线)对齐。如果涂层和皮革的分界面(线)成波浪形，则使显微测微尺的十字线或主刻度处于涂层和皮革的波浪形分界面(线)的波峰和波谷的中间位置(如图 1 所示)。读取分界面(线)至涂层外表面的刻度数，即为涂层厚度。

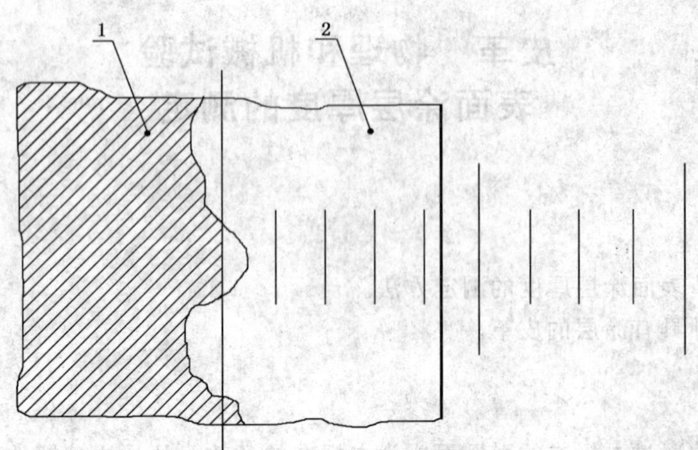

1——皮革；
2——涂层。

图 1 皮革表面涂层测试示意图

6.1.2 在同一点测量皮革的总厚度。调整切片位置，使显微测微尺的十字线或一个主刻度与皮革的肉面对齐。读取皮革肉面至涂层外表面的刻度数，即为皮革的总厚度。

6.1.3 重复 6.1.1、6.1.2 测试剩余的两片切片。

6.1.4 分别计算三片切片涂层厚度和总厚度的算术平均值，精确至 0.001 mm。

6.2 使用扫描电子显微镜测试

6.2.1 将 5.3 准备的纵切面切片切面朝上放在试样台上，用金或金-钯合金喷金。

6.2.2 将喷过金的试样放在电子扫描显微镜下，调整切片位置，如 6.1.1 所述读取分界面(线)至涂层外表面的刻度数，即为涂层厚度。

6.2.3 如 6.1.2 所述在同一点测量皮革的总厚度。

6.2.4 重复 6.2.1、6.2.2、6.2.3 测试剩余的两片切片。

6.2.5 分别计算三片切片涂层厚度和总厚度的算术平均值，精确至 0.001 mm。

7 结果的表示

7.1 直接以厚度表示，精确至 0.001 mm。

7.2 以涂层厚度占总厚度的百分比表示，精确至 0.01%，百分比按式(1)计算：

$$X = \frac{t}{T} \times 100 \qquad \cdots\cdots(1)$$

式中：

X——涂层厚度占总厚度的百分比，%；

t——涂层厚度的平均值，单位为毫米(mm)；

T——皮革总厚度的平均值，单位为毫米(mm)。

8 试验报告

试验报告应包含以下内容：

a) 本标准编号；

b) 涂层厚度的平均值；

c) 皮革总厚度的平均值；

d) 涂层厚度占总厚度的百分比；

e) 试验条件[如:20 ℃/65%(相对湿度)或 23 ℃/50%(相对湿度)]；

f) 与本标准规定的方法的任何偏离；

g) 样品的详细说明以及与 QB/T 2706 规定的取样方法的任何偏离；

h) 试验人员、日期。

附　录　A
（资料性附录）
本标准章条编号与 ISO 17186:2002 章条编号对照

表 A.1 给出了本标准章条编号与 ISO 17186:2002 章条编号对照一览表。

表 A.1　本标准章条编号与 ISO 17186:2002 章条编号对照一览表

本标准章条编号	ISO 17186:2002 章条编号
4.1	4.1 的部分内容
4.4	4.1 的部分内容
—	4.4、4.5、4.6、4.7
—	6.1.1
6.1.1	6.1.2
6.1.2	6.1.3
6.1.3	6.1.5
—	6.2(6.2.1～6.2.8)
6.2	6.3
—	6.3.1
6.2.1	6.3.2
—	6.3.3～6.3.4
6.2.2	6.3.5
6.2.3	6.3.6
6.2.4	6.3.8
6.2.5	6.3.7、6.3.9
注：表中的章条以外的本标准其他章条编号与 ISO 17186:2002 其他章条编号均相同且内容相对应。	

附　录　B
（资料性附录）
本标准与 ISO 17186:2002 技术性差异及其原因的一览表

表 B.1 给出了本标准与 ISO 17186:2002 的技术性差异及其原因的一览表。

表 B.1　本标准与 ISO 17186:2002 的技术性差异及其原因

本标准的章条编号	技术性差异	原　因
1	调整范围的内容，删除"在没有压力的情况下"的条件限定并明确了适用范围	符合 GB/T 1.1 的编写规定，以适合我国需要
2	将国际标准引用的 ISO 标准，改写为引用我国的相关标准(修改采用 ISO 标准)	便于我国使用
4	删除国际标准的 4.4"软木片或其他相似材料"、4.5"标准刻度尺"、4.6"涂层装置"、4.7"试样残片"	由于设备的日益创新，ISO 17186:2002 所引用的设备有些已淘汰，有些已不常使用，因此予以删除
	提高了显微测微尺的精度，由 0.01 mm 精确到 0.001 mm	提高测试精度，更好地满足使用需要
—	删除国际标准的 6.1.1"用标准刻度尺(4.5)核准"	与删除的 4.5"标准刻度尺"相对应
—	删除国际标准的 6.2"使用具有照相装置的光学显微镜测试"	所需仪器与设备与 6.1 相同，但操作步骤繁杂，导致误差较大
—	删除国际标准的 6.3.1"将准备的切片剖面朝上粘在试样残片上"	与删除的 4.7"试样残片"相对应
—	删除国际标准的 6.3.3、6.3.4 照相，获得照片	是否对试样进行照相，应由用户自行选择
6.1.1、6.1.2	简化了操作步骤，不用记录、计算，直接读数	引用了先进仪器设备，直接从显微镜上读取涂层或皮革的厚度
7.1	精确至 0.001 mm，精度比国际标准的 0.01 mm 高	现有仪器精度高

ICS 59.140.30
Y 46

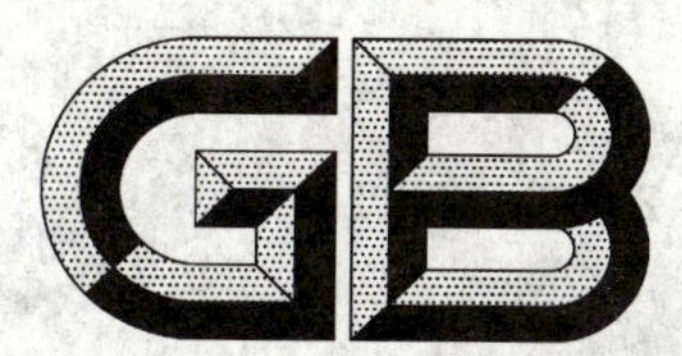

中华人民共和国国家标准

GB/T 22890—2008

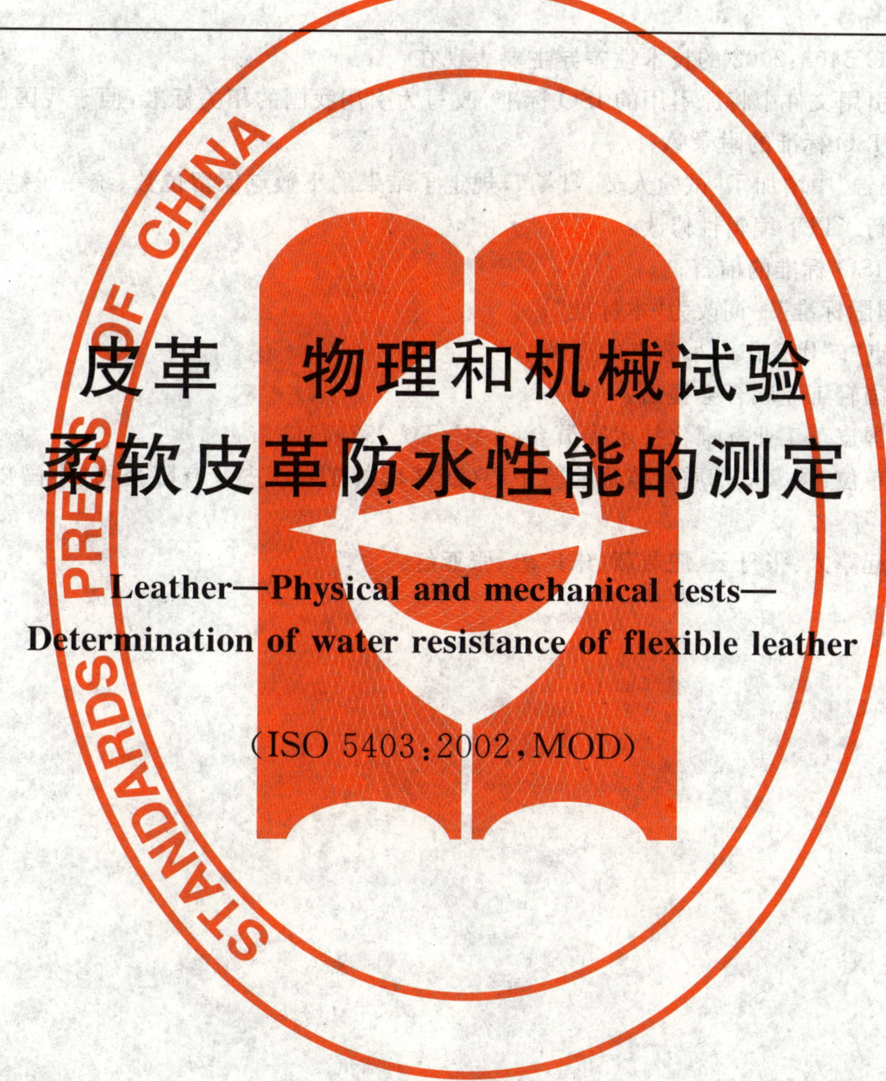

皮革　物理和机械试验
柔软皮革防水性能的测定

Leather—Physical and mechanical tests—Determination of water resistance of flexible leather

(ISO 5403:2002,MOD)

2008-12-30 发布　　2009-09-01 实施

中华人民共和国国家质量监督检验检疫总局
中国国家标准化管理委员会　发布

前 言

本标准修改采用ISO 5403:2002《皮革 物理和机械试验 柔软皮革防水性能的测定》(英文版)。

ISO 5403:2002所使用的方法基于国际皮革工艺师和化学师联合会(IULTCS)的方法标准IUP 10。

本标准与ISO 5403:2002的技术性差异主要表现在:

a) 规范性引用文件中将原引用的ISO标准,改写为引用我国的相关标准,便于我国使用;

b) 删除了ISO标准的附录A;

c) “试验报告”中增加了“试验人员、日期”,规定了结果的小数点保留位数,统一了结果的表达。

本标准还进行了以下编辑性修改:

a) 删除了ISO标准的前言;

b) 将“本国际标准”一词改为“本标准”;

c) 用小数点“.”代替作为小数点的逗号“,”。

本标准由中国轻工业联合会提出。

本标准由全国皮革工业标准化技术委员会(SAC/TC 252)归口。

本标准起草单位:国家皮革质量监督检验中心(浙江)、浙江明新皮业有限公司、中国皮革和制鞋工业研究院。

本标准主要起草人:张丹云、庄君新、朱广忠、张亚红。

皮革 物理和机械试验 柔软皮革防水性能的测定

1 范围

本标准规定了皮革动态防水性能的测定方法。

本标准适用于鞋面革等各种类型的柔性皮革。

2 规范性引用文件

下列文件中的条款通过本标准的引用而成为本标准的条款。凡是注日期的引用文件，其随后所有的修改单(不包括勘误的内容)或修订版均不适用于本标准，然而，鼓励根据本标准达成协议的各方研究是否可使用这些文件的最新版本。凡是不注日期的引用文件，其最新版本适用于本标准。

GB/T 6682 分析实验室用水规格和试验方法(GB/T 6682—2008,ISO 3696:1987,MOD)

QB/T 2706 皮革 化学、物理、机械和色牢度试验 取样部位(QB/T 2706—2005,ISO 2418:2002,MOD)

QB/T 2707 皮革 物理和机械试验 试样的准备和调节(QB/T 2707—2005,ISO 2419:2002,MOD)

3 原理

将试样形成槽状，使其部分浸入水中，曲折，记录透水时间，测试并计算试样的吸水率及透水量。

4 仪器

4.1 动态透水试验机，应包括以下规定的附件：

a) 一对或多对圆筒，直径为 30.0 mm±0.5 mm，材料为惰性且刚性，每对圆筒水平共轴。其中一个圆筒固定，与其对应的圆筒可沿其轴向伸缩，最长分开达 40.0 mm±0.5 mm。

b) 电动机，通过曲柄驱动可动圆筒沿其轴向前后运动。运动频率为 50 r/min±5 r/min，沿其中轴线振幅为 1.0 mm±0.1 mm、1.50 mm±0.15 mm、2.0 mm±0.2 mm 或 3.0 mm±0.3 mm。

注：圆筒的 4 个振幅分别代表当一个圆筒靠近另一个圆筒时试样的受压程度分别为 5%，7.5%，10% 或 15%。

c) 水槽，由防腐材料构成，用于盛放蒸馏水或去离子水，使试样被部分浸泡。

注：测试仪器可配备一个电路系统，用于指示水何时透过试样。

4.2 圆形夹子，其内径在 30 mm～40 mm 范围内可调。

4.3 模刀，符合标准 QB/T 2707。刀口内圈为矩形，规格为(60±1)mm×(75±1)mm。

4.4 蒸馏水或去离子水，符合 GB/T 6682 规定的三级水。

4.5 天平，精度为 0.001 g。

4.6 秒表，精度为 1 s。

4.7 碳化硅砂纸，180 目(P180)。裁成尺寸为(65±5)mm×(45±5)mm 的矩形，固定在一尺寸相同，平整且刚性的基件上，使其总质量为 1.0 kg±0.1 kg。每次试验使用一块新的砂纸。

4.8 吸水布，矩形，其尺寸为(120±5)mm×(40±5)mm。首次使用前采用制造商推荐的方法进行循环机洗。

注：一种合适的布为100%棉，克重约300 g/m² 的毛巾织物。这种织物在新的时候使用效果不太好，因此，首次使用前要洗过。

4.9 辅助仪器，试样的硬度测定仪，直径为30.0 mm±0.5 mm，由两个水平共轴的圆筒组成。该仪器具有驱使两个圆筒相互靠近的装置，一个测量两圆筒距离减小量的装置（精度为0.1 mm），一个确定圆筒轴向施加力的装置（精度为5 N）。

5 试样的制备和处理

5.1 按QB/T 2706的规定取样。在实验样品上用模刀（4.3）从粒面切取4块试样，其中2块试样的长边平行于皮革的背脊线，2块试样的长边垂直于皮革的背脊线。

注：如果在每一批试验中所测试的皮样超过两张，则在每一皮样的每一方向上只取一块试样，确保在每一方向上试样的数目不少于2块。

5.2 依照以下方法处理4块试样：

将试样粒面向上放在平台上，不另施加任何作用力，用一已加重的砂纸（4.7）在试样上完整地来回运动10次，轻轻擦拭其粒面。

注1：某些情况下更适合采用QB/T 2714所述的仪器及方法，让试样曲折20 000次。

注2：皮革表面涂层能很大程度地提高皮革的防水性，如果由于穿着曲折或磨损使涂层产生微裂或破坏，则测试结果与实际情况可能存在较大的差异。上述的磨损及挠曲处理即是模拟皮革在穿着过程中可能受到的损坏，因此，其目的并非除去皮革涂层，而只是使其受到轻微的擦损。

5.3 按QB/T 2707的规定调节试样。

5.4 如需测试试样的透水量，依据QB/T 2707调节吸水布（4.8），称量（精确至0.001 g）并记录。

5.5 如需测定试样的吸水率，称量试样的质量（精确至0.001 g）并记录。

6 程序

6.1 确定试样的硬度及测试振幅

注：若有特别规定试验振幅，则不另外测定试样的硬度及振幅。

6.1.1 调整辅助仪器（4.9）使圆筒处于最大分离状态。

6.1.2 沿长边曲折试样，使其粒面或穿着时的外表面向外，短边处于同一水平面且平行，成槽形。用圆形夹子（4.2）将试样夹在圆筒上，使其有约10 mm与圆筒重叠，给试样一定的张力，去除折皱。两个圆形夹子的内边应尽可能地靠近两个圆筒相邻端的平面，这样槽的长度即可看成两个圆筒之间的距离。如果试样与圆筒可移入主测试仪器，应确保试样紧密附着于圆筒上。

6.1.3 驱动圆筒，使其在5 s±2 s内相互靠近2 mm±0.1 mm。然后立即在5 s±2 s内回至原来位置。

6.1.4 重复6.1.3的操作。记录作用于圆筒上的力，精确至5 N。

6.1.5 重复6.1.3的操作，但使两圆筒相互靠近4 mm±0.2 mm，记录作用于圆筒上的力，精确至5 N。

6.1.6 计算在6.1.4及6.1.5中作用力的算术平均值。如果其平均值大于等于100 N，则后续测试的振幅为1.0 mm±0.1 mm（相当于试样的受压程度为5%）；如果其平均值大于等于50 N（但小于100 N），则测试的振幅为1.50 mm±0.15 mm（相当于试样的受压程度为7.5%）；如果其平均值小于50 N，进行6.1.7及6.1.8的操作。

6.1.7 重复6.1.3的操作，但使圆筒相互靠近6.0 mm±0.3 mm，记录作用于圆筒上的力，精确至5 N。

6.1.8 计算在6.1.4、6.1.5及6.1.7中作用力的算术平均值。如果其平均值大于等于20 N，则测试的振幅为 2.0 mm±0.2 mm(相当于试样的受压程度为 10%);如果其平均值小于 20 N,则测试的振幅为 3.0 mm±0.3 mm(相当于试样的受压程度为 15%)。

6.2 透水时间

6.2.1 根据说明书或上述振幅测定试验(6.1)测得的振幅设定测试仪器。

6.2.2 调节测试仪器最大程度地分离圆筒。

6.2.3 沿长边曲折试样,使其粒面或穿着时的外表面向外,短边处于同一水平面且平行,成槽形。用圆形夹子(4.2)将试样夹在圆筒上,使其有约 10 mm 与圆筒重叠,给试样一定的张力,去除折皱。两个圆形夹子的内边应尽可能地靠近两个圆筒相邻端的平面,这样槽的长度即可看成两个圆筒之间的距离。如果试样与圆筒可移入主测试仪器,应确保试样紧密附着于圆筒上。

注:如果圆筒可取出的话,则圆筒及夹住的试样可以从辅助仪器中移入测试仪器。

6.2.4 往槽中加水至其水位离圆筒顶端的距离为 10 mm±1 mm。

6.2.5 开启仪器、计时。

6.2.6 在最初的 15 min 连续观察测试试样,之后每隔 15 min 观察一次,直至水透过试样。如果水是从圆筒与试样之间透过,则该次试验无效,重新取样并测试。注意并记录水透过试样的时间。

注 1:可以使用电子装置来辅助判断水的最初渗透,但最终需用肉眼来确证。

注 2:渗透可以通过试样表面水的湿斑或小滴观察到。

6.3 吸水率

6.3.1 按 6.2.1 至 6.2.5 步骤操作。

6.3.2 达到试验时间后,停止仪器,取出试样,轻轻擦去附在上面的水分,称量(精确到 0.001 g)并记录。

6.3.3 如果还需进行测试,放回试样继续测试。

6.4 透水量

6.4.1 当发生初透水时,将一卷起的矩形吸水材料放到由试样形成的槽中。

6.4.2 继续测试至规定时间,取出吸水材料并用其吸干槽中的多余水分。

6.4.3 称量吸水材料(精确到 0.001 g)并记录。

7 结果的表示

7.1 透水时间

用分钟(min)或小时(h)与分钟(min)表示。

7.2 吸水率

按式(1)计算:

$$W_a = \frac{(m_1 - m_0) \times 100}{m_0} \qquad \cdots\cdots(1)$$

式中:

W_a——试样在任何阶段的吸水率,%;

m_1——试样在任何测试阶段后的质量,单位为克(g);

m_0——试样经空气调节后的质量,单位为克(g)。

7.3 透水量

按式(2)计算:

$$m_t = m_3 - m_2 \qquad \cdots\cdots(2)$$

式中:

m_t——试样的透水量,单位为克(g);

m_3——测试之后吸水材料的质量，单位为克(g)；

m_2——空气调节后吸水材料的初始质量，单位为克(g)。

8 试验报告

试验报告应包含以下内容：

a) 本标准编号；

b) 每一试样的透水时间，精确至分钟(min)；

c) 每一测试阶段的吸水率 W_a，精确至 0.1%；

d) 一定时间的透水量，m_t，精确至 0.01 g；

e) 试验条件[20 ℃/65%(相对湿度)或 23 ℃/50%(相对湿度)]；

f) 任何实测方法与本标准的不同之处；

g) 样品的详细情况及取样时任何与 QB/T 2706 的不同之处；

h) 试验人员、日期。

ICS 59.140.30
Y 46

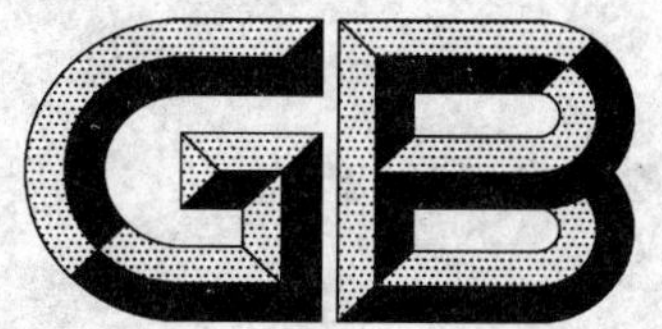

中华人民共和国国家标准

GB/T 22891—2008

皮革　物理和机械试验
重革防水性能的测定

**Leather—Physical and mechanical tests—
Determination of water resistance of heavy leather**

(ISO 5404:2002,MOD)

2008-12-30 发布　　2009-09-01 实施

中华人民共和国国家质量监督检验检疫总局
中国国家标准化管理委员会　发布

前　言

本标准修改采用ISO 5404:2002《皮革　物理和机械试验　重革防水性能的测定》(英文版)。

ISO 5404:2002所使用的方法基于国际皮革工艺师和化学师联合会(IULTCS)的方法标准IUP 11。

在附录A中给出了技术性差异及其原因的一览表以供参考。

为便于使用,本标准还做了下列编辑性修改:

a)　删除国际标准的前言;

b)　将“本国际标准”一词改为“本标准”;

c)　用小数点“.”代替作为小数点的逗号“,”。

本标准的附录A为资料性附录。

本标准由中国轻工业联合会提出。

本标准由全国皮革工业标准化技术委员会(SAC/TC 252)归口。

本标准起草单位:国家皮革质量监督检验中心(浙江)、海宁海橡集团有限公司、浙江明新皮业有限公司、中国皮革和制革工业研究院。

本标准主要起草人:朱广忠、鲁国祥、庄君新、程伟。

皮革　物理和机械试验
重革防水性能的测定

1　范围

本标准规定了重革防水性能的测试方法。

本标准适用于各种类型的重革。

2　规范性引用文件

下列文件中的条款通过本标准的引用而成为本标准的条款。凡是注日期的引用文件，其随后所有的修改单(不包括勘误的内容)或修订版均不适用于本标准，然而，鼓励根据本标准达成协议的各方研究是否可使用这些文件的最新版本。凡是不注日期的引用文件，其最新版本适用于本标准。

QB/T 2706　皮革　化学、物理、机械和色牢度试验　取样部位(QB/T 2706—2005，ISO 2418：2002，MOD)

QB/T 2707　皮革　物理和机械试验　试样的准备和调节(QB/T 2707—2005，ISO 2419：2002，MOD)

QB/T 2709　皮革　物理和机械试验　厚度的测定(QB/T 2709—2005，ISO 2589：2002，MOD)

3　术语和定义

下列术语和定义适用于本标准。

3.1

渗透时间　penetration time

在曲挠情况下水从试样湿润的粒面刚好渗透到试样的另一面所需要的时间。

3.2

吸水率　water absorption

试样在一定时间段增加的水分含量，以经空气调节过的试样的质量为基础。

3.3

渗透面积　area of penetration

计算水分从试样湿润的粒面渗透到肉面时，肉面被浸润的面积。

3.4

渗透率　penetration rate

水分透过试样的速率，基于试样在测试的最初一定时间内(一般为 10 min)的透水量。

4　原理

试样在受力及曲挠(如行走时鞋底的受力方式)的情况下，使其表面不断地被湿润，测定渗透时间、吸水率、渗透面积及渗透率。

5　装置

5.1　重革动态透水试验机，总体结构如图 1 所示，应包括下列规定的组件：

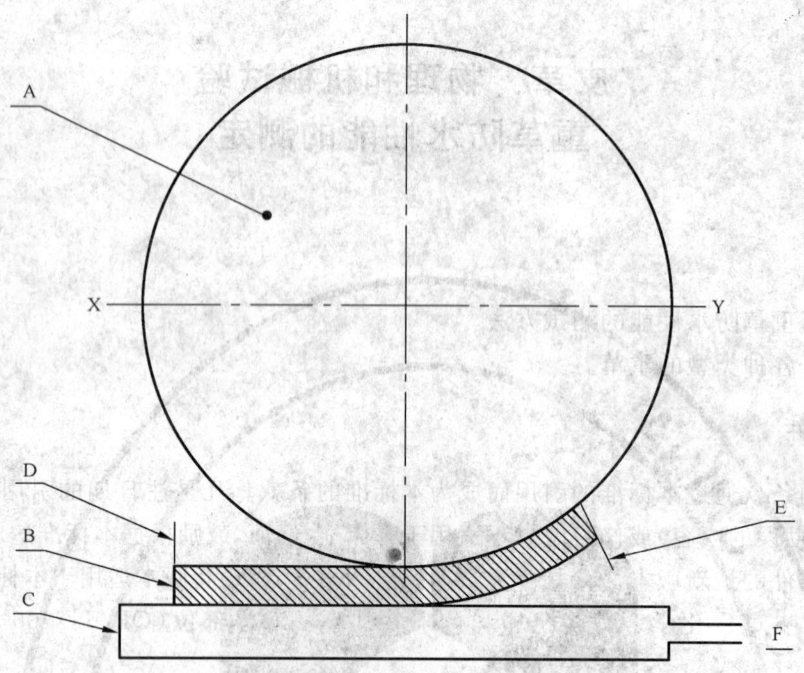

图 1 测试仪器的总体构造示意图

a) 转辊(A),直径 120 mm±2 mm,宽度为 50 mm±1 mm。

b) 平台(C),与试样接触的面积为(100±1)mm×(40±1)mm,且其上表面粗糙,具备足够的孔隙使水流过平台时试样表面保持湿润。

c) 夹子(D),使试样(B)沿水平方向固定在平台(C)上。

d) 夹子(E),将试样的短边固定在转辊上,且与转辊的轴向平行。该夹子用一弱弹簧固定,使试样受到轻微的张力。

注:夹具需确保试样在平台上的总长度为(100±1)mm。

e) 供水系统(F),通过平台(C)并有适当的排水系统排除多余的水。

f) 转辊的运动方式,沿水平线 XY 方向配有振辐为 100 mm±2 mm,频率为(20±1)r/min 的转动曲柄,其一端直接处于测试试样中心点之上。沿轴向转动曲柄使转辊在试样上来回运动,并提高试样的一端,使其弯曲、紧贴转辊。

g) 试样与转辊之间的作用力为 80 N±5 N。

5.2 棉纱布,未染色,矩形,其尺寸适宜固定在平台上。

5.3 模刀,符合 QB/T 2707 的规定。刀口内圈为矩形,切下的试样被夹子固定后与平台接触的长度为 100 mm±1 mm,宽度为 40 mm±1 mm。

5.4 测厚仪,符合 QB/T 2709 的规定。

5.5 吸水性纤维板,矩形,尺寸为(105±5)mm×(60±5)mm,厚度 1.6 mm±0.1 mm,质量(1 200±300)g/m^2。

5.6 碳化硅砂纸,120 目(P120),裁成尺寸为(65±5)mm×(45±5)mm 的矩形。

5.7 天平,精度为 0.001 g。

5.8 计时器,精度为 1 s。

5.9 柔性防水胶粘剂,如:聚氯丁烯,聚氯乙烯或聚氨酯。

5.10 透明塑料纸,最小尺寸为 100 mm×40 mm,其中央带有 28×10 个面积为 9 mm^2 的方形矩阵,如图 2 所示。

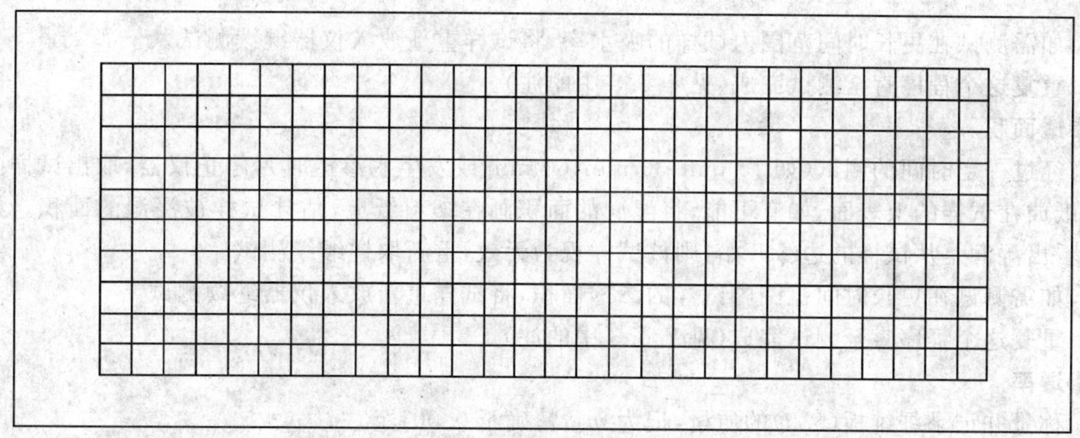

图 2 透明塑料纸示意图

6 试样的制备和处理

6.1 按 QB/T 2706 的规定取样，用模刀(5.3)从粒面至少切取 3 个试样，并使试样的长边平行于皮革的背脊线。

注：如果在每一批试验中所测试的皮样超过两张，则在每一皮样上只取 1 个试样，确保试样的总数目不少于 3 个。

6.2 将试样的表面(通常为粒面)放在砂纸(5.6)上，在试样上施加 10 N±1 N 的力，并使其在砂纸上往复运动 10 次(每次运动的长度为 100 mm±10 mm，往、返记作一次)，以使试样表面变粗糙。

注：用于鞋底革的防水涂饰在测试过程中会很大程度地降低水的渗透性，但由于鞋底革在穿着过程中涂层被快速磨掉，因此涂层实际不起作用。基于这一原因，在测试之前先将试样的表面磨糙，除去涂层。若皮革采用的是重涂饰，则需进行更大程度地磨损。

6.3 在试样的切边上涂一层柔性胶粘剂并确保涂层上不产生气泡。干燥 35 min±5 min，如有需要，再涂一次。

6.4 根据标准 QB/T 2707 调节试样。

6.5 如需测定渗透率，根据 QB/T 2707 调节纤维板(5.5)。

7 程序

7.1 准备

7.1.1 称量试样的质量(m_0)，精确至 0.001 g。

7.1.2 按 QB/T 2709 测定试样的厚度。

7.1.3 将棉纱布(5.2)放在平台上，调节水的流速使其流过平台的速度为(7.5±2.5)mL/min。

7.1.4 将试样磨过的粗糙表面朝下放在纱布上，用夹子(D)和夹子(E)将其短边分别固定在平台和转辊上。

7.1.5 开动转辊，计时。

7.2 渗透时间

当从粘在转辊上的皮革表面可以看到明显的水时，记录时间，若水在离试样边缘 5 mm 处发生渗透，则试验视为无效，重新取样测试。

注：可使用声学或光学信号来辅助证实最初的水渗透，但有效的渗透还需肉眼观察以确证。

7.3 吸水率

7.3.1 经过一定时间的测试(如 15 min，30 min，60 min 或发生水渗透时)，停止仪器，取出试样，用滤纸轻轻擦拭，除去表面粘着的水分，小心并确保没有用力压出试样内的水分，称量(精确到 0.001 g)，记

为 m_1。

7.3.2 如需测试在更长时间范围内试样的吸水率，将试样重新放入仪器继续测试。

7.3.3 重复这个程序直至测试完成(见 7.5.3 中的注)。

7.4 渗透面积

7.4.1 经过一定时间的测试(如 15 min，30 min，60 min 或发生水渗透时)，停止仪器，取出试样。将透明塑料纸放在试样的上表面，如有可能，将湿润的面积画在塑料纸上，估计试样被浸湿的面积。如果通过肉眼看出湿润是从试样的边缘开始，则该试样视为无效，重新取样继续测试。

7.4.2 如需测试在更长时间范围内试样的渗透面积，将试样重新放入仪器继续测试。

7.4.3 重复这个程序直至测试完成(见 7.5.3 中的注)。

7.5 渗透率

7.5.1 称量并记录纤维板(5.5)的质量，记为 m_2，精确至 0.001 g。

7.5.2 当出现渗透时，停止仪器并除去转辊上的粘着的水分。将称量过的纤维板放在试样及转辊之间重新开始测试。经 10 min±0.2 min 后停止机器，取出纤维板重新称量，记为 m_3。如果纤维板没有干燥的部分，试验结果无效，重新取样，缩短水渗透时间，得到的相应结果用于计算渗透率。

7.5.3 如需测试在更长时间范围内试样的渗透率，将试样重新放入仪器继续测试。

注：停止仪器，取出试样测定其质量、渗透面积。插入或取出纤维板的时间应尽可能的短，在试验过程中这些被中断的时间可以被忽略。

8 结果的计算

8.1 吸水率

按式(1)计算：

$$W_a = \frac{(m_1 - m_0) \times 100}{m_0} \quad \cdots\cdots (1)$$

式中：

W_a——试样在任何测试阶段的吸水率，%；

m_1——试样在任何测试阶段后的质量，单位为克(g)；

m_0——试样经空气调节后的质量，单位为克(g)。

8.2 渗透率

按式(2)计算：

$$W_P = \frac{m_3 - m_2}{t \times A} \quad \cdots\cdots (2)$$

式中：

W_P——纤维板与试样作用一定时间后的渗透率，单位为克每平方厘米小时[g/(cm²·h)]；

m_3——纤维板与试样作用一定时间后纤维板的质量，单位为克(g)；

m_2——纤维板经空气调节后的初始质量，单位为克(g)；

t——纤维板与试样的作用时间，单位为小时(h)；

A——试样与平台接触的面积，单位为平方厘米(cm²)。

9 试验报告

试验报告应包含以下内容：

a) 本标准编号；

b) 试样的平均厚度，单位为 mm，保留 1 位小数；

c) 平均渗透时间，单位为 min，保留整数；

d) 平均吸水率(%),保留整数;

e) 平均渗透面积,单位为平方毫米(mm^2),保留整数;

f) 平均渗透率,单位为克每平方厘米小时[g/(cm^2·h)],保留整数;

g) 试验条件;

h) 任何实测方法与本标准的不同之处;

i) 样品的详细特征及取样时任何与 QB/T 2706 的不同之处;

j) 试验人员、日期。

附 录 A
(资料性附录)
本标准与 ISO 5404:2002 的技术性差异及其原因的一览表

表 A.1 给出了本标准与 ISO 5404:2002 的技术性差异及其原因一览表。

表 A.1 本标准与 ISO 5404:2002 技术性差异及其原因

本标准的章条编号	技术性差异	原 因
2	将原引用的 ISO 标准,改写为引用我国的相关标准	便于我国使用
5.1b)	规定平台 C 与试样接触的面积为(100±1)mm×(40±1)mm	细化对设备的要求
5.1d)	增加对经夹具固定后试样的"注"	确保试样在平台上的总长度为(100±1)mm
5.2	将原国际标准中对棉纱布的尺寸改为"其尺寸适宜固定在平台上"	既可以达到使用棉纱布的目的,也放宽了对其外观尺寸的要求
5.3	将原国际标准中对模刀的内部尺寸的规定改为"切下的试片被夹子固定后与平台接触的长度为 100 mm±1 mm,宽度为 40 mm±1 mm"	更好地保证试样的短边固定在平台及转辊上之后,其在平台上的总长度为(100±1)mm
6.1	将取样数量由国际标准中的"2 个"改为"3 个"	提高试验结果的准确性
6.3	将原国际标准中规定的"干燥 35 min±5 min 后再涂第二次"改为"如有需要,再涂一次"	在保证水不易从试样的边缘发生渗透的情况下简化操作步骤
7.2	在原国际标准中的"注"中增加"但有效的渗透还需肉眼观察以确证"	统一规定最终的判定方法
7.3.1 7.4.1	将原国际标准中规定的"在试验的第一个小时后(或其他规定的时间段后),停止机器"改为"经过一定时间的测试(如 15 min、30 min、60 min 或发生水渗透时),停止机器",并规定称量"精确至 0.001 g"(7.3.1)	适用于当前多样化的皮革样品,提高操作的灵活性及实际适用性;提高试验结果的精度
7.3.2 7.4.2 7.5.3	增加了条件状语:如需测试在更长时间范围内试样的吸水率(渗透面积或渗透率)	提高语言的严谨性及操作目的的明确性
7.3.3 7.4.3	将原国际标准中规定的"在每个小时后重复这个程序直至试验结束"改为"重复这个程序直至测试完成"	针对上述修改作相应的调整,使全文前后一致
7.5.2	将原国际标准中规定的"在初渗透出现的那一小时后,停止机器"改为"当出现渗透时,停止仪器"	使试验操作更为合理并提高渗透率的测试精度
7.5.3	删除原国际标准中的"注 2",将"注 1"改为"注"	对观察时间做出调整后,原"注 2"则可删除
8.2	对原国际标准中的用于计算水的渗透率的公式作了修改	与文中 7.5.2 在逻辑上具有一致性,适应性更强
9	在"试验报告"中将各项指标改为"平均"值并规定了小数点保留位数	明确试验结果的计算方法及表达方式

ICS 59.140.35
Y 56

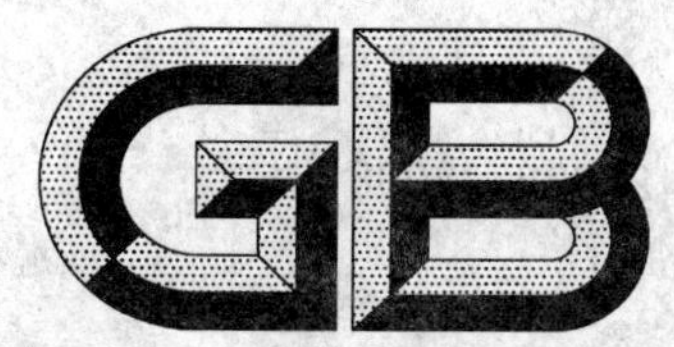

中华人民共和国国家标准

GB/T 22892—2008

足　　球

Football

2008-12-30 发布　　　　2009-09-01 实施

中华人民共和国国家质量监督检验检疫总局
中国国家标准化管理委员会　发布

前　言

本标准参照国际足联《足球竞赛规则》进行制定。

本标准由中国轻工业联合会提出。

本标准由全国皮革工业标准化技术委员会(SAC/TC 252)归口。

本标准起草单位:广州海乐斯球业制造有限公司、国家体育总局器材装备中心、中国皮革和制鞋工业研究院、泉州万华世旺超纤有限责任公司、裕晟(昆山)体育用品有限公司、高铁检测仪器(东莞)有限公司。

本标准主要起草人:韩国春、李革、钟耀强、陈景长。

足　　球

1 范围

本标准规定了足球的产品分类、要求、试验方法、检验规则、标志、标签、包装、运输和贮存。

本标准适用于各种材料制成的竞赛用足球、日常活动用足球。

2 规范性引用文件

下列文件中的条款通过本标准的引用而成为本标准的条款。凡是注日期的引用文件，其随后所有的修改单(不包括勘误的内容)或修订版均不适用于本标准，然而，鼓励根据本标准达成协议的各方研究是否可使用这些文件的最新版本。凡是不注日期的引用文件，其最新版本适用于本标准。

GB/T 2828.1—2003　计数抽样检验程序　第1部分：按接收质量限(AQL)检索的逐批检验抽样计划

GB/T 14625.1　篮球、足球、排球、手球试验方法　第1部分：圆度测定方法

GB/T 14625.2　篮球、足球、排球、手球试验方法　第2部分：反弹高度测定方法

GB/T 14625.3　篮球、足球、排球、手球试验方法　第3部分：动态耐冲击试验方法

GB/T 14625.4—2008　篮球、足球、排球、手球试验方法　第4部分：试验条件与试样准备

GB/T 14625.5　篮球、足球、排球、手球试验方法　第5部分：圆周长、圆周差的测量

GB 20400　皮革和毛皮　有害物质限量

GB 21550　聚氯乙烯人造革有害物质限量

QB/T 1646—2007　聚氨酯合成革

3 产品分类

3.1 按面层材料分

3.1.1　A类：皮革球。

3.1.2　B类：人造革、合成革、再生革球。

3.1.3　C类：橡胶球。

3.2 按用途分

3.2.1　竞赛用足球(一级)。

3.2.2　竞赛用足球(二级)。

3.2.3　日常活动用足球。

3.3 按使用人群和球的圆周长分

3.3.1　成年足球(5号)。

3.3.2　少年足球(4号)。

3.3.3　儿童足球(3号)。

4 装置

4.1　天平，精度1 g。

4.2　金属或纤维软尺、钢直尺，最小刻度0.5 mm。

4.3　气压表，量程为 0～0.16 MPa，精度为 1.5 级，最小刻度 0.002 5 MPa。

5　要求

5.1　原料

按有关产品标准选用，皮革、再生革类表面材料有害物质限量值应符合 GB 20400 和表 1 的规定，聚氯乙烯人造革类表面材料有害物质限量应符合 GB 21550 和表 2 的规定，以单组分纤维、海岛型藕状纤维和超细纤维基无纺布与聚氨酯通过湿法、干法复合制造的聚氨酯合成革应符合表 3 的规定。

表 1　皮革、再生革有害物质限量

项　目	限 量 值
可分解有害芳香胺染料/(mg/kg)	≤30
游离甲醛/(mg/kg)	≤300
注：被禁芳香胺名称见 GB 20400。如果 4-氨基联苯和(或)2-萘胺的含量超过 30 mg/kg，且没有其他的证据，以现有的科学知识，尚不能断定使用了禁用偶氮染料。	

表 2　聚氯乙烯人造革有害物质限量

项　目	限 量 值
氯乙烯单体/(mg/kg)	≤5
可溶性铅/(mg/kg)	≤90
可溶性镉/(mg/kg)	≤75
其他挥发物/(g/m^2)	≤20

表 3　球用聚氨酯合成革要求

项　目		指　标
厚度/mm		≥0.8
表观密度/(g/cm^3)		≤0.6
拉伸负荷/N		≥50
断裂伸长率/%		≥20
撕裂负荷/N		≥30
剥离负荷/(N/2 cm)		≥30
表面颜色牢度，级	干摩擦	≥4
	湿摩擦	≥3
	汗液摩擦	≥3
耐水度(水压 14.7 kPa，1 min)		表面无水珠

5.2　外观质量

应符合表 4 规定。

表 4 外观质量

类　别	外 观 质 量
竞赛用足球(一级)	a) 皮革皮质坚实、丰满、柔软,皮纹细腻,纹络接近,表面无裂纹,每只球可允许有面积≤6 mm^2 的轻微缺陷 2 处; b) 人造革、合成革、再生革表面花纹清晰、深浅一致,不允许有杂质、针孔、气泡、脱层等缺陷; c) 橡胶球面不允许有杂质、摺痕,允许累计球面缺陷≤3 cm^2; d) 球片粘贴平整; e) 图案、字体清晰端正。
竞赛用足球(二级)	a) 皮革皮质坚实,皮纹稍松,纹络接近,允许有不影响强度的露底,每只球可允许有面积≤10 mm^2 的轻微缺陷 3 处; b) 人造革、合成革、再生革表面花纹清晰、深浅一致,不允许有杂质、针孔、气泡、脱层等缺陷; c) 橡胶球面不允许有气泡、杂质;允许有轻微的摺痕,允许累计球面缺陷≤5 cm^2; d) 球片粘贴平整; e) 图案、字体清晰端正。
日常活动用足球	a) 皮革皮质松软,皮纹较粗,允许有不影响使用的龟裂和轻微缺陷; b) 人造革、合成革、再生革表面花纹清晰、深浅一致,不允许有杂质、针孔、气泡、脱层等缺陷; c) 橡胶球面气泡、杂质可修补完整;摺痕深度可≤0.5 mm,允许累计球面缺陷≤7 cm^2; d) 球片粘贴平整; e) 图案、字体基本清晰端正。

5.3 质量

应符合表 5 的规定。

表 5 质量

单位为克

品　名	球　号	质　量	
		竞赛用足球	日常活动用足球
成年足球	5	410～450	382～468
少年足球	4	350～380	315～405
儿童足球	3	—	270～320

5.4 圆周长、圆周差

应符合表 6 的规定。

表 6 圆周长、圆周差

单位为毫米

<table>
<tr><th rowspan="2">品名</th><th rowspan="2">球号</th><th colspan="2">圆　周　长</th><th colspan="3">圆　周　差</th></tr>
<tr><th>竞赛用足球</th><th>日常活动用足球</th><th>竞赛用足球(一级)</th><th>竞赛用足球(二级)</th><th>日常活动用足球</th></tr>
<tr><td>成年足球</td><td>5</td><td>680～700</td><td>675～710</td><td rowspan="2">≤3</td><td rowspan="2">≤4</td><td rowspan="3">≤5</td></tr>
<tr><td>少年足球</td><td>4</td><td>620～650</td><td>615～650</td></tr>
<tr><td>儿童足球</td><td>3</td><td>—</td><td>535～560</td><td>—</td><td>—</td></tr>
</table>

5.5 圆度

日常活动用足球不测试此项，竞赛用足球只测试竞赛用足球(5号)，圆度应符合表7规定。

表7 圆度

项目	圆度	
	竞赛用足球	日常活动用足球
最大半径差/% ≤	1.5	—

5.6 气密性

球充气静置24 h后气压下降应符合表8规定。

表8 气密性

项目	气密性		
	竞赛用足球(一级)	竞赛用足球(二级)	日常活动用足球
气压下降允差/% ≤	4	6	15

5.7 反弹高度

应符合表9的规定。

表9 反弹高度

单位为毫米

品名	球号	反弹高度		
		竞赛用足球	日常活动用足球	
		A类、B类、C类	A类、B类	C类
成年足球	5	1 300～1 400	1 150～1 450	≥1 000
少年足球	4	1 200～1 400	1 050～1 450	
儿童足球	3	—	1 100～1 400	

5.8 耐冲击性能

4号、3号足球不测试此项，成年足球(5号)耐冲击性能应符合表10的规定。

表10 耐冲击性能

项目	耐冲击性能		
	竞赛用足球(一级)	竞赛用足球(二级)	日常活动用足球
冲击次数/次	6 000	3 000	1 000
冲击后膨胀率 ≤	1.03	1.03	1.03
冲击后变形值/mm ≤	3	3	3
冲击后球内压下降率/% ≤	6	8	12
冲击后球体外观	无破裂、内爆、脱皮、脱胶、断线和变形等现象		

5.9 防水性(只适用于竞赛用足球)

球体经淋水后，竞赛用足球质量增加≤10%。

6 试验方法

6.1 原料

在加工生产以前，按GB 20400、GB 21550、QB/T 1646—2007等标准规定进行检验。

6.2 试验条件和试样的准备

符合GB/T 14625.4—2008的规定。

6.3 外观质量

用目测、感官和钢直尺在光线充足环境下，视距为 300 mm 进行测量。

6.4 质量

使用天平称量试样的质量。

6.5 圆周长、圆周差

按 GB/T 14625.5 进行检验。

6.6 圆度

按 GB/T 14625.1 进行检验。

6.7 气密性

将球充气至 GB/T 14625.4—2008 表 2 规定后，在 23 ℃±2 ℃环境下静置 24 h，测量球的气压下降百分率。

6.8 反弹高度

按 GB/T 14625.2 进行检验。

6.9 耐冲击性能

按 GB/T 14625.3 进行检验。

6.10 防水性

将经耐冲击试验 1 000 次后的足球放置在大于球的容器内，置于水龙头下冲淋，水压调至能冲动球体转动为宜。淋水 1.5 h 后，吸去表面水珠，测量其质量，计算增加值。

7 检验规则

7.1 组批

以同品种原料投产，按同一生产工艺生产出来的同一品种、同一规格的产品组成一个检验批。

7.2 出厂检验

产品出厂前应进行检验，经检验合格并附有合格标识(或检验标识)方可出厂。

7.3 型式检验

7.3.1 检验周期

有下列情况之一者，应进行型式检验。

a) 产品结构、工艺、材料有重大改变时；

b) 产品长期停产(六个月)后恢复生产时；

c) 国家质量技术监督机构提出进行型式检验时；

d) 正常生产时，每半年至少进行一次型式检验。

7.3.2 抽样数量

从出厂检验合格的产品中随机抽取三只(竞赛用足球抽样六只，三只专测防水性)进行检验。

7.3.3 合格判定

7.3.3.1 单只判定规则

7.3.3.1.1 竞赛用足球(一级)：各项指标全部合格，则判该产品合格。

7.3.3.1.2 竞赛用足球(二级)：质量、圆周长、圆周差、圆度、气密性、反弹高度、耐冲击性能、防水性全部合格，外观允许有不影响使用的轻微缺陷，则判该产品合格。

7.3.3.1.3 日常活动用足球：圆周长、圆周差、气密性全部合格，其他各项允许有两项不合格，则判该产品合格。

7.3.3.2 批量判定规则

三只(竞赛用足球六只)被测样品全部合格，则判该批产品为合格。如有一只(及以上)不合格，加倍抽样六只复验不合格项。复验规则如下：

——竞赛用足球(一级):六只复验样品全部合格,则判该批产品合格;如有一只样品不合格,可判该批产品为竞赛用足球(二级);

——竞赛用足球(二级)、日常活动用足球:六只复验样品中允许有一只不合格,则判该批产品合格。

7.4 仲裁检验

抽样按GB/T 2828.1—2003正常检验一次抽样方案执行,判定外观项目AQL值为6.5,其余项目AQL值为2.5。

8 标志、标签、包装、运输和贮存

8.1 标志

8.1.1 经检验合格的产品应有以下标志:

生产单位(经销单位)名称、生产单位地址、商标、产品合格证(或检验标识)、联系电话、产品使用(维护保养)说明。

8.1.2 必要时,产品外包装应包括产品名称、货号、颜色、数量、贮运(防护)标识等标志。

8.2 标签

产品标签应包括以下内容:产品名称、产品标准号、规格(球号)、货号、材质(面层材质)、合格(检验)标识。

8.3 包装

产品的内外包装应采用适宜的包装材料,防止产品受损。

8.4 运输和贮存

8.4.1 防止曝晒、雨雪淋。

8.4.2 保持通风干燥,不得重压,避免高温环境。

8.4.3 远离化学物质。

ICS 85-010
Y 30

中华人民共和国国家标准

GB/T 22893—2008

纸和纸板　基本尺寸办公用纸
成包纸页卷曲的测定

Paper and board—Cut-size office paper—Measurement of curl in a pack of sheets

(ISO 14968:1999,MOD)

2008-12-30 发布　　　2009-09-01 实施

中华人民共和国国家质量监督检验检疫总局
中国国家标准化管理委员会　发布

前　言

本标准修改采用 ISO 14968:1999《纸和纸板　基本尺寸办公用纸　成包纸页卷曲的测定》。

本标准与 ISO 14968:1999 相比，主要差异如下：

——在规范性引用文件中将 ISO 标准引用的国际标准转化为与之相应的国家标准，即 GB/T 450—2002 纸和纸板试样的采取(eqv ISO 186:1994)；

——在规范性引用文件中将 ISO 标准引用的国际标准转化为与之相应的国家标准，即GB/T 10739 纸、纸板和纸浆试样处理和试验的标准大气条件 (GB/T 10739—2002,eqv ISO 187:1990)。

本标准的附录 A、附录 B 均为资料性附录。

本标准由中国轻工业联合会提出。

本标准由全国造纸工业标准化技术委员会归口。

本标准起草单位：中国制浆造纸研究院、中国造纸协会标准化专业委员会。

本标准主要起草人：刘俊杰。

纸和纸板　基本尺寸办公用纸成包纸页卷曲的测定

1　范围

本标准规定了一种测定书写纸、打印纸、静电复印纸及印刷品卷曲的方法。

本标准适用于原纸、经温湿处理，或经复印、打印的纸。

本标准仅适用于纵横向尺寸均不超过 300 mm，且定量为 60 g/m^2～150 g/m^2 的纸张。

2　规范性引用文件

下列文件中的条款通过本标准的引用而成为本标准的条款。凡是注日期的引用文件，其随后所有的修改单(不包括勘误的内容)或修订版均不适用于本标准，然而，鼓励根据本标准达成协议的各方研究是否可使用这些文件的最新版本。凡是不注日期的引用文件，其最新版本适用于本标准。

GB/T 450—2002　纸和纸板试样的采取(eqv ISO 186:1994)

GB/T 10739　纸、纸板和纸浆试样处理和试验的标准大气条件(GB/T 10739—2002，eqv ISO 187:1990)

3　术语和定义

下列术语和定义适用于本标准。

3.1

卷曲　curl

相对于平整纸面的偏离，用于衡量卷曲的主要指标有三个：卷曲度、卷曲轴向、卷曲凹面。

3.2

卷曲度　curl magnitude

纸张偏离平面的量。

注 1：用曲率半径的倒数表示，单位为米的倒数(m^{-1})。

注 2：卷曲试样的曲率半径是指弧线与其圆心间的距离。平整纸面的卷曲度(R^{-1})是零。

注 3：纸和纸板的卷曲性能随时间而变，所有的卷曲度都是暂时的。

3.3

卷曲轴向　curl axis direction

纸和纸板卷曲轴的方向，分为以下三种：

——卷曲轴垂直于纵向；

——卷曲轴平行于纵向；

——卷曲轴与纵向既不平行也不垂直。

注：以上三种情况分别参见图 A.1～图 A.3。

3.4

卷曲凹面　concave side

纸和纸板卷曲偏向的面。

注：参见附录 A。

3.5

双重卷曲 double curl

纸张受到轻微作用力时，具有向纸的正反两面卷曲的趋势。

注：该趋势具有如下现象：两种卷曲类型在一张纸上可达到很好的平衡。

3.6

基本尺寸办公用纸 cut-size office papers

定量从 60 g/m² ～150 g/m²，用于书写、打印和复印的纸。

3.7

参考面 reference side

对于未成像的纸页，在未开封纸页的标签末尾处，标记箭头以示其参考面，或参考面朝向一盒未包装纸页的包装盒的顶面。如果没有箭头或其他标志，参考面朝向包装缝的一面。

4 原理

从样品中抽取大约 10 张～15 张纸页作为一包试样，测定其卷曲度，标注卷曲轴向和卷曲凹面。

5 仪器

卷度尺：由一条 210 mm 长的直线和一系列长度至少在 210 mm 的同心弧线构成，这些弧线的卷曲度分布于 $1.00\ m^{-1}$～$10.00\ m^{-1}$之间。此卷度尺的构造参见附录 B 所示。

注 1：不应使用在影像调色剂仪器上制得的卷度尺的复制版本，因为该仪器经常会有放大的效果，从而改变弧线的尺寸。

注 2：为方便起见，可使用一系列模板，其边缘对应于附录 B 中给定的卷曲度。

6 试验大气

本试验方法通常用于纸页固有卷曲的测定，测定时纸页的水分可以是从包装中取出后立刻测定的水分，也可以是经复印或打印处理后的水分。

实际测定可以在 GB/T 10739 所规定的标准大气中进行，也可以在影像设备(复印机或打印机)周围进行。

7 取样

7.1 如果待测试样是大量的，则按照 GB/T 450—2002 的 4.1 进行取样。

7.2 在本标准中，试样是指含有 10 张～15 张相邻纸页的一包试样。

7.3 取样时，打开包装，从中抽取 10 张～15 张相邻纸页，按照第 8 章的规定进行测定。保证抽取的试样在空气中暴露的程度最小，不应从其顶部或者底部抽取试样。

7.4 从一叠未包装的纸堆中抽样时，抽取 10 张～15 张相邻纸页，避免抽取那些暴露在空气中的纸页，并立刻按照第 8 章的规定进行测定。

7.5 鉴别纵向和纸的参考面。

注：应首先在参考面上做标记。

7.6 从经影印处理(复印或打印)的纸页中取样时，允许在 2 min 内连续操作形成一堆影印纸页，从影印机中抽取 10 张～15 张试样，立刻按照第 8 章的规定进行测定。不应从其顶部或者底部抽取试样。

8 试验步骤

8.1 建议测定试样各边的卷曲情况，但是，当试样有一个非常明显的卷曲，而且卷曲轴向平行或垂直于纵向时可以例外。这时只需测定两个短边或者两个长边的卷曲,随后的试验步骤适用于试样的各边。如果没有明显的卷曲现象,则可以从任一边开始测定。

8.2 按照7.3或7.4或7.6取样。

8.3 在距离边缘大约10 mm处,用拇指和食指捏住试样的一边,使试样保持自然下垂状态。立刻用卷度尺测定试样的自由端,记录与试样最接近的曲率半径。

注:发生对角线卷曲时,如果卷曲轴垂直于试样被悬挂的一边,则可以获得更加精确的卷曲度。使用第5章注2中推荐的一系列模板进行测定。

8.4 对于未经影像处理的试样,记录试样卷曲偏向的纸面,即与参考面一致或相反的纸面。对于经过复印或者打印处理的试样,记录试样与上一张的卷曲方向是否一致。

注:按如下方法测定试样经影印处理后的卷曲度,如果纸堆中发生了明显的张开,则不能测定唯一的卷曲度,可能的原因是复印机或打印机没有在令人满意的温度下工作。这时,建议在获得至少100张复印纸后从中抽取试样,然后重新测定。

8.5 注明并记录平行或垂直于纵向的卷曲轴向。注明是否有对角卷曲的现象。

注:如果有一个明显的对角卷曲,则应在试验报告中详细说明。

8.6 记录存在的任何双重卷曲。

9 结果的表示

9.1 主要卷曲轴向——平行或垂直于纵向

计算两边的卷曲度的平均值,以m^{-1}表示。

9.2 无主要卷曲

分别报告试样四边的卷曲度,以m^{-1}表示。

注:这时最高卷曲值及其卷曲方向应着重标出。

9.3 卷曲凹面

报告试样卷曲方向,即是否背离或者朝向参考面。

10 精密度

按照本标准的规定,对4令不同规格的基本尺寸办公用纸分别进行测定,得出8个卷曲值,每令纸的测定结果在平均值附近的分布范围为$\pm0.25\ m^{-1}\sim\pm0.375\ m^{-1}$。

11 试验报告

试验报告应包括以下内容:

a) 本标准编号;

b) 试验日期和地点;

c) 试样的等级、类型、定量、尺寸和其他所有相关信息的完整记录;

d) 每个试样(包)中的纸张数量;

e) 试验时的大气环境以及温湿处理的时间和大致地点;

f) 所使用影像设备(商标或品牌)的详细例图、完整标志以及进纸方向;

g) 第9章中所述的试样,每个试样及其卷曲方向、卷曲度及卷曲面朝向;

h) 任何双重卷曲的趋势;

i) 对于经过影印处理的试样,除了g)中信息外,纸张被影印的面,或者双面影印中首先被影印的面;

j) 任何明显的对角卷曲;

k) 任何违反规定步骤的操作或其他可能影响试验结果的条件都应进行说明。

附 录 A
(资料性附录)
卷 曲 类 型

试样尺寸和试验性质决定卷曲是否对称,以下卷曲类型则有可能发生,见图 A.1~图 A.3。

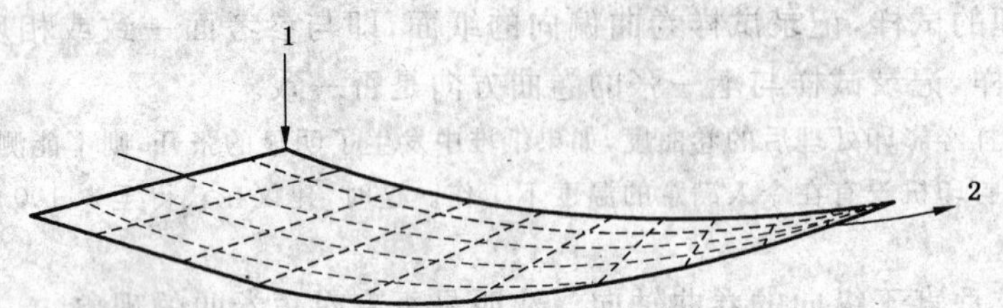

1——参考面;
2——纵向。

图 A.1 卷曲轴平行于纵向时卷曲的参考面

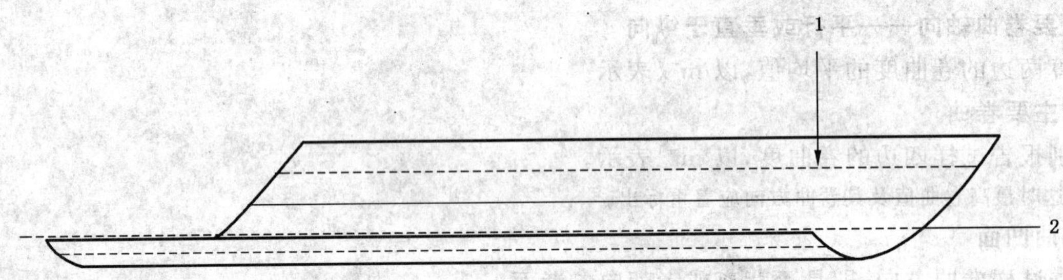

1——参考面;
2——纵向。

图 A.2 卷曲轴垂直于纵向时卷曲的参考面

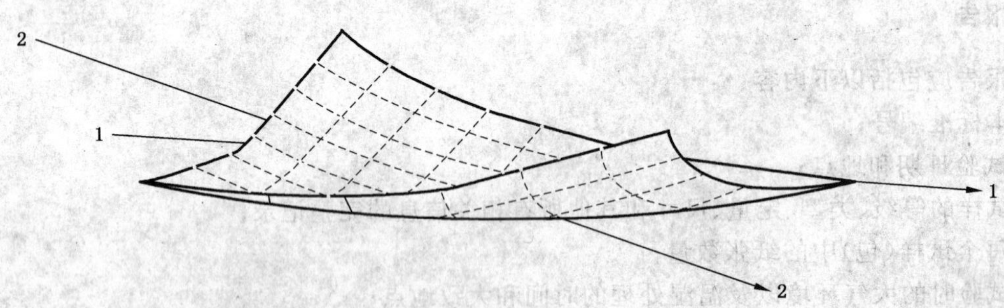

1——卷曲轴向;
2——纵向。

图 A.3 参考面对角卷曲

附　录　B
（资料性附录）
卷度尺的构造

在一叠大小合适的纸页上绘制一系列规定半径的弧线，弧线的中心线平行于纸页边线，这样就构成了一个卷度尺。弧线至少应 210 mm 长，各自垂直分布于纸页。半径最大的置于纸页的顶部，半径最小的置于纸页的底部，建议每个弧线中心间的距离为 12 mm。

弧线的半径(mm)及其对应的卷曲度(m^{-1})列于表 B.1 中。每个弧线应标注其卷曲度。图 B.1 中给出了一个典型的卷度尺的例图。

表 B.1　弧线半径及其对应的卷曲度

弧线半径 R/mm	卷曲度 R^{-1}/m^{-1}
∞	0
1 000	1.00
800	1.25
667	1.50
571	1.75
500	2.00
444	2.25
400	2.50
364	2.75
333	3.00
285	3.50
250	4.00
222	4.50
200	5.00
154	6.50
100	10.00

注 1：仅仅作为例图，不应用于测量和放大。

注 2：不应使用卷度尺的复制品，因为影印设备经常发生放大现象，从而改变了弧度的尺寸。

图 B.1　卷度尺

ICS 85-010
Y 30

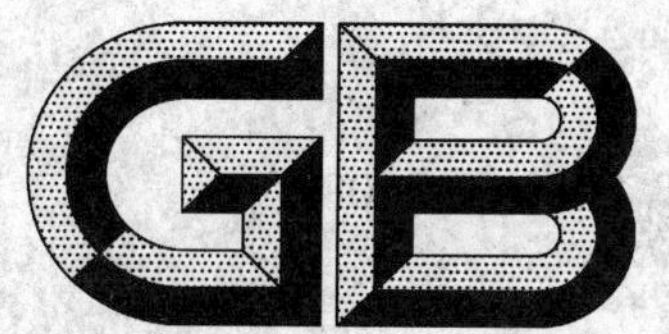

中华人民共和国国家标准

GB/T 22894—2008

纸和纸板　加速老化　在80 ℃和65%相对湿度条件下的湿热处理

Paper and board—Accelerated ageing—Moist heat treatment at 80 ℃ and 65% relative humidity

(ISO 5630-3:1996, Paper and board—Accelerated ageing—Part 3: Moist heat treatment at 80 ℃ and 65% relative humidity, MOD)

2008-12-30 发布　　　　2009-09-01 实施

中华人民共和国国家质量监督检验检疫总局
中国国家标准化管理委员会　发布

前言

本标准修改采用ISO 5630-3:1996《纸和纸板　加速老化　第3部分:在80℃和65%相对湿度条件下的湿热处理》。

附录A给出了本国家标准与国际标准条款的对照一览表。

附录B给出了本国家标准与国际标准技术性差异及其原因的一览表。

本标准的附录A、附录B和附录C均为资料性附录。

本标准由中国轻工业联合会提出。

本标准由全国造纸工业标准化技术委员会(SAC/TC 141)归口。

本标准起草单位:中国人民银行印制科学技术研究所、中国制浆造纸研究院。

本标准主要起草人:陈铧、李彩卿、田德卿、杨帆、魏先印。

纸和纸板　加速老化
在 80 ℃和 65%相对湿度
条件下的湿热处理

1　范围

本标准规定了纸和纸板在 80 ℃和 65%相对湿度条件下的湿热处理加速老化的方法。

本标准适用于印刷纸和书写纸，其他类型的纸和纸板也可参考采用。

本标准不适用于树脂浸渍纸、涂漆和电绝缘纸。

本标准未规定纸和纸板性能的测试方法。为了评价纸或纸板的性能，可采用相应的国家标准或其他合适的测定方法。

2　规范性引用文件

下列文件中的条款通过本标准的引用而成为本标准的条款。凡是注日期的引用文件，其随后所有的修改单(不包括勘误的内容)或修订版均不适用于本标准，然而，鼓励根据本标准达成协议的各方研究是否可使用这些文件的最新版本。凡是不注日期的引用文件，其最新版本适用于本标准。

GB/T 450　纸和纸板　试样的采取及试样纵横向、正反面的测定（GB/T 450—2008，ISO 186:2002，MOD)

GB/T 10739　纸、纸板和纸浆试样处理和试验的标准大气条件(GB/T 10739—2002，eqv ISO 187:1990)

3　原理

将试样放在 80 ℃和 65%相对湿度下，处理规定时间后，对比试样处理前后某些性能，如抗张强度、耐折度等强度性能，亮度等光学性能以及 pH 等化学性能的变化，就可近似地推测出数年后纸和纸板的自然变化或同类纸稳定性强弱的顺序。

4　仪器和设备

4.1　老化箱：能控制在温度(80±0.5)℃和相对湿度(65±2)%的条件下。可使用能自动调节温湿度的气候箱，也可使用附录 C 描述的温湿处理仪。

注：为了保证相对湿度的变动幅度小于 2%，应严格控制温度误差不超过 0.5 ℃。

4.2　性能测定仪：相关性能测定仪应符合相应的国家标准或其他合适的测定方法的规定。

4.3　干燥器：或其他预处理器，相对湿度应控制在 10%～35%。

5　取样及处理

试样按 GB/T 450 和 GB/T 10739 的规定采取和处理。

6　试样的制备

6.1　按相应的国家标准准备 5 份试样，用于测定其性能。

6.2　避免裸手拿取试样，试样应避免强光照射和过分暴露在化学实验室的空气中。

7 湿热处理

7.1 湿热处理应在黑暗中进行。

7.2 将5份试样(6.1)中的4份悬挂在老化箱(4.1)中。不应弯曲或折叠试样，试样应避免接触老化箱内壁，且不能相互接触。老化箱内循环空气的速率为(50±25)mL/min，并保证空气条件为温度(80±0.5)℃，相对湿度(65±2)%。

注：可用一个合适的不锈钢丝架子放在老化箱内悬挂试样，对附录C建议尺寸的老化箱按这种方法悬挂试样，可悬挂两层试样。

7.3 在(24±0.25)h、(48±0.5)h、(72±0.75)h、(144±1.5)h时各取出1份试样。取样时老化箱的开门时间应尽量短。

注：按供需双方协议，上述规定的时间都可采用，并进行数据分析；或采用其中一个时间进行老化试验，所得数据与已知数值相比较。

7.4 试验时，老化箱内只能放置一种纸和纸板，以防止纸里蒸发或升华的产物可能引起的污染。

7.5 进行以上处理时，第5份未处理试样应存放在黑暗中。

8 预处理和温湿处理

8.1 按第7章完成热处理后，按GB/T 10739对所有进行湿热处理的试样和未进行湿热处理的试样进行预处理，并存放在干燥器(4.3)中，用于测试。

8.2 预处理(8.1)结束后，将所有进行湿热处理的试样和未进行湿热处理的试样转移到GB/T 10739规定的大气中，温湿处理至少4 h，最好处理一夜。

9 性能测定

根据需要，按照相应的国家标准或其他合适的方法测定所有试样的相应性能。

10 结果的表示

可选用下列方法来表示结果：

a) 记录老化试样和未老化试样性能测定数据的平均值和标准偏差；

b) 画出数据或数据的对数与时间的曲线，并计算出斜率；

c) 如果测量单位允许，计算试样性能的保留率，以其对未老化试样的百分数表示，该保留率的变化也可以表示成曲线；

d) 可以从性能对老化时间递减的函数关系曲线来计算试样的半衰期；

e) 应进行加速老化对试样性能产生显著变化的统计学意义的试验。

11 试验报告

试验报告应包括以下方面：

a) 本国家标准编号；

b) 样品的名称；

c) 性能测试所遵循的国家标准编号或其他方法；

d) 试验的日期和地点；

e) 老化处理的时间、温度和相对湿度；

f) 未处理试样的相应性能的测定值的平均值和标准偏差；

g) 处理后试样的相应性能的测定值的平均值和标准偏差；

h) 任何可能影响试验结果的偏离本标准的情况和因素。

附　录　A
（资料性附录）
本标准与 ISO 5630-3:1996 章条编号对照

表 A.1 给出了本标准与 ISO 5630-3:1996 章条编号对照一览表。

表 A.1　本标准与 ISO 5630-3:1996 章条编号对照

本标准章条编号	对应国际标准章条编号
1	1
2	2
3	3
4.1～4.3	4.1～4.3
5	5
6.1～6.2	6
7.1～7.5	7
8.1～8.2	8.1～8.2
9	9
10	10
11	11
附录 A	—
附录 B	—
附录 C	附录 A

附　录　B
（资料性附录）
本标准与 ISO 5630-3:1996 的技术性差异及其原因

表 B.1 给出了本标准与 ISO 5630-3:1996 的技术性差异及其原因的一览表。

表 B.1　本标准与 ISO 5630-3:1996 的技术性差异及其原因

本标准的章条编号	技术性差异	原　因
2	将规范性引用文件中引用的国际标准转化为与之相对应的国家标准	以适合我国国情
3	原理中阐述了湿热加速老化不仅可以推测出数年后纸和纸板出现的自然变化，还可以反映同类纸稳定性强弱的顺序	全面反映测试者的需求
6	删除注：先切出较大的试样，待老化后再按照正确的尺寸切取试样	测试要求应由利益双方商议确定，且老化后再裁样对试样性能影响较大
7.2	增加“试样应避免接触老化箱内壁，并不能相互接触。”	通常吊样的要求
10b)	增加“画出数据或数据的对数与时间的曲线，并计算出斜率”的结果表示方法	增加结果表示方法，可以使测试者对不同样品采取更适宜的方法进行结果表示
10d)	增加“可以从性能对老化时间递减的函数关系曲线来计算纸的半衰期”的结果表示方法	
附录 C	将系统仪器示意图改为仪器原理图	仪器原理图更为直观，也更符合实际情况

附 录 C
（资料性附录）
湿热处理仪

本附录介绍的湿热处理仪器在控制温度和相对湿度方面具有较高的精确性，是一个更适宜于本标准中对纸和纸板进行较高精确度湿热处理的系统。

该仪器需要有两个油浴。每个油浴内各有一个浸没式加热器，并由继电器和温度调节器控制温度，使之维持在规定值的±0.1 ℃以内。

注：如果温度变化控制在±0.1 ℃以内，则可达到所要求的相对湿度。

在每个油浴内，浸没式油泵使油不断循环，确保温度均匀。

如图 C.1 所示，为本系统的典型仪器图。

第一个油浴温度控制在 69.7 ℃(69.7 ℃时的水蒸气压力为 80 ℃时水蒸气压力的 65%)，从空气压缩机来的净化空气通过 69.7 ℃的水穿过串联联通的烧结玻璃容器时，被水蒸气所饱和。然后该空气经过持续加热(防止水蒸气冷凝)的玻璃管或塑料管进入到第二个油浴(温度维持在 80 ℃)中的放置试样的老化箱中。该空气在进入老化箱之前还必须通过一个放置在 80 ℃ 油浴内的蛇形管，该管最好缠绕在老化箱外侧，从而确保进入老化箱内的空气能达到 80 ℃。

高 250 mm、直径为 60 mm 的调湿器能满足仪器要求。

高 300 mm、直径 60 mm，并带有一个标准的 60/50 锥形接头的老化箱能够满足本仪器的需要，不过任何方便尺寸的老化箱都可以采用。

调湿器和老化箱的近似尺寸和结构示意图见图 C.1。

如果不具备本方法图 C.1 的仪器，也可以参照图 C.2 的仪器原理图自行设计符合 80 ℃和 65%相对湿度的老化试验仪器。

单位为毫米

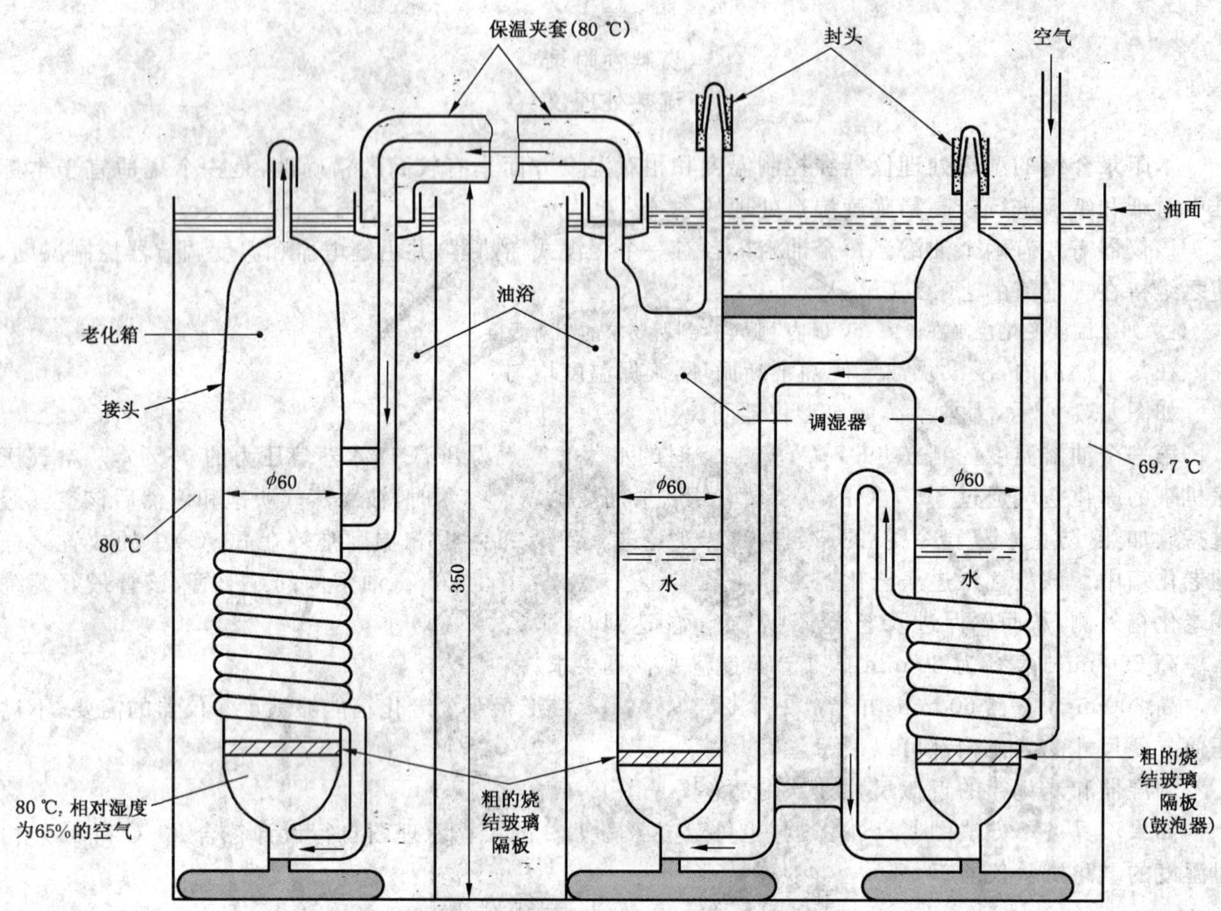

图 C.1 湿热处理典型仪器

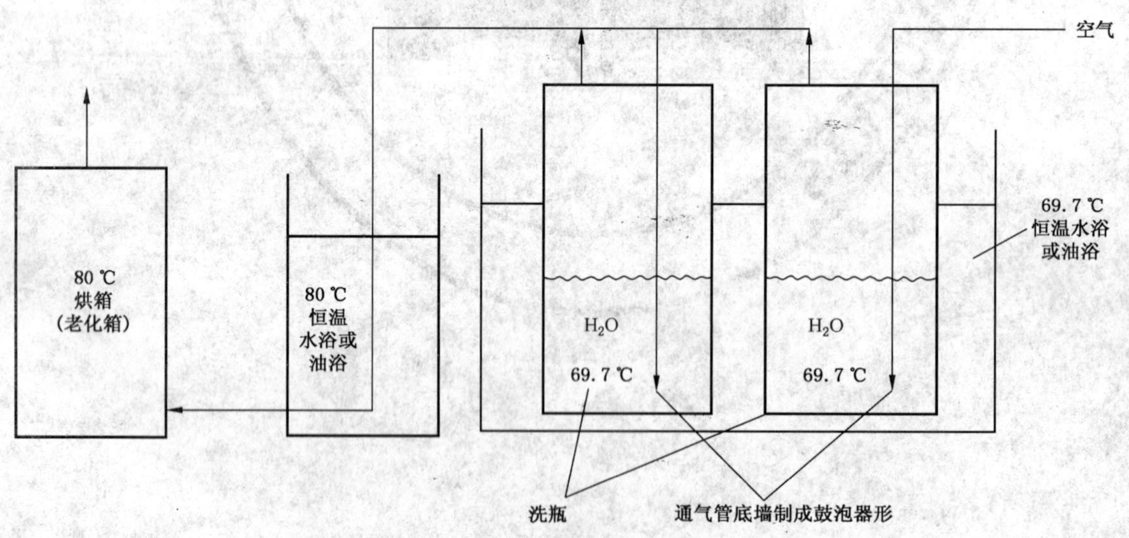

图 C.2 湿热处理仪器系统原理图

ICS 85-010
Y 30

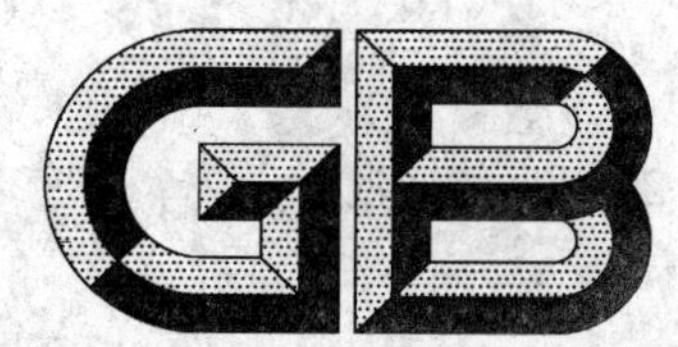

中华人民共和国国家标准

GB/T 22895—2008

纸和纸板 静态和动态摩擦系数的测定 平面法

Paper and board—Determination of the static and kinetic coefficients of friction—Horizontal plane method

(ISO 15359:1999,MOD)

2008-12-30 发布 2009-09-01 实施

中华人民共和国国家质量监督检验检疫总局
中国国家标准化管理委员会 发布

前　言

本标准修改采用 ISO 15359:1999《纸和纸板　静态和动态摩擦系数的测定　平面法》。

本标准与 ISO 15359:1999 相比，主要差异如下：

——在规范性引用文件中将 ISO 标准引用的国际标准转化为与之相应的国家标准，即 GB/T 450 纸和纸板　试样的采取及试样纵横向、正反面的测定(GB/T 450—2008，ISO 186:2002，MOD)；

——在规范性引用文件中将 ISO 标准引用的国际标准转化为与之相应的国家标准，即 GB/T 10739　纸、纸板和纸浆试样处理和试验的标准大气条件(GB/T 10739—2002，eqv ISO 187:1990)；

——删除了国际标准中的附录 B。

本标准的附录 A 为资料性附录。

本标准由中国轻工业联合会提出。

本标准由全国造纸工业标准化技术委员会(SAC/TC 141)归口。

本标准起草单位：中国制浆造纸研究院、中国造纸协会标准化专业委员会。

本标准主要起草人：陈曦、崔立国。

纸和纸板
静态和动态摩擦系数的测定
平面法

1 范围

本标准规定了：

——建立在水平面原理上的一种测定摩擦的方法。

——首先测定静态摩擦系数，然后测定静态和动态摩擦系数，即表面之间特定的磨损量。

本标准适用于纸和纸板。

2 规范性引用文件

下列文件中的条款通过本标准的引用而成为本标准的条款。凡是注明日期的引用文件，其随后所有的修改单(不包括勘误的内容)或修订版均不适用于本标准，然而，鼓励根据本标准达成协议的各方研究是否可使用这些文件的最新版本。凡是不注明日期的引用文件，其最新版本适用于本标准。

GB/T 450 纸和纸板 试样的采取及试样纵横向、正反面的测定(GB/T 450—2008,ISO 186:2002,MOD)

GB/T 10739 纸、纸板和纸浆试样处理和试验的标准大气条件(GB/T 10739—2002,ISO 187:1990)

3 术语和定义、代号

下列术语和定义、代号适用于本标准。

3.1

摩擦 friction

一种材料的表面在另一种相同材料或其他材料的表面滑动时所产生的阻力。

3.2

静态摩擦 static friction

一个表面在另一个表面滑动时，抵抗其运动所需的力。

注：最初运动所需的力等于运动的最初阻力。

3.3

静摩擦系数 static coefficient of friction

μ_s

摩擦试验中，垂直作用于两个表面的静摩擦力的比值。

3.4

动态摩擦 kinetic friction

保持一个表面在另一表面滑动的阻力。

注：保持滑动所需的力等于滑动阻力。

3.5

动摩擦系数 kinetic coefficient of friction

μ_k

摩擦试验中，垂直作用于两个表面的动摩擦力的比值。

3.6

启动时间 ramp time

将水平作用力从零增加到静态摩擦值时所需的时间。

4 原理

将试验表面以平面接触方式放在一起,并均匀施加接触压力。记录初始滑动所需的力(静摩擦力)和两表面间相对滑动的力(动摩擦力)。

5 仪器(见图1)

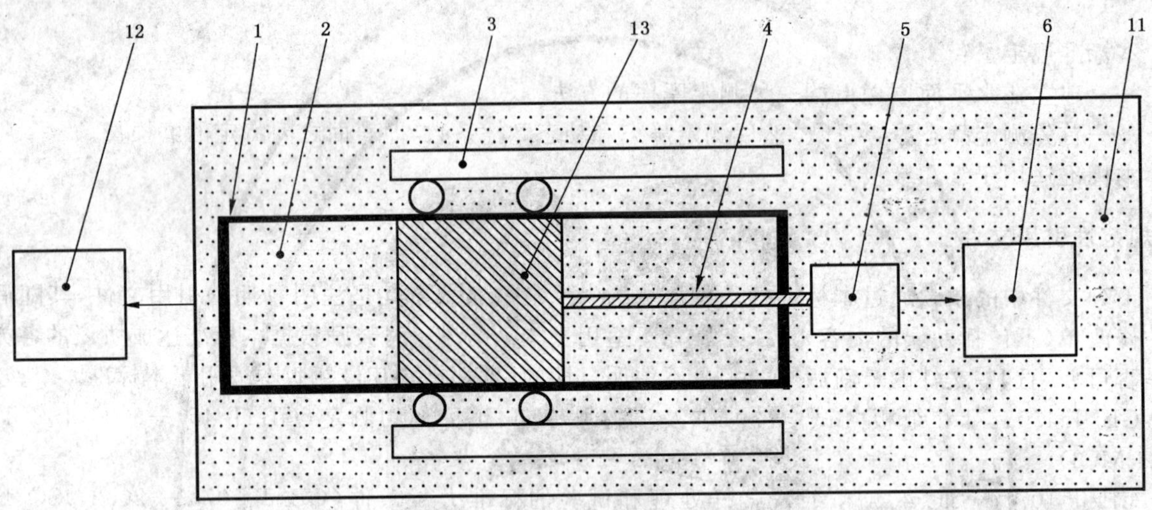

a) 俯视图

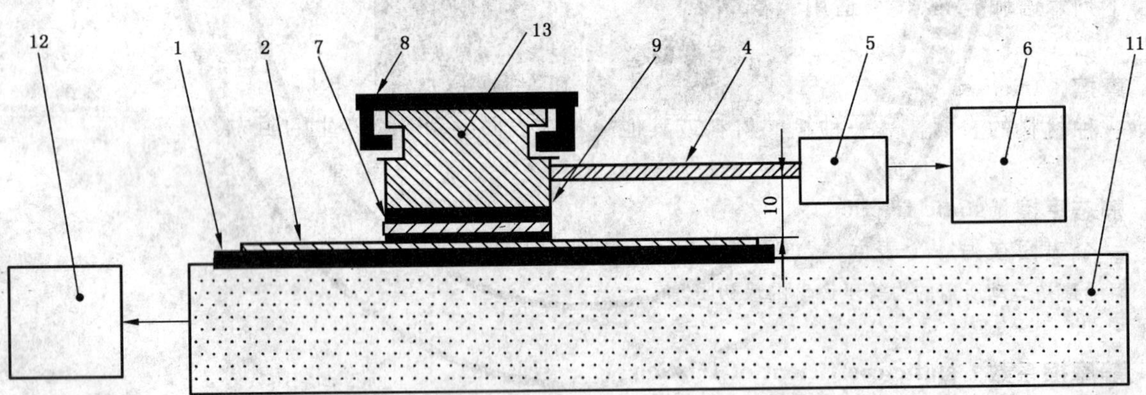

b) 侧视图

1——台面上由泡沫橡胶制成的衬垫;
2——台面上的试样;
3——滑块导轨系统(见图解);
4——测力传感器与滑块的联接装置;
5——测力传感器;
6——滑块驱动机械;
7——滑块试样;
8——升降滑块用的升降器;
9——滑块上的泡沫橡胶衬垫;
10——台面与作用力平面间的距离;
11——水平台;
12——台面的驱动机械;
13——滑块。

图1 仪器的总平面图

5.1 水平台，上表面由平整、不可压缩材料（金属、阔叶木、玻璃等）制成，其宽度足以使滑块与其边缘的距离不少于 5 mm。试验过程中，水平台应能防止试样与台面间的滑动。

5.2 滑块，对固定在其下表面的试样，应能产生 2.2 kPa 与 0.6 kPa 的正常压力。其下表面应是平整的，尺寸为(60 mm±5 mm)×(60 mm±5 mm)，并由不可压缩的材料制成。

注：滑块的质量为(800±100)g，通过其重力而产生的压力。应准确测定滑块的质量，至少准确至±10 g。如果应用其他不同于重力的方法来产生垂直方向的力，滑块的质量可以不是 800 g，但应产生相同的压力。

5.3 升降装置，使滑块相对于台面产生升、降。当滑块与台面相接触并放在台面上时，升降装置的操作不应使滑块相对于台面发生滑动。

注：即使很微小的倒退滑动，也会影响试验结果。

5.4 测力传感器，由驱动机械测定的作用于滑块（或台面）上的力 F，读数应准确至 2%。

5.5 记录装置，记录作为时间函数的力。

注：静态摩擦的峰值通常是一个瞬间值，记录装置应能迅速的捕捉到这个值。

5.6 测力传感器与滑块的连接装置，用于传递滑块和传感器之间的作用力 F，图 1 是仪器升起时的示例。此装置能够将力平行于台面，施加于测试区的中心。

注 1：滑块与传感器的力的连接线，可位于两试样接触面的上、下或中间位置。力的连接线与试样接触面的距离（图 1 中的 10）不是很严格，但应不超过 10 mm。

注 2：在机械结构上，某些仪器的组件具有一定的可变弹性，以调节初始拉力到开始滑动时的时间（图 2 中的启动时间）。在其他仪器中，弹性则不是一个变量。然而，对于动摩擦的测定，刚性连接则是更好的。

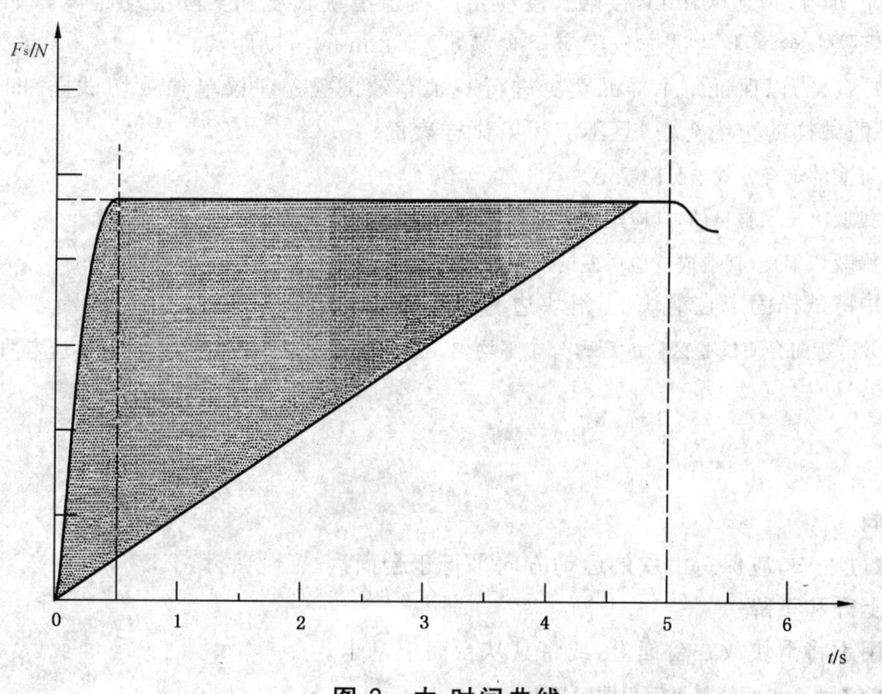

图 2 力-时间曲线

5.7 驱动机械，开始无移动，逐渐增大滑块压力，直至滑块和台面之间产生滑动。然后移动滑块或台面，驱动机械应使滑块或台面或二者同时移动。

5.8 衬垫，确保压力分布均匀。应至少有一个试样使用可压缩衬垫，该衬垫厚 1.5 mm～3.0 mm，由闭孔氯丁二烯泡沫橡胶制成。衬垫应厚度均匀，如果其边缘磨损或表面损坏时，应及时更换。

5.9 滑块导轨系统，保持滑块以平行于台面的方向滑动。

注：滑块在台面上的很小移动，都会产生较低的摩擦系数的测定值。

6 取样

应确保试样具有代表性，按 GB/T 450 的规定进行取样。

7 试样的处理

应按 GB/T 10739 的规定对试样进行处理，试样制备和测定应在与试样处理相同的大气条件下进行。

8 试样的制备

8.1 制备试样时，不应用手触摸试样表面，也不应使试样表面产生摩擦，这样会使试样发生变化。

注 1：摩擦试验对于试验表面上的微小污染及试样表面的磨损是非常敏感的。在某些环境中，防止试样不受空气中沉降物质的污染，也是很有必要的。

注 2：众所周知，在实际工作中，不可能不接触试样，也不可能不摩擦试样。因此，建议在收集和处理试样的程序中，应评价其对摩擦试验结果的影响。

8.2 试验需要有两个不同的试样，一个试样与滑块接触，一个试样与台面接触。如有必要，应在两个试样上分别注明纵向或横向、正面或网面、印刷面或非印刷面、标记面或非标记面。

8.3 试样大小取决于摩擦仪器的设计和功能。试样与滑块的接触面积应至少为 60 mm×60 mm，试样与台面的接触宽度应至少为 60 mm，接触长度应足以覆盖滑块长度和实际滑动距离。如果需要测定第三个滑块的摩擦系数，台面上的试样长度应至少满足 70 mm 的滑动距离。

8.4 准备足够的试样，以保证每个样品至少进行 6 次有效试验。建议单独裁切试样，即一次切一条试样。裁切时应保证试样的边缘光滑，且不应污染试样表面。

注 1：机制纸可能的组合方式参见附录 A。

注 2：组合方式取决于试验目的，且应经双方同意。

注 3：试样边缘裁切不良，是造成试验误差的潜在原因。

8.5 切取试样并将试样固定在滑块上，滑块边缘不应影响测定。

注：对于厚纸板，弯曲会使试验区内的压力分布不均匀。所以在固定此类纸板的试样时，不应弯曲和折叠试样。

9 试验步骤

9.1 总则

9.1.1 滑块定向

在整个试验过程中，应保持滑块的运动方向平行于台面。

9.1.2 滑块的上升和下降

9.1.2.1 不应用手将滑块放在台面上，或将其从台面上拿走。

注：下降时，希望两个表面的整个面积同时接触。

9.1.2.2 在滑块和台面的相对水平运动停止之前，滑块应明显地从台面上升起。

9.1.2.3 滑块明显地从台面上升起后，驱动机械（5.7）应返回至其初始位置，误差应在±2 mm 之内。

注：滑块和台面在相对水平滑动时，即使 1 min 的倒退，对于静摩擦系数也是非常敏感的。当台面向前滑动时，可通过上升滑块来排除这种倒退。

9.2 初始滑动静摩擦系数

9.2.1 将试样固定在台面和滑块上，使试验面相接触且朝外，应确保台面和滑块的运动方向平行于拉力方向。例如：对于纵向/纵向（MD/MD）试验（见表 A.2），试样的定位应使滑动方向为试样的纵向。即使已知，也应注明试样成形方向和非成形方向相对于滑动方向的定位。

9.2.2 用升降装置(5.3)以 3.0 mm/s±2.0 mm/s 的速度，将滑块慢慢地降到台面上。在试验过程中，应使两个表面同时完全接触。如果试样尺寸不同，它们的表面可以不完全接触。

9.2.3 一旦两个试样相接触，就不应再移动滑块或轻微调整其位置。在作用力开始线性增加之前，滑块应至少静止 1 s，但应不超过 20 s。

9.2.4 启动驱动机械(5.7)，检查力值读数的增加情况。启动时间应在 0.5 s 和 5 s 之间，启动曲线应在图 2 所示阴影的范围之内。记录启动初始滑动所需的力值 F_{s1}。如果启动时间不在 0.5 s 和 5 s 之间，则测定结果无效。在这种情况下，应调整力值的增加速度，使启动时间在所需范围内，更换试样重新进行试验。

9.2.5 试验后，废弃已做过的试样。重复试验，直至获得至少 6 个有效的测定值。

9.3 初始滑动静摩擦系数，第三次滑动静摩擦系数和动摩擦系数

9.3.1 将试样固定在台面和滑块上，使试验面相接触且朝外，应确保台面和滑块的运动方向平行于拉力方向。例如：对于纵向/纵向(MD/MD)试验(见表 A.2)，试样的定位应使滑动方向为试样的纵向。即使已知，也应注明试样成形方向和非成形方向相对于滑动方向的定位。

9.3.2 用升降装置(5.3)以 3.0 mm/s±2.0 mm/s 的速度，将滑块慢慢地降到台面上。在试验过程中，应使两个表面同时完全接触。如果试样尺寸不同，它们的表面可以不完全接触。

9.3.3 一旦两个试样相接触，就不应再移动滑块或轻微调整其位置。在作用力开始线性增加之前，滑块应至少静止 1 s，但应不超过 20 s。

9.3.4 启动驱动机械(5.7)，检查力值读数的增加情况。启动时间应在 0.5 s 和 5 s 之间，启动曲线应在图 2 所示阴影的范围之内。记录启动初始滑动所需的力值 F_{s1}。如果启动时间不在 0.5 s 和 5 s 之间，则测定结果无效。在这种情况下，应调整力值的增加速度，使启动时间在所需范围内，更换试样重新进行试验。

9.3.5 一旦滑块和台面之间由于力的作用开始滑动时，此运动应控制如下：

a) 在最初 20 mm 的行程中，滑块和台面之间的相对速度应为(20±2)mm/s；

b) 在后面 40 mm 的行程中，滑块和台面之间的相对速度应恒定保持为(20±2)mm/s；

c) 此后，将继续 15 mm±6 mm 的行程，在此行程中，滑块和台面之间的相对速度将会减少，滑块将由升降装置(5.3)升起，完全离开台面。

9.3.6 将试样返回至初始位置，再用相同的试样和相同的面，重复进行第二次滑动程序。

9.3.7 将试样返回至初始位置，再用相同的试样和相同的面，重复进行第三次滑动程序。

9.3.8 记录启动第三次滑动所需的力值 F_{s3}，记录第三次滑动中从 40 mm～60 mm 滑动距离的平均摩擦力 F_k。

9.3.9 试验后，废弃已做过的试样。重复试验，直至获得至少 6 个有效的测定值。

如果出现粘性滑动，则不能对动态摩擦进行评价。

注：粘性滑动是由摩擦仪器的弹性组件连续积累和释放贮存能量所造成的特性，它使滑动循环加速和减速。此现象是力-时间曲线上力的不规则变化的真实响应，无法抑制。Johansson 等人对此进行过讨论，认为如果试样间以"粘性滑动"方式进行滑动，就不能对动态摩擦进行评价。提高试验仪器的机械硬度，可以很好地控制和消除粘性滑动响应。若对此不能加以控制，则不宜对动态摩擦进行评价。用慢响应特性记录系统来抑制动态记录不能改进这种情形。相反，不仅会产生动态摩擦的错误记录，而且这个系统还有可能掩盖粘性滑动现象发生的事实。

10 计算

10.1 初始滑动静摩擦系数

用式(1)计算初始滑动静摩擦系数：

$$\mu_{s1} = \frac{\overline{F_{s1}}}{mg} \qquad \cdots\cdots(1)$$

式中：

μ_{s1}——初始滑动静摩擦系数；

$\overline{F_{s1}}$——启动初始滑动所需的平均力值(至少重复测定 6 次)，单位为牛顿(N)；

m——滑块的质量，单位为千克(kg)；

g——9.81 m/s^2。

10.2 第三次滑动静摩擦系数

用式(2)计算第三次滑动静摩擦系数：

$$\mu_{s3} = \frac{\overline{F_{s3}}}{mg} \qquad \cdots\cdots(2)$$

式中：

μ_{s3}——第三次滑动静摩擦系数；

$\overline{F_{s3}}$——启动第三次滑动所需的平均力值(至少重复测定 6 次)，单位为牛顿(N)；

m——滑块的质量，单位为千克(kg)；

g——9.81m/s^2。

10.3 动摩擦系数

用式(3)计算动摩擦系数：

$$\mu_{k} = \frac{\overline{F_{k}}}{mg} \qquad \cdots\cdots(3)$$

式中：

μ_{k}——第三次滑动动摩擦系数；

$\overline{F_{k}}$——第三次滑动中为保持从 40 mm～60 mm 滑动距离所需的平均力值(至少重复测定 6 次)，单位为牛顿(N)；

m——滑块的质量，单位为千克(kg)；

g——9.81 m/s^2。

若发生了 9.3.9 所描述的粘性滑动现象，则不能评价动摩擦系数。

11 精确度

此试验方法的精确度尚属未知，因为没有得到多个实验室的数据。在获得多个实验室数据后，将在下次修订中补充有关精确度的内容。

12 试验报告

试验报告应包括下列项目：

a) 本标准的编号；

b) 试验日期和地点；

c) 鉴定试样的全部资料；

d) 每种组合的测定结果、相应变异系数和每种试样的定位；

e) 任何偏离本标准或可能影响结果的内容。

注：附录 A 提出了试验报告中所使用的符号和识别系统。

附　录　A
（资料性附录）
表示结果的符号和识别系统

表 A.1 列出了试验参数符号，表 A.2 列出了机制纸方向的可能组合方式。

试验参数用下列符号表示。

关键字：μ_{12}（34/56）

表 A.1　试验参数符号

位置	符号	说明
1	 μ_s μ_k	摩擦系数类型： 静摩擦系数； 动摩擦系数
2	 1 3	滑动次数： 第 1 次滑动； 第 3 次滑动
3	 MD/CD I	滑块试样的定向： 纵向/横向； 各向同性的实验室手抄片
4	例子： t，w c，u	滑块试样的指定试验面： 正面，网面； 涂布面，未涂布面
5	 MD/CD I	台面试样的定向： 纵向/横向； 各向同性的实验室手抄片
6	例子： t，w c，u	台面试样的指定试验面： 正面，网面； 涂布面，未涂布面

注：在出现复卷、加工或其他操作的情况下，可采用其他符号来标明试样的方向。在某些情况下，对于纸机的纵向定位，可能希望保留成形和非成形方向的痕迹。在这种情况下，建议用 MD＋来表示成形方向，而用 MD－来表示非成形方向。

示例：

用滑块试样的涂布面 CD 方向和台面试样的未涂布面 MD 方向，测定第一次滑动静摩擦系数，应表示如下：

μ_{s1}（CDc/MDu）

表 A.2　机制纸方向的可能组合方式

滑块	台面
CD	CD
CD	MD
MD	CD
MD	MD

ICS 85-010
Y 30

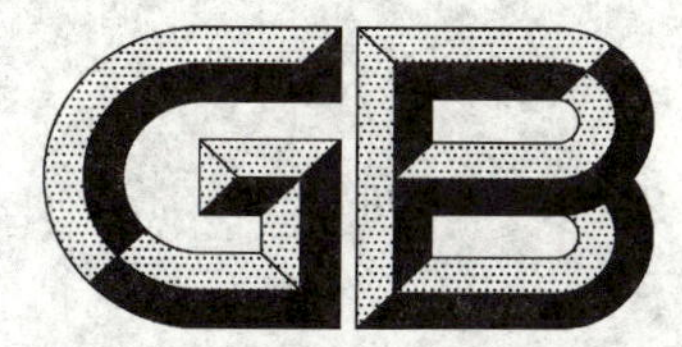

中华人民共和国国家标准

GB/T 22896—2008

纸和纸板　卷曲的测定
单个垂直悬挂试样法

Paper and board—Determination of curl—Single vertically suspended test piece

(ISO 11556:2005, Paper and board—Determination of curl using a single vertically suspended test piece, MOD)

2008-12-30 发布　　2009-09-01 实施

中华人民共和国国家质量监督检验检疫总局
中国国家标准化管理委员会　发布

前　言

本标准修改采用 ISO 11556:2005《纸和纸板　利用单个垂直悬挂试样测定卷曲》。

本标准与 ISO 11556:2005 相比，主要技术差异如下：

——在规范性引用文件中将 ISO 标准引用的国际标准转化为与之相应的国家标准，即 GB/T 450　纸和纸板　试样的采取及试样纵横向、正反面的测定(GB/T 450—2008,ISO 186:2002,MOD)；

——在规范性引用文件中将 ISO 标准引用的国际标准转化为与之相应的国家标准，即 GB/T 10739　纸、纸板和纸浆试样处理和试验的标准大气条件(GB/T 10739—2002, eqv ISO 187:1990)。

本标准的附录 B、附录 C 为规范性附录，附录 A、附录 D 为资料性附录。

本标准由中国轻工业联合会提出。

本标准由全国造纸工业标准化技术委员会(SAC/TC 141)归口。

本标准起草单位：中国制浆造纸研究院、中国造纸协会标准化专业委员会。

本标准主要起草人：崔立国。

纸和纸板　卷曲的测定 单个垂直悬挂试样法

1　范围

本标准规定了垂直悬挂试样测定纸张卷曲的方法。

在下列情况时，本标准可用于测定所有卷曲情况：

——所形成的卷曲形状近似为圆弧；

——在试样进行裁切和测定过程中，卷曲应一直保持稳定，应保证试样发生卷曲或卷曲之后暴露在一个恒定的环境下，比如一个试验室或印刷车间。

注1：测定所需环境和时间的选择取决于测试目的。

注2：对于单面涂布的纸张或胶粘标签纸来说，其生产出来后，应至少放置24 h，待其性能稳定后，才能进行所有卷曲测定。

2　规范性引用文件

下列文件中的条款通过本标准的引用而成为本标准的条款。凡是注日期的引用文件，其随后所有的修改单(不包括勘误的内容)或修订版均不适用于本标准，然而，鼓励根据本标准达成协议的各方研究是否可使用这些文件的最新版本。凡是不注日期的引用文件，其最新版本适用于本标准。

GB/T 450　纸和纸板　试样的采取及试样纵横向、正反面的测定(GB/T 450—2008，ISO 186:2002，MOD)

GB/T 10739　纸、纸板和纸浆试样处理和试验的标准大气条件(GB/T 10739—2002，eqv ISO 187:1990)

3　术语和定义、代号

下列术语和定义、代号适用于本标准。

3.1

卷曲　curl

偏离一个平面。

注：卷曲的测定由三大部分组成：

——卷曲度；

——与纸张纵向有关的卷曲轴的角度；

——纸张的卷曲朝向面。

3.1.1

卷曲度　magnitude

所测定试样偏离平面的大小程度。

注1：卷曲度可表示为卷曲试样曲率半径的倒数，单位 m^{-1}。

注2：卷曲试样的曲率半径指的是圆弧到圆弧中心的距离。对于平直的纸张来说，其曲率半径的倒数值为0。

注3：纸张的卷曲特性取决于时间，并且发生的所有卷曲可能都是暂时性的。

3.1.2

卷曲轴角度　angle of curl axis

Φ

从纸张凹面观察卷曲轴与纸张纵向之间的夹角(参见附录A)。

注 1：纸页卷曲轴与纸张纵向垂直时，$\Phi=90^\circ$；卷曲轴与纸张纵向平行时，$\Phi=0^\circ$。当卷曲轴与纸张纵向既不垂直也不平行时，称作"对角卷曲"(偶尔也称作"不对称卷曲"，"螺旋卷曲"或"缠绕卷曲")。对于对角卷曲来说，如果纸张纵向位于卷曲轴顺时针方向，则认为其是正旋转；但如果纸张纵向位于卷曲轴逆时针方向，则认为其是负旋转。卷曲轴的角度介于 0 和 90°之间，有时为正，有时为负。

注 2：注意对角卷曲的旋转方向指的是从卷曲轴到纸张纵向的正、负旋转，而不是从纸张纵向到卷曲轴的正、负旋转。

3.1.3

凹面　concave side

朝向纸张卷曲的面。

注：参见附录 A。

3.2

诱导卷曲　induced curl

对纸张的一面或两面进行一些处理所发生的卷曲变化。

注：为了显示纸张在终端使用情况下的可加工性能，经常对试样进行诱导卷曲。

3.3

双重卷曲　double curl

鳍状卷曲　flipper curl

经过光处理后，纸张两面发生交替卷曲的趋势。

注：这种趋势是一种可描述为具有两种卷曲类型的现象，并且这两种卷曲类型在同一张纸上可以很好地达到平衡。

4　原理

试样暴露在所需的试验环境中，利用悬挂的试样(比如卷曲轴是垂直的)来测定卷曲。

5　仪器

5.1　将试样整齐地裁切到一定直径或尺寸的仪器。圆形试样，首选的直径是 112.8 mm±0.1 mm(100 cm^2)。正方形试样，首选的尺寸是(100±0.1) mm×(100±0.1) mm。

注：商用的裁切 100 cm^2 试样的圆形和正方形试验室裁切器可用于测定纸张的定量。

5.2　测定过程中用于支撑试样的仪器，见附录 B。

5.3　用于测定弦长及弦到弧距离的仪器，准确至 0.5 mm(例如，已校准的工程游标卡尺，见附录 C)。

5.4　用于测定卷曲度的仪器，准确至 1°。

注：也可采用测定卷曲度和卷曲轴角度的自动方法，但该方法至少应与本标准中所描述的方法一样准确。

6　取样

如对一批纸张的卷曲情况进行评价，应按 GB/T 450 取样。如测定试样的卷曲，应保护试样，以免其水分发生变化。

应报告试样的来源，如果可能的话，还应包括取样方法。应保证试样具有代表性。

取样后，应保证所有试样都保持相同的排列方向。

7　试样的制备

7.1　选择未受损的样品，避开折痕、皱纹及水印。在试样裁切的区域，轻轻标上纵向标记。如果有可能，在每个试样的同一面也标上纵向标记。标记试样时应小心，不应产生凹痕，否则会影响卷曲，我们称试样的这一面为"标记面"。一次裁切 10 个试样，纵向标记方向应与试样中心线方向一致。

7.2　优先选择圆形试样。然而，也可使用符合 5.1 中规定尺寸的正方形试样。

7.3　在试样的一个面标上标记非常重要。如有可能，应通过显著的特点对标记面进行识别，比如网印、涂布、水印、抛光等。如果该面没有显著的识别标识，那么朝向包装口或最顶层纸的上面应是标记面。

8 试验步骤

8.1 概要

8.2 中所用仪器(5.3)为一个校准过的工程游标卡尺(见附录 C)。该仪器用于测定弦长和弦到弧的距离,利用这两个参数可以计算卷曲度(曲率半径的倒数)。根据 9.1 中的公式,原则上该仪器可用于测定所有试样的卷曲情况。然而,仪器的几何特性将给操作上带来一些限制。可能发生的卷曲形状的实例如附录 A 所示,附录 A 中也给出了弦长(C)和弦到弧的距离(h)。

注:弦到弧的距离,指的是弦到弧的最大垂直测定距离。

8.2 步骤

8.2.1 将试样暴露在试验环境下

用挂钩或夹子沿纵向标记线将试样悬挂在试验环境下,挂钩或夹子位于试样的边缘附近。在规定的时间范围内,观察试样的近似卷曲轴和凹面。并在同样的环境下,小心地移动试样。使用一个小头别针从中心位置将试样固定(背对)在垂直支撑物(5.2)上,以保证试样的凹面朝向操作员。旋转试样以使卷曲轴保持垂直。在试样的顶部,标上卷曲轴的中心线,然后用另一个别针在该点处将试样顶部固定到支撑物上。

如果测定未经一定条件处理(比如,刚收到的试样)的纸张的卷曲情况,暴露和测定过程应尽可能快地进行,这样可最大程度减少所有大的卷曲变化。

注 1:将试样系到悬挂设备或支撑设备上时应小心,避免试样发生弯曲对卷曲造成影响。

注 2:如果能够显示在试验误差范围内,重力对测定结果不会产生重大影响,可以将试样放置在一个平面上,并且凹面朝上,在水平方向上对试样进行暴露和测定。

一旦正方形试样呈现出一个明显的对角卷曲,测定起来就比较困难,因此对测定结果应慎重对待。

8.2.2 测定弦长和弦到弧的距离

使用圆形或正方形的试样,测定过程中应确保试样免受拖曳。使用校准过的游标卡尺测定穿过试样中心的弦长(C)和弦到弧的距离(h),前者和后者的测定结果应准确至 0.5 mm。

对其他 9 个试样重复进行以上测定步骤。

注 1:当使用校准过的游标卡尺时,为了获得准确的测定结果,建议借助一个试验室起重器来支撑游标卡尺。

注 2:对于从不同形状的试样所得测定结果,应相互之间进行比较。

8.2.3 鉴别纸张的卷曲面

如果能准确地鉴别出卷曲面,则应对每个试样的卷曲面进行记录。如果不能鉴别出卷曲面,则应记录是朝向标记面卷曲还是偏离标记面卷曲。

8.2.4 测定卷曲轴角度

用 5.4 中描述的仪器测定每个试样,记录从卷曲轴到纸张纵向最近的角度,以及该角度是正还是负(如 3.1.2 定义)。

9 结果计算

9.1 卷曲度

每个试样的卷曲度(K)可表示为曲率半径的倒数,由式(1)计算:

$$K=\frac{1}{R}=\frac{8h}{C^2+4h^2}\times 1\,000 \quad \cdots\cdots\cdots\cdots (1)$$

式中:

$1/R$——曲率半径的倒数,单位为米$^{-1}$(m^{-1});

C——弦长,单位为毫米(mm);

h——弦到弧的距离,单位为毫米(mm)。

如果可能的话,应计算卷曲度的平均值和标准偏差。

9.2 卷曲轴的角度

9.2.1 所有试样应朝同一面卷曲。

9.2.2 如果所有角度具有相同的标记，那么计算平均角度和标准偏差，并且记录平均角度是正还是负。

9.2.3 如果一些测定角度是正的，另一些是负的，但所有角度都小于 20°，那么计算代数平均值和标准偏差，并记录代数平均值是正还是负。

9.2.4 如果一些测定角度是正的，另一些是负的，并且所有角度都大于 70°，为了产生大于 90°的正值，从 180°里减去每一个负值。将这些计算出来的负值与测定的负值结合在一起，并计算平均角度和标准偏差。如果平均角度小于 90°，则从 180°里减去该角度并记录所得角度为负角度。

9.2.5 如果一些测定角度是正的，另一些是负的，并且一些角度介于 20°～70°之间，则应分别记录每个试样的卷曲构成。

9.3 纸张卷曲面的变化

如果一些试样的卷曲方式与另一些试样的卷曲方式不同，则应分别记录每个试样的卷曲构成。

10 重复性和再现性

以 4 个实验室测定 4 种不同纸张，每种纸张测定 10 次所得的数据为基础，可以发现卷曲度的精密度如下：

a) 重复性：对于单个试验室，卷曲度为 2.2 m^{-1} 的圆形或者正方形试样，所得两种测定结果间差异的概率极限值为 95％；

b) 再现性：对于不同试验室，卷曲度为 2.6 m^{-1} 的圆形或者正方形试样，所得两种测定结果间差异的概率极限值为 95％。

11 试验报告

试验报告应包括以下列项目：

a) 本国家标准编号；

b) 测定的日期和地点；

c) 鉴定试样的全部资料；

d) 鉴定试验环境的全部资料；

e) 纸张试样是接收后测定还是环境处理后测定；

f) 如果需要环境处理，应写上环境处理的时间和大气条件；

g) 试样的形状；

h) 试样是在垂直面还是在水平面上测定；

i) 试样的测定数量；

j) 如有要求，应计算卷曲度的平均值和标准偏差，m^{-1}；

k) 如有要求，应计算卷曲轴角度的平均值、标准偏差以及是正值还是负值(见 3.1.2 和 9.2.1)；

l) 如果卷曲轴角度的平均值和标准偏差不能计算出来(见 9.2.1 和 9.3)，应记录每个试样的卷曲构成；

m) 试样是朝相同面卷曲还是朝不同面卷曲；

n) 如有要求，应识别标记面(见 7.3)；

o) 试样是否表现出任何双重卷曲的趋势(见 3.3)；

p) 任何违反规定步骤的操作。

附 录 A
（资料性附录）
卷曲度和卷曲类型说明

图 A.1～图 A.5 的目的仅在于说明。这些图对各种卷曲度和用于测定卷曲度的测量参数进行了简要说明，所有卷曲度要么在工程游标卡尺的测量范围内，要么超出工程游标卡尺的测量范围。这些图例也显示了可能发生的卷曲类型。

A.1 卷曲度的可测量性

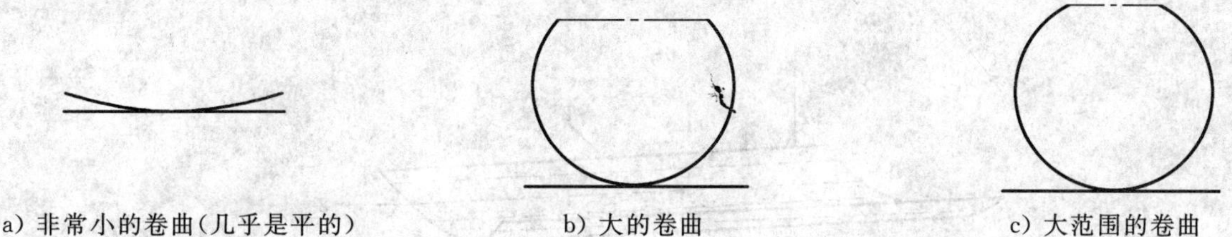

a）非常小的卷曲（几乎是平的）　　b）大的卷曲　　c）大范围的卷曲

注 1：卷曲度可能在工程游标卡尺的测量范围内。

注 2：由于不能对突出部分进行准确定位，因此卷曲度可能超出工程游标卡尺的测量范围。

图 A.1 卷曲度的可测量性

A.2 用于测定卷曲度的测量参数

单位为毫米

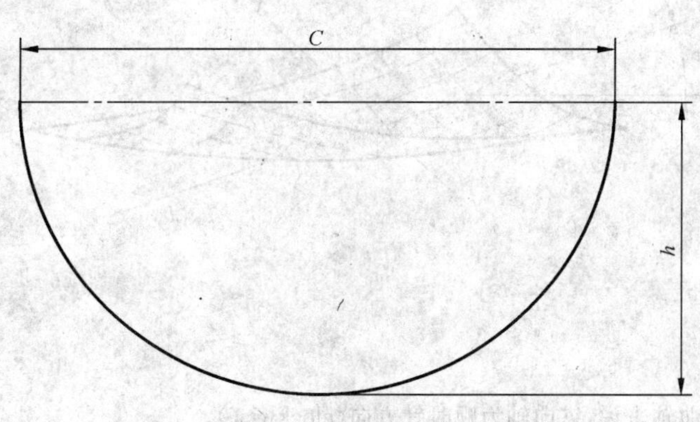

C——弦长；

h——弦到弧的距离。

图 A.2 卷曲度的测量参数

A.3 卷曲类型

如果一个对称卷曲发生在纸机纵向或横向方向，那么在依赖试样尺寸和测试性能的情况下，可能发生下列卷曲类型：

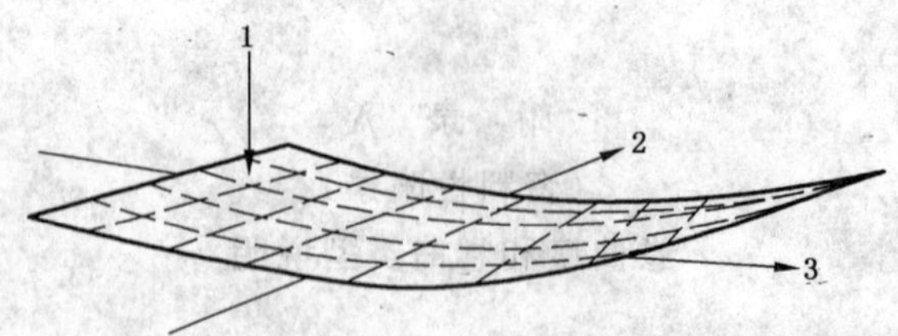

1——正面；

2——横向(CD)；

3——纵向(MD)。

图 A.3　卷曲轴垂直于纸张纵向的正面卷曲

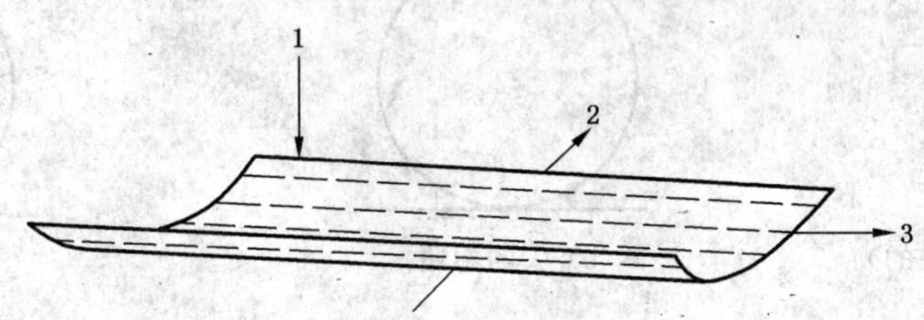

1——正面；

2——横向(CD)；

3——纵向(MD)。

图 A.4　卷曲轴平行于纸张纵向的正面卷曲

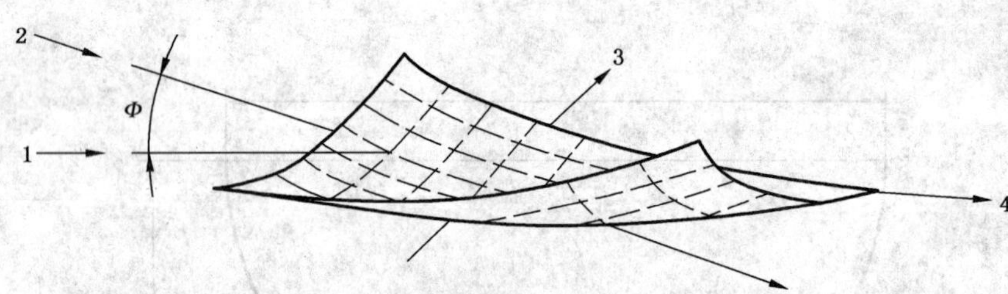

1——卷曲轴；

2——纵向(MD)；

3——横向(CD)；

4——卷曲轴。

注：在该实例中，对于卷曲轴来说，纵向轴为顺时针方向(clockwise)。

图 A.5　正面对角线卷曲或缠绕卷曲

附 录 B
（规范性附录）
卷曲测定中试样的支撑方法（以圆形试样进行图解说明）

卷曲测定中用于支撑试样的仪器见图 B.1。

1——卷曲轴线，垂直；
2——上部别针；
3——中心处别针；
4——试样，直径 112.8 mm（标上纵向）；
5——木制支撑物；
6——工作台。

图 B.1 卷曲测定中用于支撑试样的仪器

附　录　C
（规范性附录）
用于测量弦长（C）和弦到弧距离（h）的已校准的工程游标卡尺

将一把尺子垂直固定于已校准的工程游标卡尺（图 C.1）上。

用尺子测量 C 值，用游标卡尺测量最突出部分的距离 h 值。

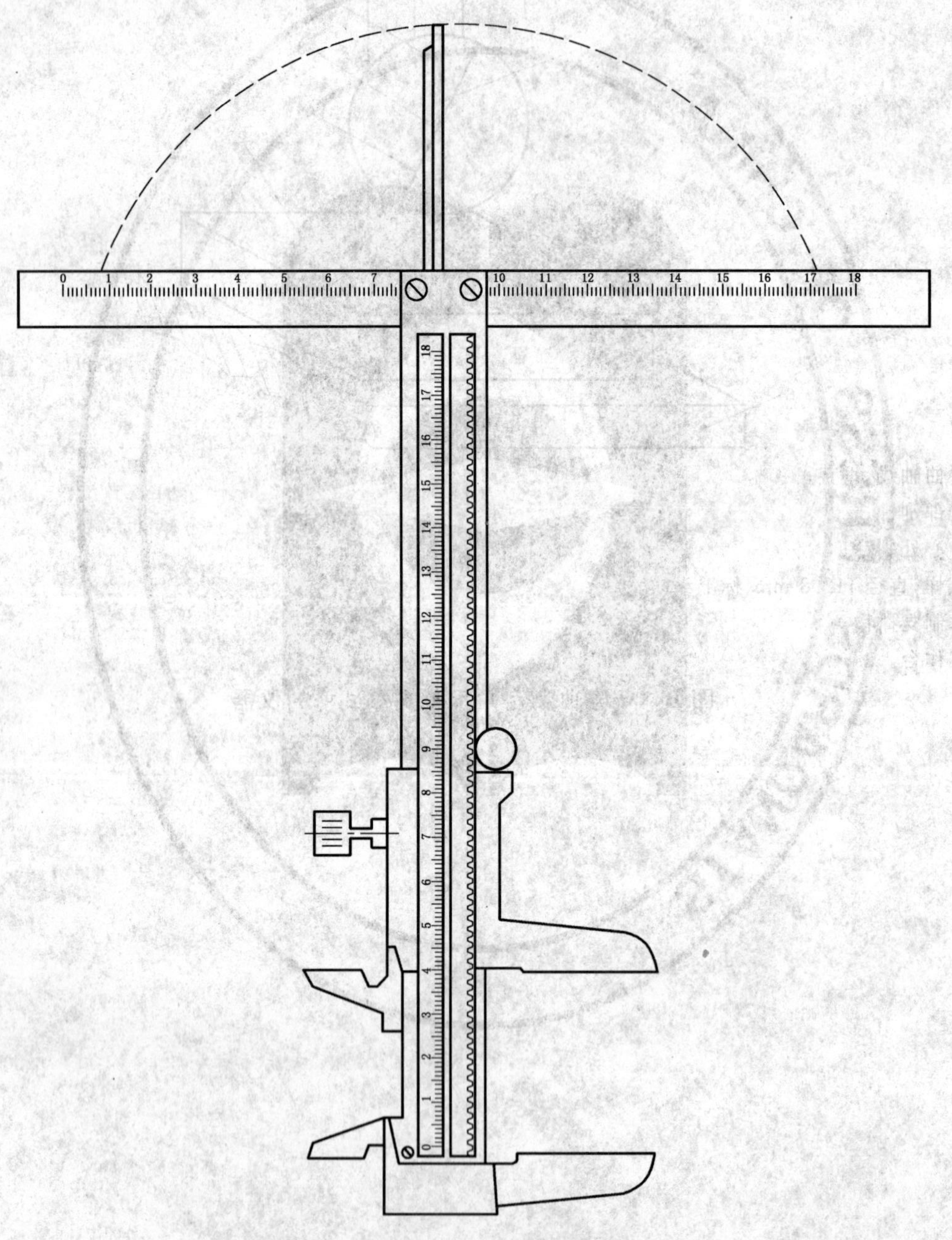

图 C.1　已校准的工程游标卡尺

附 录 D
(资料性附录)
可选用的计算卷曲的实例

D.1 卷曲值常常十分稳定,有时一个轻微的纵向或横向卷曲就会被消费者指出。然而,对角卷曲(缠绕卷曲)也许不很稳定,并独立于纵向或横向卷曲值,而且是不希望得到的。本标准中提供了一个用测定角(Φ)于计算卷曲度(K)的方法,使计算与纵向、横向或对角方向(与纵向成40°)平行的卷曲度成为可能。

D.2 相对于纵向(K_x)、横向(K_y)和对角方向(K_{xy})的卷曲及缠绕值可由式(D.1)、式(D.2)和式(D.3)计算得出:

$$K_x = k_{\Phi}\sin^2\Phi \qquad (D.1)$$

$$K_y = k_{\Phi}\cos^2\Phi \qquad (D.2)$$

$$K_{xy} = 2k_{\Phi}\sin\Phi\cos\Phi \qquad (D.3)$$

式中:

Φ——3.1.2中定义的卷曲轴角度;

k_{Φ}——测定角度Φ下的卷曲度。

D.3 在纵向、横向和对角方向的卷曲值已知的情况下,用式(D.4)测定最大卷曲轴方向:

$$\Phi = -0.5\tan^{-1}\frac{K_{xy}}{K_x - K_y} \qquad (D.4)$$

在给定角度下,用式(D.5)计算卷曲度:

$$k_{\Phi} = K_x\sin^2\Phi + K_y\cos^2\Phi + K_{xy}\sin\Phi\cos\Phi \qquad (D.5)$$

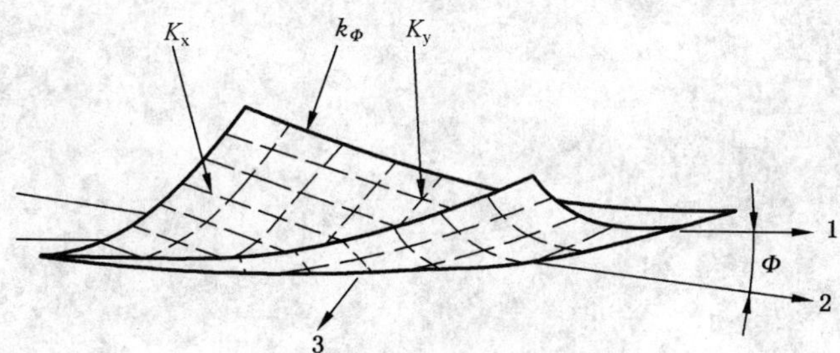

1——卷曲轴;
2——纵向(MD);
3——横向(CD)。

图 D.1 卷曲和缠绕试样

ICS 85-010
Y 30

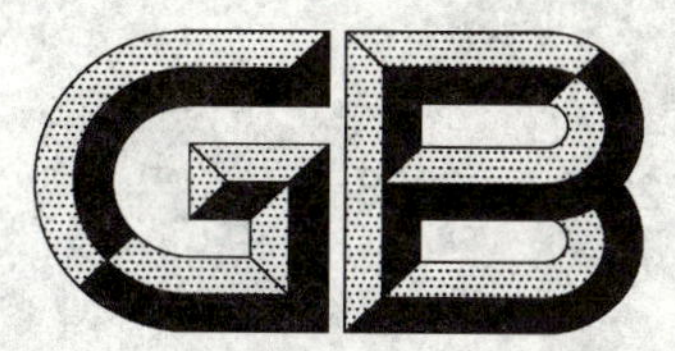

中华人民共和国国家标准

GB/T 22897—2008

纸和纸板　抗透水性的测定

Paper and board—Determination of resistance to water penetration

(ISO 5633:1983,MOD)

2008-12-30 发布　　　　2009-09-01 实施

中华人民共和国国家质量监督检验检疫总局
中国国家标准化管理委员会　发布

前言

本标准修改采用 ISO 5633:1983《纸和纸板　抗透水性的测定》。

本标准与 ISO 5633:1983 相比,主要差异如下:

——在规范性引用文件中将 ISO 标准引用的国际标准转化为与之相应的国家标准,即 GB/T 450　纸和纸板　试样的采取及试样纵横向、正反面的测定(GB/T 450—2008,ISO 186:2002,MOD);

——在规范性引用文件中将 ISO 标准引用的国际标准转化为与之相应的国家标准,即 GB/T 10739　纸、纸板和纸浆试样处理和试验的标准大气条件(GB/T 10739—2002,eqv ISO 187:1990)。

本标准由中国轻工业联合会提出。

本标准由全国造纸工业标准化技术委员会归口。

本标准起草单位:中华人民共和国北京出入境检验检疫局、中国制浆造纸研究院、中华人民共和国上海出入境检验检疫局。

本标准主要起草人:李红、朱洪坤、蒋伟、张晓蓉。

纸和纸板　抗透水性的测定

1　范围

本标准规定了纸和纸板抗透水性的测定方法。

本标准适用于利用浆内施胶、表面施胶、涂布、复合防水层或任何其他方法，使之具有防水或抗水性能的纸和纸板。

本方法不适用于瓦楞纸板。

2　规范性引用文件

下列文件中的条款通过本标准的引用而成为本标准的条款。凡是注日期的引用文件，其随后所有的修改单（不包括勘误的内容）或修订版均不适用于本标准，然而，鼓励根据本标准达成协议的各方研究是否可使用这些文件的最新版本。凡是不注日期的引用文件，其最新版本适用于本标准。

GB/T 450　纸和纸板　试样的采取及试样纵横向、正反面的测定（GB/T 450—2008，ISO 186：2002，MOD）

GB/T 10739　纸、纸板和纸浆试样处理和试验的标准大气条件（GB/T 10739—2002，eqv ISO 187：1990）

3　术语和定义

下列术语和定义适用于本标准。

3.1

抗透水性　resistnce to water penetration

纸和纸板阻止水从一个表面渗透到另一个表面的性能，以时间表示。

4　原理

对纸和纸板进行恒湿恒温处理后，在标准环境和水压稳定的条件下，测定标准溶液渗透纸和纸板所需的时间。

5　试剂和仪器

5.1　试验溶液

含有0.1%曙红染料的蒸馏水溶液。

注：水温很重要，应保持在温湿处理的温度范围内（见第8章）。

5.2　仪器

5.2.1　抗透水性试验仪

5.2.1.1　圆柱形金属杯，内径112.8 mm±0.2 mm，外径约170 mm，装有进水阀门和排水阀门。

5.2.1.2　金属套环：内径112.8 mm±0.2 mm，外径约170 mm，厚约10 mm。

5.2.1.3　橡皮垫：两个，内径各为112.8 mm±0.2 mm，外径约170 mm。

5.2.1.4　金属套环固定在金属杯上的方法：将橡皮垫夹于金属套环与金属杯之间，保持密封。

5.2.1.5　压力计，可用最高压力为1 000 mm水柱的压力计。

5.2.2　计时器

注：5.2.1.1～5.2.1.3规定的尺寸用于图2的仪器，符合图1所示系统的其他类型的仪器也可使用。

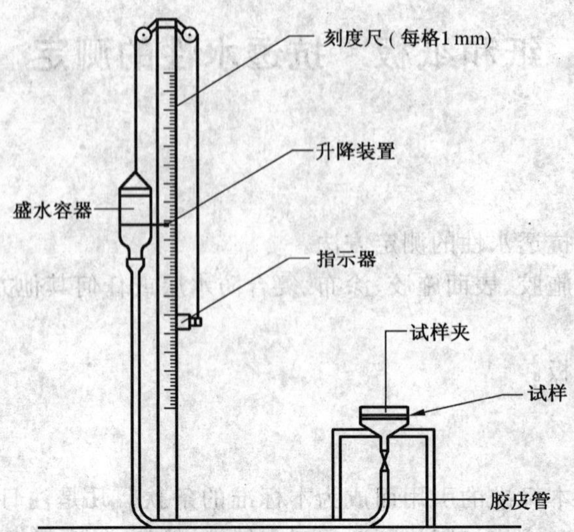

图 1　可用仪器的原理图

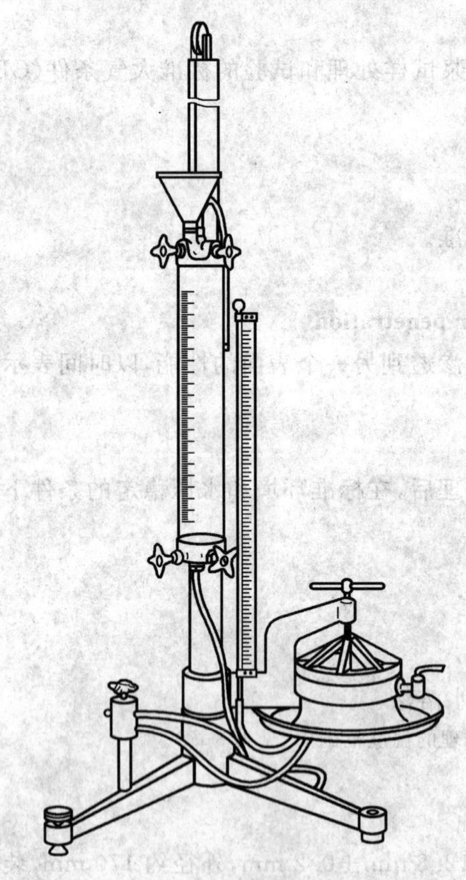

图 2　试验仪器

6　取样

按照 GB/T 450 进行取样。

从样品上切取足够的试样，试样表面不应有任何影响试验结果的皱褶、裂口和印痕损伤。

7 试样的制备

从每张样品上切取至少两个试样,试样尺寸为175 mm×175 mm,分别进行测定。根据所用仪器的规定,也可采用其他尺寸的试样。

8 温湿处理和试验条件

试样应按GB/T 10739进行温湿处理,并在此大气条件下进行测定。

9 试验步骤

将温湿处理后的试样放于两橡皮垫间(5.2.1.3),夹于金属杯(5.2.1.1)顶和金属套(5.2.1.2)环间。打开进水阀门和排水阀门,将试验溶液(5.1)放入,直至试样下的空气排完,关闭排水阀门。使试样所受到的试验溶液的压力增加,直至压力计读数达到所规定的数值(建议试验溶液的压力为500 mm±5 mm。如有规定,也可采用其他压力)。保持此试验溶液的压力值,观察试验溶液的渗透现象。当第一滴水迹出现时,应记录时间。

重复上述操作,记录试样的浸水面。

如果渗透时间大于10 d,可停止试验,报告渗透时间为"大于10 d"。

10 结果的表示

以每组测定结果的平均值作为测定结果。

a) 渗透时间小于2 h,读数应准确至1 min;

b) 渗透时间为2 h～6 h,读数应准确至15 min;

c) 渗透时间为6 h～24 h,应以"6 h～24 h"表示;

d) 渗透时间为24 h～10 d,读数应准确至天(d);

e) 渗透时间大于10 d,应以"大于10 d"表示。

11 试验报告

试验报告应包括下列项目:

a) 本国家标准编号;

b) 试样数量;

c) 所用的温湿处理的大气条件;

d) 标明试样的试验面(浸水面);

e) 每个试样的测定结果(按照第10章规定表示);

f) 所用的试验溶液的压力;

g) 若所用的金属杯(5.2.1.1)为非标准件,应给出横截面积;

h) 本标准未规定的,可能影响测定结果的任何自选的操作步骤。

ICS 85-010
Y 30

中华人民共和国国家标准

GB/T 22898—2008

纸和纸板　抗张强度的测定 恒速拉伸法(100 mm/min)

Paper and board—Determination of tensile properties—Constant rate of elongation method (100 mm/min)

[ISO 1924-3:2005, Paper and board—Determination of tensile properties—Part 3: Constant rate of elongation method (100 mm/min), MOD]

2008-12-30 发布　　2009-09-01 实施

中华人民共和国国家质量监督检验检疫总局
中国国家标准化管理委员会　发布

前言

本标准修改采用 ISO 1924-3:2005《纸和纸板 抗张强度的测定 第 3 部分:恒速拉伸法(100 mm/min)》。

本标准与 ISO 1924-3:2005 相比,主要差异如下:

——在规范性引用文件中将 ISO 标准引用的国际标准转化为与之相应的国家标准,即 GB/T 450 纸和纸板 试样的采取及试样纵横向、正反面的测定(GB/T 450—2008,ISO 186:2002,MOD);

——在规范性引用文件中将 ISO 标准引用的国际标准转化为与之相应的国家标准,即 GB/T 451.2 纸和纸板定量的测定(GB/T 451.2—2002,eqv ISO 536:1995);

——在规范性引用文件中将 ISO 标准引用的国际标准转化为与之相应的国家标准,即 GB/T 10739 纸、纸板和纸浆试样处理和试验的标准大气条件(GB/T 10739—2002,eqv ISO 187:1990)。

本标准由中国轻工业联合会提出。

本标准由全国造纸工业标准化技术委员会归口。

本标准起草单位:四川长江造纸仪器有限责任公司、中国制浆造纸研究院、国家纸张质量监督检验中心。

本标准主要起草人:殷报春。

纸和纸板　抗张强度的测定
恒速拉伸法(100 mm/min)

1　范围

本标准规定了使用100 mm/min恒定拉伸速度的试验仪器测定抗张强度、断裂时伸长率、抗张能量吸收和抗张挺度的方法，并规定了抗张指数、抗张能量吸收指数、抗张挺度指数和弹性模量的计算公式。

与其他抗张强度性能相比，抗张挺度对伸长量的测定准确度要求更高。如果使用较低的准确度进行伸长量的测定，得到的抗张挺度值将与本标准不一致。

本标准适用于所有纸和纸板，包括高伸长率的纸，如皱纹纸和伸性纸袋纸。

本标准不适用于低密度的纸，如卫生纸及其制品。

2　规范性引用文件

下列文件中的条款通过本标准的引用而成为本标准的条款。凡是注日期的引用文件，其随后所有的修改单(不包括勘误的内容)或修订版均不适用于本标准，然而，鼓励根据本标准达成协议的各方研究是否可使用这些文件的最新版本。凡是不注日期的引用文件，其最新版本适用于本标准。

GB/T 450　纸和纸板　试样的采取及试样纵横向、正反面的测定(GB/T 450—2008，ISO 186:2002，MOD)

GB/T 451.2　纸和纸板定量的测定(GB/T 451.2—2002，eqv ISO 536:1995)

GB/T 451.3　纸和纸板厚度的测定(GB/T 451.3—2002，idt ISO 534:1988)

GB/T 10739　纸、纸板和纸浆试样处理和试验的标准大气条件(GB/T 10739—2002，eqv ISO 187:1990)

3　术语和定义

下列术语和定义适用于本标准。

3.1

抗张强度　tensile strength

在本标准试验方法规定的条件下，单位宽度的纸和纸板断裂前所能承受的最大张力。

3.2

抗张指数　tensile index

抗张强度除以定量。

3.3

伸长量　elongation

试样长度的增加量。

3.4

伸长率　strain

试样的伸长量与初始试验长度的比值。

注：试样的初始试验长度与两夹持线间的初始距离相同。

3.5

断裂时伸长率　strain at break

最大抗张力下的伸长率。

3.6

抗张能量吸收　tensile energy absorption

将单位表面积(试验长度×宽度)的试样拉伸至最大抗张力时所吸收的能量。

3.7

抗张能量吸收指数　tensile energy absorption index

抗张能量吸收除以定量。

3.8

抗张挺度　tensile stiffness

单位宽度的抗张力与伸长率之间关系曲线的最大斜率。

3.9

抗张挺度指数　tensile stiffness index

抗张挺度除以定量。

3.10

弹性模量　modulus of elasticity

抗张挺度除以厚度。

4　原理

使用试验仪以恒定的拉伸速度将规定尺寸的试样拉伸至断裂，自动记录抗张力和伸长量。从记录下的数据可以计算出抗张强度、断裂时伸长率、抗张能量吸收和抗张挺度。

5　仪器

5.1　抗张试验仪

5.1.1　包括抗张力测定装置(比如传感器)、伸长量测定装置及抗张力-伸长量曲线与伸长量坐标轴之间面积的计算装置。试验仪设计为以 100 mm/min±10 mm/min 的恒定拉伸速度拉伸试样，并记录抗张力和伸长量。

注：由于传感器和试验仪的变形，实际的拉伸速度会小于动夹头的移动速度。然而，该速度的差异对抗张强度值的影响通常可以忽略不计。

5.1.2　试验仪应具有两个用于夹持试样的夹头。每个夹头应设计为能在试样全宽上以一条直线(夹持线)牢固地夹持住试样且不损坏试样，并具有夹持力的调节装置。

注：夹持线是用一个圆柱面与一个平面或者两个轴线互相平行的圆柱面夹持试样得到的接触区域。对某些等级的纸，也许不适合使用线接触的夹头，可能应采用其他类型的夹持表面。可以使用其他类型的夹头，但试验过程中试样不应有滑动或损伤。

5.1.3　试样被夹持后，两条夹持线应互相平行，其夹角不超过 1°(见图 1)。试验过程中，两夹持线在试样平面上的夹角变化应不超过 0.5°。试样中心线应与夹持线垂直，偏差应不超过 1°。

5.1.4　如果怀疑试样滑移，则应进行改变夹持力的试验。如果夹持力影响到断裂时伸长率，意味着试样可能在夹头中产生了滑移。如果断裂时伸长率与夹持力无关，则说明试样在夹头内没有滑移。

5.1.5　在试样的长边方向，施加的张力应与试样的中心线平行，夹角应不大于 1°。两夹持线间的距离(试验长度)应为 100 mm±0.5 mm。

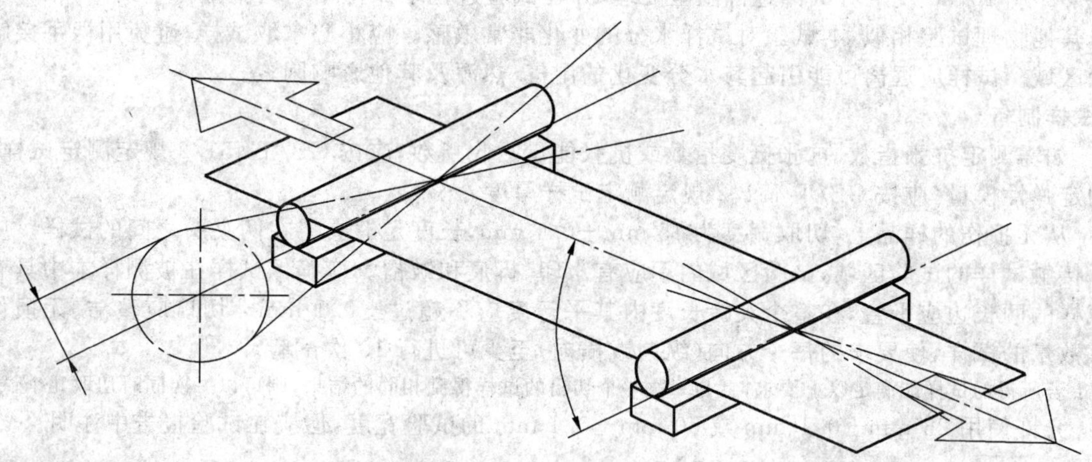

图1 夹持线与试样的关系

5.1.6 试验仪的抗张力和伸长量的记录准确度应符合表1规定。

表1 抗张力和伸长量的记录准确度

参数	伸长量	抗张力
抗张强度	—	对真实力值的准确度±1.0%
断裂时伸长率	准确度±0.1 mm	—
抗张能量吸收	准确度±0.1 mm	对真实力值的准确度±1.0%
抗张挺度	在0～1 mm范围内，准确度±0.01 mm	对真实力值的准确度±1.0%

5.1.7 伸长量由两夹头距离的变化计算得出，或者使用变形量测定装置得到。

注：如果伸长量是通过动夹头的移动距离计算得到的，应考虑传感器和试验仪的变形，并予以调整。

5.2 取样装置

切取规定尺寸的试样(见7.3)。

6 试验仪的调节和校准

6.1 试验仪应根据制造商的使用说明书进行校准，确保符合表1的规定。

6.2 正确设定夹头位置，使试验距离为100 mm±0.5 mm。在夹头内夹持一条薄的铝箔，测量两夹持压痕之间的距离，以此检查试验长度。

6.3 调节试验速度至100 mm/min±10 mm/min。调节夹持压力，使试样既无滑移又无损伤。

7 试样的制备

7.1 取样

如果试验用于评价一批产品的性能，应按照GB/T 450规定进行取样。如果用其他方法取样，应确保试样具有代表性。

7.2 温湿处理

按 GB/T 10739 规定对试样进行温湿处理，并在试验过程中保持相同的温湿环境条件。

与其他物理试验相似，本试验对试样水分的变化非常敏感。应小心拿取试样，避免用裸手接触试样的试验区域。试样应远离可能引起其水分变化的湿气、热源及其他影响因素。

7.3 试样制备

7.3.1 如需测定抗张指数、抗张挺度指数或抗张能量吸收指数，应按 GB/T 451.2 规定测定试样定量。如需测定弹性模量，应按 GB/T 451.2 规定测定试样厚度。

7.3.2 从无损伤的样品上，切取宽度为 15 mm±0.1 mm，长度足够夹持在两夹头之间的试样。应避免用裸手接触试样的试验区域，试验区域内不应有水印、折痕和皱褶。应确保试样在被测样本中具有代表性。试样的两长边应平直，在整个夹持长度内其平行度应不超过±0.1 mm。切口应整洁、无损伤。切取足够数量的试样，使要求的每个方向(纵向或横向)至少可进行 10 次试验。

注：若所得的试样能满足以上要求，且与一次一个切出的试样得到相同的结果，则可以一次同时切取几个试样。

7.3.3 允许使用 25 mm±0.1 mm 或 50 mm±0.1 mm 的试验宽度，但应在试验报告中注明。

8 试验步骤

8.1 确保试验仪已按第 6 章要求进行校准。将试样放入夹头内，轻轻拉直试样以排除任何可见的松弛。避免用手指接触到两夹头之间的试验区域。牢固夹持试样并进行试验。

8.2 在要求的每个方向(纵向或横向)各进行至少 10 次试验。舍去所有在距夹持线 2 mm 范围内断裂的试样的试验数据。

注：如果超过 20%的试样在距夹持线 2 mm 范围内断裂，检查试验仪是否符合规定并采取适当的补救措施。如果试验仪与 5.1 的规定相一致，则接受该结果。否则，舍弃该特定试样的所有试验数据。

9 计算和报告

9.1 概述

对试样纵向和横向分别计算并报告试验结果。

为区分报告的结果，使用下标 MD 和 CD 分别表示试样的纵向和横向。例如：$\sigma^{w}_{T,MD}$用于纵向抗张指数，$\sigma^{w}_{T,CD}$用于横向抗张指数，$\sigma^{w}_{T,GM}$用于抗张指数几何平均值。

典型的抗张力-伸长量曲线如图 2 所示。

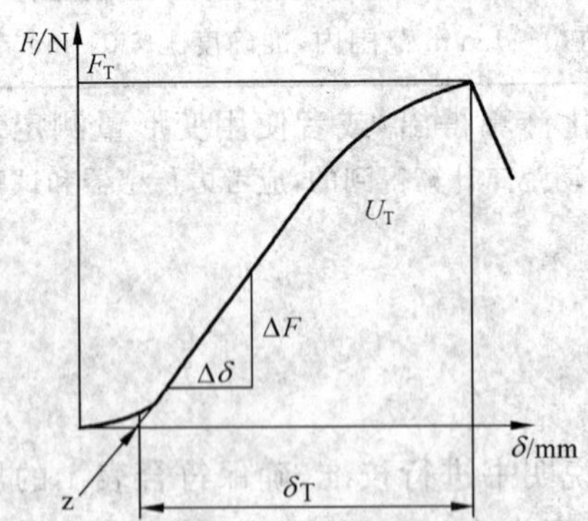

F——抗张力，单位为牛顿(N)；

δ——伸长量，单位为毫米(mm)；

z——曲线最大斜率处的切线与伸长量轴线的交点；

F_T——最大抗张力，单位为牛顿(N)；

δ_T——断裂时伸长量，单位为毫米(mm)；

U_T——抗张力-伸长量曲线下方的面积，单位为毫焦尔(mJ)。

其余符号见式(6)。

图 2 典型的抗张-伸长量曲线

9.2 **抗张强度**

测定每个试样的最大抗张力，计算最大抗张力的平均值，按式(1)计算抗张强度：

$$\sigma_T^b = \frac{\overline{F_T}}{b} \quad \cdots\cdots(1)$$

式中：

σ_T^b——抗张强度，单位为千牛顿每米(kN/m)；

$\overline{F_T}$——最大抗张力的平均值，单位为牛顿(N)；

b——试样宽度，单位为毫米(mm)(通常为 15 mm)。

报告抗张强度，保留三位有效数字。

9.3 **抗张指数**

按式(2)计算抗张指数：

$$\sigma_T^w = \frac{1\,000\sigma_T^b}{w} \quad \cdots\cdots(2)$$

式中：

σ_T^w——抗张指数，单位为千牛顿米每千克(kN·m/kg)；

σ_T^b——抗张强度，单位为千牛顿每米(kN/m)；

w——试样定量，单位为克每平方米(g/m²)。

报告抗张指数，保留三位有效数字。

9.4 **断裂时伸长率**

所有伸长量的值应从点 z，即曲线最大斜率处的切线与伸长量轴线的交点(见图 2)开始计算。

在抗张力-伸长量曲线上测定从点 z 到最大抗张力处对应的伸长量(见图 2)，得到每个试样的断裂时伸长量。计算断裂时伸长量的平均值，并按式(3)计算断裂时伸长率：

$$\varepsilon_T = \frac{100\,\overline{\delta_T}}{l} \quad \cdots\cdots(3)$$

式中：

ε_T——断裂时伸长率(伸长量对初始试验长度的百分率)，%；

$\overline{\delta_T}$——断裂时伸长量的平均值，单位为毫米(mm)；

l——试样的初始试验长度，单位为毫米(mm)(100 mm)。

如果伸长量的测定准确度较高，则用两位小数报告断裂时伸长率；如果伸长量的测定准确度较低，则用一位小数报告断裂时伸长率。

9.5 **抗张能量吸收**

对每个试样，测定从点 z 到最大抗张力对应的点之间抗张力-伸长量曲线下方的面积(见图 2)。计算面积的平均值，并按式(4)计算抗张能量吸收：

$$W_T^b = \frac{1\,000\,\overline{U_T}}{bl} \quad \cdots\cdots(4)$$

式中：

W_T^b——抗张能量吸收(TEA)，单位为焦尔每平方米(J/m²)；

$\overline{U_T}$——抗张力-伸长量曲线下方面积的平均值，单位为毫焦尔(mJ)；

b——试样的初始宽度，单位为毫米(mm)(通常为 15 mm)；

l——试样的初始试验长度，单位为毫米(mm)(100 mm)。

报告抗张能量吸收，保留三位有效数字。

9.6 **抗张能量吸收指数**

按式(5)计算抗张能量吸收指数：

$$W_T^w = \frac{1\,000W_T^b}{w} \quad \cdots\cdots(5)$$

式中：

W_T^w——抗张能量吸收指数，单位为焦尔每克(J/g)；

W_T^b——抗张能量吸收，单位为焦尔每平方米(J/m²)；

w——试样定量，单位为克每平方米(g/m²)。

报告抗张能量吸收指数，保留三位有效数字。

9.7 抗张挺度

借助于计算机，对每个试样，通过对大量抗张力和伸长量数值进行适当的线性回归分析，求出抗张力-伸长量曲线的最大斜率(见图2)。

按式(6)计算抗张力-伸长量曲线的最大斜率：

$$S_{max} = \left(\frac{\Delta F}{\Delta \delta}\right)_{max} \qquad \cdots\cdots (6)$$

式中：

S_{max}——抗张力-伸长量曲线的最大斜率，单位为牛顿每毫米(N/mm)；

ΔF——抗张力增量，单位为牛顿(N)；

$\Delta\delta$——伸长量增量，单位为毫米(mm)。

伸长量增量 $\Delta\delta$ 选择 0.1 mm。线性回归分析应包括至少10组抗张力-伸长量数值。

计算最大斜率的平均值 $\overline{S}_{max}$，并按式(7)计算抗张挺度：

$$E^b = \frac{\overline{S}_{max} l}{b} \qquad \cdots\cdots (7)$$

式中：

E^b——抗张挺度，单位为千牛顿每米(kN/m)；

$\overline{S}_{max}$——最大斜率的平均值，单位为牛顿每毫米(N/mm)；

b——试样的初始宽度，单位为毫米(mm)(通常为15 mm)；

l——试样的初始试验长度，单位为毫米(mm)(100 mm)。

计算并报告抗张挺度，保留三位有效数字。

注：由于纸张平面的拉伸和压缩挺度相同，式(7)中省略了下标T。

9.8 抗张挺度指数

按式(8)计算抗张挺度指数：

$$E^w = \frac{E^b}{w} \qquad \cdots\cdots (8)$$

式中：

E^w——抗张挺度指数，单位为兆牛顿米每千克(MN·m/kg)；

E^b——抗张挺度，单位为千牛顿每米(kN/m)；

w——试样定量，单位为克每平方米(g/m²)。

报告抗张挺度指数，保留三位有效数字。

9.9 弹性模量

按式(9)计算弹性模量：

$$E = \frac{E^b}{t} \qquad \cdots\cdots (9)$$

式中：

E——弹性模量，单位为兆帕(MPa)；

E^b——抗张挺度，单位为千牛顿每米(kN/m)；

t——试样厚度，单位为毫米(mm)。

报告弹性模量，保留三位有效数字。

10 精确度

10.1 重复性

在标准实验室条件下，对取自同一样品的试样进行重复试验。随纸张等级不同，抗张强度和抗张挺度试验结果的变异系数约为3%～5%，抗张能量吸收的变异系数约为5%～10%。

10.2 再现性

北欧纸浆、纸和纸板试验委员会内部的7个实验室对相同的纸和纸板试样进行试验。抗张挺度按公式(7)计算。再现性如表2所示。

表2 实验室间不同纸张等级的抗张性能和变异系数

(试验长度：100 mm，拉伸速度：100 mm/min)

试样种类	抗张强度		断裂时伸长率		抗张能量吸收		抗张挺度	
	kN/m	*CV*/%	%	*CV*/%	J/m²	*CV*/%	kN/m	*CV*/%
新闻纸，MD	2.62	1.9	1.1	8.1	16.4	4.3	395	10.2
新闻纸，CD	1.09	3.3	1.9	8.7	12.8	7.8	152	17.0
纸袋纸，MD	8.34	4.3	2.4	6.4	131	8.5	888	6.0
纸袋纸，CD	4.88	1.9	6.9	3.4	231	3.5	422	14.2
单一纸板，MD	19.3	1.7	1.7	9.3	212	8.8	2 311	6.0
单一纸板，CD	6.69	2.2	5.7	4.2	279	3.7	730	7.4
复合纸板，MD	19.3	1.7	2.1	5.3	262	5.2	1 948	6.0
复合纸板，CD	7.27	2.2	5.1	3.0	264	4.7	682	7.7
注：*CV*——变异系数； MD——纵向； CD——横向。								

11 试验报告

试验报告应包括以下项目：

a) 本国家标准编号；

b) 试验的日期和地点；

c) 用于准确鉴别试样的全部信息；

d) 所用的温湿处理条件；

e) 试样方向；

f) 使用夹头的类型；

g) 如测定抗张挺度，在0 mm～1 mm范围内伸长量的记录准确度；

h) 第9章中规定的试验结果；

i) 如试样宽度不是15 mm，报告试样宽度；

j) 试验结果的变异系数；

k) 偏离本标准并可能影响试验结果的任何情况。

ICS 85-010
Y 30

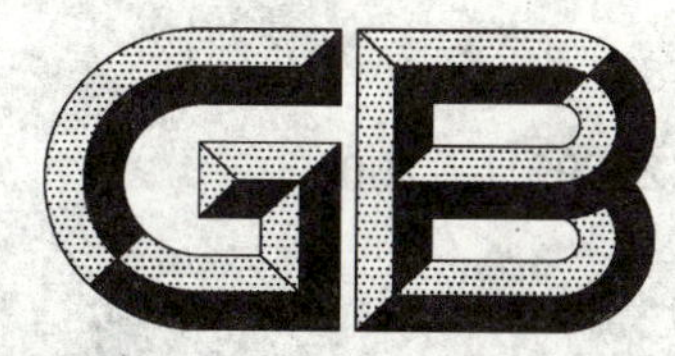

中华人民共和国国家标准

GB/T 22899.1—2008

纸和纸板 湿膨胀率的测定 第1部分：最大相对湿度增加到68%过程的湿膨胀率

Paper and board—Measurement of hygroexpansivity—Part 1: Hygroexpansivity up to a maximum relative humidity of 68%

(ISO 8226-1:1994,MOD)

2008-12-30 发布　　　　2009-09-01 实施

中华人民共和国国家质量监督检验检疫总局
中国国家标准化管理委员会　发布

前　言

GB/T 22899《纸和纸板　湿膨胀率的测定》分为两个部分：

——第1部分：最大相对湿度增加到68%过程的湿膨胀率；

——第2部分：最大相对湿度增加到86%过程的湿膨胀率。

本部分为GB/T 22899的第1部分。

本部分修改采用ISO 8226-1：1994《纸和纸板　湿膨胀率的测定　第1部分：最大相对湿度增加到68%过程的湿膨胀率》。

本部分与ISO 8226-1：1994相比，主要差异如下：

——在规范性引用文件中将ISO标准引用的国际标准转化为与之相应的国家标准，即GB/T 450 纸和纸板　试样的采取及试样纵横向、正反面的测定（GB/T 450—2008，ISO 186：2002，MOD）；

——在规范性引用文件中将ISO标准引用的国际标准转化为与之相应的国家标准，即GB/T 451.2 纸和纸板定量的测定（GB/T 451.2—2002，eqv ISO 536：1995）；

——在规范性引用文件中将ISO标准引用的国际标准转化为与之相应的国家标准，即GB/T 10739纸、纸板和纸浆试样处理和试验的标准大气条件（GB/T 10739—2002，eqv ISO 187：1990）。

本部分的附录A为规范性附录。

本部分由中国轻工业联合会提出。

本部分由全国造纸工业标准化技术委员会归口。

本部分起草单位：中国制浆造纸研究院、国家纸张质量监督检验中心、中国造纸协会标准化专业委员会。

本部分主要起草人：卢宝荣。

纸和纸板　湿膨胀率的测定 第1部分:最大相对湿度增加到68%过程的湿膨胀率

1　范围

GB/T 22899的本部分规定了一种在相对湿度从(33±2)%~(66±2)%平衡状态下测定纸和纸板吸湿膨胀率的方法。

本部分适用于一般的纸和纸板,不适用于皱纹纸和瓦楞纸板。

2　规范性引用文件

下列文件中的条款通过GB/T 22899的本部分的引用而成为本部分的条款。凡是注日期的引用文件,其随后所有的修改单(不包括勘误的内容)或修订版均不适用于本部分,然而,鼓励根据本部分达成协议的各方研究是否可使用这些文件的最新版本。凡是不注日期的引用文件,其最新版本适用于本部分。

GB/T 450　纸和纸板　试样的采取及试样纵横向、正反面的测定(GB/T 450—2008,ISO 186:2002,MOD)

GB/T 451.2　纸和纸板定量的测定(GB/T 451.2—2002, eqv ISO 536:1995)

GB/T 10739　纸、纸板和纸浆试样处理和试验的标准大气条件(GB/T 10739—2002,eqv ISO 187:1990)

3　术语和定义

下列术语和定义适用于GB/T 22899的本部分。

3.1

吸湿膨胀率　hygroexpansivity

已知长度的纸或纸板,在相对湿度平衡并从规定的较低值增加到规定的较高值过程中其长度发生的变化。

长度变化可表示为纸或纸板在相对湿度50%的条件下平衡时所测长度的百分比。

注:试样收缩可认为吸湿膨胀率为负值。

4　原理

为了确保所有被测试样从相似的湿度水平到初始相对湿度,本部分包含一个在低相对湿度下的预处理步骤。

在(23±1)℃、0载荷和(22±3)%相对湿度条件下对试样进行预温湿处理。然后在(33±2)%和(66±2)%相对湿度条件下,给试样加以与定量相适当的载荷,测定试样长度的变化。长度变化可表示为相对湿度为50%时所测长度的百分比。

5　仪器和材料

5.1　柜子

带有空气循环,能够保持GB/T 10739规定的(23±1)℃,在30 min内可以达到所要求的、均匀的相对湿度。

注 1：柜子适宜放置于温度控制在(23±1)℃的环境中。

注 2：柜子内所有部位都会有湿度变化，除非采取额外措施能够使温度变化减少到最低程度(温度变化超过 0.4 ℃就很明显)。

5.2 饱和盐溶液

按附录 A 配制的饱和盐溶液，用于提供按 5.5 规定进行测定的(22±3)%、(33±2)%和(66±2)%相对湿度。

注 1：可以采用其他方法产生所要求的相对湿度，但精确度要相当。

注 2：保持柜子处于符合 ISO 187 中规定的大气条件的实验室中，测定试样在 50%相对湿度条件下的初始长度(见 7.1)。

5.3 夹子

上夹和下夹，或用其他类似方法将试样垂直悬挂在柜子里，当试样没有受到载荷时，夹子的间距是一个固定值，最好是 100 mm±1 mm。要提供一个在已知载荷(见表 1)作用下使试样张紧的器具，同时能够在不撤掉载荷和不打开橱柜的情况下释放张力。

5.4 加载质量

包括测定试样时所用夹子的质量带来的载荷(见表 1)。

表 1 试验载荷

试样定量 g/(g/m²)	总的载荷/(N/m)	等效质量(包括夹子)/(g/15 mm)
$g \leqslant 125$	15±1	23±1.5
$125 < g \leqslant 200$	30±1	46±1.5
$200 < g \leqslant 275$	50±1	76±1.5
$g > 275$	80±1	122±1.5

5.5 相对湿度测定仪

例如湿度探针，探针精确度±1%(读数最大误差)和准确度±2%(偏离实际相对湿度的最大值)。在相对湿度平衡条件下，相对湿度有 0.5%的变化，湿度探针应能够在 10 s 内捕捉到。

注 1：应注意“盐雾”的腐蚀性对探针可能产生的影响。建议采用聚四氟乙烯(PTFE)屏或其他合适方法来保护探针。

注 2：湿度探针需要定期校准，最好在国家认证实验室进行。校准证明书通常提供仪器的误差。可使用该已知误差来校正测定值。

5.6 温度测定仪

用于测量橱柜中的温度。

5.7 长度测定仪

用于测量试样的长度或试样长度的变化，精度为 0.01 mm，可以是机械或电子设备。

6 试样的制备

6.1 如果样品很多，则应按照 GB/T 450 的规定取样。

6.2 从未损坏的样品中取样，避开水印、折印及褶子，根据要求，沿纵向或横向切取至少 5 张试样。每一试样的长度要比夹子的间距大 20 mm，且夹子间最小自由跨度为 100 mm。试样宽度至少为 15 mm。所切取试样的长边应与相应的测定方向平行。

6.3 按照 GB/T 451.2 测定试样定量。

7 试验步骤

7.1 初始长度(L_0)

设置柜子(5.1)内的夹子(5.3)之间距离至少100 mm(偏差小于1 mm)。夹住试样,在选定的温度(见5.1)和相对湿度(50±2)%条件下,将未加载试样处理至少30 min。根据表1轻轻施加适当载荷,记录长度测定仪(5.7)上的读数,精确到1 mm,该长度即为L_0。

7.2 试样的预处理

将未加载的试样在相对湿度为(22±3)%的条件下处理至少30 min。根据表1轻轻施加适当载荷并记录长度测定仪上的读数。撤掉载荷并重复恒湿处理及加载测量过程,直到试样在加载长度变化读数值之间不超过0.02%。

注:在计算中没有用到这些读数。

7.3 吸湿膨胀率的测定

将恒湿处理条件变为(33±2)%,并记录所获得的相对湿度值。将未加载的试样在相对湿度为(33±2)%的条件下处理至少30 min。根据表1轻轻施加适当载荷并记录长度测定仪上的读数。撤掉载荷并重复恒湿处理及加载测量过程,直到试样长度变化读数值之间不超过0.01 mm。该长度记为L_{33}(精确到0.01 mm)。

在相对湿度(66±2)%的条件下用同样的试验方法,将新的试样长度读数记为L_{66}(精确到0.01 mm)。

8 结果

相对湿度在33%~66%之间的吸湿膨胀率按式(1)计算,以百分比表示。

$$X=\frac{(L_{66}-L_{33})\times 100}{L_0} \qquad \cdots\cdots(1)$$

式中:

X——相对湿度在33%~66%之间的吸湿膨胀率,%;

L_0——施加适当载荷的试样在相对湿度(50±2)%时长度测定仪上显示的读数,单位为毫米(mm);

L_{33}——施加适当载荷的试样在相对湿度(33±2)%时长度测定仪上显示的读数,单位为毫米(mm);

L_{66}——施加适当载荷的试样在相对湿度(66±2)%时长度测定仪上显示的读数,单位为毫米(mm)。

结果精确至0.05%,纵向与横向应按要求分别表示。

应分别计算纵向与横向测定结果的标准偏差。

9 精确度

每一测试结果都是由5次测定所得的平均值。下列精确度数据来源于国际上对6个实验室测定的5种纸样进行反复核对的结果。

9.1 重复性

重复性指在95%置信区间内,单一试验室内两个试验结果之差。纵向试样测试结果的重复性介于0.02%~0.03%之间,横向试样测试结果的重复性介于0.04%~0.06%之间。

注1:所提供的重复性范围是出于不同纸样平均值之间存在很大差异考虑的。

注2:所有重复性值都为吸湿膨胀率的绝对百分比。

9.2 再现性

缺乏不同实验室的足够数据来准确评定再现性。

10 试验报告

试验报告应包含以下内容：

a) 本国家标准编号；

b) 鉴别样品的所有必要信息；

c) 试验的日期和地点；

d) 开始试验时的夹距；

e) 试样宽度；

f) 纵向或横向吸湿膨胀率的平均值；

g) 纵向或横向吸湿膨胀率的标准偏差；

h) 试验所用的温度和相对湿度测定值；

i) 对本部分偏离和可能影响结果的所有可能因素。

附 录 A
（规范性附录）
盐溶液的制备

在恒定的温度条件下，饱和盐溶液与封闭柜子内部空气中的水蒸气达到平衡，因此可以保持恒定的相对湿度。饱和盐溶液能够吸收或释放大量水，而不改变平衡相对湿度，因此应对水蒸气的吸收或解吸作用进行适当的研究。

使用各种盐溶液就可以获得广泛的湿度条件。

因为杂质的存在会影响平衡的相对湿度，所以应用分析纯试剂和蒸馏水（或等效纯的水）来制备饱和盐溶液。通常是在比试验温度稍高的条件下，将过量的盐溶解到蒸馏水中来制备饱和盐溶液。由于某些盐能够改变自身与水的结合形式，因此应注意溶解温度不要太高。

在 23 ℃及本部分所用的相对湿度条件下，用于本部分的盐类近似溶解度值如表 A.1 所示。

表 A.1 饱和盐溶液

盐	溶解度/(g/L)	相对湿度/%
乙酸钾（$KC_2H_3O_2$）	2 620	22±3
氯化镁（$MgCl_2 \cdot 6H_2O$）	1 700	33±2
亚硝酸钠（$NaNO_2$）[a]	880	66±2

[a] **警告：亚硝酸钠如果存储不当会有爆炸危险。为了安全，建议使用聚乙烯瓶存放。**

ICS 85-010
Y 30

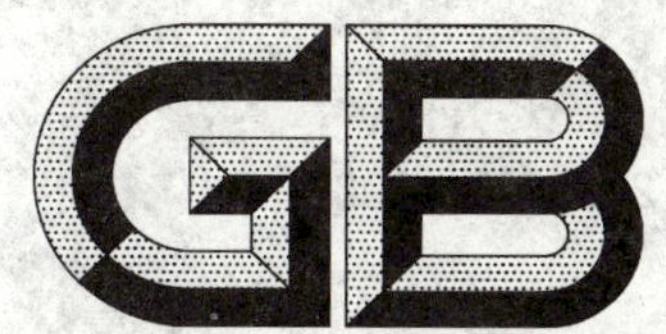

中华人民共和国国家标准

GB/T 22899.2—2008

纸和纸板 湿膨胀率的测定 第2部分：最大相对湿度增加到86%过程的湿膨胀率

Paper and board—Measurement of hygroexpansivity—Part 2: Hygroexpansivity up to a maximum relative humidity of 86%

(ISO 8226-2:1990, MOD)

2008-12-30 发布 2009-09-01 实施

中华人民共和国国家质量监督检验检疫总局
中国国家标准化管理委员会 发布

前　言

GB/T 22899《纸和纸板　湿膨胀率的测定》分为两个部分：

——第1部分：最大相对湿度增加到68%过程的湿膨胀率；

——第2部分：最大相对湿度增加到86%过程的湿膨胀率。

本部分为GB/T 22899的第2部分。

本部分修改采用ISO 8226-2：1990《纸和纸板　湿膨胀率的测定　第2部分：最大相对湿度增加到86%过程的湿膨胀率》(英文版)。

本部分与ISO 8226-2：1990相比，主要差异如下：

——在规范性引用文件中将ISO标准引用的国际标准转化为与之相应的国家标准，即GB/T 450 纸和纸板　试样的采取及试样纵横向、正反面的测定(GB/T 450—2008，ISO 186：2002，MOD)；

——在规范性引用文件中将ISO标准引用的国际标准转化为与之相应的国家标准，即GB/T 451.2 纸和纸板定量的测定(GB/T 451.2—2002，eqv ISO 536：1995)；

——在规范性引用文件中将ISO标准引用的国际标准转化为与之相应的国家标准，即GB/T 10739纸、纸板和纸浆试样处理和试验的标准大气条件(GB/T 10739—2002，eqv ISO 187：1990)；

——在规范性引用文件中将ISO标准引用的国际标准转化为与之相应的国家标准，即GB/T 22899.1纸和纸板　湿膨胀率的测定　第1部分：最大相对湿度增加到68%过程的湿膨胀率(GB/T 22899.1—2008，ISO 8226-1：1994，MOD)。

本部分的附录A为资料性附录。

本部分由中国轻工业联合会提出。

本部分由全国造纸工业标准化技术委员会归口。

本部分起草单位：中国制浆造纸研究院、国家纸张质量监督检验中心、中国造纸协会标准化专业委员会。

本部分主要起草人：卢宝荣。

纸和纸板　湿膨胀率的测定
第2部分:最大相对湿度增加到
86%过程的湿膨胀率

1　范围

GB/T 22899的本部分规定了一种在相对湿度从(33±2)%~(84±2)%平衡状态下测定纸和纸板吸湿膨胀率的方法。

本部分的目的是揭示纸和纸板在高相对湿度下的使用性能,也可以用于测定在印刷过程中短时间超湿作用对纸的影响。

本部分适用于一般的纸和纸板。

本部分不适用于皱纹纸和瓦楞纸板。

2　规范性引用文件

下列文件中的条款通过GB/T 22899的本部分的引用而成为本部分的条款。凡是注日期的引用文件,其随后所有的修改单(不包括勘误的内容)或修订版均不适用于本部分,然而,鼓励根据本部分达成协议的各方研究是否可使用这些文件的最新版本。凡是不注日期的引用文件,其最新版本适用于本部分。

GB/T 450　纸和纸板　试样的采取及试样纵横向、正反面的测定(GB/T 450—2008,ISO 186:2002,MOD)

GB/T 451.2　纸和纸板定量的测定(GB/T 451.2—2002,eqv ISO 536:1995)

GB/T 10739　纸、纸板和纸浆试样处理和试验的标准大气条件(GB/T 10739—2002,eqv ISO 187:1990)

GB/T 22899.1　纸和纸板　湿膨胀率的测定　第1部分:最大相对湿度增加到68%过程的湿膨胀率(GB/T 22899.1—2008,ISO 8226-1:1994,MOD)

3　术语和定义

下列术语和定义适用于GB/T 22899的本部分。

3.1

吸湿膨胀率　hygroexpansivity

已知长度的纸或纸板,在相对湿度平衡并从规定的较低值增加到规定的较高值过程中其长度发生的变化。

注:试样收缩可认为吸湿膨胀率为负值。

4　原理

为了确保所有被测试样从相似的湿度水平到初始相对湿度,本部分包含一个在低相对湿度下的预处理步骤。

在(23±1)℃、0载荷和(22±3)%相对湿度条件下对试样进行预温湿处理。然后在(33±2)%和(84±2)%相对湿度条件下,给试样加以与定量相适当的载荷,测量两个相对湿度间试样长度的变化。

5 仪器

5.1 柜子

带有空气循环，能够保持 GB/T 10739 规定的(23±1)℃，在短时间内，如在 30 min 内可以使整个柜子内均匀达到(22±3)%、(33±2)%、(50±5)%和(84±2)%的相对湿度。

任何能够提供规定相对湿度并在明示偏差内的方法，如附录 A 介绍的饱和盐溶液，都可以使用。

5.2 夹子

夹子或可使试样垂直悬挂在柜子里的其他器具，同时确保卸载试样不受张力。

5.3 加载质量

用于测量过程中加载在试样上(见表 1)。

表 1 试验载荷

试样定量 g/ (g/m²)	总的载荷(包括夹子)/ (N/m)	等效质量/ (g/15 mm)
g≤125	15±1	23±1.5
125<g≤200	30±1	46±1.5
200<g≤275	50±1	76±1.5
g>275	80±1	122±1.5

5.4 相对湿度测定仪

用于测量柜子中的相对湿度，精密度±1%(读数的最大误差)和准确度±2%(偏离实际相对湿度的最大值)。

5.5 温度测定仪

用于测量柜子中的温度。

5.6 长度测定仪

精度为 0.01 mm，可以是机械或电子设备。

6 试样的制备

6.1 在可能的状况下，按 GB/T 450 的规定取样。

6.2 从未损坏的样品中取样，避开水印、折印及褶子，根据要求，沿纵向和/或横向切取至少 5 张试样。每一试样的长度要比夹子的间距至少长 20 mm，且夹子间最小间距为 100 mm。试样宽度至少为 15 mm。所切取试样的长边应与相应的测定方向平行。

7 试验步骤

7.1 初始长度(L_0)

设置柜子(5.1)内的夹子(5.2)之间距离至少 100 mm(偏差小于 1 mm)。夹住试样，在选定的温度(见 5.1)和相对湿度(50±5)%条件下，将未加载试样处理至少 30 min。根据表 1 轻轻施加适当载荷，记录长度测定仪(5.6)上的读数，精确到 0.01 mm，该长度即为 L_0。

7.2 试样的预处理

将未加载的试样在相对湿度为(22±3)%的条件下处理至少 30 min。根据表 1 轻轻施加适当载荷并记录长度测定仪上的读数。撤掉载荷并重复恒湿处理及加载测量过程，直到试样长度变化读数值之间不超过 0.02%。

注：在计算中没有用到这些读数。

7.3 吸湿膨胀率的测定

将恒湿处理条件变为(33±2)%，并记录所获得的相对湿度值。将未加载的试样在相对湿度为(33±2)%的条件下处理至少 30 min。根据表 1 轻轻施加适当载荷并记录长度测定仪上的读数。撤掉载荷，重复恒湿处理及加载测量过程，直到试样长度变化读数值之间不超过 0.01 mm。记录该值为 L_{33}，精确到 0.01 mm。

在相对湿度(84±2)%的条件下用同样的方法处理试样 18 h。注意所获得的相对湿度值，记录新的试样长度读数 L_{84}，精确到 0.01 mm。

注：根据协议，在 84%相对湿度条件下可以使用较短的处理时间，但在报告中要注明。

8 结果的表示

用式(1)计算相对湿度在 33%～84%之间的吸湿膨胀率 X，以%表示。

$$X=\frac{51}{R_2-R_1}\times\frac{(L_{84}-L_{33})\times 100}{L_0} \qquad \cdots\cdots(1)$$

式中：

L_{84}——施加适当载荷的试样在相对湿度(84±2)%时长度测定仪上显示的读数，单位为毫米(mm)；

L_{33}——施加适当载荷的试样在相对湿度(33±2)%时长度测定仪上显示的读数，单位为毫米(mm)；

R_2——所记录下的高相对湿度即 84%±2%；

R_1——所记录下的低相对湿度即 33%±2%；

L_0——施加适当载荷的试样在相对湿度(50±5)%时长度测定仪上显示的读数，单位为毫米(mm)。

结果精确至 0.05%，纵向与横向应按要求分别表示。

应分别计算纵向与横向测定结果的标准偏差。

9 精确度

本方法还没有可以采用的重复性或再现性的资料。

10 试验报告

试验报告应包含以下内容：

a) 本国家标准的编号；

b) 鉴别样品的所有必要信息；

c) 取样和试验的日期和地点；

d) 开始试验时的夹距；

e) 试样宽度；

f) 纵向或横向吸湿膨胀率的平均值；

g) 纵向或横向吸湿膨胀率的标准偏差；

h) 试验所用的温度和相对湿度测定值；

i) 对本部分偏离和可能影响结果的所有可能因素。

附 录 A
（资料性附录）
盐溶液的制备

在恒定的温度条件下，饱和盐溶液与封闭柜子内部空气中的水蒸气达到平衡，因此可以保持恒定的相对湿度。饱和盐溶液能够吸收或释放大量水，而不改变平衡相对湿度，因此应对水蒸气的吸收或解吸作用进行适当的研究。

使用各种盐溶液就可以获得广泛的湿度条件。

因为杂质的存在会影响平衡的相对湿度，所以应用分析纯试剂和蒸馏水（或等效纯的水）来制备饱和盐溶液。经常是在比试验温度稍高的条件下，将过量的盐溶解到蒸馏水中来制备饱和盐溶液。由于某些盐能够改变自身与水的结合形式，因此应注意溶解温度不要太高。

在 23 ℃及本部分所用的相对湿度条件下，本部分所用盐类近似溶解度值如表 A.1 所示。

表 A.1 饱和盐溶液

盐	溶解度/ (g/100 cm^3)	相对湿度/ %
乙酸钾($KC_2H_3O_2$)	262	22±3
氯化镁($MgCl_2 \cdot 6H_2O$)	170	33±2
氯化钾(KCl)	36	84±2

ICS 85-010
Y 30

中华人民共和国国家标准

GB/T 22901—2008

纸和纸板　透气度的测定(中等范围)通用方法

Paper and board—Determination of air permeance(medium range)—General method

[ISO 5636-1:1984,Paper and board—Determination of air permeance(medium range)—Part 1:General method MOD]

2008-12-30 发布　　　　2009-09-01 实施

中华人民共和国国家质量监督检验检疫总局
中国国家标准化管理委员会　发布

前　言

本标准修改采用 ISO 5636-1:1984《纸和纸板　透气度的测定(中等范围)　第1部分:通用方法》(英文版)。

附录B给出了本国家标准与国际标准条款的对照一览表。

附录C给出了本国家标准与国际标准技术性差异及其原因的一览表。

本标准的附录A、附录B和附录C均为资料性附录。

本标准由中国轻工业联合会提出。

本标准由全国造纸工业标准化技术委员会归口。

本标准起草单位:中华人民共和国上海出入境检验检疫局、中国制浆造纸研究院、国家纸张质量监督检验中心。

本标准主要起草人:朱洪坤、蒋伟、张晓蓉、李红、陈相、王海婷、李蔚。

纸和纸板　透气度的测定(中等范围)通用方法

1　范围

本标准规定了测定纸和纸板透气度(中等范围)所使用仪器的基本技术要求和一般操作方法。

本标准适用于透气度在 1×10^{-2} μm/(Pa·s)～1×10^{2} μm/(Pa·s)范围内的纸和纸板。

本标准不适用于表面粗糙的纸和纸板,如皱纹纸和瓦楞纸,因这类纸不易牢固夹紧,容易导致泄漏。

2　规范性引用文件

下列文件中的条款通过本标准的引用而成为本标准的条款。凡是注日期的引用文件,其随后所有的修改单(不包括勘误的内容)或修订版均不适用于本标准,然而,鼓励根据本标准达成协议的各方研究是否可使用这些文件的最新版本。凡是不注日期的引用文件,其最新版本适用于本标准。

GB/T 450　纸和纸板　试样的采取及试样纵横向、正反面的测定(GB/T 450—2008,ISO 186:2002,MOD)

GB/T 10739　纸、纸板和纸浆试样处理和试验的标准大气条件(GB/T 10739—2002,eqv ISO 187:1990)

3　术语和定义

下列术语和定义适用本标准。

3.1

透气度　air permeance

在单位压差下,在单位时间内通过单位面积试样的平均空气流量,以微米每帕斯卡秒来表示[1 mL/(m^2·Pa·s)=1 μm/(Pa·s)]。

4　原理

把试样夹在一个圆形密封胶垫和一个已知直径的环形平面之间,试样测试区的一面所受的空气压力为大气压,试样两面的压差在测试期间一直很小,但却相当稳定。测定在规定的时间内透过测试区的空气流量。

注:在使用葛尔莱试验仪时,测试过程施加的压力将随着圆筒的浮力作用而变化,但这种变化是可再现的。

5　仪器

5.1　除符合透气度其他相关国家标准相应部分详细要求外,使用的仪器还应符合下列要求:

a)　测定体积的精确度为所测定值的±2%,测定时间的精确度为测定值的±1%;

b)　测定空气流量的精确度为该测定值的±5%。

5.2　试样的显示数值需在 0.7 kPa～3.0 kPa 之间,试样两面最初的压差应为±2%,且测量过程中其误差应不超过 5%。

5.3　试样的测试区不得小于 6 cm^2,建议采用 10 cm^2 的测试区。测试区面积大小的误差应控制在±2%范围内。

5.4　在使用水作为置换介质时,穿透试样的气流方向应使其事先不曾与水接触。建议检查仪器的密封性，可用一片硬的不透气材料，比如一片金属箔夹在测试仪器上代替试样，任何泄漏都应小于该仪器所能测出的最小透气度的2.5%。

6 取样

取样按GB/T 450规定进行。

7 温湿处理

温湿处理按GB/T 10739规定进行。

8 试样的制备

从经过温湿处理过的样品上切取10片试样，分别标明试样的正反面。试样的最小面积应符合5.3所规定的测试区面积。测试区应避免折痕、折子、针眼及其他影响检测结果的外观纸病。在制备或测试过程中应尽量避免用手接触试样的测试区。

9 试验步骤

9.1 试样应在GB/T 10739规定的大气条件下进行。

9.2 按透气度国家标准的各相应部分所规定的方法测定各个试样的透气度。具体步骤要根据所使用的仪器而定。但在任何情况下，都应做到：

a) 准确校对施加于试样上的压差；

b) 确保在测试前和测试过程中控制气流的装置稳定工作；

c) 避免可能影响气体排出的震动；

d) 确保均匀而没有变形地夹住试样；

e) 确保在测试时仪器保持水平状态；

f) 取一半试样测试正面，另一半试样测试反面。

9.3 结果的计算和表示

9.3.1 将已测的数值换算后（参见附录A），按照式(1)计算每张试样的透气度(P)，以微米每帕斯卡秒[μm/(Pa·s)]表示。

$$P=\frac{V}{1\,000\times S\cdot\Delta p\cdot t} \qquad \cdots\cdots(1)$$

式中：

V——通过测试区的空气体积，单位为毫升(mL)；

S——测试区面积，单位为平方米(m^2)；

Δp——压差，单位为千帕(kPa)；

t——测试持续时间，单位为秒(s)。

9.3.2 计算透气度的算术平均值，以μm/(Pa·s)表示，结果保留三位有效数字。

注：如果气流从不同方向通过试样，结果存在明显差异，则分别计算各方向透气度的算术平均值。

9.3.3 计算所有试样透气度测试结果的标准偏差或变异系数，结果保留两位有效数字。

9.4 试验报告

试验报告应包括以下各项：

a) 本国家标准编号；

b) 测试的日期和地点；

c) 所用仪器的类型；

d) 测试时的温度和相对湿度；

e) 被测试样的数量;
f) 所采用的压差,以千帕为单位;
g) 测试持续时间,以秒为单位,或测试时的流量计的数值;
h) 透气度的算术平均值或正反面的算术平均值(见 9.3.2);
i) 标准偏差或变异系数(见 9.3.3);
j) 任何偏离本标准的内容。

附 录 A
（资料性附录）
不同型号仪器的换算因数

A.1 引言

从仪器的读数计算出试样的透气度，见式(A.1)～式(A.6)，同时需按所用特定的仪器去选择相应的换算公式。不同型号的仪器间存在着固有的差别，如测量头的几何形状、压差等，为此不能用公式中的换算因数把一个仪器的测定值换算为另一仪器的等值结果，因此，应报告所采用的仪器。

A.2 换算因数（符号的含义见第9章）

A.2.1 肖伯尔仪

a) $\Delta p=1.00\ \text{kPa}$：

$$P=\frac{V}{t} \qquad \cdots\cdots(\text{A.1})$$

b) $\Delta p=2.50\ \text{kPa}$：

$$P=\frac{0.4V}{t} \qquad \cdots\cdots(\text{A.2})$$

A.2.2 本特生仪

$\Delta p=1.47\ \text{kPa}$：

$$P=0.011\,3q \qquad \cdots\cdots(\text{A.3})$$

式中：

q——空气的流量，单位为毫升每分钟(mL/min)。

A.2.3 谢菲尔德仪：

$\Delta p=10.3\ \text{kPa}$：

$$P=1.62\times\frac{q}{S} \qquad \cdots\cdots(\text{A.4})$$

q——空气的流量，单位为毫升每分钟(mL/min)。

如果测试面积是 285 mm^2，则

$$P=0.005\,68q \qquad \cdots\cdots(\text{A.5})$$

A.2.4 葛尔莱仪

$$P=\frac{127}{t} \qquad \cdots\cdots(\text{A.6})$$

A.3 等效值

表 A.1 列出了各个不同类型的仪器在 1 μm/(Pa·s)下的透气度的等效值。

表 A.1

仪器	等效值
肖伯尔仪	1 mL/s 在 1 kPa 压差下
肖伯尔仪	2.5 mL/s 在 2.5 kPa 压差下
本特生仪	88 mL/min 在 1.47 kPa 压差下
谢菲尔德仪	176 mL/min 在 10.3 kPa 压差和 285 mm^2 下
葛尔莱仪	127 s 在 1.23 kPa[a] 压差下

[a] 倒数的关系。

附 录 B
（资料性附录）
本标准章条编号与 ISO 5636-1：1984 章条编号对照

表 B.1 本标准章条编号与 ISO 5636-1：1984 章条编号对照

本标准章条编号	对应的国际标准章条编号
—	0
—	1
1	2
2	3
3	4
4	5
5.1～5.4	6
6	7
7	8
8	9
9.1～9.2	10.1～10.2
9.3	11.1～11.3
9.4	12
附录 A	附录 A
附录 B	—
附录 C	—

附 录 C
（资料性附录）
本标准章条编号与 ISO 5636-1：1984 技术性差异及其原因

表 C.1 本标准章条编号与 ISO 5636-1：1984 技术性差异及其原因

本标准章条编号	技术性差异	原 因
1	增加了范围的内容	使表述更加清晰，该标准主要是规定测试仪器的基本技术要求和一般操作方法
2	引用标准主要为相应的国家标准	符合我国国情
4	修改了原理内容的阐述	使表述更加清晰，易于理解
8	规定切取试样的数量为 10 片	符合我国国情
附录 A	删除 A.1.3； 删除 A.2 等效值中波茨仪 59 mL/min 在 0.98 kPa 压差下	无相应设备，符合我国国情

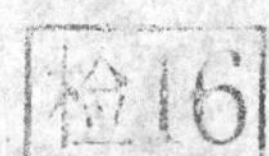